冶金工业出版社

**普通高等教育"十四五"规划教材**

# 无机材料结构与性能表征方法

主　编　张　霞　王卓鹏

副主编　韩义德　徐君莉

　　　　吴俊标　王心姣

北　京

冶金工业出版社

2020

# 内 容 提 要

本书是在东北大学本科生课程"无机材料结构表征"和研究生课程"现代结构表征方法"的基础上编写而成的。内容基于不同表征技术提供的结构信息和应用方向进行分类,全书共分为 7 章:无机材料 X 射线结构表征,无机材料形貌分析技术,无机材料组成分析技术,无机材料热分析技术,无机材料的孔结构表征技术以及电化学测试方法和无机材料的光致发光光谱。

本书可作为化学化工类专业本科生和研究生的教材,也可供相关专业的科研人员参考。

**图书在版编目(CIP)数据**

无机材料结构与性能表征方法/张霞,王卓鹏主编. —
北京:冶金工业出版社,2020.12
普通高等教育"十四五"规划教材
ISBN 978-7-5024-8709-6

Ⅰ.①无… Ⅱ.①张… ②王… Ⅲ.①无机材料—
结构性能—高等学校—教材 Ⅳ.①TB321

中国版本图书馆 CIP 数据核字(2021)第 021081 号

出 版 人 苏长永
地 址 北京市东城区嵩祝院北巷 39 号 邮编 100009 电话 (010)64027926
网 址 www.cnmip.com.cn 电子信箱 yjcbs@cnmip.com.cn
责任编辑 高 娜 美术编辑 吕欣童 版式设计 禹 蕊
责任校对 郑 娟 责任印制 禹 蕊
ISBN 978-7-5024-8709-6
冶金工业出版社出版发行;各地新华书店经销;三河市双峰印刷装订有限公司印刷
2020 年 12 月第 1 版,2020 年 12 月第 1 次印刷
787mm×1092mm 1/16;18.5 印张;447 千字;285 页
**46.00** 元

冶金工业出版社 投稿电话 (010)64027932 投稿信箱 tougao@cnmip.com.cn
冶金工业出版社营销中心 电话 (010)64044283 传真 (010)64027893
冶金工业出版社天猫旗舰店 yjgycbs.tmall.com
(本书如有印装质量问题,本社营销中心负责退换)

# 前　言

　　材料是人类生存和发展的物质基础之一，材料科学技术的每一次重大突破，都会引起生产技术的革命，加速社会发展的进程。无机材料在国民经济和国防建设中占据重要地位。无机材料一般可以分为传统无机材料和新型无机材料两大类。传统无机材料一般指以二氧化硅及其硅酸盐化合物为主要成分制备的材料，因此又称硅酸盐材料。新型无机材料指新近发展起来和正在发展中的具有优异性能和特殊功能的材料，例如新型陶瓷材料，包括电解质陶瓷、压电陶瓷、敏感陶瓷、铁电陶瓷、超导和磁性陶瓷、纳米陶瓷等；新型无机纳米材料，如纳米半导体材料、纳米发光材料、纳米结构器件；还有新能源转换和储能材料等。这些新材料在国防、航空航天、能源、电子、机械、汽车、生物医药等领域有着重要的应用。它们的研究开发和应用必将对其他学科、产业、社会产生重大的影响。

　　近年来，材料科学与化学学科不断相互交叉渗透，促进了新材料结构的设计以及功能导向的无机材料合成技术的发展。新材料的设计、研发离不开化学科学的支持，同时材料科学的发展又为化学科学提出新的课题，为化学研究开辟新的研究领域。为促进无机材料领域的发展，我国大力支持结合我国资源状况的无机材料新体系的探索，制备科学与新技术、新理论、新效应、表征新方法与技术的研究，支持新型无机功能材料与智能材料、先进结构材料、光电信息功能材料、生物医用材料、新能源材料及生态环境材料等方向的应用基础研究。

　　材料的结构决定了性能。材料的结构包括材料的化学组成成分、微观形貌以及微观组织结构，这些基本结构的表征是材料科学研究的重要内容。对于从事化学、化工的研发人员来说，必须了解掌握材料科学领域的相关表征技术知识。人们在工作中经常会遇到如何确定新研发材料的结构这样的问题，有化学、化工学习背景的工作者往往对于化学分析技术更为熟悉，而对于材料物理结构检测知识相对匮乏。所以，很有必要在本科专业学习阶段或者硕士研究生阶段，开设相应课程，弥补学生在知识结构上的不足。自 2009 年以来，我们在东北大学开设无机材料结构表征技术相关课程，收到了良好的效果，一直受到学生和专业教师的好评。市场上有关材料物理检测技术的专门教材较多，如介绍透射电子显微分析、X射线衍射分析技术等的教材，这些教材往往主要介绍一种材料检测技术，从技术发展的历史、检测原理到结果分析给出详尽的阐述。相对来说，一些综合性材料结构表征书籍，如《现代无机材料组成与结构表征》《纳米材料表征》等，更适合于化学、化工专业背景的学生，使其能够在较短时间内对于众多的结构检测技术有初步的了解，并能够综合运用这些技术手段为科学研究服务。

为此，我们结合近十年的教学积累，针对化学、化工专业背景的本科生或者研究生编写了本书。本书内容编排完全从科学研究的目标出发，按照不同检测技术提供的结构信息和应用方向进行分类，将重要的检测技术分散到各个章节中。在介绍每一类技术过程中，注重分析结果的处理和分析实例的介绍，以及与化学分析技术的结合，使学生具备综合运用各种分析技术的能力。此外，重点介绍一些近年来发展迅速并广泛应用的先进材料表征技术，例如，X射线吸收精细结构光谱（EXAFS）、球差校正透射电镜、三维电子显微术、高角度环形暗场Z成像技术等。

全书分为7章：第1章为无机材料X射线结构表征；第2章为无机材料显微分析；第3章为无机材料组分分析；第4章为无机材料热分析；第5章为无机材料的孔结构表征；第6章为电化学测试方法；第7章为无机材料的光效发光光谱。其中，张霞编写第3章，王卓鹏编写第1章，韩义德编写第2章，徐君莉编写第6章，王心姣编写第4章，吴俊标编写第5章和第7章。全书由张霞统稿。

本书内容是在东北大学本科生课程"无机材料结构表征"和研究生课程"现代结构表征方法"的基础上，经过十余年的教学实践积累编写而成。主要作为化学化工类专业的本科生和研究生教材，也可作为自学用书。本书的出版得到了东北大学研究生院一流教材建设计划项目的支持，在此表示感谢。

由于材料科学的发展日新月异，材料结构与性能的表征方法也不断地推陈出新，所以本书的内容也会不断地完善和更新。由于编者水平有限，书中难免出现不妥之处，望广大专家和学者批评指正。

张　霞

2020 年 8 月

# 目　　录

# 1 无机材料 X 射线结构表征

X 射线及相关技术是解析物质结构的最强有力的工具。自从德国物理学家伦琴（W. C. Roentgen）在 1895 年发现 X 射线以来，经过 100 多年的发展，利用 X 射线作为研究工具或从事 X 射线相关研究获得的诺贝尔奖至少有 25 项。X 射线被广泛应用于物相分析、晶体结构解析、医学显影诊断、物理、化学、材料科学、生物医学等研究领域。近年来，随着单原子催化的兴起，X 射线吸收光谱作为表征单原子催化剂最有效的工具之一，极大地推动了单原子催化材料及相关领域的发展。

本章主要介绍 X 射线结构表征的基本原理及其在材料结构表征方面的应用，将分别介绍 X 射线衍射和 X 射线吸收光谱。

## 1.1　X 射线基础知识

### 1.1.1　X 射线的产生

带电的微观粒子在加速和减速的时候都会放出 X 射线。目前获得 X 射线的方法主要有四种：X 射线光管、同步辐射光源、激光等离子体光源、X 射线激光。其中前两种 X 射线光源较为常见。

X 射线光管是实验室最常用的 X 射线光源。X 射线光管主要是由电子源和两个金属电极构成，如图 1.1 所示。在两电极之间通常施加几十千伏的高压，位于阴极的钨灯丝受热放出电子，在高压电场的作用下高速射向阳极，与金属阳极靶材料碰撞后停止，电子失去的动能一部分以电磁波即 X 射线的形式释放出来。由于电子的大部分动能转变为热能，仅有不到 1% 的动能转变为电磁辐射，所以 X 射线光管的效率较低，产生的 X 射线亮度较低。

另外一种应用广泛的 X 射线光源更为先进，是从同步加速器上获得的，被称为同步辐射。当环形轨道上的高速带电粒子在磁场中加速时，会沿着圆周轨道切线方向发射连续的 X 射线，这种 X 射线亮度极高。相比于普通 X 射线光管产生的 X 射线，第三代同步辐射光源上产生的 X 射线的亮度要高近 10 个数量级。同步辐射是一种强度高、亮度高、频谱连续可调、方向性及偏振性好、有脉冲时间结构和洁净真空环境的优异的新型光源，可应用于物理、化学、材料科学、生命科学、信息科学、力学、地学、医学、药学、农学、环境保护、计量科学、光刻和超微细加工等众多基础研究和应用研究领域。

目前世界上有 50 多台同步辐射光源正在运行。我国有第一代的北京同步辐射装置（BSRF）、第二代的合肥中国科技大学同步辐射装置（NSRL）、第三代的台湾新竹同步辐射装置（SRRC）和上海光源（SSRF），以及正在建设的第四代的上海软 X 射线自由电子激光（FEL）装置。

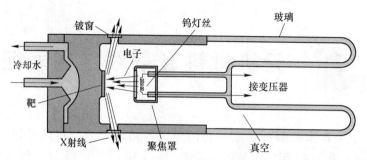

图 1.1    X 射线管构造示意图

## 1.1.2    连续 X 射线谱

X 射线光管所产生的 X 射线的波长和强度有较宽的分布，如图 1.2 所示。谱图可以分为两部分，其中波长分布很窄且强度较高的尖峰被称为特征 X 射线，波长连续变化、分布很宽的部分被称为连续 X 射线。

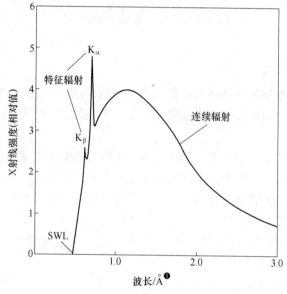

图 1.2    Mo 阳极靶产生的 X 射线谱图

连续 X 射线光谱可以认为是由无数不同波长的 X 射线混合而成的，所以也被称为白色 X 射线。之所以会产生连续 X 射线，是由于大量电子与阳极靶撞击状况不同，导致产生的 X 射线的能量不同。例如，有些电子碰撞后瞬间停止，有些电子碰撞后并没有马上停止，而是被弹到旁边与其他原子碰撞，直到动能完全损失停下来，每撞击一次都会损失一部分能量，动能损失的快慢不同使得产生的 X 射线具有不同的强度和波长，因而整个光谱呈现连续分布状态。

X 射线光管产生的 X 射线的最短波长与加速电压有关。可以想象，一个高速运动的

---

❶  $1Å = 0.1nm = 10^{-10}m$。

电子撞击在阳极靶上，在一瞬间完全停止，其全部动能完全转化为一个 X 射线光量子，此时光子具有最大的能量、最高的频率和最短的波长，这个光子的波长称为短波限，可按式（1.1）计算：

$$\frac{mv^2}{2} = eV = h\nu = \frac{hc}{\lambda_0} \tag{1.1}$$

式中，$e$ 为电子的电荷，$1.602 \times 10^{-19}$ C；$V$ 为 X 射线光管管电压；$h$ 为普朗克常数，$6.626 \times 10^{-34}$ J/s；$\nu$ 为 X 光的频率；$c$ 为真空光速，$2.998 \times 10^8$ m/s。

将上述各项常数代入式（1.1），得式（1.2）：

$$\lambda_0 = \frac{12.40 \times 10^4}{V} \text{Å} \tag{1.2}$$

如图 1.3 所示，连续 X 射线的强度受管电压、管电流、阳极靶材的影响。加速电压越高，X 射线相对强度越高，短波限越小；管电流强度越大，X 射线相对强度越大，但短波限不变；管电压、管电流相同时，靶材原子序数越高，X 射线相对强度越高，短波限不变。

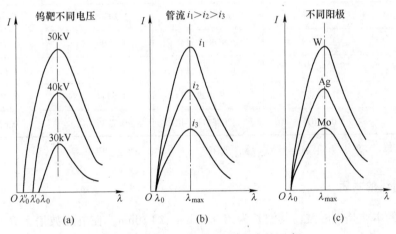

图 1.3 影响连续 X 射线谱强度的因素

### 1.1.3 特征 X 射线

对于不同的阳极靶材料，当加速电压升高到特定的临界值时，在特定波长处出现尖锐的光谱峰（见图 1.2）。发射峰的波长与靶材种类相关，被称为特征 X 射线，其产生机制与连续 X 射线不同。当高速电子能量足够大，在与阳极靶撞击时，能够将靶材原子的内层电子击出，同时在原子内层轨道产生一个空位，该原子变为激发态，能量较高。按照泡利能量最低原理，电子具有尽量占据低能级趋势，外层电子会迅速跃迁至空位，多余的能量会以具有特定波长的 X 射线的形式放射出来。其中，跃迁至 K 壳层空位的电子所产生的特征 X 射线，称为 K 系特征 X 射线；由 L、M、N、…壳层电子跃迁至 K 壳层所产生的 X 射线，分别称为 $K_\alpha$、$K_\beta$、$K_\gamma$、…谱线。以相同的方式，外层电子跃迁至 L、M、N 等壳层时也将有 L、M、N 系特征 X 射线谱。不同元素的原子具有不同的电子构型，电子跃迁所释放的能量也不同，所以不同元素具有特定波长的 X 光，称为特征 X 射线。

以 Mo 靶为例，K 线波长约为 0.07nm，L 线波长约为 0.5nm，M 线有更长的波长。最常用的是 K 线，因为其他谱线波长太长容易被吸收。K 线中最强的峰有三个：$K_{\alpha_1}$（0.0709nm），$K_{\alpha_2}$（0.071nm），$K_\beta$（0.0632nm）。$K_{\alpha_1}$ 和 $K_{\alpha_2}$ 波长太接近有时无法区分。$K_{\alpha_1}$ 的强度大约是 $K_{\alpha_2}$ 的 2 倍，$K_{\alpha_1}$ 与 $K_{\beta_1}$ 的强度比取决于原子序数，平均强度比大概为 5：1。对于 Mo 靶来说，若要获得 Mo 的特征 X 射线，施加的加速电压至少达到临界值 20.01kV。在临界电压以上，电压越高特征谱线的强度越大，但波长保持不变。特征 X 射线的强度与管电压和管电流有关，提高管电压和管电流都会使特征 X 射线强度增强。特征 X 射线的强度高，谱线的波长分布很窄，大多数的半峰宽小于 0.0001nm，所以特征 X 射线可以用于需要单色 X 射线光源的测试技术中。表 1.1 列出了常用的阳极靶材料以及 K 线特征波长。

表 1.1　五种常用阳极靶材的特征波长

| 阳极靶材 | 波长/$10^{-1}$nm | | | |
| :---: | :---: | :---: | :---: | :---: |
| | $K_\alpha^{①}$ | $K_{\alpha_1}$ | $K_{\alpha_2}$ | $K_\beta$ |
| Cr | 2.29105 | 2.28975（3） | 2.293652（2） | 2.08491（3） |
| Fe | 1.93739 | 1.93608（1） | 1.94002（1） | 1.75664（3） |
| Co | 1.79030 | 1.78900（1） | 1.79289（1） | 1.62082（3） |
| Cu | 1.54187 | 1.5405929（5） | 1.54441（2） | 1.39225（1） |
| Mo | 0.71075 | 0.7093171（4） | 0.71361（1） | 0.63230（1） |

①加权平均值，计算公式：$\lambda_{平均} = （2\lambda_{K_{\alpha_1}} + \lambda_{K_{\alpha_2}}）/3$。

### 1.1.4　X 射线的本质

X 射线的本质是电磁波，其波长为约 0.01nm～约 10nm，在电磁波谱上介于紫外线和 γ 射线之间，如图 1.4 所示。X 射线的能量较高，一般在 100eV～100MeV 之间。最常用的 X 射线波长在 0.05～0.25nm 之间，因为无机、有机化合物的键长在这个范围之内。X 射线由于波长较短，所以具有一些特殊的物理性质。

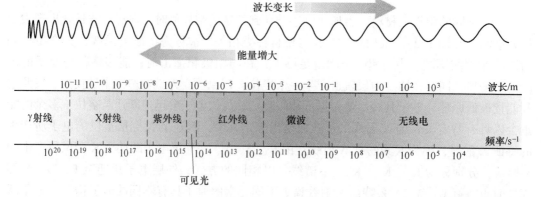

图 1.4　电磁波谱图

（1）波粒二象性。X射线是波长很短的电磁波，具有波粒二象性，其动量可以表示为 $p=h/\lambda$，这样可以很容易利用X射线的波长或频率计算出光子的能量。

（2）直线传播。X射线沿直线传播，基本不发散且具有相当强的穿透能力。对于几乎所有材料，X射线的折射率均约为1，所以X射线无法被光学透镜或电磁透镜聚焦，不可能像电子那样直接用来观测微观物体。

（3）具有光电效应。当X射线光子能量足够大时，会将被照射原子的内层电子击出成为自由光电子，原子被激发，而光电子本身可再被吸收，产生光电吸收或真吸收。当光子能量进一步升高，将与被照射原子的内层电子相碰撞，使其激发并形成空位导致电子跃迁，释放出二次X射线，即荧光X射线。

（4）俄歇效应。X射线将被照射原子内层电子激发的同时，在原子内层产生空位，该空位被外层电子填补后，其释放的能量不以X射线的形式放出，而是传递给同层或者外层电子，并使其脱离原子变成自由电子，这种现象称为俄歇（Auger）效应。

（5）具有杀伤力。X射线对生物的组织和细胞有破坏性。在进行X射线相关实验时，一定要做好个人防护，严格遵守相关规定，规范操作。

### 1.1.5　X射线与物质的相互作用

X射线与被照射物质的作用比较复杂，往往涉及物理、化学、生物等过程。仅考虑物理作用，X射线照射物体之后会发生散射、光电效应、吸收等效应，如图1.5所示。本节主要介绍散射和吸收效应。

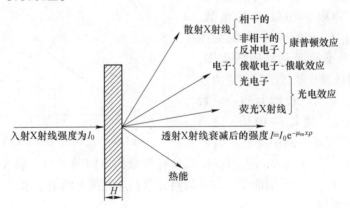

图1.5　X射线与物质的相互作用

#### 1.1.5.1　散射现象

X射线与原子碰撞导致其前进方向发生改变而产生散射现象。X射线是一种电磁波，其特征是电场以恒定频率振动，垂直于运动方向。在此变化电场中，被照射物质的电子以相同频率发生周期性的加速和减速，同时产生新的电磁波，也就是X射线，可以理解为X射线被电子散射。这种现象被称为汤姆逊散射。

当入射X射线与被照射原子的电子发生弹性碰撞时，没有能量损失，只有传播方向发生改变，散射X射线与入射线可以相互干涉，这种散射称为相干散射。当入射X光与被照射原子的电子发生非弹性碰撞，会损失部分能量，导致波长变长，所产生的散射光的与入射线不能相互干涉，这种散射称为非相干散射，也称为康普顿-吴有训散射。

### 1.1.5.2　吸收现象

X 射线穿过物体时强度会衰减，这意味着部分 X 射线被吸收。X 射线强度衰减的程度与其穿过均匀物质的厚度成正比，也与入射线强度和物质密度密切相关。强度为 $I_0$ 的入射线穿过厚度为 $\Delta x$ 的物质后，强度衰减为 $I$，则有式（1.3）：

$$\frac{I_0 - I}{I_0} = \frac{\Delta I}{I_0} = -\mu \Delta x \qquad (1.3)$$

式中，$\mu$ 为线性吸收系数，$cm^{-1}$，相当于单位厚度物质对 X 射线的吸收。

式（1.3）的微分形式为 $\dfrac{dI}{I} = -\mu_1 dx$。$\mu$ 不仅与物质的原子序数 $Z$ 和 X 射线波长有关，还与物质的密度有关。线性吸收系数与物质的密度成正比，对于某种特定物质不论其状态（固、液、气），$\mu/\rho$ 为常数，也可以表示为 $\mu = \mu_m \rho$，$\mu_m$ 称为质量吸收系数，单位为 $cm^2/g$。所以 $\dfrac{dI}{I} = -\mu_m dx$，积分后则 $I = I_0 e^{-\mu_m x \rho}$。对于由多种元素组成的物质，不管这种物质是化合物、混合物、溶液，也不论其是固体、液体还是气体，其质量吸收系数都为所含元素的加权平均值，即：

$$\mu_m = \omega_1 \mu_{m,1} + \omega_2 \mu_{m,2} + \omega_3 \mu_{m,3} + \cdots + \omega_n \mu_{m,n} \qquad (1.4)$$

式中，$\omega_i$ 为元素的质量分数；$\mu_{m,i}$ 为元素的质量吸收系数。

对于任一元素，质量吸收系数 $\mu_m$ 是 X 射线波长 $\lambda$ 和原子序数 $Z$ 的函数，$\mu_m \approx K\lambda^3 Z^3$，$\mu_m$ 与 $\lambda$ 的关系曲线见图 1.6。图 1.6 是典型的 X 射线吸收谱图，可以看到，X 射线波长越短，其穿透力越大，$\mu_m$ 值越小。但当波长增大到一定数值时，$\mu_m$ 出现突变，增大 7~10 倍，之后又随 $\lambda$ 的增大而减小。图中陡然上升的

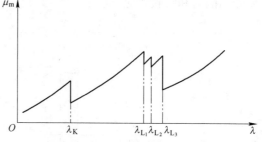

图 1.6　$\mu_m$ 与 X 射线波长 $\lambda$ 的关系

曲线被称为吸收边（absorption edge）。造成这种现象的原因是，当入射 X 射线波长 $\lambda$ 增大到某临界数值时，其光子的能量恰好可以将元素相应能级上的电子击出，因而光子大量被吸收，$\mu_m$ 突然增加。

利用这个现象可以制作滤波片，滤掉特定波长的光，从而获得单色 X 射线。例如，Ni 的吸收边恰好处于 Cu 靶的 $K_\alpha$ 和 $K_\beta$ 之间，使用 Ni 箔作为滤波片使得大部分 $K_\alpha$ 可以通过，而 $K_\beta$ 大量被吸收，从而得到 Cu $K_\alpha$ 的单色 X 射线（见图 1.7）。一般经过滤波后 $K_\alpha/K_\beta = 600/1$，此时 $K_\alpha$ 线的强度也会降低 30%~50%。

### 1.1.6　X 射线的安全防护

过量的 X 射线照射人体，会引起精神衰退、头晕、毛发脱落、血液的组成及性能变坏，严重可致照射部位组织损伤、坏死等，损伤程度取决于 X 射线的强度、波长和人体的接受部位。因此 X 射线设备的操作人员必须经过培训上岗，严格遵守安全操作规程和相关法规，并采取必要的个人安全防护措施。

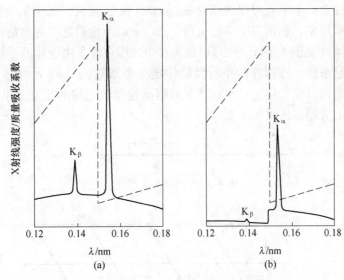

图 1.7　Cu 靶 X 射线经滤波处理前后强度比较

（a）经 Ni 滤波片处理前；（b）滤波处理后

（图中虚线为 Ni 的 X 射线吸收谱图）

# 1.2　晶体学基础知识

晶体学知识是理解 X 射线物质结构测试和解析方法的基础，因此有必要对其作一简要介绍。

从原子排列的有序程度方面考虑，固体材料可以分为晶体和非晶体两大类。原子、离子或分子在三维空间里周期性有序排列所构成的固体称为晶体，通常具有规则多面体形貌、表面光滑平整。生活中常见的食盐、糖、宝石等都是晶体。而非晶体是指固体中原子、离子或分子没有周期性的规则排列，也称为无定形物质，如玻璃。

## 1.2.1　点阵

为了便于研究晶体结构，往往忽略构成晶体的原子、离子、分子本身的体积，将它们抽象成数学上的点，只关注其周期性排列的几何特征，这种几何点被称为结点，结点在三维空间内的周期性排列称为点阵（lattice）。点阵在数学上是无限的，结点无穷多，所有结点都是等效的，所以只需知道点阵的局部排列就可以复原完整的点阵，不需要描述点阵中所有结点的坐标。

首先考虑最简单的一维点阵。所有结点在一条直线上等间距排列就构成了一个一维点阵。如图 1.8 所示，我们也可以认为一维点阵是由一个结点通过长度为 $a$ 的单位矢量 $\boldsymbol{a}$ 沿着某一方向平移 $ma$ 生成的，其中 $m$ 为整数。与之类似，二维点阵（见图 1.9）可以借助两个方向上的矢量 $\boldsymbol{a}$ 和 $\boldsymbol{b}$（长度分别为 $a$ 和 $b$，夹角为 $\gamma$）平移生成。二维点阵中的任意一点可以表示为 $ma + nb$，其中 $m$ 和 $n$ 是整数。进一步，如果再引入一个不与前两个矢量共面的矢量 $\boldsymbol{c}$（$\boldsymbol{ac}$ 夹角记为 $\beta$，$\boldsymbol{bc}$ 夹角记为 $\alpha$），则可以通过一个结点在三个方向上平移生成所有等效结点，任意一个结点可以表示为 $ma+nb+pc$。通常，三个矢量的方向选取需满足右手法则。不难想象，利用三个单位矢量 $a$、$b$、$c$ 以及他们之间的夹角 $\alpha$、$\beta$、$\gamma$ 可以规定一个平行六面体（见图 1.10）。也可以认为整个三维点阵是由这样的平行六面体作为构筑基元紧密堆砌起来的，将这样的平行六面体定义为晶胞，$a$、$b$、$c$、$\alpha$、$\beta$、$\gamma$ 被称为晶胞参数。使用晶胞可以完全描述一个点阵。根据晶胞参数之间的相互关系以及不同取值，可以将晶体分为七大晶系，见表 1.2。

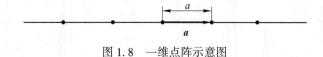

图 1.8    一维点阵示意图

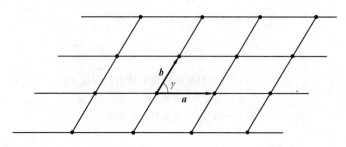

图 1.9    二维点阵示意图

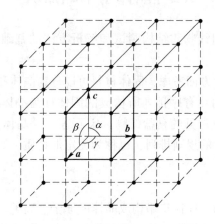

图 1.10    三维点阵和晶胞结构示意图

表 1.2    七大晶系晶胞几何结构特征

| 晶系 | 轴矢长度与夹角关系 | 布拉维点阵 | 点阵符号 |
|---|---|---|---|
| 立方 | $a=b=c$，$\alpha=\beta=\gamma=90°$ | 简单立方 | $P$ |
| | | 体心立方 | $I$ |
| | | 面心立方 | $F$ |
| 四方 | $a=b\neq c$，$\alpha=\beta=\gamma=90°$ | 简单立方 | $P$ |
| | | 体心立方 | $I$ |

续表1.2

| 晶系 | 轴矢长度与夹角关系 | 布拉维点阵 | 点阵符号 |
|---|---|---|---|
| 正交 | $a \neq b \neq c$, $\alpha = \beta = \gamma = 90°$ | 简单立方 | $P$ |
| | | 体心立方 | $I$ |
| | | 底心立方 | $C$ |
| | | 面心立方 | $F$ |
| 三方/菱方 | $a = b = c$, $\alpha = \beta = \gamma \neq 90°$ | 简单立方 | $P$ |
| 六方 | $a = b \neq c$, $\alpha = \beta = 90°$, $\gamma = 120°$ | 简单立方 | $P$ |
| 单斜 | $a \neq b \neq c$, $\alpha = \beta = 90° \neq \gamma$ | 简单立方 | $P$ |
| | | 体心立方 | $I$ |
| 三斜 | $a \neq b \neq c$, $\alpha \neq \beta \neq \gamma \neq 90°$ | 简单立方 | $P$ |

　　上述晶胞显然是可以在点阵中任意选取的，但实际上在晶体学中晶胞的选取需要遵循法国晶体学家布拉维（Bravais）提出的原则。布拉维也证明了晶体中总共可以有十四种点阵类型，这些点阵也被称为布拉维点阵，见图1.11。

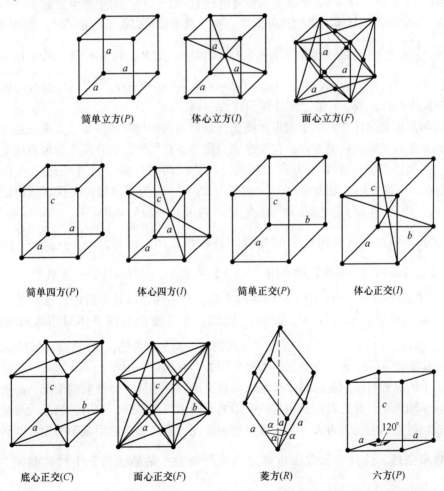

简单立方($P$)　　　　体心立方($I$)　　　　面心立方($F$)

简单四方($P$)　　体心四方($I$)　　简单正交($P$)　　体心正交($I$)

底心正交($C$)　　面心正交($F$)　　菱方($R$)　　六方($P$)

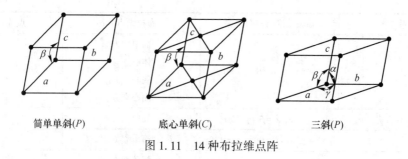

简单单斜(P)　　　　　底心单斜(C)　　　　　三斜(P)

图 1.11　14 种布拉维点阵

## 1.2.2　点阵中的结点、晶向以及点阵面的描述方法

由于点阵在数学上是无限的且所有结点都是等价的，所以可以指定任意结点作为原点。一旦原点确定，点阵空间中的任意一个点（不一定是结点）都可以用一个从原点出发的向量来表示，如 $r = ua + vb + wc$，其中 $u$、$v$、$w$ 可以是整数也可以是分数。当 $u$、$v$、$w$ 为整数时，$r = ua + vb + wc$ 可以表示点阵的任意一个结点。对于非整数 $u'$、$v'$、$w'$，$r = u'a + v'b + w'c$ 则表示晶胞内除结点外的某一点，其坐标可以表示为 $u'v'w'$。例如体心的坐标为 $\frac{1}{2}$ $\frac{1}{2}$ $\frac{1}{2}$。也可以将某一点表示为两个向量的加和，如 $R = (u'a + v'b + w'c) + (ua + vb + wc)$。该式可以改写为 $R = (u' + u)a + (v' + v)b + (w' + w)c$，可以理解为晶胞内处于 $u'v'w'$ 位置的点向 $a$、$b$、$c$ 轴方向分别平移 $ua$、$vb$、$wc$。

晶向和晶面是晶体几何学中的重要概念，分别用晶向指数和晶面指数来表述。为表示点阵中的某条直线所指向的方向，首先过原点做与该直线平行的直线，选取直线上与原点最近的点，用该点矢量来表示方向。例如，与某晶向平行的一条直线过原点和坐标为 $u'v'w'$ 的点，则该方向可以表示为 $[u'v'w']$。$[u'v'w']$ 称为晶向指数，代表与给定直线平行的晶向。由于过原点和 $u'v'w'$ 的直线必过 $2u'2v'2w'$、$3u'3v'3w'$、$4u'4v'4w'$、$\cdots$、$nu'nv'nw'$。所以晶向通常用最小的互质的整数来表示。例如，$\left[\frac{1}{2} \frac{1}{2} \frac{1}{2}\right]$、$[1 1 1]$、$[2 2 2]$ 表示的是同一个晶向，通常用 $[1 1 1]$ 来表示。如果 $u'v'w'$ 为负数，可以写为 $[\bar{u}vw]$。在晶体或点阵中，由于对称性的关系，有一些方向是等价的，这些等价的方向称为晶向族，可以表示为 $<uvw>$。比如立方晶胞中的四条体对角线对应的方向 $[111]$、$[1\bar{1}\bar{1}]$、$[\bar{1}\bar{1}1]$、$[11\bar{1}]$ 在数学上和物理上都是等价的，所以它们可以用 <111> 来表示。晶体学轴 $a$、$b$、$c$ 对应的晶向指数分别为 $[100]$、$[010]$、$[001]$。

点阵中的晶面可以用英国晶体学家米勒提出的方法描述。最一般的情况，晶面分别与三个晶体学轴相交，显然可以利用与三个轴的截距来描述晶面。然而，当晶面与某个轴平行时，截距可以认为是无穷大。为了避免这种情况，米勒提出使用截距的倒数并转化为互质的整数来描述，这种表示方法也称之为米勒指数。某晶面与三个轴的截距为 $\frac{1}{h}a$、$\frac{1}{k}b$、$\frac{1}{l}c$，则该晶面的晶面指数为 $(hkl)$（见图 1.12）。例如，与 $c$ 轴平行的一个晶面与

$a$、$b$ 轴截距为 $\frac{1}{5}a$、$\frac{1}{2}b$，则该晶面可以表示为 (520)。

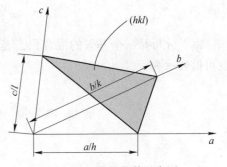

图 1.12 米勒指数示意图

对于点阵中的任一平面都存在无穷多与之平行的等价平面，其中必有一个平面过原点，通常选择离原点最近的一个平面来确定米勒指数，并且用这个米勒指数来表示所有与之等价的平面。(100)、(200)、(300) 三组晶面显然相互平行，但它们并不等价。不难发现，(200) 晶面之间的间距是 (100) 面之间的面间距的 1/2，如图 1.13 所示；(300) 晶面间距是 (100) 的 1/3，即 ($nh\ nk\ nl$) 的面间距是 ($hkl$) 的 $1/n$。晶面间距通常表示为 $d_{hkl}$，其数值与晶面指数 ($hkl$) 以及晶胞参数相关。晶面指数越高，面间距越小，位于晶面上的结点间隔越远。

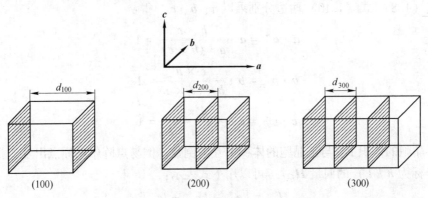

图 1.13 晶面的米勒指数与面间距

与晶向族类似，由于对称性导致的相互等价的晶面称为晶面族，用 $\{hkl\}$ 表示，如在立方晶系中，(111)、(11$\bar{1}$)、($\bar{1}$11)、(1$\bar{1}$1)、($\bar{1}\bar{1}$1)、(1$\bar{1}\bar{1}$)、($\bar{1}$1$\bar{1}$)、($\bar{1}\bar{1}\bar{1}$) 都是等价面，可以称作同一晶面族，写做 $\{111\}$。对于立方晶系，某一个方向的晶向指数为 $[hkl]$，则该方向垂直于晶面指数为 ($hkl$) 的晶面。

### 1.2.3 倒易点阵

倒易点阵（reciprocal lattice）又称为倒易格子，是晶体学中非常重要的概念和工具，可用于解释衍射图的成因，简化某些计算问题。

倒易点阵可以按一定规则基于真实三维点阵（正点阵）获得。首先定义三维点阵中三个方向基矢为 $a$、$b$、$c$，则倒易点阵的基矢（$a^*$、$b^*$、$c^*$），可以定义为：

$$a^* = \frac{b \times c}{a \cdot (b \times c)} \qquad (1.5)$$

$$b^* = \frac{c \times a}{b \cdot (c \times a)} \qquad (1.6)$$

$$c^* = \frac{a \times b}{c \cdot (a \times b)} \tag{1.7}$$

由于分母是三个基矢的混合积，表示以 $a$、$b$、$c$ 为棱的平行六面体的体积，所以上式也可以表示为：

$$a^* = \frac{b \times c}{V} \tag{1.8}$$

$$b^* = \frac{c \times a}{V} \tag{1.9}$$

$$c^* = \frac{a \times b}{V} \tag{1.10}$$

根据向量的运算法则，$a^*$ 显然与矢量 $b$ 和 $c$ 所确定的平面垂直，同理 $b^*$ 与 $a$、$c$ 垂直，$c^*$ 与 $a$、$b$ 垂直。可以表示如下：

$$a^* \cdot b = a^* \cdot c = b^* \cdot a = b^* \cdot c = c^* \cdot a = c^* \cdot b = 0 \tag{1.11}$$

将式（1.8）~式（1.10）两边分别乘以 $a$、$b$、$c$，得：

$$a \cdot a^* = a \cdot \frac{b \times c}{a \cdot (b \times c)} = 1 \tag{1.12}$$

$$b \cdot b^* = b \cdot \frac{c \times a}{b \cdot (c \times a)} = 1 \tag{1.13}$$

$$c \cdot c^* = c \cdot \frac{a \times b}{c \cdot (a \times b)} = 1 \tag{1.14}$$

倒易晶胞的体积 $V^*$ 与正晶胞的体积 $V$ 互为倒数。倒易点阵中从原点出发的指向任意一点（坐标为 $h\,k\,l$）的向量 $H_{hkl}$，可以用下式表示：

$$H_{hkl} = ha^* + kb^* + lc^* \tag{1.15}$$

$H_{hkl}$ 垂直于正点阵中米勒指数为（$hkl$）晶面，其长度 $|H_{hkl}|$ 等于（$hkl$）晶面间距的倒数，即 $|H_{hkl}| = 1/d_{hkl}$。

以图 1.14 为例说明正点阵中晶面与倒易点阵中结点的对应关系。图 1.14（a）和图 1.14（b）分别为立方晶胞的正点阵和倒易点阵。对于立方晶系，正点阵基矢与倒易点阵基矢方向一致。图 1.14（a）中标出了与 $c$ 轴平行的（210）和（110）晶面的位置，图 1.14（b）标出了倒易点阵中矢量 $H_{210}$ 和 $H_{110}$，可以看到他们分别与具有相同指数的晶面垂直，不难验证 $H_{210}$ 和 $H_{110}$ 的长度是（210）和（110）面间距的倒数。在晶体学中如果描述一组平行的晶面，需要描述其方向（$hkl$），以及晶面间距 $d_{hkl}$，而在倒易点阵中只需使用 $H_{hkl}$ 这个向量就可以了。正点阵中的一组晶面对应倒易点阵中的一个结点。正点阵与倒易点阵具有相同的对称性。可见，引入倒易点阵极大地简化了晶面与晶面指数的表达，可以与衍射图样直接关联，使衍射原理的表达更加简洁。

## 1.3　晶体对 X 射线的衍射

当某一波与某一质点相互作用时，会以该质点为中心向周围各个方向发射散射波，如果不发生能量损失，散射波的波长与入射波相同，这个过程被称为弹性散射。在三维空

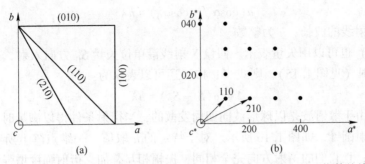

图 1.14　正点阵（a）与对应的倒易点阵（b）中晶向指数与晶面指数的关系

间，弹性散射波是球形发散的。如果该入射波与 2 个或更多的质点相互作用发生散射，会以这些物体为中心产生波长相等的球面波。这些球面波如果沿相同方向传播时，就会发生干涉，相位相同则加强，如果相位完全相反则被抵消。如果波被周期排列的质点散射，则某方向的散射光的强度会因发生相长干涉增强许多倍，这就是晶体衍射的原理。

从物理学理论可知，只有当波的波长与质点间距离相当时才能观察到衍射。如果想观察到晶体衍射，入射光波长应与最短的原子间距离相当。晶体中原子间距离通常在 0.05 ~ 0.25nm 之间的，X 射线作为一种电磁波，其波长恰好可以满足此条件。

当 X 射线穿透物质时，会发生相干散射、非相干（或康普顿）散射、吸收等效应。在讨论 X 射线与晶体相互作用发生衍射时，由于非相干散射和 X 射线吸收效应不显著，常常忽略它们，只考虑相干散射。

X 射线主要被电子散射，所以电子密度会影响衍射强度的分布。为便于理解，在此不考虑由于原子中的电子之间距离所引起的衍射效应，而是把原子近似地看成为引起次级 X 射线散射波的质点，并且认为从一个原子所发射出来的次级 X 射线波，在各个方向上均有相同的振幅，其大小取决于该原子中的电子数目。

### 1.3.1　点阵的衍射几何

#### 1.3.1.1　一维点阵的衍射

首先以最简单一维点阵为例，讨论 X 射线的衍射效应。如图 1.15 所示，A 和 B 是一维点阵中相距为 $a$ 的两个相邻原子。假设有一束平行的 X 射线以与该点阵成 $\alpha_0$ 的夹角入射，被照射各原子即发出散射 X 射线。要使散射线相互干涉后在与一维点阵成 $\alpha_h$ 夹角的方向上产生衍射，那么相邻两原子的散射线之间的光程差应为波长 $\lambda$ 的整数倍。从图 1.15 可知，光程差 $\Delta$ 应等于：

$$\Delta = (EA + AD + DG) - (FC + CB + BH) \tag{1.16}$$

显然，$EA = FC$，$DG = BH$，所以代入式（1.16），应有：

$$\Delta = AD - CB \tag{1.17}$$

又因为 $AD = a\cos\alpha_h$，$CB = a\cos\alpha_0$，代入式（1.17）可得：

$$\Delta = a\cos\alpha_h - a\cos\alpha_0 \tag{1.18}$$

若要发生衍射，式（1.18）中的光程差 $\Delta$ 必须等于波长的整数倍，所以一维点阵衍射得以发生的方程如下：

$$a(\cos\alpha_h - \cos\alpha_0) = h\lambda \tag{1.19}$$

式中，$\lambda$ 为 X 射线的波长；$h$ 为整数。

式（1.19）也可以用矢量表示。假设 X 射线沿单位矢量 $S_0$ 方向入射，沿着单位矢量 $S$ 方向发生衍射（见图 1.15），则式（1.19）还可以表示为：

$$\Delta = a(S - S_0) = h\lambda \tag{1.20}$$

实际上，由于散射波是以球形波向四周发散的，当衍射条件得以满足时，无限多的衍射直线构成衍射圆锥，如图 1.16 所示。对于特定的 $h$ 取值，一维点阵上所有结点都产生一个衍射圆锥，且它们的衍射方向完全相同，振幅相互叠加，衍射强度增强，因此可以将所有衍射锥叠加起来看作一个整体。

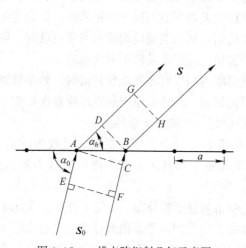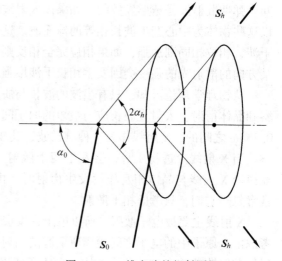

图 1.15　一维点阵衍射几何示意图　　　　　图 1.16　一维点阵的衍射圆锥

### 1.3.1.2　二维点阵的衍射

选取基矢为 $a$ 和 $b$ 的二维点阵来讨论发生衍射的情况。根据一维点阵的讨论，对 $a$ 轴方向的相邻结点，若要发生散射干涉加强，光程差必须满足为波长的整数倍，即必须满足式（1.19）：

$$a(\cos\alpha_h - \cos\alpha_0) = h\lambda$$

同理，对于 $b$ 轴方向上的结点，若要发生散射干涉加强，需满足式（1.21）：

$$b(\cos\beta_k - \cos\beta_0) = k\lambda \tag{1.21}$$

式中，$\beta_k$ 及 $\beta_0$ 分别为入射线和次级衍射线与 $b$ 轴之间的夹角；$k$ 为整数。

对于二维点阵，必须同时满足式（1.19）和式（1.21），才能发生衍射：

$$\begin{cases} a(\cos\alpha_h - \cos\alpha_0) = h\lambda \\ b(\cos\beta_k - \cos\beta_0) = k\lambda \end{cases}$$

上式也可以矢量表示为：

$$\begin{cases} a \cdot (S - S_0) = h\lambda \\ b \cdot (S - S_0) = k\lambda \end{cases}$$

可按一维点阵画衍射锥的方法将二维点阵两个方向上的衍射锥分别画出来，如图

1.17 所示。显然同时满足上式干涉条件的只有两个衍射锥的交线方向，所以，二维点阵的衍射不是衍射锥面而是一些不连续的衍射线。

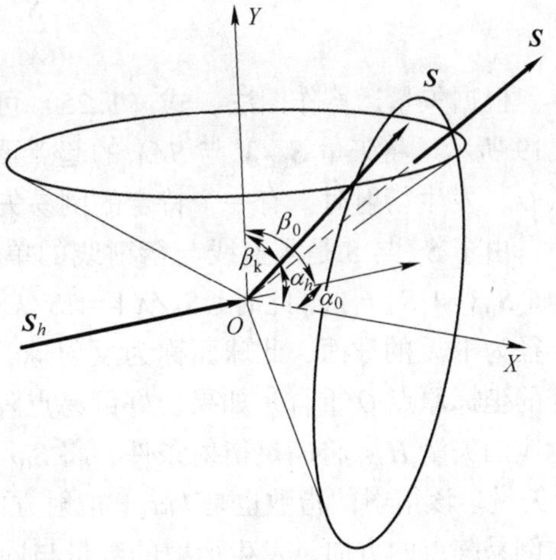

### 1.3.1.3 三维点阵的衍射

在二维点阵衍射的基础上，可以很容易推导三维点阵的衍射方程。对于基矢为 $a$、$b$、$c$ 的三维点阵，若要满足衍射条件，除在 $a$ 轴、$b$ 轴方向上必须分别满足式（1.19）和式（1.21）外，还应在 $c$ 轴方向上满足下式：

$$c(\cos\gamma_l - \cos\gamma_0) = l\lambda \qquad (1.22)$$

因此，三维点阵发生衍射的条件是同时满足下面三式：

$$\begin{cases} a(\cos\alpha_h - \cos\alpha_0) = h\lambda \\ b(\cos\beta_k - \cos\beta_0) = k\lambda \\ c(\cos\gamma_l - \cos\gamma_0) = l\lambda \end{cases}$$

矢量表达式为：

$$\begin{cases} \boldsymbol{a} \cdot (\boldsymbol{S} - \boldsymbol{S}_0) = h\lambda \\ \boldsymbol{b} \cdot (\boldsymbol{S} - \boldsymbol{S}_0) = k\lambda \\ \boldsymbol{c} \cdot (\boldsymbol{S} - \boldsymbol{S}_0) = l\lambda \end{cases}$$

上两式即为劳埃（Laue）方程组。

仍然可以用衍射锥来演示三维点阵的衍射方向，如图 1.18 所示。只有三个衍射锥的交线方向，才能同时满足劳埃方程组，因此三维点阵的衍射也是不连续的衍射线。

也可以用一个方程式来表达劳埃方程组：

$$\boldsymbol{S} - \boldsymbol{S}_0 = \lambda(h\boldsymbol{a}^* + k\boldsymbol{b}^* + l\boldsymbol{c}^*) \quad (1.23)$$

上式即为劳埃方程。其中，$\boldsymbol{a}^*$、$\boldsymbol{b}^*$、$\boldsymbol{c}^*$ 是晶体倒易点阵的基本单位倒易矢量。等式两边分别"点乘"晶体点阵的基本单位矢量 $\boldsymbol{a}$、$\boldsymbol{b}$、$\boldsymbol{c}$，即可获得劳埃方程组。其中，$h$、$k$、$l$ 可以表示衍射方向，被称为衍射指数。

劳埃方程式中的 $h\boldsymbol{a}^* + k\boldsymbol{b}^* + l\boldsymbol{c}^*$ 显然描述了倒易点阵中的一个倒易矢量，可以用 $\boldsymbol{H}_{hkl}$ 简单表示。所以劳埃方程可以简写成：

$$\boldsymbol{S} - \boldsymbol{S}_0 = \lambda\boldsymbol{H}_{hkl} \tag{1.24}$$

上式是一个非常重要的表达式，它将 X 射线的入射单位矢量、衍射单位矢量和晶体倒易点阵中的倒易矢量联系在了一起。

### 1.3.1.4 劳埃方程与反射球

式（1.24）可以改写成为式（1.25）：

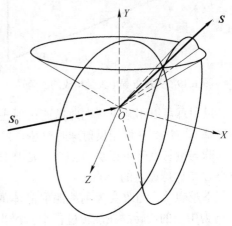

图 1.17　二维点阵衍射锥及衍射方向

图 1.18　三维点阵衍射锥及衍射方向

$$\frac{S}{\lambda} - \frac{S_0}{\lambda} = \boldsymbol{H}_{hkl} \tag{1.25}$$

根据矢量运算作图法,式(1.25)可以画成三个矢量构成的一个等腰三角形,如图 1.19 所示。将矢量 $S_0/\lambda$ 与 $S/\lambda$ 的起点重合,将矢量 $S_0/\lambda$ 的终点置于倒易点阵的坐标原点 $O$。发生衍射时,有一个特定的倒易矢量 $\boldsymbol{H}$ 由坐标系原点 $O$ 起,指向矢量 $S/\lambda$ 的终点。

由于 $S_0$ 与 $S$ 是入射线与衍射线的单位矢量,为作图方便,可用 1 作为它们的标量,即 $|S_0|=|S|=1$,此时 $|S_0/\lambda|=|S/\lambda|=1/\lambda$。以矢量 $S_0$ 的起点为中心($C$ 点)画一个半径为 $1/\lambda$ 的球面,此球面称为反射球,如图 1.20 所示。将矢量 $S_0/\lambda$ 的终点与倒易点阵的坐标原点 $O$ 重合。如果恰好倒易点阵的某一指数为 $hkl$ 的阵点落在球面上,那么它对应的矢量 $\boldsymbol{H}_{hkl}$ 将满足衍射条件,将 $S_0/\lambda$ 矢量的起点与 $\boldsymbol{H}$ 矢量的终点相连接就是衍射线 $S$ 矢量。该衍射的指数也是 $hkl$。衍射方向可以简单地理解为从反射球中心到落在球面上的倒易阵点的方向。发生衍射的数量与同一时间内落在球面上的倒易阵点的数量一致。

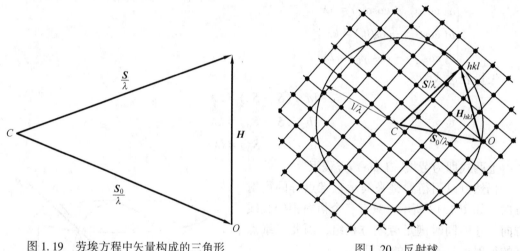

图 1.19 劳埃方程中矢量构成的三角形      图 1.20 反射球

反射球可以用来更直观地描述衍射现象,有助于理解衍射原理,是阐释 X 射线衍射一种基本方法。在使用反射球时要注意,球上的 $O$ 点应与倒易点阵坐标系原点保持重合,反射球与倒易点阵可以绕 $O$ 点为中心作任意旋转。入射线 $S_0$ 矢量永远是通过反射球的球中心 $C$ 指向球面上的 $O$ 点。

不难想象,当改变 X 射线照射晶体的角度时,相当于倒易点阵相对于反射球以重合点 $O$ 为中心的旋转。在旋转过程中,每当有倒易阵点与球面相交时,都会沿 $S$ 方向发生衍射。另一方面,当改变入射的 X 射线波长时,就相当于反射球的半径发生改变,波长越长,反射球就越小。如果波长 $\lambda$ 等于或大于晶体的某一面族面间距 $d$ 的两倍时,则不会发生该面族的衍射。

单个晶体的倒易点阵是在空间规则排列的阵点,根据反射球图解可知,单晶体的衍射花样是一系列规则排列的衍射斑点。而多晶体(如晶体粉末)可以看做由无数个任意取向的晶粒组成,可以想象成倒易点阵绕原点任意旋转,所以其某一晶面($hkl$)的倒易点构成一个倒易球壳,显然此倒易球壳对应于一个晶面族 $\{hkl\}$。多晶体不同晶面对应不同半径的同心倒易球壳,它们与反射球相交,得到一系列圆环,衍射线由反射球心指向圆上

各点形成半顶角为 $2\theta$ 的衍射锥。当我们用垂直于入射线放置的底片接收衍射线时，就得到一系列同心圆环——衍射环，也称德拜环；若用计数器接收衍射线，就可从记录仪上得到一系列衍射峰构成的衍射谱。其中，每一衍射环（或衍射峰）对应一定 $d$ 值的衍射面。图 1.21 描述了多晶体的倒易点阵（一系列同心的倒易球面）、衍射环的形成及多晶体衍射花样的特点。由于系统消光的存在，有时和反射球相交的结点不一定都有衍射产生。

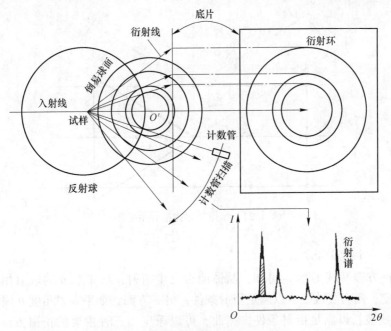

图 1.21　多晶衍射谱图的形成示意图

### 1.3.1.5　布拉格方程

1912 年，英国物理学家布拉格（Bragg）父子提出了著名的布拉格方程。该方程对 X 射线衍射的原理做出了更直观、更容易理解的解释。利用人们更熟悉的"反射"的形式，布拉格方程式可以从图 1.22 直观地推导出来。图 1.22 给出晶体点阵中（$h_0k_0l_0$）晶面族在纸面上的投影，而直线是晶面族的面法线。X 射线沿 $S_0$ 方向以 $\theta$ 角对该晶面族入射，并以同样的 $\theta$ 角从晶面族各平面沿 $S$ 方向反射。只有当 X 射线从晶面族的两个相邻平面入射和反射的光程差为波长整数倍时，X 射线在这面族相邻平面之间的干涉得以加强，衍射才能发生。X 射线在相邻两平面的入射和反射的光程差应为：

$$\Delta = CB + BD \tag{1.26}$$

将 $CB$、$BD$ 用面间距 $d$ 表示，可得：

$$CB = BD = d_{hkl}\sin\theta \tag{1.27}$$

所以光程差可以表示为：

$$\Delta = 2 d_{hkl}\sin\theta \tag{1.28}$$

发生衍射的条件必须是光程差 $\Delta$ 为整数波长（$n\lambda$），那么式（1.28）可以写为：

$$2d_{hkl}\sin \theta_{hkl} = n\lambda \tag{1.29}$$

式（1.29）即为布拉格方程。$\theta_{hkl}$ 是 X 射线在（$h_0k_0l_0$）晶面族上以光程差为 $n$ 倍波长 $\lambda$

时所发生衍射的衍射角。在布拉格方程中整数 $n$ 表示衍射的级数。对于某一特定的具有面间距 $d_{hkl}$ 的 $(h_0k_0l_0)$ 面族,满足式 (1.29) 的衍射条件时,光程差为 $n$ 倍波长 $\lambda$ 时的衍射称为 $(h_0k_0l_0)$ 晶面族的第 $n$ 级衍射,而 $\theta_{hkl}$ 就是 $(h_0k_0l_0)$ 面族第 $n$ 级衍射的衍射角。

需要注意的是,布拉格方程是基于 X 射线对晶面族中的平面的反射,但本质上并不是真正的反射,而仍然是衍射。

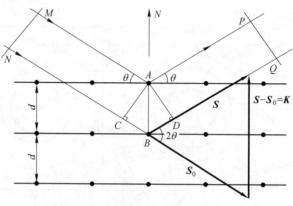

图 1.22    布拉格定律推导示意图

### 1.3.1.6   衍射实验方法

由布拉格方程(式 1.29)可知,晶体能否发生衍射,与 $\lambda$ 和 $\theta$ 的取值相关。如果 X 射线波长固定,则需要改变 $\theta$ 以满足衍射条件;另一方面,如果入射角度 $\theta$ 固定不变,则需改变 X 射线波长以满足衍射条件。据此,可以派生出三种主要的衍射方法,如表 1.3 所示。

表 1.3    X 射线衍射分析方法

| 方　　法 | 晶体 | $\lambda$ | $\theta$ |
|---|---|---|---|
| 劳埃法 | 单晶体 | 变化 | 不变化 |
| 周转晶体法 | 单晶体 | 不变化 | 变化(部分) |
| 粉末照相法 | 多晶体 | 不变化 | 变化 |

#### A   劳埃法

图 1.23 是劳埃法的实验装置示意图。劳埃法中,根据 X 射线源、晶体、底片的位置不同可分为透射法和反射法,底片为平板型,与入射线垂直放置。劳埃法使用单晶体和连续谱的 X 射线。单晶体固定到台架上之后,任何晶面相对于入射 X 射线的方位固定,即 $\theta$ 角一定。由布拉格方程可知,针对一组 $(hkl)$ 晶面的面间距 $d_1$,产生反射时,连续谱中只有一个合适的波长 $\lambda_1$ 对反射起作用,在布拉格方向 $2\theta$ 上产生衍射斑点 $P_1$。对于另一个晶面间距 $d_2$,由连续谱中波长为 $\lambda_2$ 的 X 射线生成衍射斑点 $P_2$。在得到的劳埃照片上每个斑点到中心的距离 $t$ 可换算成 $2\theta$ 角:

$$\tan 2\theta = t/D \tag{1.30}$$

式中,$D$ 为试样到底片的距离。根据式 (1.30) 可知照片上各个点对应的是哪组晶面,再进一步可得到晶体取向、晶体不完整性等信息。

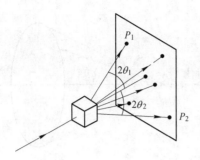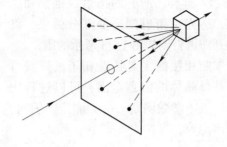

图 1.23 劳埃法装置示意图

### B 周转晶体法

周转晶体法是使用单色的 X 射线照射单晶体的一种方法，装置如图 1.24 所示。将单晶体的某一晶轴或某一重要的晶向垂直于 X 射线安装，再将底片在单晶体四周围成圆筒形。拍照时让晶体绕选定的晶向旋转，转轴与圆筒状底片的中心轴重合。

周转晶体法的特点是入射线的波长 $\lambda$ 不变，而依靠旋转单晶体以连续改变各个晶面与入射线的 $\theta$ 角来满足布拉格方程的条件。在单晶体不断旋转的过程中，某组晶面会于某个瞬间和入射线的夹角恰好满足布拉格方程，于是在此瞬间便产生一根衍射线束，在底片上感光出一个感光点。周转晶体法的主要用途是确定未知晶体的晶体结构。

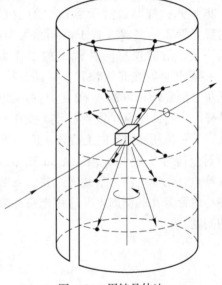

图 1.24 周转晶体法

### C 粉末照相法

粉末照相法用单色的 X 射线照射多晶体试样，利用晶粒的不同取向来改变 $\theta$ 以满足衍射条件。多晶体试样多采用粉末、多晶、块状、板状、丝状等试样。如图 1.25 所示，如果用单色 X 射线以掠射角 $\theta$ 照射到 O 点处单晶体的一组晶面 $(hkl)$ 时，在布拉格条件下会衍射出一条线 OP，在照片上照出一个点 P。如果能让这组晶面绕入射线为轴旋转，并保持 $2\theta$ 不变，则会以 OP 为母线画出一个圆锥。从实验的角度来说，对一个未知的试样很难找到这样一组晶面并且让它绕入射 X 射线稳定地旋转。如果将单晶体研成粉末，则在一定体积的粉末中有数量相当大的颗粒和 $(hkl)$ 晶面，由于这些粉末颗粒在空间取向随机分布，这样就可在空间任意方位上都可以找到 $(hkl)$ 晶面，当 X 射线照射到粉末试样上之后，总会有足够多的 $(hkl)$ 晶面满足布拉格方程，在 $2\theta$ 方向上产生衍射，衍射线形成像单晶体旋转似的衍射圆锥。这样试样不必转动，即可在满足布拉格条件的任何方向上找到反射线，就像一个晶面旋转一样，衍射线分布在 $4\theta$ 顶角的圆锥上。由布拉格方程可知，当 $\lambda$ 一定时，对应于 $(h_1k_1l_1)$ 晶面必然有一个相应的 $4\theta$ 角圆锥；测定时可以将一张长条底片以试样为中心围成圆筒，如图

1.25 所示。这样，所有的衍射圆锥都和底片相交，感光出衍射圆环的部分弧段，将底片展开即可得到如图 1.25 所示的图样。

粉末照相法的主要特点在于试样获得容易、获得晶体的信息全面，可以进行物相分析、点阵参数测定、应力测定、织构、晶粒度测定等。

D　衍射仪法

衍射仪法的原理与粉末照相法类似，衍射仪采用可沿圆周移动的检测器代替粉末照相法中的环形底片。装置示意图如图 1.26 所示，样品放置于测角仪的中心，X 射线光管和检测器放置于以样品为中心的圆周上。衍射仪有两种常见的工作方式：（1）固定 X 射线光管位置，样品和检测器同步分别旋转 $\theta$ 和 $2\theta$；（2）更常用的是保持样品不动，即令样品平面保持水平，X 射线光管和检测器同步向上旋转 $\theta$ 角。现代的衍射仪通常使用 Bragg-Brentano 光路几何，

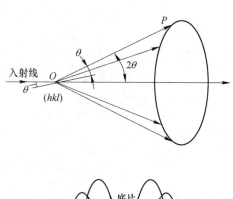

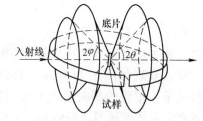

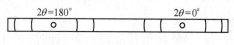

图 1.25　粉末衍射法示意图

其特点是先将单色 X 射线通过狭缝发散照射到样品平面上，然后衍射光会聚焦在距样品中心位置为 $R$ 的圆周上。这种光路解决了无法聚焦的老式衍射仪数据衍射峰宽、强度弱的问题。

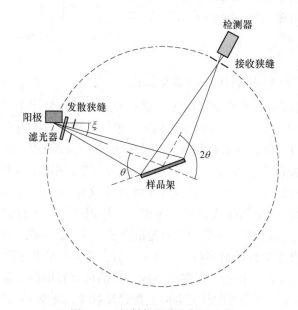

图 1.26　衍射仪光路几何示意图

### 1.3.2 X 射线衍射强度

对晶体进行结构分析的目的是获得晶体的晶胞参数、组成以及原子在晶胞中的位置等信息。这些信息主要通过确定两类信息获得：一是衍射方向，即 $\theta$ 角，二是衍射强度。在 X 射线波长 $\lambda$ 一定的情况下，衍射方向取决于晶面间距 $d$，可以利用布拉格方程来描述，反映了晶胞的大小以及形状因素，而衍射强度可以反映原子种类以及其在晶胞中的位置。在合金的定性分析、定量分析、固溶体点阵有序化及点阵畸变分析时，所需的许多信息必须从 X 射线衍射强度获得。布拉格方程仅能确定衍射方向，无法描述衍射强度。

X 射线衍射强度反映在衍射谱图上就是衍射峰的高低或积分面积，严格地说就是单位时间内通过与衍射方向相垂直的单位面积上的 X 射线光量子数目，但它的绝对值的测量既困难又无实际意义，所以衍射强度往往用同一衍射图中各衍射线强度（积分强度或峰高）的相对比值即相对强度来表示。

有多种因素会影响衍射强度，本节分析这些影响因素的来源和对衍射强度的影响规律。为此，这里将从一个电子到一个原子，再到一个晶胞讨论晶体的衍射强度，然后讨论粉末多晶体的衍射强度问题。

#### 1.3.2.1 单个电子对 X 射线的散射

X 射线是电磁波，根据光的电磁理论，在与其传播方向垂直的方向上具有交互变换的电场矢量和磁场矢量。光与物质相互作用的过程中主要是电场矢量发挥作用。当 X 射线照射电子的时候，在变换的电场作用下，电子将绕其平衡位置产生受迫振动；而带电粒子加速或加速运动又会发射新的电磁波，新生成的 X 射线就叫做 X 射线散射线，它是向周围所有方向发射的。当散射线与入射线具有相同的波长、频率和确定的相位差时，这种散射称为相干散射，也叫弹性散射。

汤姆逊（J. J. Thomson）最早提出了自由电子散射电磁波的理论。距散射电子 $r(\mathrm{m})$ 处的散射强度，可以用式（1.31）描述：

$$I = I_0 \left(\frac{\mu_0}{4\pi}\right)^2 \left(\frac{e^4}{m^2 r^2}\right) \sin^2\alpha = I_0 \frac{K}{r^2} \sin^2\alpha \qquad (1.31)$$

式中，$I_0$ 为入射光强度；$e$ 为一个电子的电量；$m$ 为电子的质量；$\mu_0$ 为真空介电常数；$K$ 为常数；$\alpha$ 为散射方向与电子振动方向的夹角。入射 X 射线通常是非偏振光，也就是说电矢量 $E$ 的振动方向是无规则的，他们相对于光的传播方向形成轴对称分布，因此可将入射光的电矢量分解为两个正交的、振幅相等的分矢量，如图 1.27 所示。

$$E^2 = E_y^2 + E_z^2 \qquad (1.32)$$

电矢量的总的振幅的平方等于两个方向的振幅平方之和。由于电矢量的分布完全是随机的，所以在相互垂直的两个方向上的振幅是相等的。因此：

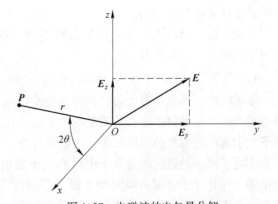

图 1.27　电磁波的电矢量分解

$$E_y^2 = E_z^2 = \frac{1}{2}E^2 \tag{1.33}$$

入射 X 射线的强度与其对应的电矢量的平方成正比，所以入射 X 射线在两个方向上的强度为：

$$I_{0y} = I_{0z} = \frac{1}{2}I_0 \tag{1.34}$$

假设入射 X 射线沿 $Ox$ 方向传播（见图 1.27），在 $O$ 处遇到一个电子，散射线经过 $xz$ 平面中的 $P$ 点。其中，$OP$ 与 $x$ 轴夹角为散射角 $2\theta$，$OP$ 与 $z$ 轴夹角为 $\alpha$。可将 $P$ 点处的散射强度分解为两个方向。对于 $y$ 轴方向的分量，由于 $OP$ 与 $y$ 轴垂直，所以 $\alpha = \pi/2$，代入式（1.31），可得：

$$I_{Py} = I_{0y}\frac{K}{r^2} \tag{1.35}$$

对于 $z$ 轴方向的分量，$\alpha = \pi/2 - 2\theta$，其强度可以表示为：

$$I_{Pz} = I_{0z}\frac{K}{r^2}\cos^2 2\theta \tag{1.36}$$

所以在 $OP$ 方向总的散射强度是两个强度分量的加和：

$$\begin{aligned}
I_P &= I_{Py} + I_{Pz} \\
&= \frac{K}{r^2}(I_{0y} + I_{0z}\cos^2 2\theta) \\
&= \frac{K}{r^2}\left(\frac{I_0}{2} + \frac{I_0}{2}\cos^2 2\theta\right) \\
&= I_0\frac{K}{r^2}\left(\frac{1 + \cos^2 2\theta}{2}\right)
\end{aligned} \tag{1.37}$$

式中，$K = 7.94 \times 10^{-30}\,\text{m}^2$，所以散射强度远小于入射强度，而且散射强度也与距散射电子的距离的平方成反比。汤姆逊公式（式(1.31)）给出了电子散射的绝对强度，然而实际上强度的绝对值很难测量，也不容易计算，所以在实际应用中使用的是相对强度。在实际测试中，式（1.37）中括号前边的部分为常数，发生变化的是括号之内的数值。由于 $2\theta = 0$ 或 $\pi$ 时 $\cos^2 2\theta$ 值最大，即向正前方和正后方散射的强度最大，因此散射的 X 射线在各个方向上的强度并不相等，相当于被偏振化了，所以括号之内的函数称为偏振因子，这在后面的强度计算中都会用到。

非相干散射因其波长与入射 X 射线不同，不可能产生衍射现象，但是它的存在会给衍射谱图相带来不利的背底。

### 1.3.2.2　一个原子对 X 射线的散射

原子的原子核也带有电荷，显然也会受电场作用，产生散射。然而根据汤姆逊公式，带电粒子的产生散射强度与其质量的平方成反比，原子核的质量远远大于电子质量，因而原子核引起的散射线的强度极弱，可以不考虑。

多电子原子的散射波是原子中所有电子散射波合成的结果。对于原子序数为 $Z$ 的原子中的 $Z$ 个电子，在某一瞬间处于原子空间的不同位置上，所以在某个方向上同一原子中的各个电子的散射波的相位不可能完全一致。为便于理解，图 1.28 将各个电子按玻尔原子模型分层排列，说明原子对 X 射线的散射情况。入射 X 射线分别照射到原子中任意两个电子 $A$ 和 $B$，如果在直射方向上（$XX'$，$2\theta=0$）观察，由于在散射前后所经过的路程相同，故合成波振幅等于各电子散射波振幅之和。在其他的任意方向（如 $YY'$ 方向）上不同的电子散射的 X 射线存在光程差。由于原子半径小于 X 射线波长，不可能产生波长整数倍的光程差，因此导致了电子散射波合成会有所损耗，即原子散射波强度 $I_a < ZI_e$。为评价一个原子将 X 射线向特定方向散射时的效率，引入原子散射因子 $f$（$f \leqslant Z$），其数值等于在相同条件下原子散射波与一个电子散射波的波振幅之比：

$$f = \frac{A_a}{A_e} \qquad (1.38)$$

式中，$A_a$、$A_e$ 分别为原子散射波振幅和电子散射波振幅。原子散射因子也可以理解为以一个电子散射波振幅为基本单位来表达的一个原子的散射波振幅，所以有时也叫原子散射波振幅。$f$ 的大小与 $\theta$ 有关：当 $\theta = 0$ 时，$f = Z$；当 $\theta$ 增大时，散射波之间光程差变大，$f$ 减小。$f$ 的大小也与波长 $\lambda$ 有关，在 $\theta$ 固定不变时，$\lambda$ 越大，$f$ 越小，因为光程差与 $\lambda$ 差距变大。在应用时，$f$ 值可查表获得。散射因子有时也被称为形状因子（form factor），因为它描述了电子在原子核外的分布。

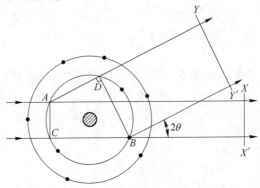

图 1.28 一个原子对 X 射线的散射示意图

当 X 射线照射原子时，会同时产生相干散射和非相干散射，但只有相干散射之间可以发生衍射。衍射强度显然与这两种散射强度的比值有关。当光子与受核束缚较弱的电子碰撞时，更容易发生非相干散射，因此衍射强度与原子中受核束缚较弱的电子所占比例有密切关系。原子序数较低的原子，由于核电荷数较小，电子受核吸引力也较小，产生非相干散射占比较大，所以实验中很难得到含有碳、氢、氧等轻元素有机化合物的高质量的衍射花样。

### 1.3.2.3 一个晶胞对 X 射线的散射

为了得出一个晶体衍射强度的表达式，需要考虑晶体中所有原子的相干散射。由于晶体中原子是周期性规则排列的，晶体只是晶胞在三维空间的重复，所以讨论一个晶胞中的原子排列如何影响衍射强度就足够了。另一方面，晶体能否发生衍射受布拉格定律制约，在不满足布拉格定律的情况下一定不会发生衍射；然而，有时即使布拉格定律得到满足，某些晶体的特定原子平面仍然不会发生衍射，这是因为特定的原子排列，发生了消光现象。因此，在满足布拉格定律的条件下，应找到衍射强度与晶体中原子位置的函数。

　　与前面讲过的单个电子的散射情况类似，除了直接指向正前方的散射外，其他任意方向的散射线，都与入射线存在相位差。同样，除了在入射线前进的方向的散射外，由晶胞内的各个原子散射波的相位不一定相同。确定由原子排列导致的相位差是一个重要问题。为了简化问题，以一个正交的晶胞为例，找到位于原点的原子与另一个仅在 $x$ 轴方向上平移的原子的相位差，其截面如图 1.29 所示。

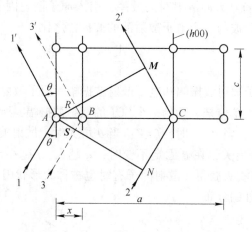

图 1.29　原子坐标对相位差的影响

　　原子 $A$ 位于原点，调整入射光 $S_0$ 的方向，使其发生 $h00$ 衍射。散射光 $2'$ 与 $1'$ 的光程差可以表示为：

$$\delta_{2'1'} = MCN = 2d_{h00}\sin\theta = \lambda \tag{1.39}$$

根据米勒指数的定义有：

$$d_{h00} = AC = \frac{a}{h} \tag{1.40}$$

　　如果有一个原子 $B$ 位于 $A$ 和 $C$ 之间，会有何影响？可以不考虑其他方向上的原子，因为只有这个方向上的原子才会满足 $h00$ 衍射的条件。图 1.29 中由 $B$ 发出的散射线 $3'$ 与 $1'$ 的相位差显然小于 $\lambda$，可以表示为：

$$\delta_{3'1'} = RBS = \frac{AB}{AC}(\lambda) = \frac{x}{a/h}(\lambda) \tag{1.41}$$

相位差既可以用角度表示，也可以用光程差和波长表示。有如下关系式：

$$\varphi = \frac{\delta}{\lambda}(2\pi) \tag{1.42}$$

$B$ 发出的散射光与 $A$ 原子散射光的相位差为：

$$\varphi_{3'1'} = \frac{\delta_{3'1'}}{\lambda}(2\pi) = \frac{2\pi hx}{a} \tag{1.43}$$

如果 $B$ 原子的位置用分数坐标，即 $u = x/a$，则相位差可以表示为：

$$\varphi_{3'1'} = 2\pi hu \tag{1.44}$$

同理，可将类似的推导拓展至三维。如图 1.30 所示，$B$ 点的坐标为 $(x, y, z)$，转换成分数坐标为 $u = x/a$，$v = y/b$，$w = z/c$。对于 $hkl$ 衍射，$B$ 点发出的散射与 $A$ 点发出的散

射的相位差为:

$$\varphi = 2\pi(hu + kv + lw) \tag{1.45}$$

虽然式 (1.45) 是由正交晶胞推导出来的, 但适用于所有晶胞形状。如果 A 原子和 B 原子不是同种原子, 则相干的散射光不仅相位不同, 振幅也不同。不同的振幅可用相应的原子散射因子 $f$ 确定。

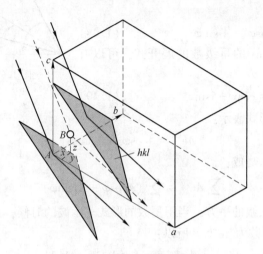

图 1.30 晶胞内原子的衍射

显然, 要获得一个晶胞的衍射强度, 需要将晶胞内所有原子产生的不同相位、不同振幅的散射强度加和。为了便于计算, 通常使用复指数函数形式表示。首先回顾波的合成原理。图 1.31 所示为两束 X 射线的波前电场强度随时间变化的情况, 二者频率 (波长) 相同但位相和振幅不同, 它们可以用正弦周期函数式 (1.46) 和式 (1.47) 表示:

$$E_1 = A_1 \sin(2\pi vt - \varphi_1) \tag{1.46}$$

$$E_2 = A_2 \sin(2\pi vt - \varphi_2) \tag{1.47}$$

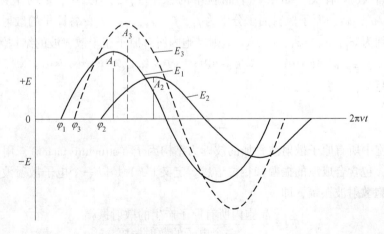

图 1.31 正弦波的合成

从图 1.31 可以看到，虚线所示的合成波也是一种正弦波，但振幅和位相发生了变化。振幅和相位不同的波的合成也可用复数和向量作图法表示。

如图 1.32 所示，可以在复平面上画出波向量，波的振幅和相位分别表示为向量的长度 $A$ 和向量与实轴的夹角 $\varphi$，于是波的解析表达式可用三角式（1.48）表示：

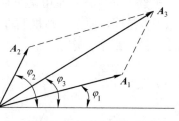

图 1.32　波的矢量加和

$$Acos\varphi + Aisin\varphi \qquad (1.48)$$

考虑 $e^{ix}$、$cosx$、$sinx$ 的幂级数的展开式，可以有如下关系式：

$$e^{ix} = cosx + isinx \qquad (1.49)$$

波可以用复指数形式表示：

$$Ae^{i\varphi} = Acos\varphi + Aisin\varphi \qquad (1.50)$$

多个向量的和可以写成：

$$\sum Ae^{i\varphi} = \sum (Acos\varphi + Aisin\varphi) \qquad (1.51)$$

波的强度正比于振幅的平方，当用复数的形式表示波的时候，这一数值为复数乘以共轭复数，$Ae^{i\varphi}$ 的共轭复数为 $Ae^{-i\varphi}$，所以：

$$| Ae^{i\varphi} |^2 = Ae^{i\varphi} Ae^{-i\varphi} = A^2 \qquad (1.52)$$

上式还可以写成以下形式：

$$A(cos\varphi + isin\varphi)A(cos\varphi - isin\varphi) = A^2(cos^2\varphi + sin^2\varphi) = A^2 \qquad (1.53)$$

之前得到的相位差关系式，任意散射波可以表示为：

$$Ae^{i\varphi} = fe^{2\pi i(hu+kv+lw)} \qquad (1.54)$$

现在回到晶胞散射的问题上来。设单胞中有 $N$ 个原子，各个原子的散射波的振幅和相位各不相同。单胞中所有原子散射波的合成振幅不可能等于各原子散射波振幅简单地相加，而是应当和原子自身的散射能力（原子散射因子 $f$）、与原子之间的位相差 $\varphi$ 以及与单胞中原子个数 $N$ 有关。如果一个晶胞中的原子 1，2，3，…，$n$ 的坐标为 $u_1v_1w_1$，$u_2v_2w_2$，…，$u_nv_nw_n$，原子散射因子分别为 $f_1$，$f_2$，$f_3$，…，$f_n$，各原子的散射波与入射波的相位差分别为 $\varphi_1$，$\varphi_2$，$\varphi_3$，…，$\varphi_n$，则晶胞内所有原子相干散射波的结构因子为：

$$F = f_1 e^{2\pi i(hu_1+kv_1+lw_1)} + f_2 e^{2\pi i(hu_2+kv_2+lw_2)} + f_3 e^{2\pi i(hu_3+kv_3+lw_3)} + \cdots \qquad (1.55)$$

也可以写为：

$$F_{hkl} = \sum_1^N f_n e^{2\pi i(hu_n+kv_n+lw_n)} \qquad (1.56)$$

单位晶胞中所有原子散射波叠加的波即为结构因子（structure factor），用 $F$ 表示，它是一个复数，包含合成波的振幅和相位信息。定义 $| F |$ 是以一个电子散射波振幅为单位所表征的晶胞散射波振幅，即

$$| F | = \frac{晶胞内所有原子产生的散射振幅}{一个电子的散射振幅} \qquad (1.57)$$

进行计算时要把晶胞中所有原子考虑在内。一般的情况下，式中的 $F$ 为复数，它包含了晶胞内原子种类、原子个数、原子位置对衍射强度的影响。

显然，在符合布拉格定律的方向上的衍射强度应正比于 $|F|^2$，也就是正比于散射波振幅的平方。$|F|^2$ 应该用 $F$ 表达式乘以其共轭复数求得。由于式（1.56）给出已知原子位置的晶面的衍射强度，所以在 X 射线晶体学中非常重要。

### 1.3.2.4 结构因子的计算示例

结构因子可以写成复数形式。首先，将各项写为三角函数式，再把实部、虚部合并：

$$F = a + ib \tag{1.58}$$

式中，

$$a = \sum_1^N f_n \cos 2\pi(hu_n + kv_n + lw_n)$$

$$b = \sum_1^N f_n \sin 2\pi(hu_n + kv_n + lw_n)$$

而 $|F|^2 = (a+ib)(a-ib) = a^2 + b^2$。

为方便起见，下面给出常用的几个复数运算的关系式：

$$e^{n\pi i} = (-1)^n，n 为整数$$

$$e^{n\pi i} = e^{-n\pi i}，n 为整数$$

$$e^{ix} + e^{-ix} = 2\cos x$$

（1）简单晶胞的结构因子。最简单的例子是简单格子，即一个晶胞内只有一个原子，位于坐标原点（0，0，0）处，那么可以算出结构因子：

$$F = fe^{2\pi i(0)} = f$$

$$F^2 = f^2$$

可见，$F^2$ 与 $hkl$ 无关，对所有的反射具有相同的值。

（2）底心立方晶胞的结构因子。一个晶胞内有两个同种原子，分别位于 0 0 0 和 $\dfrac{1}{2}\ \dfrac{1}{2}\ 0$，那么：

$$F = fe^{2\pi i(0)} + fe^{2\pi i(h/2 + k/2)}$$

$$= f[1 + e^{\pi i(h+k)}]$$

因为 $(h+k)$ 永远是整数，虚部为 0，$F$ 只能取实数。如果 $h$ 和 $k$ 都是偶数或奇数（称为同性数），那么其和必然是偶数，因而 $e^{\pi i(h+k)} = 1$，其结果为：

$$F = 2f \quad （h、k 为同性数时）$$

$$F^2 = 4f^2$$

另外，如果 $h$ 和 $k$ 为异性数，那么其和必是奇数，$e^{\pi i(h+k)} = -1$，其结果为：

$$F = 0 \quad （h、k 为异性数时）$$

通过以上讨论可以知道，指数 $l$ 的取值不对结构因子产生影响。例如，111、112、113、021、022、023 等衍射的 $F$ 值均相同。011、012、013、101、102、103 等衍射的 $F$ 值均为零。这种现象称为系统消光。

（3）体心立方晶胞的结构因子。一个晶胞内有两个同种原子，分别位于 0 0 0 和 $\dfrac{1}{2}\ \dfrac{1}{2}\ \dfrac{1}{2}$，则：

$$F = f\mathrm{e}^{2\pi\mathrm{i}(0)} + f\mathrm{e}^{2\pi t(h/2+k/2+l/2)}$$

$$= f\left[1 + \mathrm{e}^{\pi\mathrm{i}(h+k+l)}\right]$$

$$F = 2f \qquad 当\,(h+k+l)\,为偶数时;$$

$$F = 4f^2$$

$$F = 0 \qquad 当\,(h+k+l)\,为奇数时$$

$$F^2 = 0$$

通过结构因子的计算可以发现，底心点阵有 001 反射，但体心点阵却不存在 001 反射。所以，当考虑哪些反射存在和哪些反射不存在时，应该用结构因子去计算，而不是采用几何方法，这也是结构因子的一个重要意义。

（4）面心立方晶胞的结构因子。一个晶胞内有四个同种原子，分别位于 $0\,0\,0$、$\dfrac{1}{2}\,\dfrac{1}{2}\,0$、$\dfrac{1}{2}\,0\,\dfrac{1}{2}$、$0\,\dfrac{1}{2}\,\dfrac{1}{2}$，则：

$$F = f\mathrm{e}^{2\pi\mathrm{i}(0)} + f\mathrm{e}^{2\pi\mathrm{i}(h/2+k/2)} + f\mathrm{e}^{2\pi\mathrm{i}(k/2+l/2)} + f\mathrm{e}^{2\pi\mathrm{i}(h/2+l/2)}$$

$$= f\left[1 + \mathrm{e}^{\pi\mathrm{i}(h+k)} + \mathrm{e}^{\pi\mathrm{i}(k+l)} + \mathrm{e}^{\pi\mathrm{i}(h+l)}\right]$$

如果 $h$、$k$、$l$ 为同性数，$(h+k)$、$(k+l)$、$(l+h)$ 必然为偶数，三个复指数函数都等于 1，则 $F = 4f$，$F^2 = 16f^2$；如果 $h$、$k$、$l$ 为异性数，三个复指数函数的和为 $-1$，故有 $F = 0$，$F^2 = 0$。例如，111、200、220 等反射是存在的，而 100、210、112 等反射是不存在的。

可以注意到，在上述结构因子计算中，并没指明晶胞的具体形状和大小。结构因子与晶胞的形状和大小无关。例如，对于任何的体心晶胞，不论它是立方、正方或斜方，只要晶面指数加和 $(h+k+l)$ 等于奇数，则其衍射将完全消失。上述的例子说明了各种布拉维晶胞与衍射花样之间的相关性，现将这种联系汇总于表 1.4。

**表 1.4　几种布拉维点阵的消光规律**

| 布拉维点阵 | 存在的谱线指数 $hkl$ | 不存在的谱线指数 $hkl$ |
|---|---|---|
| 简单 | 全部 | 没有 |
| 底心 | $h+k$ 偶数 | $h+k$ 奇数 |
| 体心 | $(h+k+l)$ 偶数 | $(h+k+l)$ 偶数 |
| 面心 | $h$、$k$、$l$ 同性数 | $h$、$k$、$l$ 异性数 |

设想一个晶胞内有异种原子存在的情况。此时，我们必须在 F 的求和公式中考虑各原子的原子散射因子 $f$ 不相同这一因素。这样，即使对同一种晶胞而言，如果是由异种原子组成，将会得到与同种原子组成时不同的结构因子，因而消光规律和衍射强度都发生变化。

### 1.3.2.5　相角

如图 1.33 所示，总的结构因子为各原子结构因子矢量的加和。总的结构因子也为一个矢量，也可以写为复数形式，将实部与虚部分别用 $A$、$B$ 表示：

$$F(h) = A(h) + \mathrm{i}B(h) \tag{1.59}$$

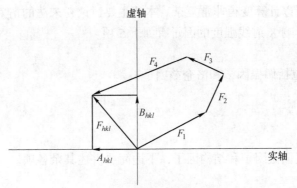

图 1.33 结构因子的矢量叠加

结构因子（式 1.59）可以作图表示，将 $F$ 在复平面作图，如图 1.34 所示，其振幅可表示为：

$$|F(h)|^2 = |A(h)|^2 + |B(h)|^2 = [|A(h)| + i|B(h)|][|A(h)| - i|B(h)|]$$
(1.60)

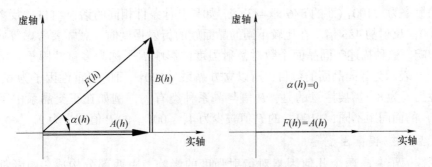

图 1.34 结构因子在复平面作图及其振幅与相角

$F$ 与实轴的夹角被称为相角，表示为：

$$a(h) = \arctan\left(\frac{|B(h)|}{|A(h)|}\right)$$
(1.61)

结构因子可以用结构因子的模量与相角表示。如果晶体结构是中心对称的，$(x\ y\ z)$ 总有与之对称的 $(-x\ -y\ -z)$，$\cos\theta = \cos(-\theta)$，$\sin(-\theta) = -\sin\theta$，所有 sin 项相加为零，有：

$$F_{hkl} = \sum_{j=1}^{n} g^j t^j(s) f_0^j(s) \cos[2\pi(hx^j + ky^i + lz^j)]$$
(1-62)

结构振幅为实数，平行于坐标轴。当相角为 0 时，$F$ 方向为正；当相角为 π 时，$F$ 方向为负。对于中心对称的晶体，实验中测量的积分强度与结构振幅的平方成正比。可以容易地从衍射强度计算出结构振幅的绝对值，即可用衍射强度除去其他影响因子然后取平方根。然而，相角仍然未知，相角不能直接从粉末或者单晶衍射实验中获得。

### 1.3.2.6 多晶体的衍射强度

衍射线强度的计算，不仅与结构因子有关，而且受具体实验装置的检测方式的影响。比如在劳埃法中，每一衍射束的波长不同，而底片的感光度除了与 X 射线的强度有关以外还与波长有关,所以计算变得非常复杂。本节主要讨论粉末法的衍射强度问题。

在粉末法中,影响 X 射线强度的因子有如下 5 项:

(1)结构因子;

(2)角因子(包括偏振因子和洛仑兹因子);

(3)多重性因子;

(4)吸收因子;

(5)温度因子。

前面已经介绍过偏振因子和结构因子,下边简要讲述其余各项。

### A  多重性因子

在晶体学中,把晶面间距相同、晶面上原子排列规律相同的晶面称为等同晶面。例如,对立方晶系 $\{100\}$ 晶面族有 $(100)$、$(010)$、$(001)$、$(\bar{1}00)$、$(0\bar{1}0)$、$(00\bar{1})$ 6 个同晶面,而立方晶系 $\{111\}$ 晶面族有 8 个等同晶面。在布拉格条件下,等同晶面族中所有晶面都可以同时参与衍射,形成同一个衍射圆锥。显然,一个晶面族中等同晶面越多,参加衍射的概率就越大,此晶面族对衍射强度的贡献也越大。因此,$\{111\}$ 面满足布拉格方程的概率为 $\{100\}$ 面的 8/6 即 4/3 倍,如果其他条件相同的话,$\{111\}$ 反射的强度应为 $\{100\}$ 反射的4/3倍。在比较不同的晶面族的衍射强度时,就需要考虑等同晶面所带来的影响。这种描述等同晶面个数对衍射强度的影响因子称为多重性因子,用 $P$ 来表示。由于 $P$ 表示为等同晶面的数目,所以立方晶系 $\{100\}$ 面的多重性因子为 6,$\{111\}$ 的多重性因子为 8。需要注意的是,$P$ 值与晶系种类有关,例如在正交晶系中因 $(100)$ 和 $(001)$ 的面间距不同,$\{100\}$ 的 $P$ 值减少为 4,$\{001\}$ 的 $P$ 值减少为 2。

### B  洛仑兹–偏振因子

洛仑兹因子考虑两个几何因素对衍射强度的影响,由两部分构成,两者都是 $\theta$ 的函数。

首先第一个因素,不考虑晶体尺寸,当倒易点阵绕着其原点以恒定角速度旋转时,倒易点阵的阵点与反射球相交时发生衍射。与较长的倒易矢量相比,较短的倒易矢量与反射球表面接触的时间更短。因此,衍射峰的相对强度显然与倒易矢量的长度,也就是 $d^*$ 成正比,而 $d^*$ 与 $1/\sin\theta$ 成正比。

另一方面,在实际测试的时候,通常使用固定长度的接收狭缝来检测衍射环的一小部分,例如在 Debye-Scherrer 法中,粉末试样的衍射圆锥面与底片相交构成感光的弧对,如图 1.35 所示。由于衍射强度是均匀分布于衍射环圆周上的,那么圆环的周长越大,$\Delta L$ 单位弧长上的能量密度就越小,从图 1.35 可以看出 $2\theta$ 越大衍射环的半径越大,因此不难得出衍射线单位弧长上的积分强度与 $1/\sin 2\theta$ 成正比,即 $I \propto \dfrac{1}{\sin 2\theta}$。

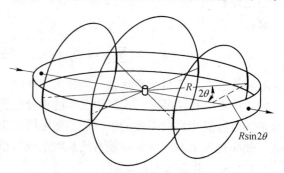

图 1.35  粉末照相法衍射环半径与衍射角的关系示意图

综合以上两个因素，洛伦兹因子可表示为：

$$L \propto \frac{1}{\sin\theta\sin2\theta} \qquad (1.63)$$

忽略其他常数，可得：

$$L = \frac{1}{\sin\theta\sin2\theta} = \frac{1}{\cos\theta\sin^2\theta} \qquad (1.64)$$

在前面 1.3.2.1 节中介绍过偏振因子，其公式为：

$$P \propto \frac{1 + \cos^2 2\theta}{2} \qquad (1.65)$$

洛伦兹因子和偏振因子通常合并使用，称为洛伦兹-偏振因子，如果忽略所有其他常数，对于非偏振化的且不使用单色器的特征 X 射线，洛伦兹-偏振因子可以用下式表示：

$$洛伦兹偏振因子 = \frac{1 + \cos^2 2\theta}{\cos\theta\sin^2\theta} \qquad (1.66)$$

可以将上式对 $2\theta$ 作图，如图 1.36 所示，可以看出 X 射线衍射强度受衍射角影响很大，衍射强度在低角和高角区域都有明显的增强，而在 80°~120° 范围内衍射强度最弱。

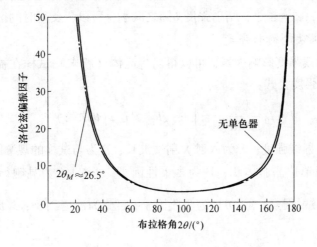

图 1.36 洛伦兹偏振因子对衍射角作图

C 吸收因子

试样对 X 射线的吸收是影响衍射线强度的另外一种因素。由于试样形状和衍射方向的不同，衍射线在试样中穿行的路径便不相同，所引起的吸收效果也不一样。吸收是不可避免的，吸收越大强度越低，但吸收对于所有角度的反射线强度的影响程度是相同的，因此在计算相对强度时可以忽略吸收的影响。

D 温度因子

之前在讨论晶体衍射时，我们一直假设原子在晶体中是静止不动的，但实际上原子会以平衡位置为中心进行热振动。例如，铝在室温下原子距平衡位置的平均距离为 0.017nm，相当于原子间最近距离的 6%。因此不可忽视温度的影响。

热振动给 X 射线的衍射带来许多影响，如温度升高引起晶胞膨胀，$d$ 值改变，导致

2θ 变化；衍射线强度减小；产生向各个方向的非相干散射，也叫热漫散射，这种散射使背底增强，因而导致衍射图形的衬度变坏。但是，热振动不会改变布拉格角，不会使衍射线条变宽，晶体直到熔点衍射线依然存在。考虑到上述这些影响，在计算衍射强度时，要在强度公式中乘上"温度因子"这一系数。显然，温度因子小于 1：

$$温度因子 = \frac{有热振动影响时的衍射强度}{无热振动理想情况下的衍射强度} = \frac{I_T}{I} = \mathrm{e}^{-2M} \quad 或 \quad \frac{f}{f_0} = \mathrm{e}^{-M} \quad (1.67)$$

式中，$f_0$ 为绝对零度时的原子散射因子 $c$

$$M = \frac{6h^2}{m_a k \Theta}\left[\frac{\phi(\chi)}{\chi} + \frac{1}{4}\right]\frac{\sin^2\theta}{\lambda^2} \quad (1.68)$$

式中，$h$ 为普朗克常数；$m_a$ 为原子的质量；$k$ 为玻耳兹曼常数；$\Theta$ 以热力学温度表示的特征温度平均值；$\chi$ 为特征温度与试样的热力学温度之比，即 $\chi = \Theta/T$；$\phi(\chi)$ 为德拜函数，$\left[\frac{\phi(\chi)}{\chi} + \frac{1}{4}\right]$；$\theta$ 为半衍射角；$\lambda$ 为入射 X 射线波长。

从式（1.67）可以定性地看出以下规律：

$\theta$ 一定时，温度 $T$ 越高，$M$ 越大，$\mathrm{e}^{-2M}$ 越小，衍射强度 $I$ 随之减小；$T$ 一定时，衍射角 $\theta$ 越大，$M$ 越大，$\mathrm{e}^{-2M}$ 越小，衍射强度 $I$ 随之减小，所以背反射时的衍射强度较小。

### 1.3.2.7　粉末法的衍射强度

综合上述 X 射线强度影响因素，可以得出多晶体（粉末）试样在被照射体积 $V$ 上所产生的衍射线积分强度公式：

$$I = I_0 \frac{\lambda^3}{32\pi R}\left(\frac{e^2}{mc^2}\right)^2 \cdot \frac{V}{V_c^2} P \mid F \mid^2 \varphi(\theta) A(\theta) \mathrm{e}^{-2M} \quad (1.69)$$

式中，$I_0$ 为入射 X 射线强度；$\lambda$ 为入射 X 射线波长；$R$ 为与试样的观测距离；$V$ 为晶体被照射的体积；$V_c$ 为单位晶胞体积；$P$ 为多重性因子；$\mid F \mid^2$ 为晶胞衍射强度（结构因子），包括了原子散射因素；$A(\theta)$ 为吸收因子；$\mathrm{e}^{-2M}$ 为温度因子；$\varphi(\theta) = \frac{1 + \cos^2 2\theta}{\cos\theta\sin^2\theta}$ 为洛伦兹-偏振因子。

式（1.69）是以入射线强度 $I_0$ 表示的，所以是绝对积分强度。实际工作中无需测量 $I_0$ 值，一般只需要强度的相对值，即相对积分强度。相对积分强度可用同一衍射花样的各衍射线相互比较，在不同的仪器设备上，相对积分强度也可能有所差别。

当使用衍射仪法测量衍射强度时，吸收因子与 $\theta$ 无关，进行相对强度计算时可不计此项，衍射强度公式简化为：

$$I_{相对} = P \mid F \mid^2 \left(\frac{1 + \cos^2\theta}{\sin^2\theta\cos\theta}\right) \mathrm{e}^{-2M} \quad (1.70)$$

衍射强度公式有其适用条件，以下两种情况将使衍射强度公式失效：

（1）存在织构组织（preferred orientation）。洛伦兹因子的 $\cos\theta$ 部分决定了试样内部的晶粒必须是随机取向的，这时式（1.69）才有效。织构的存在是造成计算强度与实测强度不符的主要原因。完全无规则取向的试样可以用精细粉碎的粉末制成。实际上，线材、板材、陶瓷器具，甚至天然岩石、矿物都有一定程度的晶体定向排布。

（2）衰减作用。通常晶体不是完整的，或多或少都存在亚结构（mosaic structure），或称为镶嵌结构。各镶嵌块的尺寸依不同的晶体差别很大，大约在100nm，相互间存在1°左右的相位差。式（1.69）推导的条件是晶体具有理想的不完整结晶，即亚结构很小（厚度为 $10^{-4} \sim 10^{-5}$ cm）、随机取向、相互间不平行，因为这种晶体具有最大的衍射能力。相反，结晶完整时亚结构很大，其中有的镶嵌块相互平行，晶体的衍射能力较小。这种晶体越是接近完整，而衍射线的积分强度越小的现象叫做衰减。理想的不完整晶体是没有衰减的，存在衰减时式（1.69）将失效。为避免衰减效果的发生，粉末试样的粒度应尽可能小，但晶粒过于细化也将引入不均匀变形，又会引起实验误差。通常认为，在细晶粒的块状试样中可以忽略衰减效果。

# 1.4　X 射线衍射的应用

## 1.4.1　晶体结构解析

前面的章节已经介绍了衍射的原理，根据点阵和晶体的结构可以计算出衍射的图样和强度。反过来，从晶体单晶的衍射或多晶材料的衍射图样也可以获得晶体结构信息。晶体衍射图样对应的是倒易空间的图像，而不是原子结构直接影像，所以进行晶体结构解析需要将衍射图样转换成正空间，才能获得晶格中原子的排列情况。正点阵与倒易点阵可以通过傅里叶变换相互转换。

### 1.4.1.1　傅里叶变换

1.3.2.3 节介绍过一个晶胞内的衍射的结构振幅可以表示为：

$$F_{hkl} = f_1 e^{2\pi i(hx_1+ky_1+lz_1)} + f_2 e^{2\pi i(hx_2+ky_2+lz_2)} + f_3 e^{2\pi i(hx_3+ky_3+lz_3)} + \cdots + f_n e^{2\pi i(hx_n+ky_n+lz_n)}$$

$$(1.55)$$

也可以写做：

$$F_{hkl} = \sum_1^N f_n e^{2\pi i(hx_n+ky_n+lz_n)}$$

显然，$F_{hkl}$ 是傅里叶级数的复数形式，$f_n$ 为原子散射振幅，与原子的电子数目有关。结构因子的振幅可以单个电子的散射振幅为单位表示，假设存在一个单位体积内电子的散射振幅的函数，该函数显然也表示了空间内电子密度，可以用这样的函数 $\rho(x, y, z)$ 来表示 $F_{hkl}$：

$$F_{hkl} = \int_V \rho(x, y, z) e^{2\pi i(hx+ky+lz)} dV \qquad (1.71)$$

根据傅里叶变换，$\rho(x, y, z)$ 可以写为：

$$\rho(x, y, z) = \int_{V^*} F_{hkl} e^{-2\pi i(hx+ky+lz)} dV^* \qquad (1.72)$$

也可以写为：

$$\rho(x, y, z) = \frac{1}{V} \sum_{h=-\infty}^{\infty} \sum_{k=-\infty}^{\infty} \sum_{l=-\infty}^{\infty} F_{hkl} e^{-2\pi i(hx+ky+lz)} \qquad (1.73)$$

其中，$x$、$y$、$z$ 为晶胞中某点的坐标。$F_{hkl}$ 也可以用振幅和相角表示：

$$F_{hkl} = | \ F_{hkl} \ | \ e^{i\varphi_{hkl}}$$

其中，$\varphi_{hkl}$ 为相角。将上式代入式（1.73），得：

$$\rho(x, \ y, \ z) = \frac{1}{V} \sum_{h=-\infty}^{\infty} \sum_{k=-\infty}^{\infty} \sum_{l=-\infty}^{\infty} | \ F_{hkl} \ | \ e^{i\varphi_{hkl}} e^{-2\pi i(hx+ky+lz)}$$

$$= \frac{1}{V} \sum_{h=-\infty}^{\infty} \sum_{k=-\infty}^{\infty} \sum_{l=-\infty}^{\infty} | \ F_{hkl} \ | e^{-2\pi i(hx+ky+lz)+i\varphi_{hkl}} \qquad (1.74)$$

对于中心对称的晶体结构，晶体中任意一点的电子密度可如下式表示，由于 $| \ F_{hkl} \ | = | \ F_{\bar{h}\bar{k}\bar{l}} \ |$，$\varphi_{\bar{h}\bar{k}\bar{l}} = -\varphi_{hkl}$，且 $\sin(-x) = -\sin x$，所以复数的虚部加和为零。

$$F_{hkl} e^{\{-2\pi i(hx+ky+lz)\}} + F_{\bar{h}\bar{k}\bar{l}} e^{\{2\pi i(hx+ky+lz)\}}$$

$$= | \ F_{hkl} \ | \ e^{\{-2\pi i(hx+ky+lz)+i\varphi_{hkl}\}} \ +$$

$$| \ F_{hkl} \ | \ e^{\{2\pi i(hx+ky+lz)+i\varphi_{hkl}\}}$$

$$= 2 | \ F_{hkl} \ | \ \cos\{2\pi(hx+ky+lz) - \varphi_{hkl}\}$$

$$= | \ F_{hkl} \ | \ \cos\{2\pi(hx+ky+lz) - \varphi_{hkl}\} \ +$$

$$| \ F_{\bar{h}\bar{k}\bar{l}} \ | \ \cos\{2\pi(\bar{h}x+\bar{k}y+\bar{l}z) - \varphi_{\bar{h}\bar{k}\bar{l}}\}$$

因此电子密度方程可写为：

$$\rho(x, \ y, \ z) = \frac{1}{V} \sum_{h=-\infty}^{\infty} \sum_{k=-\infty}^{\infty} \sum_{t=-\infty}^{\infty} | \ F_{hkl} \ | \ \cos\{2\pi(hx+ky+lz) - \varphi_{hkl}\} \qquad (1.75)$$

晶体学国际表中给出了 230 个空间群的结构因子方程和电子密度方程。式（1.75）中除相角外其他变量都是已知的，其中 $| \ F_{hkl} \ |$ 可以从实验获得的衍射强度获得。如果相角已知，则可以求出任意一点 $(x, y, z)$ 处的电子密度，可以在一个晶胞的三维空间内描绘出电子密度图像。显然，原子的中心为电子密度最大处，获得所有原子中心坐标便可获得晶体结构，如图 1.37 所示。

### 1.4.1.2　晶体结构解析方法

从衍射数据中解析晶体结构有许多种方法，可分为两大类。第一类是在正空间构建晶体模型，然后与实验衍射数据进行比对。首先猜测原子的坐标，计算这些位置对应的强度，将计算的强度与观察到的比较，调整原子坐标再比较，不断重复这个过程，直到两者完全一致或差别可以接受。初始模型结构必须在物理和化学上是合理的。选择初始原子坐标并不是完全没有线索的，化学组成、化学键类型、键长以及已知的结构、化学性质等对于初始模型的建立有非常大的帮助，也可以借助对称性、消光规律、已知结构等。例如，假设未知晶体具有化学式 AB，其中 AB 电负性差别较大，很可能是形成了离子键，根据消光规律可以判断晶体属于简单的立方格子。根据这些信息可以选择类似于 CsCl 的初始结构。如对于简单的无机晶体可以直接建立初始模型，而对于分子晶体则需要考虑分子的构型，借鉴可能的同构晶体。因此，有时需要有丰富的经验才能成功预测初始模型。第二类方法是从倒易点阵反推晶体结构，也就是从衍射实验数据出发，利用结构振幅来获得晶体结构信息。最常用的主要有两种倒易空间方法：一种是帕特森法，即所谓的重原子方法；第二种是直接相角技术，或直接法。具体晶体解析方法在这里不做介绍，可以参考相关专业书籍。

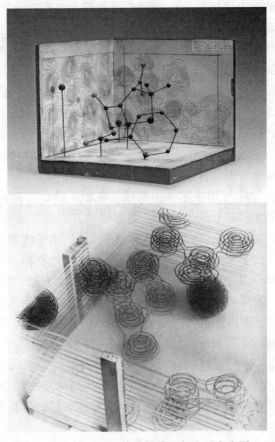

图 1.37  青霉素晶体结构模型与电子密度图

## 1.4.2  X 射线物相分析

所谓物相，是指体系中可以通过化学组成、晶体结构或物理状态（固体、液体或气体）区分的成分。不同的单质和含有多种元素组成的化合物显然是不同的物相，有些化合物组成相同但晶体结构不同，它们也都为不同的物相，如石英的化学组成为 $SiO_2$，但存在 β-石英、α-石英、γ-鳞石英、β-鳞石英、α-鳞石英、β-方石英、α-方石英多种晶型以及非晶的玻璃态石英。当某些固体无法通过外观、组成等特征进行鉴定时，便可以借助 X 射线衍射进行物相分析。由于非晶材料没有长程有序的原子排列，不会产生尖锐的衍射峰，所以 X 射线衍射物相鉴定的对象一般是晶体材料。

对于 X 射线粉末衍射，其衍射峰的位置可以提供晶胞参数信息、强度，包括原子位置信息。多相物质的衍射花样比较复杂，但它们相互独立，互不干扰，只是简单地叠加在一起。X 射线衍射的图样与晶体的结构有类似于手指与指纹那样的一一对应的关系，所以可以利用 X 射线衍射来对材料物相进行区别、鉴定。利用 X 射线衍射来进行物相鉴定要求实验获得的衍射谱图具有较高的信噪比，样品尽可能随机取向（粒度在 $1\sim10\mu m$）。

X 射线物相分析的主要方法就是将实验所得衍射谱图与标准物相的衍射数据进行比对。在 X 射线物相分析中，首先按布拉格方程将衍射线的 $2\theta$ 角转换成面间距 $d$ 值。强度进行归一化后，与已知结构物相的粉末衍射卡片对照，找到与衍射谱图相匹配的相应物相。目前最全、使用最多的多晶衍射数据库是由 ICDD（International Centre for Diffraction Data）出版的《粉末衍射卡片集》（powder diffraction file，PDF）。2020 年出版的 PDF-4+ 数据库中收录有 426000 多条记录，包含矿物、金属、合金、无机有机化合物、药物等。PDF 卡片里面包含物相的名称、化学组成、基本物理化学性质、晶体结构图、晶体学数据、衍射谱图和模拟谱图，以及测量条件、参考文献等信息。结合 XRD 数据分析软件，可以利用计算机进行快速的检索和物相匹配。当检索完成时，程序会根据匹配质量因数（factor of merit，FOM）列出最可能的物相信息，测试人员可以根据匹配情况做出判定。

判断一个样品与标准物相是否匹配，需满足以下条件：

（1）实验谱图的衍射峰与 PDF 卡片中的峰位匹配。通常实验衍射峰与卡片中衍射强峰匹配得越多越好，至少前三个最强衍射线（简称"三强线"）与样品谱图的三强线可以对应上。如有较强衍射线缺失，则不能确定存在该相，除非能确定样品存在明显的择优取向。如果实验衍射峰比卡片衍射峰多，则应考虑存在其他物相。

（2）PDF 卡片的峰强比（$I/I_0$）与样品峰的峰强比要大致相同。但是，由于样品本身和制样方法的原因，被测样品或多或少存在择优取向，从而导致峰强比不会完全一致。因此，物相检索时峰强比仅可作参考。例如有些薄膜样品，片状、针状、棒状的晶体，某些衍射峰是不会出现的，应当考虑样品取向的影响。

（3）样品中化学组成与卡片是否一致。X 射线衍射可以给出原子的空间排列信息，但是无法精确判断元素种类，所以物相检索主要提供晶体结构信息。所含元素不同的晶体，如杂原子掺杂的样品和同晶取代的样品会有非常相似的衍射花样，因此物相鉴定还需与元素分析相结合才能确定物相。

使用 PDF 卡片数据库鉴定物相时要注意几个问题。首先，注意 d 值的偏差。d 值是鉴定物相的主要依据，由于样品状态、测试条件与标样之间有差异，试样、测试条件与标准状态的差异以及不可避免的测量误差，使得测量值与卡片上的标准值之间存在偏差，允许的偏离量随 d 值的增大而增加。在确保测试精度的条件下，需要测试者根据试样本身的情况加以判断。其次，衍射强度受很多因素影响，比如实验所用 X 射线波长、晶体的择优取向等，实验获得的衍射强度也不太可能与 PDF 卡片完全一致，衍射强度仅是次要指标。

X 射线物相鉴定也有一定的局限性。X 射线衍射可以区分不同的晶体结构，所以试样中应含有晶体；对于非晶态物质，由于没有尖锐的衍射峰，是无法鉴定与区分的。混合物中的微量物相一般难以检测出来，检测极限依被检测对象而异，一般为 0.1%～10%。有些元素对 X 射线的吸收强，散射弱，则难以检测出来；而有些则相反，对 X 射线的散射强。例如，样品中含有 0.01%（质量分数）的 Ag 都可能检测出来，有些物相含量达到 5%（质量分数）时都难以检测出来。所以，X 射线衍射物相分析只能判断某种物相是否存在，而不能确定样品中是否没有某种物相。为了更好地检测出微量物相，一方面需要提高光管的功率，如使用配有转靶光管的衍射仪，或使用更先进、高效的探测器；另一方面需要延长扫描时间。

对于没有录入商用数据库的物质，显然无法通过与 PDF 卡片比对做物相分析，但如果样品中可能存在的物相结构是已知的，则可以使用该已知结构生成拟合谱图并与实验谱图进行比对。

### 1.4.2.1　定量分析基础

如果使用 X 射线衍射来确定物相在混合物中的含量，应该建立衍射强度与物相浓度或质量分数之间的关系。衍射仪法多晶体衍射强度的表达式为：

$$I_{hkl} = \left( \frac{I_0}{32\pi r} \frac{e^4 \lambda^3}{m^2 c^4} \right) \left( \frac{V}{V_c^2} F_{hkl}^2 \, P_{hkl} \, \frac{1 + \cos^2 2\theta}{\sin^2 \theta \cos \theta} e^{-2M} \right) \frac{1}{2\mu} \tag{1.76}$$

式中，$I_{hkl}$ 为一个晶胞衍射强度；$I_0$ 为入射光强度；$\lambda$ 为入射光波长；$r$ 为衍射仪半径；$e$ 为电子电量；$m$ 为电子质量；$V$ 为样品体积；$V_c$ 为晶胞体积；$F_{hkl}$ 为结构因子；$P$ 为多重度因子；$\theta$ 为布拉格角；$e^{-2M}$ 为温度因子；$\mu$ 为线性吸收系数。

对于某一台 X 射线衍射仪，式（1.76）中第一个括号内的物理量。均为常量，可令：

$$R = \frac{I_0}{32\pi r} \frac{e^4 \lambda^3}{m^2 c^4}$$

第二个括号物理量与样品有关系，可令：

$$K = \frac{V}{V_c^2} F_{hkl}^2 \, P_{hkl} \, \frac{1 + \cos^2 2\theta}{\sin^2 \theta \cos \theta} e^{-2M}$$

式（1.76），可以简写为

$$I_{hkl} = RK \frac{1}{2\mu} \tag{1.77}$$

由于 $R$ 中包含 $I_0$ 和其他常数，衍射强度可以用相对强度表示，式（1.77）可以进一步简写为：

$$I_{相对} = \frac{K}{\mu} \tag{1.78}$$

式（1.78）为单一物相的多晶衍射强度公式。其中，吸收系数可用质量吸收系数表示：

$$\mu = \rho \mu_m \tag{1.79}$$

对于第 $i$ 种物相的第 $j$ 条衍射线，$f_i$ 为 $i$ 物相的体积分数，可有：

$$I_{i, j} = \frac{K_{i, j} f_i}{\mu} \tag{1.80}$$

式中的体积分数使用不便，因此一般常用质量分数表示，如果 $w_i$ 为第 $i$ 种物相的质量分数，$\rho_i$ 为 $i$ 物相密度，则有：

$$w_i = \frac{V f_i \rho_i}{V \rho} = \frac{f_i \rho_i}{\rho} \tag{1.81}$$

将式（1.81）代入式（1.80），得：

$$I_{i, j} = \frac{K_{i, j} f_i}{\mu} = \frac{K_{i, j} w_i \rho / \rho_i}{\rho \mu_m} = \frac{K_{i, j} w_i}{\mu_m \rho_i} \tag{1.82}$$

式（1.82）即为 X 射线衍射定量分析的基础。由于分母中试样混合物的质量吸收系数与待测物相中各物相的含量有关，因此待测物相的含量与实验衍射强度不一定呈线性关系，除非所有物相化学组成相同。X 射线衍射的定量，不仅依赖于衍射强度的准确测量，而且还与样品的密度以及对 X 射线的吸收密切相关。实际上，$K$、$V$、$\mu$ 的数值通常都难以计算，所以需要一定的实验技术和数据处理方法来简化计算。

**A　参比强度法（K）值法**

向样品中加入一种纯度高、稳定性好、无择优取向的物质作为参比，要求参比物质衍射峰与待测物衍射峰不重叠，通常选刚玉。根据式（1.82），试样中的 $i$ 相与参比物质 $r$ 的相对衍射强度分别为：

$$I_{i, j} = \frac{K_{i, j} w_i}{\mu_m \rho_i}\tag{1.83}$$

$$I_r = \frac{K_r w_r}{\mu_m \rho_r}\tag{1.84}$$

两相的强度之比为：

$$\frac{I_{i, j}}{I_r} = \frac{K_{i, j}}{K_r} \frac{\rho_r}{\rho_i} \frac{w_i}{w_r}\tag{1.85}$$

令 $K = \dfrac{K_{i, j}}{K_r} \dfrac{\rho_r}{\rho_i}$，所以式（1.85）可写为：

$$\frac{I_{i, j}}{I_r} = K \frac{w_i}{w_r}\tag{1.86}$$

第 $i$ 相的含量可以表示为：

$$w_i = \frac{1}{K} \frac{I_{i, j}}{I_r} w_r\tag{1.87}$$

将刚玉和待测物的纯相按质量比 1∶1 混合，刚玉的（113）衍射峰与待测纯相的最强峰强度之比即为 $K$ 值。

$$K = \frac{I_{i, j}}{I_r} \frac{w_r}{w_i} = \frac{I_{i, j}}{I_r}\tag{1.88}$$

将 $K$ 值代入式（1.87）即可求得未知相的质量分数。在实际应用中可参考 PDF 卡片上的 $K$ 值数据。

**B　标准加入法**

假设待测试样中有 $i$ 和 $j$ 相，为求 $i$ 相的含量，可以向 1g 待测样中加入不同质量 $m(g)i$ 物相，获得一系列样品。则 $i$ 相和 $j$ 相的质量分数为：

$$w_i' = \frac{w_i + m}{1 + m}\tag{1.89}$$

$$w_j' = \frac{w_j}{1 + m}\tag{1.90}$$

选取 $i$ 相的一个特征衍射峰，和与 $i$ 谱图不重叠的 $j$ 相的一个衍射峰，则根据式（1.82），两个衍射峰的强度比可以表示为：

$$\frac{I_i}{I_j} = \frac{K_i}{K_j} \frac{\rho_j}{\rho_i} \frac{w_i + m}{w_j}\tag{1.91}$$

$i$ 相和 $j$ 相的密度都已知，$w_j$ 为确定值，则式（1.91）可变为：

$$\frac{I_i}{I_j} = C(w_i + m)\tag{1.92}$$

$\dfrac{I_i}{I_j}$ 对 $m$ 做图，如图 1.38 所示，$C$ 为斜率，直线与 $x$ 轴的交点 $w_i$ 即为 $i$ 相的含量。标准加入法的最大的优势是无需知道样品中物相的吸收系数。

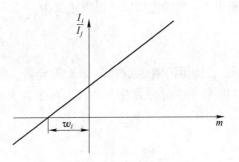

图 1.38　第 $i$ 相和 $j$ 相的衍射峰相对强度比随加入量 $m$ 变化关系图

C　内标法

向待测试样中加入某种纯相物质，且该物质是待测试样中不存在的。假设待测试样中存在 $n$ 种物相，现要测定其中第 $i$ 相的含量。可向待测试样中加入一定量的 s 物质，第 $i$ 相在原样品中的质量分数为 $w_i$，在新的混合物中质量分数为 $w_i'$，内标物质量分数为 $w_s$，则组分质量分数的关系为：

$$w_i' = (1 - w_s)w_i$$

与标准加入法类似，$i$ 相和内标物 s 相的强度可以表示为：

$$\frac{I_i}{I_s} = \frac{K_i}{K_s}\frac{\rho_s}{\rho_i}\frac{w_i'}{w_s} = \frac{K_i}{K_s}\frac{\rho_s}{\rho_i}\frac{(1-w_s)w_i}{w_s} \tag{1.93}$$

令

$$C = \frac{K_i}{K_s}\frac{\rho_s}{\rho_i}\frac{(1-w_s)w_i}{w_s}$$

$$\frac{I_i}{I_s} = Cw_i \tag{1.94}$$

调整 $i$ 相含量并作工作曲线可获得 $C$ 值。

D　全谱拟合法

上面描述的定量分析方法基于一个或多个布拉格衍射峰的积分强度，通常不需要事先了解晶胞参数或晶体结构。在已知晶胞参数和对称性的情况下可以使用完整的谱图分析，因为可以使用所有的布拉格衍射峰进行计算，所以结果精度更高。前面介绍的方法均需要内标或外标，而全谱拟合法可以通过全谱拟合 Rietveld 技术来避免使用标样。Rietveld 方法是最快的、最可靠的物相定量工具之一，特别是因为这种技术可以解决中等或较弱的择优取向问题。此方法将衍射强度归一化为单个晶胞的散射强度，正因为如此，不再需要内标或者外标。但是该方法的前提是必须知道试样混合物中每一相的晶体结构。该方法的主要原理是，利用晶体学数据计算出衍射强度数据，将这些数据归一化为每一相单个晶胞的衍射强度，再使用比例因子 $S$ 将计算数据与实验测得的强度进行匹配。因此，各个物相的 $S$ 值代表样品辐照体积中所包含的每个物相的晶胞的总数。

根据前面讨论，随机取向的多晶样品，对于混合物中的 α 相，其衍射积分强度可以简单表示为：

$$I_{\alpha,\,hkl} = \frac{Kw_\alpha}{\mu_m\rho_\alpha}$$

式中，$\mu_m$ 为混合物的质量吸收系数；$w_\alpha$ 为 α 相的质量分数；$\rho_\alpha$ 为 α 相的密度。Rietveld 分析中，α 相的比例因子可以定义为：

$$S_\alpha = \frac{Kw_\alpha}{\mu_m \rho_\alpha} \tag{1.95}$$

比例因子中包含待测的质量分数，但是其中 $\rho_\alpha$ 和 $\mu_m$ 的数值未知，依赖于实验测量。利用各相质量分数加和为 1，对于含有 α 和 β 两项的混合物，α 相的质量分数可以表示为：

$$w_\alpha = \frac{w_\alpha}{w_\alpha + w_\beta} \tag{1.96}$$

将式（1.95）代入式（1.96），得到：

$$w_\alpha = \frac{S_\alpha \mu_m \rho_\alpha \dfrac{1}{K}}{S_\alpha \mu_m \rho_\alpha \dfrac{1}{K} + S_\beta \mu_m \rho_\beta \dfrac{1}{K}} = \frac{S_\alpha \rho_\alpha}{S_\alpha \rho_\alpha + S_\beta \rho_\beta} \tag{1.97}$$

对于 $n$ 相混合的样品，第 $i$ 相的质量分数可以用比例因子 $S$，根据下式表示：

$$w_i = \frac{S_i \rho_i}{\sum\limits_{j=1}^{n} S_j \rho_j} \tag{1.98}$$

式中，$\rho_j$ 可以根据晶胞参数和组成计算出来。

#### 1.4.2.2　结晶度测量

在实际应用中，往往需要判断结晶过程的进行程度或者描述晶体结构完好程度，这种情况下可以使用结晶度来表示。结晶度是指晶体成分在样品中所占的比例。晶体和非晶体都会发生衍射，但区别是晶体衍射图样呈点状，而非晶体衍射图样呈弥散的环状，在 XRD 谱图中分别对应尖锐的衍射峰和弥散的宽峰。结晶完整的晶体，晶粒较大，原子排列规则，衍射峰高、尖锐且对称；结晶不太好的晶体，往往是晶粒过于细小，晶体中有位错等缺陷，衍射线峰形较宽。试样中的晶体成分占比越多，衍射峰越强，非晶体的宽峰越弱，结晶度便越高，反之则结晶度低。样品中晶体成分的含量与其衍射峰的积分强度成正比。

**A　绝对结晶度的测量**

绝对结晶度测量有如下两种方法。

（1）纯样法。使用纯样法测定样品结晶度需要有该物质 100% 的晶态样品（或 100% 非晶态样品）。首先，测出该物质纯晶态或纯非晶态整个扫描范围内的全部衍射峰的积分强度 $I_{c100}$，或测出纯非晶态的全部散射强度 $I_{a100}$，绝对结晶度 $X_c$ 可由下面的公式计算出来：

$$X_c = \left(1 - \frac{I_a}{I_{a100}}\right) \times 100\% \tag{1.99}$$

$$X_c = \frac{I_c}{I_{c100}} \times 100\% \tag{1.100}$$

式中，$I_a$ 为非晶衍射宽峰的积分强度；$I_c$ 为晶体衍射各峰积分强度之和。

　　此方法适用于监测从非晶态原料中析出晶相的情况，例如，从无定型 $SiO_2$ 凝胶中析出石英晶体。这种方法有 100% 纯态标样的标定，计算结果精度高。

　　（2）差异法。对于许多有机物和高聚物而言，获得完全非晶态或完全晶态的物质有时并不容易，在这种情况下可使用差异法。假定样品中晶相所占比例正比于扫描范围内的所有衍射峰积分强度之和，非晶相含量正比于非晶衍射峰积分强度，即：

$$W_c = PI_c$$
$$W_a = 1 - W_c = QI_a$$

　　两式相除，令 $k = Q/P$，可得：

$$W_c = \frac{I_c}{I_c + kI_a} \times 100\% \tag{1.101}$$

　　晶相和非晶相的衍射强度可以通过实验测得，$k$ 为常数。假设有两个结晶度为 $X_{c1}$ 和 $X_{c2}$ 的试样，相应的非晶所占比例为 $X_{a1}$ 和 $X_{a2}$。两样品的结晶度和非晶含量之差为：

$$\Delta X_c = P(I_{c2} - I_{c1})$$
$$\Delta X_a = Q(I_{a2} - I_{a1})$$

　　由于 $X_{c1} + X_{a1} = 1$，$X_{c2} + X_{a2} = 1$，则有：

$$k = \frac{I_{c2} - I_{c1}}{I_{a1} - I_{a2}} \tag{1.102}$$

　　可将 $k$ 值求出，代入式（1.101）求得结晶度。

　　B　相对结晶度

　　如果非晶态和晶态物质化学组成相同，晶体没有择优取向，可以假定晶相和非晶相对 X 射线的散射能力相同。可令式（1.101）中的 $k = 1$，此时可采用简单的计算公式：

$$X_c = \frac{I_c}{I_c + I_a} \tag{1.103}$$

　　此法假定晶相和非晶相的衍射强度之和为 1，如果所有衍射峰的强度占比为 90%，那么结晶度为 90%。此假定虽不甚精确，但是对于扫描范围比较宽，样品不存在择优取向，晶相和非晶相的化学组成基本相同（对 X 射线的吸收系数基本相同）的样品，此方法更具有实际应用的意义。实际上，此法是目前计算结晶度时普遍使用的方法。

### 1.4.2.3　晶粒尺寸计算

　　许多材料如金属、陶瓷等的结构为多晶聚合体，一个颗粒往往是由多个小晶体聚集而成。聚晶材料中的晶粒大小对其许多属性，如强度、硬度、催化活性等有很大的影响。这种属性的依赖性使得晶粒大小的测量成为一个很重要的问题。

　　可以利用 X 射线衍射峰的宽化效应来计算晶粒的大小。谢乐（Scherrer）推导了晶粒大小与衍射峰宽化之间关系，即 Scherrer 公式：

$$D_{hkl} = \frac{K\lambda}{B_{hkl}\cos\theta_{hkl}} \tag{1.104}$$

　　式中，$D_{hkl}$ 为垂直于 $hkl$ 晶面的晶粒尺寸；$B_{hkl}$ 为 $hkl$ 晶面对应的衍射峰的半高宽；$\theta$ 为用弧度表示的布拉格角；$K$ 为与晶粒形状有关的参数，一般情况下，或者对于缺少形状信息的晶体，$K$ 可取 0.9。

在应用 Scherrer 公式时，要注意其应用范围。Scherrer 公式仅适用于晶粒尺寸小于 100~200nm 的样品（取决于设备精度、样品品质和信噪比），因为衍射峰的展宽会随晶粒尺寸变大而减小，因而对于大晶粒来说，晶粒尺寸引起的展宽太小则难以将其从其他因素引起的展宽中分离出来。

对于金属等粉末样品，由于应力的存在，仅应用 Scherrer 公式来计算粒径往往是不可靠的。需要注意的是，经过填充、研磨、球磨等机械方式处理的未退火的金属粉末几乎总是具有不均匀的应力。通常可以认为没有弹性或延展性的晶体微粒构成的松散粉末状样品内部无应力，可以将所有观察到的谱图展宽归因于晶体尺寸效应。在此类粉末中，由于晶粒的聚集，晶粒的尺寸可能比颗粒的尺寸小。

# 1.5　X 射线吸收精细结构光谱

从 1913 年德布罗意第一次观察到了 X 射线吸收光谱至今，X 射线吸收光谱已经历了一百多年的发展历程。在最初的几十年时间里，受限于实验技术且缺乏理论来解释或预测实验现象，这种技术没有显示出任何实际应用的可能性，因而其发展非常缓慢。1971 年，Sayers、Stern 和 Lytle 将傅里叶分析应用于 X 射线吸收精细结构，取得了突破性进展，成功将实验数据转换成径向分布函数，使定量分析结构参数，如键长、配位数及氧化态等成为可能。之后，伴随着同步辐射光源和存储环技术的发展，该领域进入高速发展期。如今，X 射线吸收光谱已发展成为一种非常重要的研究工具，被广泛应用于材料科学、固体物理、化学、生命科学、医学、地球科学、能源科学、环境科学等学科的前沿领域。

X 射线吸收精细结构光谱（X-ray absorption fine structure，XAFS）是由吸收原子周围的近程结构决定的，提供的是小范围内原子簇结构的信息，可以获得原子种类、电子结构、配位结构等信息，具有高灵敏度。X 射线吸收精细结构光谱的适用范围很大，测试样品可以是固体、液体、气体状态，由于它对长程有序不敏感，测试样品可以是晶体，也可以是非晶体。扩展 X 射线吸收精细结构（extended X-ray absorption fine structure，EXAFS）可以提供结构有关信息，如键长、配位数和吸收原子的临近原子物类的信息，因此，XAFS 可以确定选定原子物种的化学状态和局部键合结构。XAFS 可应用于任意状态的功能性材料，如催化剂、传感器、生物材料、燃料电池、二次电池、电子器件、光学和磁性器件、薄膜、纳米药物等，不要求其具有长程有序结构。XAFS 不仅在静态条件下确定各种分子结构和电子状态方面具有很大的优势，而且还可在动态（原位条件）下进行测定，这是其他技术无法比拟的。

XAFS 技术也有缺陷。例如，XAFS 信息是一维的，是所有具有不同局部结构和环境的原子吸收的平均。XAFS 曲线拟合分析与 XRD 分析相比不太精确。例如，对于大多数催化剂、纳米颗粒和表面样品，键长和配位数的误差范围至少分别为 0.001nm 和 10%。尽管 XAFS 曲线拟合结果涉及相对较大误差范围，但 XAFS 技术可以提供催化剂、纳米粒子静态和动态表面重要的结构参数和电子状态，是其他现代物理技术无法做到的。因此，XAFS 技术在功能样品的物理化学性质表征中表现出巨大的优势。

### 1.5.1 X射线吸收精细结构光谱简介

众所周知，X射线可以穿透物体。当一束具有特定能量的X射线穿透物体时，出射X射线的强度会降低，因为其中一部分X射线被样品中的原子吸收了。如果穿过样品的厚度为$\mathrm{d}x$，则强度减少$\mathrm{d}I$可表示为：

$$\mathrm{d}I = -\mu(E)I\mathrm{d}x \qquad (1.105)$$

式中，$\mu(E)$为线性吸收系数，它是光子能量的函数。如果将方程积分，可得：

$$I_t = I_0 \mathrm{e}^{-\mu(E)x} \qquad (1.106)$$

X射线吸收强度通常随着入射光子能量增加而降低。但是当光子能量足够大时，会导致内层电子的激发或击出，进而导致吸收强度剧烈升高。这个吸收突跃被形象地称为吸收边，与吸收边对应的能量$E_0$称为电离阈。在实际应用中，$E_0$可能选择XANES区域第一个拐点，或最陡峭的拐点，或边的中点。如图1.39所示，可以看到四条边。根据吸收原子的电子主量子数，可将边命名为K、L……吸收边，主量子数不同的吸收边相距较远，主量子数相同、其他量子数不同的边相距较近，如图1.39中的$L_1$、$L_2$、$L_3$。不同元素的吸收边特征是不一样的，所以X射线吸收也可以提供元素种类信息。吸收边的位置还与元素的价态有关，氧化数升高，吸收边位置会向高能侧移动。物质吸收X射线后处于激发态，在弛豫回到基态过程中会发出荧光、电子，所以X射线吸收谱也可以通过测量产生的荧光，或通过测量出射的电子（俄歇电子）获得。

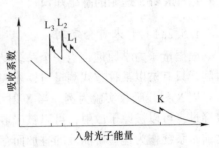

图1.39　X射线吸收系数与入射光子能量的关系

将图1.39中一个边放大，可以看到在吸收边附近及其高能延伸段存在着一些分立的峰或波状起伏，如图1.40所示。通常可将其分成两部分：一为近边结构（X-ray absorption near edge structure，XANES），包括吸收边前到吸收边后约50eV的一段。XANES也称为近边X射线吸收精细结构（near edge X-ray absorption fine structure，NEXAFS），NEXAFS这个名称通常用于低原子序数元素的近边吸收谱。XANES是与核心电子束缚态和准束缚态的激发过程相关，对吸收原子的氧化状态和配位对称性特别敏感。二为扩展X射线吸收精细结构（extended X-ray absorption fine structure，EXAFS），范围是吸收边后约50eV至约1000eV的一段，特点是连续、缓慢的弱振荡。需要注意，只有振荡本身被称为EXAFS，不包括渐进向下的背底。有时谱图在边顶部会显示一个尖锐的峰，显示吸收远远

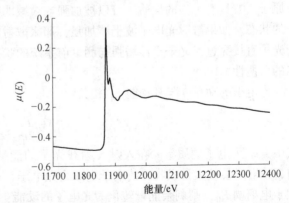

图1.40　砷化镓样品的K边光谱

高于 EXAFS 区域（参见图 1.40），这种尖锐的峰称为白线峰。

XANES 的特点是存在一些分离的吸收峰、肩峰及吸收主峰。Kossel 在 1920 年给出了正确的解释，认为这是由吸收原子的内层电子在吸收了能量比较小的入射光子后跃迁到外层的空轨道形成的。这种跃迁服从选择定则。外层空轨道是吸收原子与近邻配位原子相互作用形成的，因而可通过它研究这种相互作用与电子能态。

总的说来，X 射线吸收有三个特征：（1）吸收强度整体趋势是随着入射光强度增大而下降；（2）存在吸收强度的突然升高，也就是边；（3）在吸收边之后存在较弱的震荡。

### 1.5.2　EXAFS 理论的基础知识

#### 1.5.2.1　费米黄金定则

根据量子力学原理，当一个系统受到微扰时，它可以多种可能状态的叠加态存在一定时间，只有被以某种方式测量时，才表现出确定状态。

以 X 射线吸收实验为例。当 X 射线射入原子时，有几种可能的情况：X 射线可以直接穿过，可以被原子散射，可以被吸收同时将在 1s 轨道的电子击出，等等。在进行测量之前，系统作为这些可能性的叠加而存在，每种情况都有自己的发生概率。根据费米的黄金定则，每种情况的发生概率取决于测量前不确定状态与可能的最终状态的相似程度，越相似，发生的概率就越大。

#### 1.5.2.2　波数 $k$ 与光子能量的关系

如果 X 射线从原子中击出一个电子，形成光电子，此光电子可以看作向各个方向发射的球面波，其波长可以表示为：

$$\lambda = \frac{h}{p} \tag{1.107}$$

式中，$h$ 为普朗克常数；$p$ 为电子的动量。电子波可以被附近的原子散射，回到最初的吸收原子。波具有干涉的性质，可以被加强或被减弱。测量前系统看起来更像中性原子+光子的状态。如果散射光电子波干涉加强，那么散射原子处的电子密度更大，这意味着相比于光子直接穿过，光子干涉增强与测量前系统的状态更相似，因而增加了测量后找到此状态的可能性。

光电子的动量 $p$ 与其动能 $E_k$ 相关：

$$E_k = \frac{p^2}{2m_e} \tag{1.108}$$

式中，$m_e$ 为电子的质量。在入射 X 射线光子的能量等于被照射样品某内层电子的电离能时，X 射线会被大量吸收，使电子电离为光电子，产生突跃（吸收边）。如果入射光能量大于电离阈 $E_0$，则剩余能量转化为光电子的动能：

$$E_k = h\nu - E_0$$

又有：

$$p = hk$$

式中，$k$ 为波数，两式结合得：

$$k = \sqrt{\frac{8\pi^2 m_e}{h^2}(h\nu - E_0)} \tag{1.109}$$

### 1.5.2.3 单次散射

为了便于理解，我们使用平面波单次散射作为模型。首先，将光电子看做平面波，而散射可以看做平面波在软界面反弹的过程，也就是发生弹性散射。根据布拉格定律，如果往返距离是波长的整数倍，则在吸收原子位置得到干涉加强。

$$2d\sin\theta = n\lambda$$

如果将从吸收原子到散射原子的距离设为 $R$，则在干涉加强的时候，$2R = n\lambda$。

由于光电子的自我干涉的存在，导致 X 射线的吸收强度存在震荡的现象，因此可以理解为吸收系数 $\mu$ 被一个因子 $\chi$ 调制，如式（1.110）所示：

$$\mu_{\text{totol}} = \mu_0(1 + \chi) \tag{1.110}$$

式中，$\mu_0$ 为原子背底；$\chi$ 与余弦函数成正比。波可以用三角函数表示，为了便于理解，此处使用余弦函数来表示（当然也可以用正弦函数）如式（1.111）所示：

$$\chi \propto \cos\left(2\pi\frac{2R}{\lambda}\right) \tag{1.111}$$

当光程差等于波长的整数倍时，$\chi$ 有最大值。如果定义波数 $k \equiv \dfrac{2\pi}{\lambda}$，式（1.111）还可以改写为：

$$\chi \propto \cos(2kR) \tag{1.112}$$

通过式（1.112）已经可以看到 EXAFS 可以提供吸收原子周围环境的信息。光电子的能量与波数有关，所以光电子的能量也可以用波数表示。EXAFS 谱被振荡因子调制。在简单模型中，振荡将定期以 $k$ 为单位周期性振荡，当能量越高，也就是 $k$ 值越大时，振荡间隔也越来越大，如图 1.40 所示。同时，振荡的间隔也取决于吸收和散射原子之间的距离 $R$，$R$ 的值越小，振荡越慢。

以上推导基于光电子在距离吸收原子 $R$ 处的散射。当然，光电子也可以发生非弹性散射，这时光电子的一些能量会损失，其波长发生变化，干涉图样不同，或者它根本不能被原子散射。在量子力学里，每一种可能性都有一个概率，因此，可以在式（1.112）中加入一个比例常数，改写为：

$$\chi(k) = f(k)\cos(2kR) \tag{1.113}$$

式中，振幅 $f(k)$ 为一个比例常数，它与原子发生弹性散射的可能性成正比，与元素种类有关，但也可能与其他因素有关，如几何因素。弹性散射的概率取决于光电子的波数 $k$（也就是动量）。一个较重原子具有大量的电子，如铅，发生散射的概率通常会比具有很少电子的轻原子高得多。此外，对于不同元素，$f(k)$ 对 $k$ 的依赖性不同。因此，除距离外，EXAFS 还可以获得关于吸收原子附近的原子种类信息。

### 1.5.2.4 多重散射

除非是双原子气体的情况，光电子不会仅被一个相邻的原子散射，而是会被多个原子散射。它们可能是同种原子也可能是不同原子，有些原子可能更接近吸收原子。每个散射都分别对吸收概率的调制有贡献。我们可以将这种从每个相邻原子散射对吸收概率的调制进行加和，得到式（1.114）（用下标 $i$ 标记不同的散射可能性）：

$$\chi(k) = \sum_i f_i(k)\cos(2k R_i) \tag{1.114}$$

当然，有时这些原子中的几个是同一个物种且处在相同的平均距离。例如，某金属为面心立方结构，每个金属原子被 12 个相同的金属原子包围，每个原子与中心原子具有相同的距离。我们可以将这 12 个原子组合在一起，它们有 12 倍的单原子的效果，使用 $N$ 来表示。式（1.114）变为：

$$\chi(k) = \sum_i N_i f_i(k) \cos(2kR_i) \tag{1.115}$$

因此，EXAFS 还提供有关散射原子数目的信息，以及他们的种类和距离。

以上讨论了一个光电子被附近的原子弹性散射，然后返回到吸收原子的过程。这种过程称为单次散射或直接散射。然而，也可以想象光电子被附近一个原子弹性散射，然后再被另一个原子散射，最后返回到吸收原子的过程，这种过程称为多重散射。多重散射不需要重写式（1.115），只需修改因子的含义。对于单个散射路径，$R_i$ 是吸收原子到散射原子的距离，光电子必须从吸收原子到散射原子，然后再次返回，它是光电子总行程的一半。对于多个散射，可以简单地以同样的方式定义 $R_i$，将其作为光电子所经过的总距离一半。例如，假设光电子从吸收原子 1 开始，然后在返回吸收原子 1 之前，从原子 2 和 3 上散射。获取该路径的 $R_i$ 值时，可将从 1 到 2 的距离加上，从 2 到 3 的距离，再加上从 3 返回 1 的距离，然后将总数除以 2。

发生弹性散射时，原子被视为具有某种有"弹性"的边界，也就是说光电子波的相位不会发生改变，但其传播方向瞬间反转。然而，现实情况往往很复杂，会伴有相位的移动，即存在相位差。引入一个相位差 $\delta$，同时借此机会将余弦变为正弦函数，式（1.115）变为：

$$\chi(k) = \sum_i N_i f_i(k) \sin(2kR_i + \delta_i(k)) \tag{1.116}$$

光电子波本质上是球面波而不是平面波，它向四面八方传播开来，是发散的，因此其振幅与传播距离的平方成反比。这意味着需要对振幅 $f_i(k)$ 的进行修正。式（1.116）进一步表示为：

$$\chi(k) = \sum_i N_i \frac{f_i(k)}{kR_i^2} \sin(2kR_i + \delta_i(k)) \tag{1.117}$$

吸收原子的最终状态是与初始状态不同的，因此光电子被击出留下原子内层一个空位时，所有其他电子会因此受到核电荷更强的吸引（即屏蔽效应减弱），这会导致光电子振幅减小。振幅减小的幅度可以用一个依赖于元素种类的振幅减小因子 $S_0^2$ 进行模拟：

$$\chi(k) = S_0^2 \sum_i N_i \frac{f_i(k)}{kR_i^2} \sin(2kR_i + \delta_i(k)) \tag{1.118}$$

这种影响不大，但不可忽略。目前还没有对 $S_0^2$ 准确定量的理论，通常将其看做一个常数，近似值介于 0.7 和 1.0 之间。

除了在附近原子上发生弹性散射外，光电子也可以发生非弹性散射，也有可能激发一个散射原子的价电子或晶体中的声子。这些行为或效应都会消耗光电子能量，从而改变其波长和由此产生干涉的条件，有一些将导致相长干涉，而有一些会导致相消干涉，但最终净结果是抑制 EXAFS 主体信号；也就是说，在式（1.118）中抑制 $\chi(k)$。由于这种抑制效应具有很强的 $R$ 依赖性，电子行程越远，越有可能发生非弹性散射，所以不能将其包

含在 $S_0^2$ 里。

此外，电子激发留下的空轨道不会一直空着，在更高能量轨道的电子将跃迁到空轨道，导致发射荧光或出射俄歇电子。无论哪种方式，吸收原子将在不同的状态，因此费米的黄金定则表示叠加态会有所不同。信号也会进一步减弱。与光电子的非弹性散射引起的抑制相似，由于空轨道的衰变导致的抑制作用，也受光电子的路径的影响：光电子路径越远，返回的时间越长，当光电子回来时，空轨道就越不可能存在。因此，两种效果可以合并为一个因素，式（1.118）进一步改写成：

$$\chi(k) = S_0^2 \sum_i N_i \frac{f_i(k)}{kR_i^2} e^{-\frac{2R_i}{\lambda(k)}} \sin(2kR_i + \delta_i(k)) \tag{1.119}$$

式中，$\lambda(k)$ 为光电子的平均自由程。因此，EXAFS 是一种局部现象，离吸收原子的距离大于 1nm 的散射通常可以忽略不计。

以上讨论是基于一个光子被单个原子吸收，产生单个光电子。但实际情况中，有数百万的 X 射线被数百万原子吸收，实验得到的数据是平均值。如果每个吸收原子都位于相同的环境中，那么利用式（1.119）就足够了。

对于实际样品，环境可能有所不同，主要有 4 种情况：

（1）吸收元素可以处于多种晶体学环境中，因为存在多个相或因为单相具有不同类型的位点（例如，尖晶石晶体结构具有四面体和八面体两种配位）。

（2）吸收原子的环境可能存在局部差异。例如，晶体缺陷导致的散射方向在整个材料中是随机的。极端的情况是非晶材料和液体，不具有长程有序结构。这些局部差异类型称为静态无序。

（3）材料组成可能存在梯度。材料的组成可能会随着深度变化，这些可以建模为不同的晶体学环境。对于纳米粒子，表面原子可能与核心原子不一样，或仿佛它是静态无序，或有一些其他的存在方式。

（4）单个原子的环境也可能随时间而变化。室温下，大多数化学键都会振动，其振动频率为 $10^{13}\,\text{Hz}$。典型 X 射线光谱空穴寿命约 $10^{-15}\,\text{s}$，约为化学键振动需要时间的 1%。通过测量数百万原子，我们可以获得由热振动导致的吸收原子与散射原子距离的变化。这种效应称为热无序。

针对实际样品的不同环境状况，可以采取不同的处理方式。

对于第 1 种情况，当吸收原子存在于不同的晶体学环境中时，每种环境都可以分别建模计算，然后将所有环境包含在式（1.119）的总和中。对于每一种环境的数量，可以用权重 $N_i$ 表示。如果热无序和静态无序较小，即没有大到足以改变干涉的状态，如没有从完全加强到完全抵消，需要 EXAFS 方程引入另一个系数，即均方径向位移（mean square radial displacement），符号为 $\sigma^2$：

$$\chi(k) = S_0^2 \sum_i N_i \frac{f_i(k)}{kR_i^2} e^{-\frac{2R_i}{\lambda(k)}} e^{-2k^2\sigma_i^2} \sin(2kR_i + \delta_i(k)) \tag{1.120}$$

如果热无序（第 4 种情况）或静态无序（第 2 种情况）不小，那么可以仿照不同晶体学环境的情况，对不同散射原子的路径求和。最后，梯度的情况可以利用不同路径的方式处理，也可以按静态无序的方法处理，也可以是两者的结合。如果梯度的效应不大，则把它当作是静态无序是合理的；如果它更重要，然后建模为不同路径的总和。

以上 EXAFS 方程的推导虽然基于平面波单次散射近似，但对于描述和分析大多数实验数据都是适用的。

### 1.5.3 数据处理

1.5.2 节概述了 EXAFS 的理论，对于给定一个已知结构的材料，我们可以预测吸收光谱的形状。在实际应用中，通常是给定一个吸收谱图，要求我们提取有关原子的排列信息。本节简单介绍 EXAFS 的数据处理方法。

#### 1.5.3.1 从原始数据到 $\chi(k)$

当获得如图 1.41 所示的吸收谱时，第一步是归一化（见图 1.42），以便于直接比较不同样品的光谱，以及理论谱图。对于 XANES，数据还原就已经完成了。但对于 EXAFS，则需要进行进一步的处理。需要注意的是，EXAFS 仅指频谱的振荡部分，不包含整体向下渐进减弱的趋势，所以需要将背底扣除，如图 1.43 所示。只生成 EXAFS，符号变为 $\chi(E)$，如图 1.44 所示。下一步是使用式（1.121）将 $\chi(E)$ 转换为 $\chi(k)$，结果如图 1.45 所示。

$$k = \frac{1}{\hbar}\sqrt{2m_e(E - E_0)} \tag{1.121}$$

由于 EXAFS 方程中的 $e^{-2k^2\sigma_i^2}$ 因子导致 $\chi(k)$ 的振幅随着 $k$ 增大而下降，所以 $\chi(k)$ 通常乘以 $k$、$k^2$ 或 $k^3$，称为 $k$ 加权，并产生具有更均匀振幅的谱图；如图 1.46 所示。还值得注意的是，$k$ 加权数据在 $k=0$ 时为零，这意味着 XANES 区域被忽略了。加权之后数据便可以进行分析了。但在有些情况下，还需要采用额外的处理。

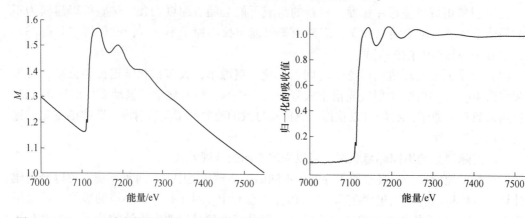

图 1.41    Fe-S-Li 纳米复合物的 X 射线吸收谱图        图 1.42    原始数据归一化

#### 1.5.3.2 傅里叶变换

使用傅里叶变换可以获得径向分布函数。图 1.46 和图 1.47 分别是铁原子分散在无序的硫化锂基质和铁箔的 EXAFS 谱图。两图中的曲线可以看作若干周期不同的正弦波的叠加，利用傅里叶变换可以将这些波分离开来，每一个波可视为一个散射路径。图 1.48 为图 1.46 和图 1.47 的傅里叶变换，展现为 | $\chi(R)$ | 的径向分布，可以看出两种材料的径向分布有很大差别。离散的铁原子在无序硫化锂基质中不太可能形成有序的结构，因而其与邻近硫原子的距离不会完全相同，距离分布会较宽，如图 1.48 所示。而铁箔具有晶体

结构，每个铁原子都位于几乎相同的环境中，仅因偶尔的缺陷和热振动而改变。因此，在傅里叶变换谱中，铁箔中的铁原子在径向上不只有一个峰，意味着铁原子周围有几个配位原子壳层，并且这些峰较窄，说明铁原子配位环境比较规则。

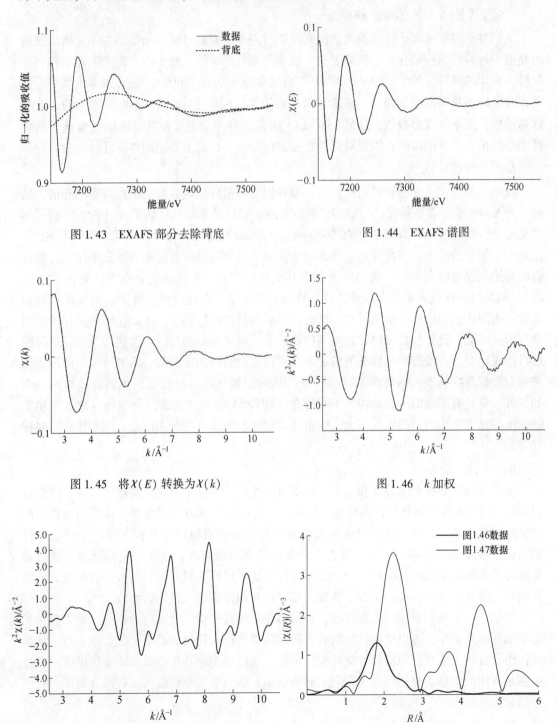

图 1.43　EXAFS 部分去除背底

图 1.44　EXAFS 谱图

图 1.45　将 $\chi(E)$ 转换为 $\chi(k)$

图 1.46　$k$ 加权

图 1.47　铁箔的 $k$ 加权谱图

图 1.48　图 1.44 和图 1.45 的傅里叶变换

从径向结构函数图可看到在一些 $R$ 处存在配位峰，$R$ 对应于吸收原子与散射原子的距离，峰的大小对应于配位原子的种类与数量。需要注意的是，傅里叶径向结构函数图中的横坐标 $R$ 与 EXAFS 方程中吸收原子—散射原子距离的 $D_i$ 不是一个概念。

### 1.5.3.3　EXAFS 光谱分析方法

我们对预测给定原子排列的光谱没有特别的兴趣，而是对反向问题感兴趣：给定测量的光谱，材料的结构是什么？实践表明，这个问题是困难的。对于一个完全未知结构，存在许多未知的参数。每个 EXAFS 方程中的项包含一个 $D_i$、$\sigma_i^2$ 和 $N_i$，还有很多重要的参数项，对应许多重要的散射路径。如果散射元素未知，则 $f_i(k)$ 和 $\delta_i(k)$ 也是未知的，这些都是函数，而不仅仅是数值。最后，$S_0^2$ 和 $E_0$ 也是另外两个未知参数。所以直接从光谱获得未知结构是非常困难的，需要对原始数据进行分析，目前主要使用以下几种方法。

#### A　"指纹"比对法

虽然不能直接从光谱获得结构信息，但我们能够很好地计算给定结构对应的光谱，这意味着 XAFS 非常容易排除已知结构。假设有一未知样品可能是针铁矿或纤铁矿，但不知道是哪个，我们可以计算每个可能结构的光谱与实验数据进行比较。如果与某一个相似，便是一个很好的线索，有可能是正确的结构。如果计算的结构看起来与数据不相像，则我们的初始假设可能是错的，我们应该考虑其他的可能性。最直接的分析方法是比对"指纹"，就是直接比较测量数据或者比较计算得到的谱图。在这两种情况下，用来进行数据比较的谱图称为理论标准谱图。对于区分针铁矿和纤铁矿的例子，可以使用理论标准谱图进行指纹匹配；此外，也可以比较实测针铁矿和纤铁矿样品的谱图，即使用经验标准谱图进行指纹比对。在没有单一标准的情况下，可以通过将测试谱图与一系列标准谱图做比较并查看数据落在该系列谱图中的什么位置，从而根据相近的已知结构推测样品结构。例如，可收集具有不同的近程结构、不同价态硫物种的 XANES 光谱，创建标准库。即使实验谱图与标准库中的谱图匹配不上，但也能通过比较得出一些有用信息，例如价态、对称性等。

#### B　线性组合分析

如果样品中 20% 的氯原子位于一个局部环境中，80% 位于第二个局部环境中，然后得到的归一化 XAFS 谱图将是两种环境的标准化频谱的 20% 和 80% 的加和。该谱图可以由所有氯原子都在第一环境的样品的谱图乘以 20% 加上和所有氯原子都位于第二个环境中样品的光谱乘以 80% 获得。因此，线性组合分析的概念很简单：建立一个标准库，通过计算机将若干标准谱图进行线性组合，然后与样品谱图进行比对，报告与数据匹配良好的组合结构。线性组合分析可以非常有效地测得由已知相组成的混合物的组成。

例如，一个某种矿物的土壤样品，不知道含有哪些矿物以及矿物的比例。如果有常见的矿物标准数据库，可以使用线性组合分析发现哪些混合物与实验所得的数据一致。如果线性组合分析未能找到与实验数据匹配的结果，表明样本中有某些成分不在标准库中，这可能是有用的信息。显然，为了得到正确的结果，线性组合分析法需要有混合物中所有成分的标准谱图。

#### C　主成分分析

由于混合物的 XAFS 光谱可以表示为组成成分的纯光谱线性组合。假设收集了相关的一系列 4 个样品，测量每个样品的 XAFS 光谱，然后将 4 个光谱以多种方式混合在一起。

光谱 1 和 2 可以平均形成光谱 A，光谱 2 和 3 平均形成光谱 B，光谱 3 和 4 平均形成光谱 C。这样信噪比改善了，但是有代价：开始有 4 个光谱，现在只有 3 个。这意味着丢失了信息。如果把原来 1~4 号光谱弄丢了，将无法从新光谱 A、B、C 还原他们。假设平均光谱 1、2 和 3，获得一个新的光谱，称为 D。现在仍然还有四个光谱，这时可以用新光谱的线性组合重新获得原始光谱。例如，谱图 1 可以从 D+B 中恢复；谱图 2 是 A+B=D；频谱 3 是 D=A；光谱 4 是 C+A+D。

A 到 D 现在可以视为原始数据的组分集合，和用不同的坐标系可以表示同一矢量类似，选择不同的组分进行多种组合也可用于表示同一套光谱。在选择的组分中，其中起主体作用的被称为主成分。比如，通常主成分选择使用所有光谱的平均值，选择第二个组分是为了尽可能多地考虑特定光谱的特异性，选择第三个组件是为了尽可能多地弥补差异。使用前两个组分的线性组合就可以很好地恢复一个原始光谱。

这种方法适用于较大样本量的情况。假如不仅仅有 4 个样品，而是有 30 个合成条件有差异的样品，所有 30 个样本都可以用少数几个变量描述，可能只需要 3~5 个变量就足够了。使用相同数量的主成分和一个初始平均值，就可以很好地重现所有的原始光谱。

主成分分析（PCA）与其他 XAFS 分析技术不同的一大优势是它不需要任何标准谱图。在不了解样品结构组成等信息的情况下，它可以告诉我们需要多少参数来解释一组光谱变量参数的变化。它也可以告诉我们哪些样本彼此相对相似或不同。如果有标准谱图，则可以使用它们确定引起变化的主要成分，而不必了解每个成分是什么。

简而言之，主成分分析的强大功能是其能够处理未知样品，因此，它经常被用作一种建立初始模型的技术，然后应用其他方法，如"指纹"匹配、线性组合分析或曲线拟合进行进一步分析。

D 曲线拟合

首先，研究者根据自己的经验，通过假设建立可能的合理结构模型，然后计算初始结构的理论谱图，再通过修改结构的少量参数，比如调整不同物相比例或某种特殊无序的程度，使用计算机程序调整这些参数，以缩小理论标准谱与实验谱图之间的差异，最终获得最佳拟合数据。

如果拟合度差，则模型可能是错误的，也就是说，假设的结构不正确或自由参数不合适样品。如果拟合度很好，说明假设的结构与实际结构比较接近，并产生最适合自由参数。在所有分析方法中，曲线拟合是最复杂的，往往需要有丰富的经验，并结合相关科学知识和常识。

近年来，XAFS 的数据分析方法取得了很大的进步，已发展出一些功能强大、性能优良的 XAFS 数据处理程序，如 FEFF，EXCURVE，GNXAS 等。近年还提出了不使用最小二乘法拟合的全 XAFS 谱处理法及小波法等。

## 1.5.4 X射线吸收光谱应用举例

X 射线吸收光谱是表征单原子催化剂材料的重要工具。X 射线吸收光谱可以精确地测量键长，分辨率可达 0.001nm，通过 EXAFS 拟合可以鉴别化学键的种类、原子周围配位环境。利用一些特殊的 XAS 分析方法可以提供更多的结构信息。下面从结构表征和电子特性表征两个方面举例介绍 X 射线吸收光谱在单原子催化材料方面的应用。

### 1.5.4.1　单原子催化剂材料的结构表征

**【例 1-1】**　以金属有机框架空心纳米管为载体的贵金属单原子催化剂的结构表征。

金属有机框架结构（MOFs）作为一种纳米孔晶体材料，是负载金属单原子的良好载体，在制备贵金属单原子催化剂方面有重要的潜在应用。He 等人应用 X 射线吸收光谱研究了用于光解水反应的 Pt 单原子催化剂。将 Pt 固定于一种具有纳米管状结构的锆-卟啉 MOF（HNTM-Pt）中，为了确定的 Pt 原子的配位环境，对催化剂进行了 XAS 测试表征，结果如图 1.49 所示。通过对 Pt 的 $L_3$-边 EXAFS 谱图的傅里叶变换分析，可以观察到在该催化剂材料中没有 Pt—Pt 峰，只有对应于 Pt-N/Cl（$R=1.95$Å）的一个峰（图 1.49（b），这就证明了 Pt 呈单原子分散。小波变换技术（WT-EXAFS）具有更高的分辨率，可以提供更多的信息，如图 1.49（c）所示，通过与参比样品的 WT-EXAFS 对比，该催化剂样品在 7.2Å$^{-1}$处具有最大值，而具有 Pt—Pt 键的 Pt 箔在 11.8Å$^{-1}$处具有最大值，结果也说明 Pt 为单原子分散。He 等人进一步对负载 Pt 的样品（HNTM-Pt）和负载 Ir/Pt 双金属的样品（HNTM-Ir/Pt）的 EXAFS 谱图进行了拟合，如图 1.49（d）所示，得到 Pt—N 的配位数分别为 2.2 和 3.7，Pt—Cl 的配位数分别为 3.8 和 2.3。也就是说，在 HNTM-Pt 中，一个 Pt 原子与 2 个 N 原子和 4 个 Cl 原子配位；而在 HNTM-Ir/Pt 样品中，一个 Pt 原子与 4 个 N 原子和 2 个 Cl 原子配位。另外，通过 XAS 分析也可以得到在 HNTM-Ir/Pt 样品中 Ir 也呈单原子分散的结论。

**【例 1-2】**　Sn-beta 沸石催化剂中 Sn 原子晶体学位置的测定。

Sn-beta 沸石是一种高效的多相催化剂，可以用于 Baeyer-Villiger 氧化、生物质转化等反应。Sn-beta 沸石是通过用 Sn 原子取代沸石骨架中的 Si 或 Al 获得的，但是研究其取代机制，比如 Sn 原子可以随机取代任意位置还是只能取代特定晶体学位置，是一个难题。由于沸石具有特定形状的孔道，杂原子的取代位置对沸石催化剂的性能可能会有重要影响。因此，Bare 等人使用 XAS 光谱对 Sn 的取代位置进行了研究。该作者选取了有代表性的 3 个取代位点（T5、T3、T9）建立模型对试验获得的 EXAFS 谱图进行了拟合，如图 1.50 所示。为了避免在 1~2Å 范围内的 Sn-O 信号过强压制其他信号，图中仅显示 2~5Å 的部分。三个模型拟合的谱图有些微差别，显然 T5 模型与实验数据拟合得更好。拟合结果说明，晶体学位置 T5 可以更好地解释 EXAFS 数据，意味着在 Sn-beta 沸石晶体结构中 Sn 主要占据 T5 位置。

### 1.5.4.2　电子结构性质表征

除了利用 EXAFS 确定单原子的近程结构，也可以利用 X 射线吸收光谱的近边区，即 XANES，对研究单原子材料的电子结构性质如氧化态、电荷转移、d 电子密度等进行定性和定量测定。

**【例 1-3】**　单原子氧化态的表征。

Fang 等人研究了负载于一种 Al-MOF（Al-tetrakis（4-carboxyphenyl）porphyrin（TCPP），简写为 Al-TCPP）中的 Pt 原子的电子结构。如图 1.51 所示，Pt 的 $L_3$ 边 XANES 谱图显示，具有不同 Pt 负载量的两个样品 Al-TCPP-0.1Pt 和 Al-TCPP-0.3Pt 的白线峰（对应电子从 $2p_{3/2}$ 跃迁至 5d）的强度均高于参比样品 Pt 箔，说明催化剂中 Pt 以大于 0 的氧化态存在。其中负载量较高样品 Al-TCPP-0.3Pt 的白线峰的强度介于 Pt 箔和 Al-

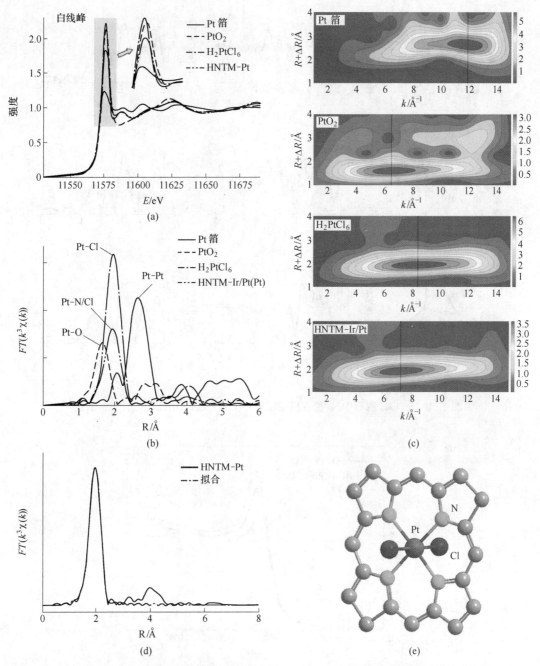

图 1.49 Pt K-边 XANES 谱图（放大部分为白线区域）（a）、Pt K-边 EXAFS 谱图的傅里叶变换（b）、
Pt 箔、PtO$_2$、H$_2$PtCl$_6$ 和 HNTM-Ir/Pt（Pt）样品的小波变换（c）、
HNTM-Ir/Pt（Pt）的 EXAFS 拟合曲线（d）和 HNTM-Ir/Pt 的结构模型（e）

TCPP-0.1Pt 之间，说明在 Al-TCPP-0.3Pt 中有部分 Pt 以金属态存在。另外，在例 1-1 中，HNTM-Pt 的白线峰强度介于参比样品 Pt 箔和 H$_2$PtCl$_6$ 之间（图 1.49（a）），也说明 Pt 单原子带正电荷。

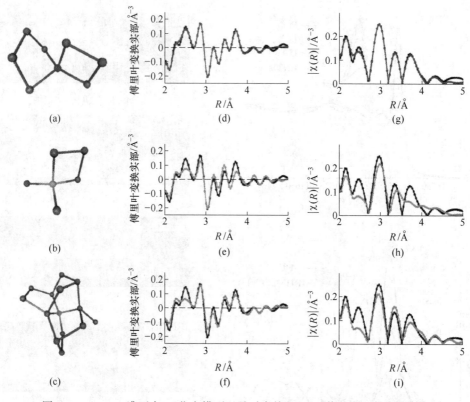

图 1.50　Sn-beta 沸石中 Sn 位点模型以及对应的 EXAFS 谱图的拟合分析曲线

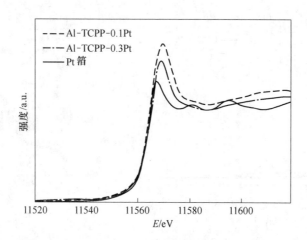

图 1.51　负载不同 Pt 量的 Al-MOF 以及参比 Pt 箔的 Pt L$_3$ 边 XANES 谱图

【例 1-4】　如图 1.52（a）所示，随着 Pt 负载量的降低，白线强度增强，意味着随着 Pt 负载量降低，Pt 物种带正电荷增多，从 Pt 到 FeO$_x$ 载体的电荷转移增多。在图 1.52（b）中，掺杂和没有掺杂 N 原子的 Pt$_1$/BP 样品的白线峰的强度都介于 Pt 箔与 PtO$_2$ 之间，说明 2 个 Pt$_1$/BP 样品中的部分 Pt 原子被氧化。而其中掺杂 N 原子的 Pt$_1$/BP 样品的白线峰略低于没有掺杂 N 原子的 Pt$_1$/BP 样品，意味着前者的 Pt 氧化态要低于后者，N 原子的掺杂有助于抑制 Pt 单原子的氧化。

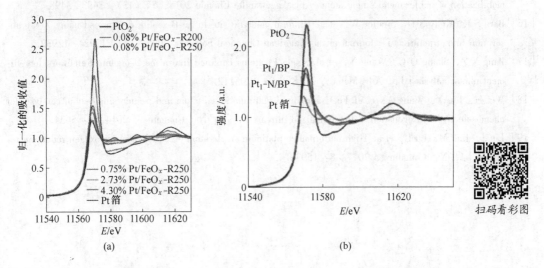

图 1.52　具有不同 Pt 负载量的 Pt/FeOₓ 样品的 Pt L₃ 边 XANES 谱图（a）和
Pt 箔、PtO₂、Pt₁/BP 和 Pt₁N/BP 的 Pt L₃ 边 XANES 谱图（b）

## 参 考 文 献

［1］Harold P. Klug, Leroy E. Alexander. X-Ray diffraction procedures: for polyerystalline and amorphous materials［M］. John Wiley & Sons, New York, 1974.

［2］Galli S, X-ray Crystallography: One Century of Nobel Prizes［J］. Journal of Chemical Education, 2014, 91: 2009~2012.

［3］Yoshio Waseda, Eiichiro Matsubara, Kozo Shinoda. X-Ray diffraction crystallography［M］. Berlin: Springer, 2011.

［4］Vitalij Pecharsky, Peter Zavalij. Fundamentals of powder diffraction and structural characterization of materials［M］. Second Edition. Boston: Springer, 2009.

［5］Cullity B D, Stock S R. Elements of X-ray diffraction ［M］. Third Edition. New York: Prentice-Hall, 2001.

［6］Michael M. Woolfson, An introduction to X-ray crystallography［M］, 2nd Edition. New York: Cambridge University Press, 1997.

［7］梁栋材. X 射线晶体学基础［M］. 北京: 科学出版社, 2006.

［8］杨于兴. X 射线衍射分析［M］. 上海: 上海交通大学出版社, 1994.

［9］王英华. X 光衍射技术基础［M］. 2 版. 北京: 原子能出版社, 1993.

［10］王其武, 刘文汉. X 射线吸收精细结构及其应用［M］. 北京: 科学出版社, 1994.

［11］Calvin S. XAFS for everyone［M］. Boca Raton: CRC press, 2013.

［12］Rehr J J, Albers R C. Theoretical approaches to X-ray absorption fine structure［J］. Reviews of Modern Physics, 2000, 72 (3): 621~654.

［13］Koningsberger D C, Mojet B L, van Dorssen G E, et al. XAFS spectroscopy: fundamental principles and data analysis［J］. Topics in Catalysis, 2000 (10): 143~155.

［14］Bunker G. Introduction to XAFS: A practical guide to X-ray absorption fine structure spectroscopy［M］. Cambridge University Press: Cambridge, 2010.

［15］ He T, Chen S, Ni B, et al. Zirconium-porphyrin-based metal-organic framework hollow nanotubes for immobilization of noble-metal single atoms ［J］. Angewandte Chemie 2018, 57 （13）: 3493~3498.

［16］ Bare S R, Kelly S D, Sinkler W, et al. Uniform catalytic site in Sn-β-zeolite determined using X-ray absorption fine structure ［J］. Journal of the American Chemical Society, 2005, 127: 12924~12932.

［17］ Fang X Z, Shang Q C, Wang Y, et al. Single Pt atoms confined into a metal-organic framework for efficient photocatalysis ［J］, Adv. Mater. , 2018, 30: 1705112.

［18］ Wei H, Liu X, Wang A, et al. FeO$_x$-supported platinum single-atom and pseudo-single-atom catalysts for chemoselective hydrogenation of functionalized nitroarenes ［J］. Nat. Commun. , 2014, 5: 5634.

［19］ Liu J, Jiao M, Lu L, et al. High performance platinum single atom electrocatalyst for oxygen reduction reaction ［J］. Nat. Commun. , 2017, 8: 15938.

# 2　无机材料形貌分析技术

人们对材料形貌的认识始于肉眼观察。但是，人类肉眼的观察能力有限，它能分辨的两点最小距离仅为 0.2mm 左右。为了把人的观察范围扩展到微观领域，就必须借助于各种观察仪器将样品形貌放大几十倍至几十万倍，以适应人眼的分辨能力。首先出现的是光学显微镜，它利用可见光束照射样品，再将光束与样品的作用结果由成像放大系统处理，形成适合人眼观察的放大像。分辨率主要取决于照明光源的半波长。因可见光的波长在 400~700nm 之间，所以光学显微镜的极限分辨率为 200nm，比人眼的分辨能力高约一千倍。为突破光学显微镜分辨能力极限，提高显微镜的分辨率，需要把光源的波长缩短。因此，人们引进了电子束作为照明源，发明了扫描电子显微镜和透射电子显微镜，使得分辨率达到 0.1nm，可用来直接观察物质的原子像。然而，扫描电子显微镜由于工作原理问题，只适用于观察导体和半导体的表面结构。对于非导电材料必须在其表面覆盖一层导电膜，而导电膜的存在往往掩盖了样品表面结构的许多细节。为了获取绝缘材料的表面原子图像，人们发明了原子力显微镜。它是利用待测样品表面和一个微型力敏感元件之间的极微弱的原子间相互作用力来研究物质的表面结构及性质。通过这项技术人们可以获得纳米级分辨率的非导电材料的表面结构信息。因此，无论导电材料和非导电材料都可以通过现代的表征技术获得纳米级的表面结构信息，这为人们打开了研究物质的微观结构的大门。

## 2.1　扫描电子显微镜

人们采用波长为可见光波长的十万分之一的电子束作为光源（加速电压为 50kV 时，电子束波长 $\lambda = 5.26 \times 10^{-3}$nm），发明了电子显微镜，其理论分辨率也应提高十万倍（$2.6 \times 10^{-3}$nm）。电子束与样品作用产生电子信号，经放大系统处理获得人肉眼可观察到的形貌像，可以大幅度地提高显微镜的分辨能力。此外，利用电子束作为光源所带来的益处不仅仅在于成像本领的提高，还在于它可以得到其他一些重要的物质微观结构信息。因此，现代电子显微技术已经成为研究物质微观结构的最强有力的手段之一。本节介绍扫描电子显微镜（SEM）分析技术。

扫描电子显微镜（scanning electron microscope，SEM），也可简称为扫描电镜。它是将电子束聚焦后以扫描的方式作用于样品表面，收集产生的二次电子、背散射电子等信息，经处理后获得样品表面形貌的放大图像。扫描电镜的成像原理不是用透镜来进行放大成像，而是像早期电视机那样逐点逐行扫描成像。图 2.1 是扫描电镜和光学显微镜的对比图像。与光学显微镜相比，扫描电镜具有更高的放大倍数和更高的分辨率，景深大，成像富有立体感，可直接观察样品表面凹凸不平的细微结构。

(a)　　　　　　　　　　　　　　　　(b)

图 2.1　扫描电镜图像（a）和光学显微镜图像（b）对比

### 2.1.1　扫描电子显微镜的工作原理及仪器构造

#### 2.1.1.1　电子和物质的相互作用

当一束细的聚焦电子束轰击试样表面时，入射电子与试样的原子核和核外电子将产生弹性或非弹性散射作用，并激发出反映试样形貌、结构和组成的各种信息，包括背散射电子、二次电子、透射电子、特征 X 射线、俄歇电子、阴极荧光、吸收电子等，如图 2.2（a）所示。这些信号能够表征固体表面或内部的某些物理或化学性质，是各类电子束显微分析的物理基础。

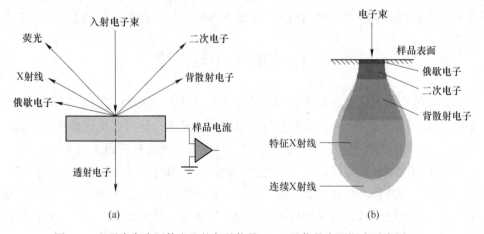

(a)　　　　　　　　　　　　　　　　(b)

图 2.2　电子束轰击固体发生的各种信号（a）及信号来源深度示意图（b）

#### A　背散射电子

背散射电子是被固体样品中的原子核反弹回来的一部分入射电子，其中包括弹性背散射电子和非弹性背散射电子。从数量上看，弹性背散射电子远比非弹性背散射电子所占的份额多。背散射电子来自样品表层几百纳米的深度范围。由于构成样品的物质原子序数越大，背散射电子的产额越大，导致含有重元素区域的图像越亮，因此背散射电子像不仅能用作形貌分析，而且可以用来显示原子序数衬度，定性地用作成分分析。

**B 二次电子**

入射电子束作用下被轰击出来并离开样品表面的核外电子叫做二次电子。二次电子是一种真空中的自由电子，能量比较低，一般小于 50eV。二次电子通常是在表层 5~10nm 深度范围内发射出来的，它对样品的表面形貌十分敏感，能非常有效地显示样品的表面形貌。二次电子的产额和原子序数之间没有明显的依赖关系，所以不能用它来进行成分分析。

**C 透射电子**

如果被分析的样品很薄，那么就会有一部分入射电子穿过薄样品而成为透射电子。这些电子携带着被样品吸收、衍射的信息，用于透射电镜的明场像和透射扫描电镜的扫描图像，以揭示样品内部微观结构的形貌特征。

**D 特征 X 射线**

如果入射电子在激发样品原子内层电子后，外层电子跃迁至内层时所放出的能量以光量子形式释放出，则产生具有特征能量的 X 射线，简称为特征 X 射线。用 X 射线探测器测到样品微区中存在某一种特征波长，就可以判定这个微区中存在着相应的元素。

**E 俄歇电子**

在入射电子激发样品的特征 X 射线过程中，如果在原子内层电子能级跃迁过程中释放出来的能量并不以 X 射线的形式发射出去，而是用这部分能量把空位层内的另一个电子发射出去，这个被电离出来的电子称为俄歇电子。由于在较深区域产生的俄歇电子在向表层运动时会因碰撞而损失能量，因此只有在距离表面层 1nm 左右范围内（即几个原子层厚度）逸出的俄歇电子才具备特征能量。对于不同的元素，俄歇电子的能量各不相同，因此俄歇电子特别适合做表面层成分分析，这也是俄歇能谱仪的分析基础。

**F 阴极荧光**

若入射电子使试样的原子内电子发生电离，高能级的电子向低能级跃迁时发出的波长较长的光，称为阴极荧光。

**G 吸收电子**

入射电子进入样品后，经多次非弹性散射能量损失殆尽，最后被样品吸收。当电子束入射一个多元素组成的样品表面时，由于不同原子序数原子部位的二次电子产额基本上是相同的，因此产生背散射电子较多的部位（原子序数大）其吸收电子的数量就较少，反之亦然。因此，吸收电子能产生原子序数衬度，同样也可以用来进行定性的微区成分分析。

图 2.2（b）是电子束轰击固体时发生的各种信号的深度。从图中可以看出，俄歇电子的穿透深度最小，一般穿透深度小于 1nm，二次电子小于 10nm。

电子与样品的相互作用过程可分为弹性散射和非弹性散射两种过程。弹性散射与非弹性散射过程是同时发生的。弹性散射过程中入射电子只改变方向，但其总动能基本上无变化。弹性散射的电子符合布拉格定律，携带有晶体结构、对称性、取向和样品厚度等信息，在电子显微镜中用于分析材料的结构。非弹性散射过程中入射电子的方向和动能都发生改变，入射电子会损失一部分能量直至被样品全部吸收，因此限制了电子束的扩散范围。电子束的能量完全消耗在扩散区内，同时产生大量可检测的二次辐射，这个区域被称为相互作用区。相互作用区可以通过实验直接观察或由蒙德卡罗（Monte Carlo）方法计算得到。通常，电子束能量越强，电子入射深度越深，相互作用区越大（图 2.3）。样品的原子序数越大，入射束电子在每走过单位距离所经受的弹性散射事件越多，其平均散射角度大，在样品中的穿透深度越浅（图 2.4）。

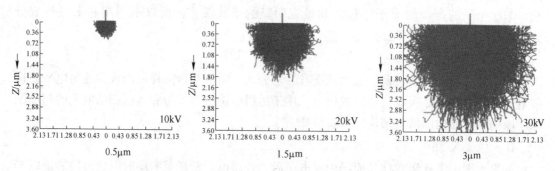

图 2.3　不同加速电压下，电子轨迹 Monte Carlo 模拟图

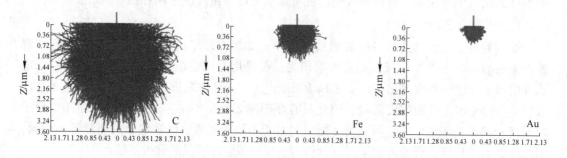

图 2.4　同样加速电压下，不同材料电子轨迹的 Monte Carlo 模拟图

#### 2.1.1.2　扫描电子显微镜的工作原理及仪器结构

扫描电子显微镜主要由电子光学系统、信号收集及显示系统、真空和电源系统三大部分组成。扫描电子显微镜的结构如图 2.5 所示。

A　电子光学系统

电子光学系统是扫描电镜的主要组成部分，包括电子枪、电磁透镜、扫描线圈和样品室等部件。

（1）电子枪。电子枪的主要作用是产生具有一定能量的细聚焦电子束（探针）。扫描电镜的电子枪可以分为热发射式电子枪和场发射式电子枪两大类。热发射式电子枪又可分为直热发射式和旁热发射式电子枪两类。直

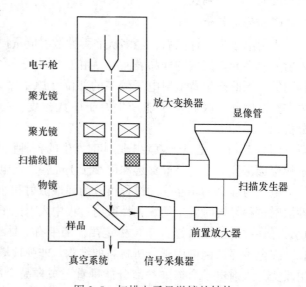

图 2.5　扫描电子显微镜的结构

热发射式电子枪的阴极材料为钨丝（图2.6（a）），直径0.1~0.15mm，制成发夹式或针尖式形状，并利用直接电阻加热来发射电子，加热温度高达2700K，真空度要求较低（$1.33 \times 10^3$Pa），是一种最常用的电子枪。

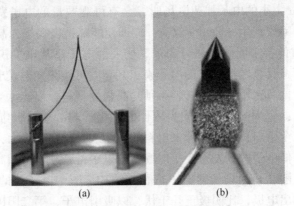

图2.6 钨丝（a）和LaB$_6$的电子枪（b）

直热发射式电子枪的原理如图2.7（a）所示。将细钨丝做成的灯丝（阴极）进行高温加热后，会发射热电子，此时给金属板（阳极）加以正高压，热电子会汇集成电子束流向阳极。若在阳极中央开一个孔，电子束会通过这个孔流出，在阴极和阳极之间设置栅极并加以负电压，电子束被细聚焦，最细之处被称为交叉点，成为实际的电子源，其直径为15~20μm。当用电流加热灯丝，其内部的电子获得足够动能使得电子发射出来，就是所谓的"热发射"。这里的栅极有两个作用：一是使灯丝尖端发射的电子束会聚；二是通过调节栅极电位控制发射电子，利用自偏压线路（如图2.7（b）所示），能自动改变栅极的偏压，调整阴极尖端发射电子区域的大小，使电子束的发射趋向稳定的饱和值。偏压的可变范围一般为1~30kV。

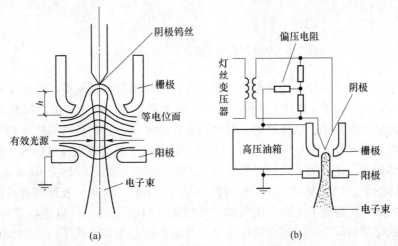

图2.7 直热发射式电子枪的原理图（a）和自偏压线路（b）

旁热发射式电子枪是用旁热式加热阴极来发射电子，阴极材料为电子逸出功小的材料，如LaB$_6$（图2.6（b））、YB$_6$、TiC或ZrC等，其中LaB$_6$应用最多。LaB$_6$灯丝亮度比钨丝提高 10 倍，加热温度为 1800K，寿命是钨丝的 10 倍。

1972 年，扫描电镜开始采用场发射电子枪，这种扫描电镜被称为场发射扫描电镜（field emission scanning electron microscope，FESEM）。所谓场发射，是指当在真空中的金属表面受到 $10^8$ V/cm 大小的电子加速电场时，会有可观数量的电子发射出来。其原理是高电场使电子的电位障碍产生 Schottky 效应，亦即使能障宽度变窄，高度变低，因此电子可直接"穿隧"通过此狭窄能障并离开阴极。场发射电子系从很尖锐的阴极尖端发射出来，因此可得极细而又具高电流密度的电子束，其亮度可达热发射式电子枪的数百倍甚至千倍。场发射式电子枪所选用的阴极材料必须是高强度材料，以能承受高电场所加诸在阴极尖端的高机械应力，钨因高强度而成为较佳的阴极材料。要从极细的钨针尖场发射电子，金属表面必须完全干净，无任何外来材料的原子或分子在其表面，即使只有一个外来原子落在表面亦会降低电子的场发射，所以场发射电子枪必须保持超高真空度，来防止钨阴极表面累积原子。图 2.8 为场发射电子枪及其结构。图中电子枪的钨单晶阴极为负电位，第一阳极也称抽出电极，比阴极正几千伏，以吸引电子，第二阳极为零电位，以加速电子并形成约 10nm 的电子束。

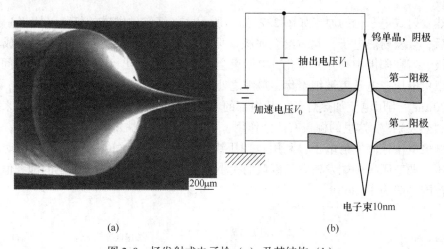

(a)　　　　　　　　　　　　　　　　(b)

图 2.8　场发射式电子枪（a）及其结构（b）

场发射式电子枪又可以分为冷场发射式和肖特基热场发射式两类。冷场发射式电子枪的钨单晶是（310）取向，其最大的优点为电子束直径最小，亮度最高，因此影像分辨率最优。由于能量散布最小，故能改善在低电压操作的效果。为避免针尖被外来气体吸附而降低场发射电流，并使发射电流不稳定，冷场发射式电子枪必需在 $1.33\times10^8$Pa 的真空度下操作。虽然如此，还是需要定时短暂加热针尖至 2500K（此过程称为 flashing），以去除所吸附的气体原子。热场发射式电子枪的钨单晶为（100）取向，表面镀有一层 ZrO，在1800K 温度下操作，避免了大部分的气体分子吸附在针尖表面，所以免除了针尖 flashing的需要。热式能维持较佳的发射电流稳定度，并能在较差的真空度下（$1.33\times10^{-7}$Pa）操作。虽然亮度与冷式相类似，但其电子能量散布却比冷式大 3~5 倍，影像分辨率略差。

（2）电磁透镜。当绕成线圈状的电线被通入直流电后，会产生旋转对称的磁场，对电子束来说起着透镜的作用，即电磁透镜。电磁透镜分为会聚透镜和物镜。靠近电子枪的透镜称会聚透镜，一般分两级，把电子枪形成的 10~100μm 的交叉点缩小 1~100 倍后，进入试样上方的物镜。物镜可将电子束再缩小并聚焦到试样上。目前扫描电镜的透镜系统有三种结构：双透镜系统、双级励磁的三级透镜系统以及三级励磁的三级透镜系统。其中，三级励磁透镜系统具有较多优点：1）多一级透镜使电子束的收缩能力更强，即使对原始光源的尺寸要求不高，仍可以获得小于 5nm 的电子束斑；2）电子光学系统具有较大的灵活性，便于形成各种扫描式的光路，特别是要形成单偏转摇摆扫描式的光路（这是一种获得选区电子通道花样的光路），只有用三个独立可调的透镜系统才有可能做到。为了挡掉大散射角的杂散电子，使入射到试样的电子束直径尽可能小，会聚透镜和物镜下方都有光阑。

景深是指一个透镜对高低不平的试样各部位能同时聚焦成像的能力范围。在观察有纵深感的样品时，不只是焦点处图像清晰，在焦点上下一定高度范围内仍是清晰的，如果这个范围较大，则景深大；反之，则景深小。如图 2.9 所示，电子束的平行度高（孔径角小），即使离焦点距离变化很大，图像也保持聚焦；如果电子束有一定的角度（孔径角大），离焦点距离即使很小，图像离焦也很严重。另一方面，在倍率低的时候，即便图像略有模糊也感觉不到，但在倍率增大的时候能够发现，也就是说，景深也随放大倍率的变化而改变。扫描电镜的景深比一般光学显微镜景深大 100~500 倍，比透射电镜的景深大 10 倍。图 2.10 为多孔 SiC 陶瓷的二次电子像。

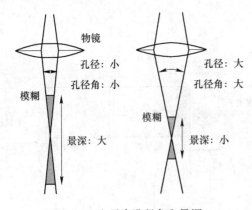

图 2.9 电子束孔径角和景深

图 2.10 多孔 SiC 陶瓷的二次电子像

（3）扫描线圈。它的作用是操纵入射电子束逐点移动，在样品表面扫描。改变入射束在样品表面的扫描幅度可以改变扫描像的放大倍数。

（4）样品室。电子显微镜通常要在高倍率下观察样品，因此需要样品室既能稳定地承载样品，又能灵活地移动。扫描电镜的样品室一般能进行 5 种移动：除了平面上的移动（$X$，$Y$ 方向）、垂直方向上的移动（$Z$）外，还能够倾斜（$T$）和旋转（$R$）样品。不仅能选择视野（$X$，$Y$ 移动），还能够通过 $Z$ 向移动，改变分辨率及景深。图 2.11 为样品室的构造图。倾斜样品时观察区域保持在视野范围内，在倾斜状态下移动观察视野时图像不离焦，具有这样功能的样品室叫做全对中样品室。现在普遍使用马达驱动样品室，使用电脑控制，在观察画面上点击鼠标就可以进行移动，还能够记忆和返回到曾经观察过的位置。

此外，电子光学系统中还安装有消像散装置。当电子光学系统中所形成的磁场或静电场不满足对称要求时，便会产生像散。引起像散的原因很多，包括透镜材料的不均匀、加工精度低等；另一个重要原因是由于电镜使用过程中电子通道周围部分被污染（如光阑的污染等）而带电，形成一个局部的静电场，干扰电子束的正常聚焦。可以说，在电镜中像散无处不在。因此，消像散装置成了电镜中不可缺少的一部分。消像散装置的作用就是产生一个弱的校正磁场，以抵消原透镜磁场的非轴对称性。目前，最简便的消像散装置是八极电磁型消像散器。

B  信号收集及显示系统

信号的收集普遍使用的是电子检测器，它由闪烁体、光导管和光电倍增器所组成，用于检测从样品中发射的二次电子、背散射电子、透射电子、特征 X 射线和吸收电子等物理信号。其中，吸收电子可直接用电流表测，特征 X 射线信号用 X 射线谱仪检测（EDS）。图 2.12 是二次电子检测器的原理图。检测器的前端喷涂了闪烁体（荧光物质）并加载 10kV 左右的高压，从样品中激发的二次电子受高压吸引，轰击闪烁体而放出光子，光子通过光导管传到光电倍增器，被变换成电子经放大之后成为电信号。闪烁体的前面设有辅助电极，它被加以数百伏的电压，改变此电压可以收集和挡掉很多二次电子。因为这种检测器的原型是 Everhart 和 Thornley 开发的，所以有时又称它为 E-T 检测器，很多扫描电镜的样品室都安装这种类型的检测器。

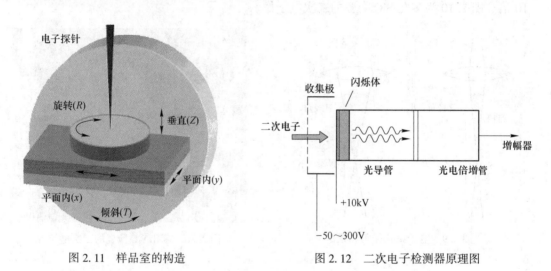

图 2.11  样品室的构造                    图 2.12  二次电子检测器原理图

二次电子检测器的输出信号被增益后送至显示系统，由于显示系统上的扫描与电子探针的扫描是同步的，显示系统的画面根据二次电子的数量呈现出亮度变化，形成扫描电镜图像。显像管显示器作为显示系统曾被使用了很长一段时间，近年来被广泛使用的是液晶显示器。通常，电子探针的扫描速度有几档可以切换，观察时可使用极快的扫描速度，拍摄和保存图像时可使用较慢的扫描速度。

C  真空和电源系统

真空系统是保证电子光学系统有较高的真空度，高真空度能减少电子的能量损失和提高灯丝寿命，并减少电子光路的污染。真空度一般为 0.01~0.001Pa，通常用机械泵-油扩散泵抽真空。但机械泵或油扩散泵的油蒸汽到达样品室后会被吸附在样品表面，最终被电子束分解成碳的沉积物，影响超轻元素的定量分析结果，特别是对碳的分析影响严重。用分子泵取代油扩散泵，既减少镜体污染，又缩短抽真空时间，而且省去了油扩散泵所需的水循环装置。

电源系统由稳压、稳流及相应的安全保护电路所组成，其作用是提供扫描电镜各部分所需的电源，如加速电压电源、透镜电源和光电倍增管电源等。

在扫描电镜工作过程中，电子枪发出电子束（直径约为 $50\mu m$），在加速电压的作用下，经过三个电磁透镜（或者两个）聚光会聚成一个细小到 5nm 的电子探针，在末级物镜上方扫描线圈的作用下，使电子探针对试样表面进行光栅式扫描。由于高能电子与试样相互作用，产生各种信息如二次电子、背散射电子、X 射线、俄歇电子、吸收电子、透射电子等。因为从试样中所得到各种信息的强度和分布与试样表面形貌、成分、晶体取向以及表面状态的一些物理性质（如电性质、磁性质等）等因素有关，所以通过接收和处理这些信息，就可以获得表征试样形貌的扫描电子像，或进行成分分析。

为了获得扫描电子图像，一般是用探测器接收来自试样表面的某类信息，然后经进一步光电转换和信号放大处理，最终在显示器上显示出样品的特征。而在上述各种类型图像中，以二次电子像、背反射电子像和吸收电子像用途最广。

### 2.1.2　扫描电子显微镜的图像衬度

所谓衬度，就是人眼能观察到的光强度和感光度的差别。扫描电镜图像衬度的形成，主要基于样品微区的表面形貌、原子序数、晶体结构、表面电场和磁场等方面存在差异。因此，入射电子与样品相互作用，产生各种特征信号，其强度在各个微区存在着差异，最后反映到显像管荧光屏上的图像就有一定的衬度。扫描电镜的图像衬度主要包括表面形貌衬度和原子序数衬度。

#### 2.1.2.1　表面形貌衬度

利用与样品表面形貌敏感的物理信号作为显示器的调制信号所得到的图像衬度称为表面形貌衬度。可用于扫描电镜形貌衬度的物理信号有二次电子和背散射电子。

A　二次电子像

因为二次电子信号主要来自样品表层 $5\sim10nm$ 的深度范围，它的强度与原子序数没有明确的关系，但对微区表面相对于入射电子束的方向却十分敏感。二次电子像分辨率比较高，所以适用于显示形貌衬度。对于光滑样品表面，入射电子束能量大于 1kV 且固定不变时，二次电子产额 $\delta$ 随 $\alpha$ 的增加而增大，如图 2.13 所示。$\delta$ 与 $\alpha$ 的关系遵循以下公式：

$$\delta \propto K/\cos\alpha \tag{2.1}$$

式中，$K$ 为常数；$\alpha$ 为入射电子与样品表面法线之间的夹角。$\alpha$ 角越大，二次电子产额越高，表明二次电子对样品表面状态非常敏感。

一般来说，入射电子束的方向是固定的，但由于样品表面凹凸不平，样品表面不同处的入射角 $\alpha$ 是不同的。$\alpha$ 越大，$\delta$ 越高，反映到显示器上就越亮，如图 2.14 所示。以样品上 A、B、C 区为例，C 区由于 $\alpha$ 最大，发射的二次电子多，信号强度大，图像就亮；而 B 区由于 $\alpha$ 最小，发射的二次电子少，信号强度相对最弱，图像就暗；而 A 区由于 $\alpha$ 介于两者之间，故图像亮度也在它们之间。图 2.15 为陶瓷烧结体的表面和多孔硅剖面的二次电子像。

B　背散射电子像

背散射电子也可以作为显示样品表面形貌的物理信号，但是背散射电子对表面形貌的

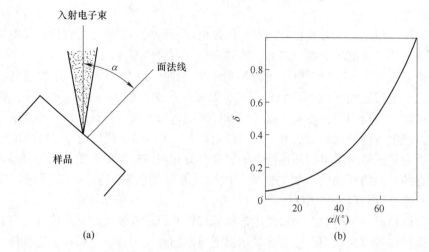

图2.13　二次电子产额 δ 与入射角 α 的关系

变化不是很敏感，图像分辨率没有二次电子图像高，信号
强度较低。这是因为背反射电子能量较高，它们以直线轨
迹逸出样品表面，因检测器无法收集到背向检测器的样品
表面背反射电子，从而掩盖了许多有用的细节，所以一般
不予采用。图2.16是锡铅镀层的表面二次电子图像与背
散射电子图像的对比。

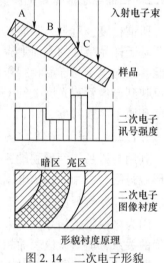

图2.14　二次电子形貌
衬度产生原理图

### 2.1.2.2　原子序数衬度

原子序数衬度是利用与样品微区原子序数或化学成分
变化敏感的物理信号作为调制信号得到的一种显示微区化
学成分差别的像衬度。在扫描电镜中主要用背散射电子信
号。背散射系数 η 随原子序数 Z 的变化如式（2.2）所示。

$$\eta = \frac{\ln Z}{6} - \frac{1}{4} \qquad (2.2)$$

式中，η 为背散射系数；Z 为原子序数。背散射电子信号
强度随原子序数 Z 的增加而增强。样品表面平均原子序数
较高的区域，产生较大的背散射系数 η 值，在背散射电子像上对应较亮的区域。因此，
可以根据背散射电子像衬度来判别相应区域原子序数的相对高低。对于已知组分的样品，
可以根据背散射电子像衬度的亮暗区域分布得到对应元素或相的分布；对于未知样品，针
对不同的亮暗区域，借助于 X 射线能谱或波谱分析可以得到每个区域的元素组分。因此，
背散射电子像衬度在作物相分析时尤为实用。用背散射电子作原子序数像衬度，样品必须
先抛光，以消除形貌因素的干扰。

### 2.1.3　扫描电子显微镜的特点

（1）分辨本领高。其分辨率可达 1nm 以下，介于光学显微镜的极限分辨率（200nm）
和透射电镜的分辨率（0.1nm）之间。

（2）放大倍率高。扫描电镜的放大倍率在几倍至几十万倍之间连续可调，且高倍聚

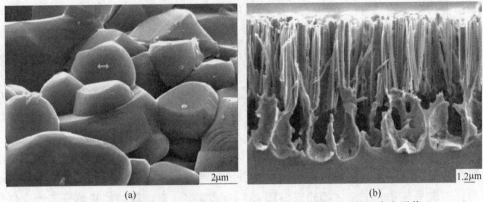

(a)　　　　　　　　　　　　　　(b)

图 2.15　陶瓷烧结体的表面（a）和多孔硅的剖面（b）的二次电子像

(a)　　　　　　　　　　　　　　(b)

图 2.16　锡铅镀层的表面二次电子图像（a）和背散射电子图像（b）

焦后缩小到低倍无需再聚焦。

（3）景深大、视野大。在相同放大倍数的情况下，扫描电镜的景深比光学显微镜大几百倍，比透射电镜也大几十倍，所以扫描电镜的图像富有立体感，可以观察样品的三维立体结构。

（4）样品制备简单。对于金属试样，可直接观察，也可抛光、腐蚀后再观察；对于陶瓷、高分子等不导电试样，需在真空镀膜机中镀一层金膜或碳膜后再进行观察。

（5）电子损伤小。电子束直径一般为几纳米至几十纳米，电流约为 $10^{-9} \sim 10^{-11}$ mA，电子束的能量也比较小，加速电压可以小到 0.5kV，而且是以光栅状扫描方式照射试样，因此电子损伤小，污染轻，尤为适合高分子试样。

（6）实现动态观察。可以通过连接电视装置，观察相变、断裂等动态的变化过程。

（7）实现综合分析。可以与其他观察仪器（如波谱仪、X 射线能谱仪等）进行组装，实现对试样的表面形貌、微区成分等方面的同步分析。

## 2.1.4　扫描电镜的样品制备

样品的制备直接关系到电子显微图像的观察效果，如果制备的试样不符合电镜的观察要求，再好的仪器也无法得到理想的观察效果。在保持材料原始形状的情况下，直接观察和研究样品表面形貌及特征，是扫描电镜的一个突出优点。

扫描电镜对于样品有以下几点要求：（1）样品无毒、不具有放射性；（2）样品可以是块状或粉末颗粒，在真空中能保持稳定；（3）样品表面要处理干净，保护样品观察表面不受损伤和污染；（4）在高真空状态观察，样品应干燥，不含水分、溶剂、油脂等挥发物；（5）样品应导电；（6）带有磁性的样品应先去磁。如果样品中含有水分将导致水分子电离放电，电子束偏离或波动，无法成像，同时污染电镜内部；氧化灯丝，缩短灯丝的使用寿命。如果样品中含有水、油等易挥发物质时，必须进行预处理（干燥、除油、酸化等）。

对于块状导电材料，用导电胶将适当大小的试样粘结在样品座上，即可放在扫描电镜中观察。对于粉末试样，先将导电胶或双面胶纸粘结在样品座上，再均匀地把粉末样品撒在上面，用洗耳球吹去未粘住的粉末，即可上电镜观察。对细颗粒的粉体分析时，特别是对团聚体粉体形貌观察时，需将粉体用酒精或水在超声波机内分散，再用滴管把含有待测样品的悬浮液滴在试样座上，待液体烘干或自然干燥后，粉体靠表面吸附力即可粘附在样品座上。

对于不导电的试样，例如陶瓷、玻璃、有机物等，在电子探针的图像观察、成分分析时，会产生放电、电子束漂移、表面热损伤等现象，使分析点无法定位、图像无法聚焦。大电子束流时，有些试样电子束轰击点会产生起泡、熔融。为了使试样表面具有导电性，必须在试样表面蒸镀一层金或者碳导电膜，镀膜后应马上分析，避免表面污染和导电膜脱落。一般形貌观察时，蒸镀小于 10nm 厚的金导电膜。金导电膜具有导电性好、二次电子发射率高、在空气中不氧化、熔点低、膜厚易控制等优点，可以拍摄到质量好的照片。进行成分定性、定量分析，必须蒸镀碳导电膜。碳为超轻元素，对所分析元素的 X 射线吸收小，对定量分析结果影响小。蒸镀碳只能用真空镀膜仪。

## 2.1.5　扫描电子显微镜的发展与应用

### 2.1.5.1　扫描电子显微镜的发展

1926 年，H. Busch 在关于磁焦距工作的报道中指出电子束通过轴对称电磁场时可以被聚焦，类似于光线通过透镜被聚焦，因此可以利用电子成像，这为电子显微镜的出现做了理论上的准备。20 世纪 30 年代，Knoll 首次提出了扫描电子显微镜的基本原理并得以实现。随后，vonArdenne 通过理论计算和实验改进了磁透镜系统，减小了入射电子束直径，从而提高了成像分辨率。他设计了第一台扫描透射电子显微镜。该仪器使用电子束扫描薄膜样品、收集透过样品的电子成像，同时也能从样品上方收集二次电子和背散射电子成像。1942 年，美国 RCA 研究所的 Zworykin 等进一步设计改良了仪器，加入了二次电子探测器、阴极射线管显示器等现代扫描电子显微镜中常用的部件，并获得 5nm 的图像分辨率。1948~1965 年，剑桥大学的 Oatley 及其学生展开了一系列关于新型扫描电子显微镜构造的研究，成功研制出第一台商业扫描电子显微镜的原型，标志着扫描电子显微技术走向成熟。1975 年，美国 Amray 公司首次将微型计算机引入到扫描电子显微镜中，用于程序协调控制加速电压、放大倍数和磁透镜焦距的关系，二次电子图像分辨率达到 6nm。从此，扫描电镜进入了数字化时代。80 年代，波长分散谱仪（WDS）和能量色散谱仪（或能谱仪）（EDS）等分析装置也被引入扫描电镜仪器中，这在很大程度上拓展了扫描电镜的功能和应用。1985 年，德国的蔡司公司首先推出计算机控制带有数字帧存器的数字图像扫描电镜。1990 年，扫描电镜已全面进入数字图像时代。

　　1975 年 8 月，中国科学院科学仪器厂自行研制出我国第一台扫描电子显微镜 DX-3，分辨率为 10nm，加速电压为 5~30kV，放大倍数为 20 倍~10 万倍。1980 年，中国科学院科学仪器厂研制出 DX-5 型扫描电子显微镜，分辨率为 6nm，放大倍数从 15 倍~15 万倍，连续可调，有多种信号处理功能，设计了五维运动工作台。1988 年，中科院北京科学仪器厂研制成功 $LaB_6$ 阴极电子枪，使 KYKY-1000B 扫描电镜的分辨率提高到 4nm。1999 年，中国科学院北京科学仪器研制中心生产了全计算机控制扫描电镜 KYKY-3800。2014 年，北京中科科仪股份有限公司先后研制 KYKY-6000 系列扫描电子显微镜和 KYKY-8000F 场发射扫描电子显微镜。

　　目前，扫描电镜二次电子图像分辨率已经趋近极限。高端扫描电镜的生产厂商主要有美国的 FEI、日本的 Hitachi、德国的 Carl Zeiss 等。FEI 的超高分辨率 Magellan XHR 系列扫描电镜是首台电子能量从 1~30keV 范围内分辨率达到亚纳米的扫描电镜，其电子束分辨率在电子能量为 15keV 时为 0.8nm，5keV 时为 0.9nm，1keV 时为 1.2nm，电子枪的场发射灯丝寿命长达 12 个月。2011 年 6 月，Hitachi 公司推出冷阴极场发射超高分辨率扫描电镜 SU9000，二次电子分辨率达到 0.4nm，其信号探测器可选二次电子探测器、TOP 探测器、BF/DF 双 STEM 探测器，使 SU9000 的功能得到极大的扩展。

### 2.1.5.2 扫描电子显微镜的应用

　　扫描电镜在各个领域都有广泛的应用，促进了众多行业的快速发展。

　　在材料学领域，扫描电镜技术被广泛应用于多种材料表面形貌、断口形貌以及磨面观察，如图 2.17~图 2.19 所示。对于钢铁材料，可以对钢铁产品质量和缺陷分析。此外，还可以对机械零部件失效分析，根据断口学原理判断断裂性质，如塑性断裂、脆性断裂、疲劳断裂、应力腐蚀断裂、氢脆断裂等。

　　应用扫描电镜及动态拉伸台对碳钢进行动态拉伸试验，跟踪观察碳钢裂纹的萌生、扩展及断裂过程，研究碳钢的强度与金相组织的关系及如何提高碳钢的材料强度。应用扫描电镜对晶体材料进行结构分析，测定单晶的定向以及研究外延层和基体的关系。也可用来研究晶体缺陷及其生长过程，结合计算分析，可以得到定量的结果。

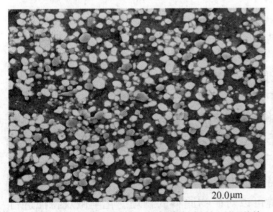

图 2.17　$\alpha$-$Al_2O_3$，$Al_3Ti/Al$ 复合材料的组织形貌　　图 2.18　$\alpha$-$Al_2O_3$，$Al_3Ti/Al$ 复合材料的拉伸断口

图 2.19　α-Al$_2$O$_3$，Al$_3$Ti/Al 复合材料的磨面形貌

在电子、半导体工业，应用扫描电镜检查和鉴定电子器件表面。在器件加工过程中，应用扫描电镜可以检查金属化的质量，进行工艺检查，将加工精度控制在纳米数量级，检查晶体表面的损伤。扫描电镜可以对器件的尺寸和一些重要的物理参数进行分析，也就是对器件的设计、工艺进行修改和调整。图 2.20 为芯片导线的表面形貌图以及 CCD 相机的光电二极管剖面图。

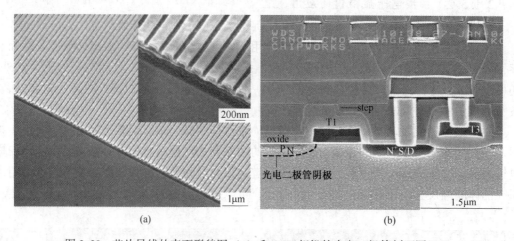

图 2.20　芯片导线的表面形貌图（a）和 CCD 相机的光电二极管剖面图（b）

扫描电镜还是失效分析和可靠性研究中最重要的分析仪器，可观察研究金属化层的机械损伤、台阶上金属化裂缝和化学腐蚀等问题。

在化学、化工领域，应用扫描电镜对化工产品的微观形态进行观察，可以根据其性质对工艺条件进行选择、控制、改进和优化，并可进行产品鉴定等。应用扫描电镜观察不同催化剂、不同工艺条件下制得的样品的微观形态、团聚结构及分散性能的差异。扫描电镜技术可应用于石油化工行业，用于现场注水开发、基质酸化、水泥水和作用和固化、蒙脱石水和作用、不同储层中岩石样品的润湿性特征研究等。

在地质矿物学研究过程中，应用扫描电镜可以对矿物原料的物理、化学微观特征进行观察分析，鉴定新矿物的存在或者测定矿物内不同物质的比例，也可以研究晶态材料和矿物中的晶体、缺陷、杂质元素的存在形式，以及矿物成因和矿物中微量元素的化学作用，还可观察矿物的立体形态以对其进行鉴定，并对断层年代、断层活动的性质进行分析研究。

在分析断裂带宏观构造的基础上，应用扫描电镜对断裂带中断层泥石英碎砾表面的溶蚀结构进行观察比较，可以断定断裂带的相对活动年代及其地震活动性。在对于黏土矿物的研究，对黏土工艺性质、工程力学性质的确定以及煤层对比和油田地层及结构对比等方面扫描电镜分析具有重要意义，可准确鉴定黏土矿物、研究其成因、形成条件、矿物转化及矿物性质等。用扫描电镜观察分析矿物中晶体的形状，可以为地质力学的发展和地质构造的研究提供重要资料。

在陶瓷工业，扫描电镜可以进行陶瓷原料的显微结构分析。扫描电镜可以直接观察和分析原料的矿物结构形态及颗粒的大小、形状、均匀程度等，观察极细微粒子的构造，与粒度分析相结合，可以从理论上确定该黏土的可塑性及浇注性能。

扫描电镜还被用于陶瓷材料的显微结构分析。陶瓷生产的工艺条件、显微结构与制品的性能三者具有紧密的相互关系。研究陶瓷的显微结构，可以推断工艺条件的变化，又确定和反映出陶瓷性能的优劣。通过扫描电镜观察可以了解玻璃组成、工艺条件对玻璃中的相变现象的影响，所得到的图像信息可指导微晶玻璃的制造工艺。应用扫描电镜研究工程陶瓷材料的表面与断口的纤维结构，可分析断裂过程与机理，为陶瓷材料的相变机理以及改善材料性能提供科学依据。

在医学研究方面，扫描电镜可用于植物药鉴定，应用扫描电镜观察帮助揭示一些有关植物药的新性状及结构。应用扫描电镜对人脑原发性胶质瘤的癌细胞和间质的超微形态特征进行研究，可直接观察到瘤组织内各种成分之间的相互关系，为鉴别诊断提供依据。在临床医学上，应用扫描电镜对心瓣膜材料的观察研究，可以寻找合适的替换材料。用扫描电镜观察半导体激光处理的离体牙，判断激光对牙齿的作用和损伤，研究如何促进病变的修复和愈合。用扫描电镜观察药物作用于动物皮肤表面结构的变化，探讨药物透皮吸收作用机理，研究药物对皮肤结构改变的过程。

在植物学领域，扫描电镜可以用于植物品种的抗逆性研究。应用扫描电镜对植物的根、茎、叶等器官的比较解剖学研究，可以发现植物的根、茎各薄壁组织淀粉粒积累数量，茎次生木质部导管内有无侵填体，茎皮层细胞数的多少，叶片角质层厚薄，气孔器大小、密度、位置，有无下陷和肉细胞紧密度等与品种抗逆性相关的因素。应用扫描电镜对小麦旗叶衰老过程中的细胞核、叶绿体进行动态观察，从超微形貌学角度阐明了叶片衰老时细胞核、叶绿体的动态变化特征，研究叶片衰老机理和规律，延缓小麦叶片衰老，为提高小麦产量提供重要的理论依据。

在动物学研究领域，应用扫描电镜研究各种动物毛纤维的形态，鉴别动物的品种、纤维质量、指导动物毛加工工艺、改善性能、提高使用价值。同时，在纺织品质量鉴定、改进工艺、合理利用原料、动物种属的鉴别、刑事侦破等方面具有重要的应用价值。利用扫描电镜研究病原微生物作用于昆虫主细胞的病理过程，为农业害虫的生物防治提供基础理论资料。利用扫描电镜对蝶类、蚜虫、白蚁的观察研究，为控制虫害提供了理论资料。

在古生物与考古学研究中，扫描电镜技术不仅能够研究微体古生物的整体形态，而且可以深入观察壳体内细小突起的数量关系及分布特点，为古生物群体的鉴定以及形态分类提供真实的依据。根据对沉积岩中生物碎片的观察，发现有多种结构，例如隐微粒结构、晶粒结构、单晶结构、层纤结构、柱纤结构、叶片结构等，可以推断沉积环境的不同。扫描电镜对微体古生物的分析研究可确定地层层序、生物进化等。应用扫描电镜对陨石进行研究，为进一步了解宇宙、地球以及生命的起源提供了宝贵的资料。应用扫描电镜对丝织品的老化原因及程度进行分析研究，从丝织品纤维的裂隙获得了一系列有关纤维结构的信息，来确定古代丝织品老化原因和老化程度，为研究、选择及评价保护方法提供重要依据。

## 2.2　透射电子显微镜

透射电子显微技术自 20 世纪 30 年代诞生以来，经过数十年的发展，现已成为材料、化学化工、物理、生物等领域科学研究中物质微观结构观察的重要手段。透射电子显微镜（Transmission Electron Microscope，TEM）是以波长极短的电子束作为光源，用电磁透镜对透射电子束聚焦成像的一种分辨率高、放大倍数高的电子光学仪器。图 2.21 为 JEM-2100型 TEM。目前世界上最先进的透射电镜的分辨本领已达到 0.1nm，可用来直接观察原子像。

图 2.21　日本电子公司生产的高分辨率 JEM-2100 型 TEM

### 2.2.1　透射电子显微镜的基本原理与仪器构造

#### 2.2.1.1　透射电子显微镜的工作原理

透射电子显微镜在成像原理上与光学显微镜类似（图 2.22），区别是光学显微镜以可见光做光源，而透射电子显微镜则以高速运动的电子束为"光源"。在光学显微镜中，将可见光聚焦成像的是玻璃透镜；而在电子显微镜中，对应的具有电子聚焦功能的是电磁透镜，它利用了带电粒子与磁场的相互作用。

理论上，光学显微镜所能达到的最大分辨率 $d$，受到照射在样品上的光子波长 $\lambda$ 以及

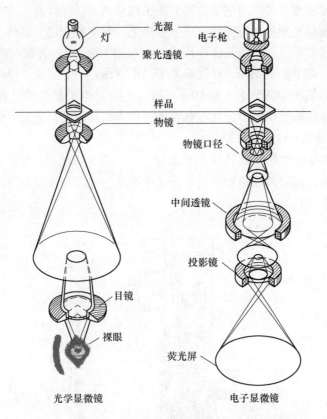

图 2.22  光学显微镜与透射电子显微镜成像原理对照

光学系统的数值孔径 $N_A$ 的限制：

$$d = \frac{\lambda}{2n\sin\alpha} \approx \frac{\lambda}{2N_A} \qquad (2.3)$$

20 世纪初，科学家就已发现理论上使用电子可以突破可见光的光波波长限制（波长范围 400~700nm）。由于电子具有波粒二象性，电子的波动特性意味着一束电子具有与一束电磁辐射相似的性质。电子波长可以将电子的动能代入德布罗意（de Broglie）公式推导得出。由于在透射电镜中，电子的速度接近光速，需要对其进行相对论修正：

$$\lambda_e \approx \frac{h}{\sqrt{2m_0 E\left(1 + \dfrac{E}{2m_0 c^2}\right)}} \qquad (2.4)$$

式中，$h$ 为普朗克常数；$m_0$ 为电子的净质量；$E$ 为加速电子的能量；$c$ 为光速。电子显微镜中的电子通过电子热发射过程或者场发射方式产生，随后电子通过电势差进行加速，并通过静电场与电磁透镜聚焦在样品上。透射出的电子束包含有电子强度、相位以及周期性的信息，这些信息将被用于成像。

在真空系统中，由电子枪发射出的电子经加速后，通过磁透镜照射在样品上。透过样品的电子被电磁透镜放大成像。成像原理是复杂的，可发生透射、散射、吸收、干涉和衍射等多种效应，使得在像平面形成衬度（即明暗对比），从而显示出透射、衍射、高分辨等图像。对于非晶样品而言，形成的是质厚衬度像。当入射电子透过此类样品时，成像效果与样品的厚度或密度有关，即电子碰到的原子数量越多，或样品的原子序数越大，电子散射越强，通过物镜光阑参与成像的电子强度降低，衬度像变浅。另外，对于晶体样品而言，由于入射电子波长极短，与晶体作用满足布拉格（Bragg）方程时产生衍射现象。在衍射衬度模式中，像平面上图像的衬度来源于两个方面：一是质量、厚度因素；二是衍射因素。在晶体样品超薄的情况下（如10nm左右），透射电子显微镜具有高分辨成像的功能，可用于材料结构的精细分析，此时获得的图像为相位衬度，它来自样品上不同区域透过电子（包括散射电子）的相位差异。

### 2.2.1.2　透射电子显微镜的仪器构造

透射电子显微镜的仪器构造主要由电子光学系统、电源与控制系统以及真空系统三部分组成，如图2.23所示。

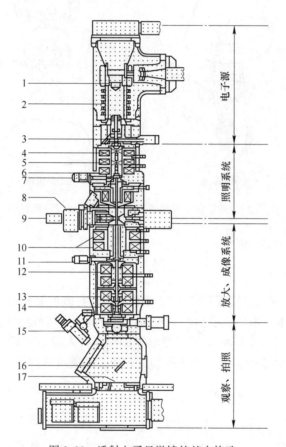

图 2.23　透射电子显微镜的基本构造

1—电子枪；2—加速管；3—阳极室隔离阀；4—第一聚光镜；5—第二聚光镜；
6—聚光后处理装置；7—聚光镜光阑；8—测角台；9—样品杆；10—物镜；11—选区光阑；
12—中间镜；13，14—投影镜；15—光学显微镜；16—小荧光屏；17—大荧光屏

### A　电子光学系统

电子光学系统是透射电镜的核心，由照明系统、样品室、成像系统以及图像观察和记录系统4部分构成。照明系统主要由电子枪、聚光镜和电子束平移对中、倾斜调节装置等组成。

a 照明系统

（1）电子枪。电子枪是透射电镜的电子源。电子枪分为热阴极型和场发射型两类，热阴极电子枪的材料主要有钨丝和六硼化镧（LaB$_6$）单晶；而场发射电子枪又可以分为热场发射、冷场发射两个分支。六硼化镧和场发射电子枪所产生电子束的质量更好，其亮度分别比普通钨灯丝亮几十倍和上万倍，而且单色性好，尤为适合于高分辨透射电子显微镜。不同类型电子枪的性能对比见表 2.1。

表 2.1 各种电子枪性能对比

| 参　　　数 | 热阴极型 | | 场发射型 | |
|---|---|---|---|---|
| 电子枪种类 | 钨灯丝<br>W | 六硼化镧<br>LaB$_6$ | 热场发射<br>ZrO/W<100> | 冷场发射<br>W<310> |
| 光源尺寸/μm | 50 | 10 | 0.1~1 | 0.01~0.1 |
| 发射温度/K | 2800 | 1800 | 1800 | 300 |
| 能量发散度/eV | 2.3 | 1.5 | 0.6~0.8 | 0.3~0.5 |
| 束流/μA | 100 | 20 | 100 | 20~100 |
| 束流稳定度 | 稳定 | 较稳定 | 稳定 | 不稳定 |
| 闪光处理（flash） | 不需要 | 不需要 | 不需要 | 需要 |
| 亮度/A·cm$^{-2}$·str$^{-1}$ | $5\times10^5$ | $5\times10^6$ | $5\times10^8$ | $5\times10^8$ |
| 真空度/Pa | 0.133 | $1.33\times10^{-3}$ | $1.33\times10^{-5}$ | $1.33\times10^{-6}$ |
| 使用寿命 | 几个月 | 约1年 | 3~4年 | 约5年 |
| 电子枪费用（$） | 20 | 1000 | 较贵 | 较贵 |

电子枪的功能是产生高速电子。热阴级电子枪（图 2.24）是由处于负高压（或称加速电压）的阴极、栅极和处于零电位的阳极组成。加热灯丝发射电子束，并在阳极加电压使电子加速，经加速而具有高能量的电子从阳极板的孔中射出，电子束能量与加速电压有关。栅极接高负压，且与阴极间加上一偏压电阻，使在其间产生数百伏的电位差，构成一个自偏压回路，起到聚焦和稳定电子束的作用。

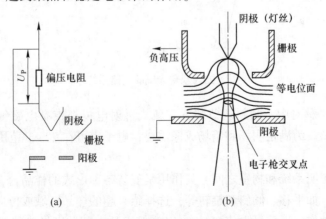

图 2.24 热阴级电子枪的基本构造

（a）自偏压回路；（b）电子枪内的等电位面

如果在某些金属的表面施加强电场，金属表面可向外逸出电子，依照此原理可制成场发射电子枪（图2.8（a）），它没有栅极，但由阴极和两个阳极构成，第一个阳极主要使电子发射，第二个阳极使电子加速和会聚。由电子枪发射出来的电子，在阳极加速电压（生物样品多采用80~100kV；金属、陶瓷等多采用120kV、200kV、300kV；超高压电镜则高达1000~3000kV）的作用下，经过聚光镜（2~3个电磁透镜）汇聚为电子束照射到样品上。由于电子的穿透能力很弱（比X射线弱得多），进行透射电子显微镜检测的样品必须很薄，其厚度与样品成分、加速电压等有关，一般范围在100nm左右，甚至更薄。

（2）聚光镜。电子枪发射出的电子束有一定的发散角，经后续调节后，可得到发散角很小的平行电子束。通过调节会聚镜的电流改变电子束的电流密度（亦称束流）。在透射电子显微镜的观测过程中，需要亮度高、相干性好的照明电子束。因此，电子枪发射出来的电子束需要两个电磁透镜进一步会聚，以提供束斑尺寸不同、近似平行的照明束。一般都采用双聚光系统，如图2.25所示。该系统的功能是为下一级成像系统提供一个亮度大、尺寸小的照明光斑，其中聚光镜用于会聚电子枪射出的电子束，以求最小的损失照明样品，调节照明强度、孔径半角和束斑大小。在图2.25中，第一聚光镜常采用短焦距、强激磁会聚透镜，它的作用是将从电子枪得到的电子束斑缩小为1~5μm，束斑缩小率为10~50倍。第二聚光镜为长焦距、弱激磁会聚透镜，它的功能是将第一聚光镜得到的光源会聚到试样上，该透镜通常可对电子束斑放大2倍。为了调整束斑大小，在第二聚光镜下装一个聚光镜光阑。为了减小像散，在第二聚光镜下还要装一个消像散器，以校正磁场成轴对称性。

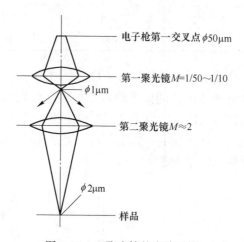

图2.25　双聚光镜的光路系统

（3）电子束平移对中、倾斜调节装置。新式透射电镜都带有电磁偏转器，可使入射电子束平移和倾斜。为满足明场和暗场成像需要，电子束可在2°~3°范围内倾斜。

b　样品室

样品室位于照明系统和物镜之间，其作用是安装各种形式的样品台，提供观察样品过程中的各种运动，如平移、倾斜和旋转等，选择感兴趣的样品区域或位向进行观察。平移是样品台的基本动作，平移最大值±1mm，以确保样品大部分区域都能观察。分析薄晶样品组织结构时，要进行三维立体观察，需要对电子束照射方向作有目的倾斜，以便从不同方位获得形貌和晶体学衍射的信息。新式透射电镜配备高精度样品倾斜装置，其中侧插式样品倾斜装置在晶体结构分析中最普遍使用（图 2.26）。倾斜装置由圆柱分度盘、样品杆两部分组成。圆柱分度盘由带刻度的两段圆柱体组成。样品倾斜时，倾斜度可直接在分度盘上读出。样品杆前端装载铜网、夹持样品或装载 $\phi$3mm 圆片薄晶体样，沿圆柱分度盘中间孔插入镜筒，使圆片样正位于电子束照射位置上。

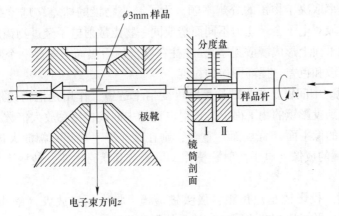

图 2.26 侧插式样品倾斜装置

电镜样品小而薄，通常用外径 3mm 的样品铜网支持，网孔或方或圆，如图 2.27 所示。

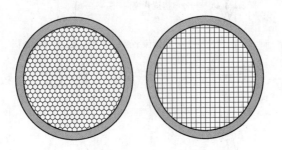

图 2.27 200 目圆孔和方孔载铜网

大多数透射电镜样品在制样时，为确保样品能搭载在载网上，会在载网上覆一层有机膜，称为支持膜。这种具有支持膜的载网，称为载网支持膜。当粉末样品接触载网支持膜时，会牢固吸附在支持膜上，不至于从载网孔洞处滑落。常用的支持膜有 3 种，即碳支持膜、微栅支持膜、超薄碳膜。为防止载网支持膜电子束下发生电荷积累、放电，样品飘逸、跳动、支持膜破裂等，在支持膜上喷碳，提高其导电性。经过喷碳的载网支持膜简称碳支持膜，膜厚 7~10nm。在制作支持膜时，特意在膜上制作的微孔，称为微栅支持膜，膜厚度 15~20nm，目的是为能使样品搭载在支持膜微孔的边缘，以便进行"无膜"观察，也可提高图像衬度。微栅支持膜用于观察管状、棒状、纳米团聚物等效果很好，特别对高分辨像观察，效果更佳。超薄碳膜也是支持膜的一种，是在微栅的基础上，叠加了一层很薄的碳膜，厚度 3~5nm，目的是为了用薄碳膜把微孔挡住。

c　成像系统

成像系统由物镜、中间镜和投影镜（1个或2个）组成。成像系统是将来自样品的、反映样品内部特征的、强度不同的透射电子聚焦放大成像，并投影到荧光屏或照相底片上，转变为可见光图像或电子衍射花样，如图2.28所示。

（1）物镜。物镜是透射电镜的核心，形成第一幅电子像或衍射谱，它还承担了物到像的转换并加以放大的作用，既要求像差尽可能小又要求高的放大倍数（100～300倍），透射电镜的分辨率取决于物镜的分辨本领。为了减小物镜的球差（球差是由电磁透镜中心区域和边缘区域对电子会聚能力不同而造成同一物点散射电子经过物镜后不能汇聚在一点，而在物镜像平面上形成漫散圆斑），往往在物镜的后焦面上安放一个物镜光阑，它可以减小球差、相散和色差，提高图像的衬度。

（2）中间镜。中间镜是弱激磁长焦距可变倍率透镜，作用是把物镜形成的一次中间像或衍射谱投射到投影镜的物平面上。透射电镜的中间镜控制总放大倍数。如果把中间镜的物平面和物镜的像平面（背焦面）重合，则在荧光屏上得到一幅放大像（电子衍射花样），这就是电镜的成像（电子衍射）操作。可调节其激磁电流，使放大倍数在0～20倍范围可变。

（3）投影镜。投影镜是短焦距、强激磁透镜，将中间镜放大（缩小）像（衍射斑点）进一步放大，并投影到荧光屏上，放大倍数约为200倍。

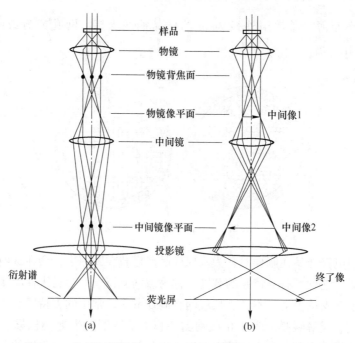

图2.28　电子衍射操作（a）和显微图像成像光路（b）比较

在电镜中变倍率的中间镜控制总放大倍率，用$M_总$表示放大倍率，它等于成像系统各透镜放大率的乘积，即：

$$M_总 = M_物 \times M_中 \times M_投 \tag{2.5}$$

透射电子显微镜具有两种工作模式，分别为成像操作和电子衍射操作。当电子束透过样品后，透射电子带有样品微区结构及形貌信息，呈现出不同强度，经物镜后，在像平面上形成中间像；调节中间镜激磁电流，使其物平面和物镜像平面重合，则荧光屏上得一幅放大像，这就是成像操作。电子束穿越样品后，便携带样品结构信息，沿各自方向传播。当某晶面位向满足衍射定律，则在与入射束成 $2\theta$ 角上产生衍射束。若调节中间镜激磁电流，使中间镜物平面和物镜背焦面重合，则荧光屏上得一幅电子衍射花样，即电子衍射操作。

### d　图像观察和记录系统

图像观察和记录系统包括荧光屏和照相机构。荧光屏涂有在暗室操作条件下，人眼较敏感、发绿光的荧光物质，有利于高放大倍数、低亮度图像的聚集和观察。早期的照相机构是一个装在荧光屏下面，可以自动换片的照相暗盒。胶片是一种对电子束曝光敏感、颗粒度很小的溴化物乳胶底片，为红色盲片，曝光时间很短，一般只需几秒钟。新型电镜均采用电磁快门，与荧光屏联动。有的装有自动曝光装置。现代电镜全部装有电子数码照相装置，即 CCD 相机。

### B　电源与控制系统

透射电镜需要两种电源：一是供给电子枪的高压部分，二是供给电磁透镜的低压稳流部分。具体包括高压直流电源、透镜励磁电源、偏转器线圈电源、电子枪灯丝加热电源及真空系统控制电路、真空泵电源、照相驱动装置及自动曝光电路等。电压的稳定性是电镜性能好坏的一个极为重要的标志。加速电压和透镜电流的不稳定将使电子光学系统产生严重像差，使分辨本领下降。所以，对供电系统的主要要求是产生高稳定的加速电压和各透镜的激磁电流。在所有的透镜中，物镜激磁电流的稳定度要求也最高。近代仪器除了上述电源部分外，尚有自动操作程序控制系统和数据处理的计算机系统。

### C　真空系统

为了避免影响电子枪电极间的绝缘和防止高压电离导致极间放电，以及成像电子在镜筒内受气体分子碰撞引起散射而影响衬度，并减少样品污染，整个电子通道都需置于真空系统之内。真空系统一般是由机械泵加扩散泵（或分子泵）、换向阀门、真空测量仪表及真空管道组成。机械泵（旋转泵）工作时是靠泵体内的旋转叶轮刮片将空气吸入、压缩，排放到外界。机械泵的抽气速度每分钟仅为 160L 左右，工作能力也只能达到 0.1～0.01Pa，远不能满足电镜镜筒对真空度的要求，所以机械泵只作为真空系统的前级泵来使用。油扩散泵的工作原理是用电炉将特种扩散泵油加热至蒸汽状态，高温油蒸汽膨胀向上升起，靠油蒸汽吸附电镜镜体内的气体，从喷嘴朝着扩散泵内壁射出，在环绕扩散泵外壁的冷却水的强制降温下，油蒸汽冷却成液体时析出气体排至泵外，由机械泵抽走气体，油蒸汽冷却成液体后靠重力回落到加热电炉上的油槽里循环使用。真空阀是用于启闭真空通道各部分的关卡，使各部分能独立放气、抽空而不影响整个系统的真空度。真空规用于镜筒各部位真空度的检测，向真空表和真空控制电路提供信号，根据检测目标的真空度不同，真空规分为"皮拉尼规"（pirani gauge）和"潘宁规"（penning gauge）2 种。前者用于低真空检测，后者用于高真空检测，被安装在镜体的不同部位。空气压缩机通过固定程序（或人为）来操纵控制镜体外部的集合电磁阀，切断或联通任一路软塑细管，间接地启闭镜体内部的任一气动阀。

电镜一般真空度为 $1.33 \times 10^{-2} \sim 1.33 \times 10^{-4}$ Pa。如果真空度不够，就会出现高压加不上去、成像衬度变差、极间放电、钨丝迅速氧化、缩短寿命等问题。新型电镜均采用机械泵、分子泵系统。

此外，透射电子显微镜还安装有水冷系统，它是由许多迂回曲折、密布在镜筒中的各级电磁透镜、扩散泵、电路中大功率发热元件之中的管道组成。外接水制冷循环装置，为保证水冷充分（10~25℃之间，不可过高或过低）、充足（4~5L/min）、可靠（0.5~2kg/mm），在冷却水管道的出口，装有水压探测器。在水压不足时既能报警，又能通过控制电路切断镜体电源，以保证电镜在正常工作时不因为过热而发生故障。水冷系统的工作要开始于电镜开启之前，结束于电镜关闭 20min 以后。

## 2.2.2　透射电子显微镜的特点

（1）散射能力强。和 X 射线相比，电子束的散射能力是前者的一万倍，因此可以在很微小区域获得足够的衍射强度，容易实现微、纳米区域的加工与成分研究。

（2）原子对电子的散射能量远大于对 X 射线的散射能力，即使是微小晶粒（纳米晶体）亦可给出足够强的衍射。

（3）分辨率高。其分辨率已经优于 0.2 nm，可用来直接观察重金属原子像。

（4）束斑可聚焦。会聚束衍射（纳米束衍射）可获得三维衍射信息，有利于分析点群、空间群对称性。

（5）可进行成像操作和电子衍射操作。即直接观察结构缺陷、原子团（结构像）、原子（原子像），包括 Z 衬度像，选择衍射成像（衍射像），获得明场、暗场像，有利结构缺陷分析，可以从结构像可能推出相位信息。

（6）全部分析结果的数字化。数据数字化，便于计算机存储与处理，与信息平台接轨。电子显微学是 X 射线晶体学的强有力补充，特别适合微晶、薄膜等显微结构分析，对于局域微结构分析尤其是纳米结构分析具有独特的优势。

## 2.2.3　样品制备

透射电子显微镜应用的深度和广度在一定程度上取决于试样制备技术。能否充分发挥电镜的作用，样品的制备是关键。必须根据不同仪器的要求和试样的特征选择适当的制备方法。电子束穿透固体样品的能力，主要取决于电压 $V$ 和样品物质的原子序数 $Z$。一般 $V$ 越高，$Z$ 越低，电子束可以穿透的样品厚度越大。对于透射电子显微镜常用 50~200kV 的电子束，样品厚度控制在 100~200nm，样品经铜网承载，装入样品台，放入样品室进行观察。透射电子显微镜样品常放置在直径为 3mm 的样品网上。

对样品的要求有：（1）样品一般应为厚度小于 100nm 的固体；（2）感兴趣的区域与其他区域有反差；（3）样品在高真空中能保持稳定；（4）不含有水分或其他易挥发物，含有水分或其他易挥发物的试样应先烘干除去；（5）对磁性试样要预先去磁，以免观察时电子束受到磁场的影响。

根据观察的目的和样品的形态、性质，确定合理的制样方法。

### 2.2.3.1　粉末样品的制样方法

粉末样品的制样方法是粉末法。该方法主要用于原始状态成粉末状的样品，如炭黑、黏土及溶液中沉淀的微细颗粒，其粒径一般在 1μm 以下。制样过程中基本不破坏样品，除对样品结构进行观察外，还可对其形状、聚集状态及粒度分布进行研究。其制样步骤为：（1）将样品充分研磨成粉末；（2）将粉末加入液体，超声波振动成悬浮液，液体可以是水、甘油、酒精等，根据试样粉末性质而定；（3）制样时，将悬浮液滴于附有支持膜的铜网上，待液体挥发后即可观察。

### 2.2.3.2　块状样品的制样方法

块状材料的制样方法有化学减薄法、双喷电解减薄法、离子减薄法、复型法。

#### A　化学减薄法

此法是利用化学溶液对物质的溶解作用达到减薄样品的目的。通常采用硝酸、盐酸、氢氟酸等强酸作为化学减薄液，因而样品的减薄速度相当快。其制样步骤为：（1）将样品切片，边缘涂以耐酸漆，防止边缘因溶解较快而使薄片面积变小；（2）薄片洗涤，去除油污，洗涤液可为酒精、丙酮等；（3）将样品悬浮在化学减薄液中减薄；（4）检查样品厚度，旋转样品角度，进行多次减薄直至达到理想厚度，清洗。化学减薄法的缺点是减薄液与样品反应，会发热甚至冒烟；减薄速度难以控制；不适于溶解度相差较大的混合物样品。

#### B　双喷电解减薄法

双喷电解减薄法是通过电解液对金属样品的腐蚀，达到减薄目的。双喷电解减薄装置如图 2.29 所示。其制样步骤为：（1）用化学减薄机或机械研磨，制成薄片，并冲成 3mm 直径的圆片，抛光。（2）将样品放入减薄仪，接通电源。（3）样品穿孔后，光导控制系统会自动切断电源，并发出警报。此时应关闭电源，马上冲洗样品，减小腐蚀和污染。双喷电解减薄法的缺点是只适用于金属导体，对于不导电的样品无能为力。

#### C　离子减薄法

用高能量的氩离子流轰击样品，使其表面原子不断剥离，达到减薄的目的。离子减薄装置如图 2.30 所示，主要用于非金属块状样品，如陶瓷，矿物材料等。其制样步骤为：（1）将样品手工或机械打磨到 30~50μm；（2）用环氧树脂将铜网粘在样品上，用镊子将

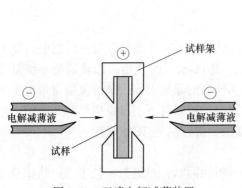

图 2.29　双喷电解减薄装置

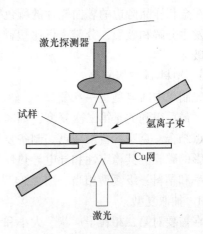

图 2.30　离子减薄装置示意图

大于铜网四周的样品切掉；（3）将样品放减薄器中减薄，减薄时工作电压为5kV，电流为0.1mA，样品倾角为15°；（4）样品穿孔后，孔洞周围的厚度可满足电镜对样品的观察需要；（5）非金属导电性差，观察前对样品进行喷碳处理，防止电荷积累。离子减薄法的优点是易于控制，可以提供大面积的薄区；其缺点是速度慢，减薄一个样品需十几个小时到几十个小时。

**D　复型法**

复型法是对物体表面特征进行复制的一种制样方法。其目的在于将物体表面的凹凸起伏转换为复型材料的厚度差异，然后在电镜下观察，设法使这种差异转换为透射电子显微像的衬度高低。表面显微组织浮雕的复型膜，只能进行形貌观察和研究，不能研究试样的成分分布和内部结构。同一试块，方法不同，得到复型像和像的强度分布差别很大，应根据选用的方法正确解释图像。对复型材料要求为：（1）复型材料本身在电镜中不显示结构，应为非晶物质；（2）有一定的强度和硬度，便于成型及保存，且不易损坏；（3）有良好的导电性和导热性，在电子束的照射下性质稳定。

复型类型有塑料一级复型、碳一级复型、塑料-碳二级复型以及抽取复型。

**a　塑料一级复型**

在已制备好的样品上滴上几滴体积浓度为1%的火棉胶醋酸戍酯溶液或醋酸纤维素丙酮溶液，溶液在样品表面展平，多余的溶液用滤纸吸掉，待溶剂蒸发后样品表面即留下一层100nm左右的塑料薄膜，如图2.31所示。把这层塑料薄膜小心地从样品表面揭下来就是塑料一级复型样品。但塑料一级复型因其塑料分子较大，分辨率较低，而且在电子束照射下易发生分解和破裂。

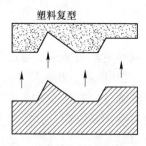

图2.31　塑料一级复型样品制备

**b　碳一级复型**

直接把表面清洁的金相样品放入真空镀膜装置中，在垂直方向上向样品表面蒸镀一层厚度为数十纳米的碳膜。把喷有碳膜的样品用小刀划成对角线小于3mm的小方块，然后把样品放入配好的分离液中进行电解或化学分离，如图2.32所示。蒸发沉积层的厚度可用放在金相样品旁边的乳白瓷片的颜色变化来估计。碳一级复型的特点是在电子束照射下不易发生分解和破裂，分辨率可比塑料复型高一个数量级，但制备碳一级复型时，样品易遭到破坏。

**c　塑料-碳二级复型**

先制成中间复型（一次复型），然后在中间复型上进行第二次碳复型，再把中间复型溶去，最后得到的是第二次复型，如图2.33所示。塑料-碳二级复型可以将两种一级复型的优点结合，克服各自的缺点。制备复型时不破坏样品的原始表面，最终复型是带有重金属投影的碳膜，其稳定性和导电导热性都很好，在电子束照射下不易发生分解和破裂；但分辨率和塑料一级复型相当。图2.34为二级复型法制得样品的TEM照片。

**d　抽取复型**

在需要对第二相粒子形状、大小和分布进行分析的同时，对第二相粒子进行物相及晶体结构分析，常采用抽取复型的方法，如图2.35所示。这种复型的方法和碳一级复型类似，只是金相样品在腐蚀时应进行深腐蚀，使第二相粒子容易从基体上剥离。进行喷镀碳膜时，厚度应稍厚，以便把第二相粒子包络起来。

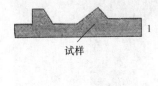

试样

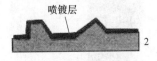

喷镀层

溶解试样

最后复制品

图 2.32　碳一级复型样品制备

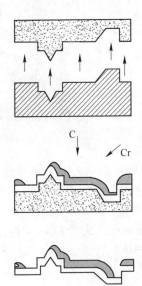

图 2.33　塑料-碳二级复型样品制备

图 2.34　二级复型法制得样品的 TEM 照片

### 2.2.4　透射电子显微镜的发展

#### 2.2.4.1　透射电子显微镜的历史

　　1924 年，de Broglie 提出波粒二象性假说。1926 年，布施发现轴对称非均匀磁场能使电子束聚焦。1932~1933 年间，德国的 Luska 和 Knoll 等成功研制世界上第一台透射电子显微镜（图 2.36），奠定了利用电子束研究物质微观结构基础。1939 年，德国的西门子公司生产出分辨

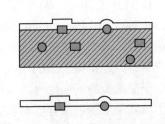

图 2.35　抽取复型样品制备示意图

图 2.36　Luska 和 Knoll 在柏林设计了首台透射电子显微镜

能力优于 10nm 的商品电子显微镜。1950 年，开始生产高压电镜（点分辨率优于 0.3nm，晶格条纹分辨率优于 0.14nm）。1956 年，Menter 发明了多束电子成像方法，开创了高分辨电子显微术，获得原子像。1965 年，扫描电子显微镜实现商品化。20 世纪 70 年代初，美国亚利桑那州立大学 Cowley 提出相位衬度理论的多层次方法模型，发展了高分辨电子显微像的理论与技术。1982 年，英国科学家 Klug 利用高分辨电子显微技术，研究了生物蛋白质复合体的晶体结构，因而获得了诺贝尔化学奖。1984 年，美国国家标准局 Shechtman 等科学家、中科院沈阳金属所的郭可信教授等，利用透射电子显微技术，发现了具有 5 次、8 次、10 次及 12 次对称性的新的有序结构——准晶体，极大地丰富了材料、晶体学、凝聚态物理研究的内涵。1991 年，日本的 Iijima 教授利用高分辨电子显微镜研究电弧放电阴极产物时，发现了直径仅几十纳米的碳纳米管。现在，通过计算机辅助修正，可以实现零或负值的球差系数，大大提高了透射电镜的空间分辨率，达到低于 0.1nm 的点分辨率。另外，通过单色仪等，可以使电子束的能力分辨率低于 0.1eV，大大提高了能量分辨能力。

　　我国电镜研制起步较迟，1958 年在长春中国科学院光学精密机械研究所生产了我国第一台中型电镜。到 1977 年生产的 TEM 分辨率为 0.3nm，放大倍率为 80 万倍。

　　目前，可以使电子显微镜的点分辨率达到 0.1nm 的方法有：（1）使用高压电子显微镜（1MeV 及以上）；（2）利用球差修正透射电子显微镜；（3）高分辨透射电子显微术（HRTEM）；（4）高角度环形暗场 Z 衬度成像；（5）离轴全息术等。

### 2.2.4.2　球差校正高分辨透射电镜

　　自 TEM 发明后，科学家一直致力于提高其分辨率。1992 年，德国的三名科学家 Harald Rose（UUlm）、Knut Urban（FZJ）及 Maximilian Haider（EMBL）研发使用多极子校正装置调节和控制电磁透镜的聚焦中心，从而实现对球差的校正，最终实现了亚埃级的分辨率，因此获得了 2011 年的沃尔夫奖。配有球差校正器的透射电子显微镜是对传统透射电子显微镜的革命性改进，其具有点分辨率高、化学组成敏感及图像直观等优点。

　　球差是限制透镜分辨本领最主要的因素。如图 2.37 所示，球差是由于电磁透镜中心区域和边缘区域对电磁波会聚能力不同而造成的。远轴电磁波通过透镜比近轴电磁波折射程度高，导致由同一物点散射的电磁波经过透镜后不交在一点上，而是在透镜像平面上变成了一个漫射圆斑。TEM 中包含多个磁透镜：聚光镜、物镜、中间镜和投影镜等。球差是由于磁镜的构造不完美造成的，那么这些磁镜组都会产生球差。

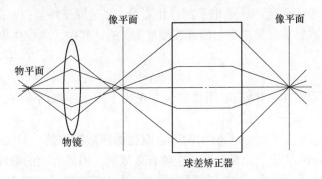

图 2.37　透镜球差及其修正示意图

用于校正成像系统的球差校正器称为成像校正器，当使用 image 模式时，影响成像分辨率的主要是物镜的球差，此时校正器安装在物镜位置。它是多极子校正装置，通过多组可调节磁场的磁镜组对电子束的洛伦兹力作用逐步调节 TEM 的球差，从而实现亚埃级的分辨率。

球差校正器经过了多年的发展，在最新的五重球差校正器的帮助下，人类成功地将球差对分辨率的影响校正到小于色差。只有校正色差才能进一步提高分辨率，于是诞生球差色差校正透射电镜，例如 Titan G3 50-300 PICO 双球差物镜色差校正 TEM，300kV 分辨率小于 0.05nm。球差校正技术的发展推动了透射电子显微技术从纳米尺度走向原子分辨尺度。

### 2.2.4.3　高角度环形暗场（HAADF）成像方法

在 TEM 中，被高电压加速的电子照射到试样上，入射电子与试样中原子之间发生多种相互作用。其中，弹性散射电子分布在比较大的散射角范围内，而非弹性散射电子分布在较小的散射角范围内。因此，如果只探测高角度散射电子则意味着主要探测的是弹性散射电子。这种方式并没有利用中心部分的透射电子，所以观察到的是暗场像。把这种方式与扫描透射电子显微方法（STEM）结合，就能得到暗场 STEM 像。除晶体试样产生的布拉格反射外，电子散射是轴对称的，所以为了实现高探测效率，使用了环状探测器。这种方法称为高角度环形暗场（high angle annular dark field）方法，或称为 HAADF $Z$ 衬度方法。

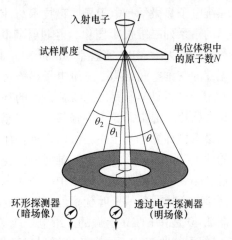

图 2.38　高角度环形暗场（HAADF）方法的原理图

图 2.38 是高角度环形暗场（HAADF）方法的原理图。按照彭尼库克（Pennycook）理论，若环形探测器的中心孔足够大，散射角 $\theta_1$、$\theta_2$ 间的环状区域中散射电子的散射截面可以用卢瑟夫（Rutherford）散射公式在环形探测器上直接积分得到：

$$\sigma_{\theta_1,\ \theta_2} = \left(\frac{m}{m_0}\right)\frac{Z^2\lambda^4}{4\pi^3 a_0^2}\left(\frac{1}{\theta_1^2+\theta_0^2}-\frac{1}{\theta_2^2+\theta_0^2}\right) \tag{2.6}$$

式中，$m$ 是高速电子的质量；$m_0$ 是电子的静止质量；$Z$ 是原子序数；$\lambda$ 是电子的波长；$a_0$ 是玻尔半径；$\theta_0$ 是波恩特征散射角。因此，厚度为 $t$ 的试样中，单位体积中原子数为 $N$ 时的散射强度：

$$Is = \sigma NtI \tag{2.7}$$

由以上两式可以看出，HAADF 图像的强度正比于原子序数的平方，因此，这种像称为 $Z$ 衬度像，也称为 $Z$ 平方衬度像。

在 HAADF 方法中，用一个具有大的中心圆孔的环形探测器，只接收高角 Rutherford 散射电子，而 Rutherford 散射是来自原子核的有效散射，因此有效的取样点的大小就是原子核的尺度，这个尺度远比原子的实际尺度要小。由于每个原子位置真实地由一个唯一的点（相对于探针直径）所代表，因此在成像中不必考虑样品的投影势。由于衬度与原子序数 $Z$ 平方成正比，如果用场发射枪和一个聚光镜形成探针，实际探针尺寸可以达到 0.1nm，此时 HAADFZ 衬度图像的分辨率比使用相同聚光镜的 TEM 模式下的要高。例如，JEOL JEM2010F 物镜球差系数为 0.5mrn 时 TEM 模式下的分辨率为 0.19nm，而 HAADF 模式下的图像 分辨率为 0.125nm。

HAADF-STEM 具有亚埃级别的分辨率，其图像是高分辨 $Z$ 衬度像，像中的亮点对应于原子柱的投影，点的亮度与平均原子序数的平方（$Z^2$）成正比，越重的原子在图像中的显示越亮，可直接显示样品中的原子分布，因此 HAADF-STEM 图像能够将比较重的金属单原子与比较轻的组成载体的元素区分开。图 2.39 为 $Pt_1/SiC$ 的 HAADF-STEM 图，可见 Pt 单原子均匀地分散在 SiC 表面，其原子半径约为 0.2nm。

### 2.2.4.4　三维电子显微术

三维电子显微学是电子显微镜技术与计算机图像处理技术相结合而产生的，它利用电镜样品的一系列二维投影图像，经过计算机图像处理重构出样品的三维空间结构。1968 年，英国剑桥大学 MRC 实验室 Aaron Klug 博士的研究小组首次用该技术重构出了 T4 噬菌体尾部的三维空间结构。三维电子显微技术主要用来分析生物分子的三维结构，近几年来开始用于材料科学研究。三维显微术的基本过程是转动样品，每转动一个角度记录一张电子显微照片，通常需要一百张甚至更多照片重构计算得到样品的三维结构图。

三维重构计算是基于中心截面定理：任何实空间的三维物体，沿入射光线方向的二维投影的傅里叶变换，是该物体三维傅里叶变换后，在倒易空间中垂直于该入射光线方向的一个过中心点的二维截面。根据中心截面定理，收集物体在各个方向的二维投影照片后，经过傅里叶变换及反傅里叶变换就可以恢复该物体的三维结构。

图 2.40 是在 STEM 上做的三维电子成像的基本原理示意图。用透射电子束扫描样品，HAADF 探测器收集从不同高角度透射过样品的电子成像。由于计算重构样品的三维结构，每张电子显微图的强度必须是试样在该角度时的质量单调函数，不能含有衍射形成的衬度。通过 HAADF 环状检测器收集的散射角大于布拉格衍射角的高角度散射电子像排除衍射衬度，获得像的强度与试样的厚度和组成元素原子序数 $Z$ 的平方成正比。

三维重构的发展面向更高的空间分辨率，即原子分辨三维重构及更高的能量分辨率。高空间分辨率着眼于获得纳米颗粒的三维精确原子结构。图 2.41 是基于带边精细 EELS

谱重构手段获得的 30nm $FeO/Fe_3O_4$ 核壳纳米颗粒中 $Fe^{2+}$ 和 $Fe^{3+}$ 分布。

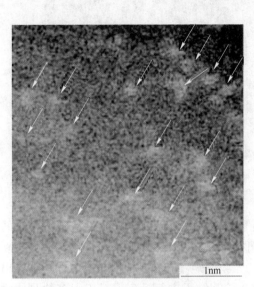

图 2.39 $Pt_1/SiC$ 的 HAADF-STEM 图
（白色箭头表示均匀分散在 SiC 基体表面的 Pt 单原子）

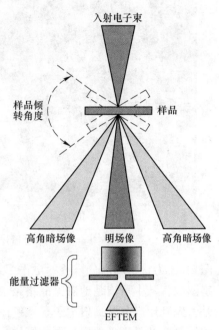

图 2.40 电子投影技术基本原理示意图

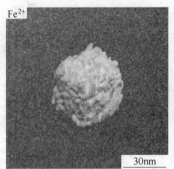

图 2.41 基于 EELS 能量分辨的三维重构图

## 2.2.5 透射电子显微镜的应用

### 2.2.5.1 材料的常规观测及高分辨成像

图 2.42 为纳米材料透射电子显微镜的检测结果。从图中可以看出，它们是平面投影图像，不同于富有立体感的扫描电子显微镜图像。其中，图 2.42（a）中的纳米粒子为球形，严格地说为准球形，分散性很好。图 2.42（b）中的纳米材料为棒形，颗粒尺寸大小较为均一，分散性较好。纳米粒子的粒径分布统计是纳米材料研究中常遇到的问题，尽管现在已有多种分析测试纳米材料粒径分布的方法，如小角 X 射线散射等，但可信度最高的当属依托透射电子显微镜技术的统计方法。

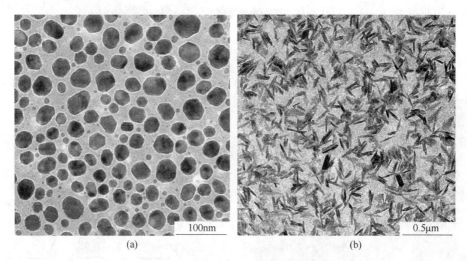

(a)　　　　　　　　　　　　　　(b)

图 2.42　纳米材料透射电子显微镜观察结果示例

　　图 2.43 为材料的高分辨透射电子显微镜观察结果，其中图 2.43（a）是晶体材料的高分辨图像，从中可清楚地看见晶格条纹，并可得到晶面间距 $d$ 值。其中晶面归属的判断方法是：先利用高分辨透射电子显微镜图像中的条纹线距离和多晶面的相关取向，估算出该条纹线对应的晶面，然后再用相同样品的 XRD 检测结果进行矫正。对于大多数晶体物质而言，都有 XRD 检测出的标准数据，如 $d$ 值等，可信度高。图 2.43（b）也给出了有序的条纹结构，但此时层间距和层的厚度均明显大于图 2.43（a）中的结果，故图 2.43（b）显示的已不是晶体结构，而是所谓的自组装结构，它是纳米材料研究中的热点问题。

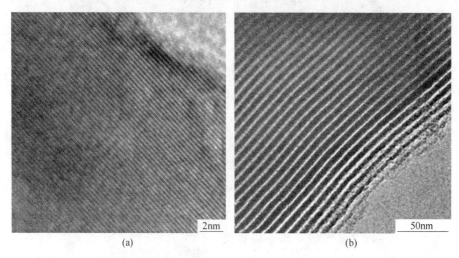

(a)　　　　　　　　　　　　　　(b)

图 2.43　高分辨透射电子显微镜观察的材料的晶体结构和自组织结构图像

### 2.2.5.2　电子衍射花样及其形成原理

　　关于电子衍射问题，在透射电子显微镜中，来自聚光镜的电子束打到样品上，与样品发生相互作用，当样品薄到一定程度时，电子就可以透过样品。可将透过电子分成两类：一类是继续按照原来方向运动的电子，能量几乎没有改变，称之为直进电子；另一类是运动方向偏离原来方向的电子，称之为散射电子。就散射电子而言，如果电子的能量有比较大的改变，我们称之为非弹性散射电子；有的电子能量几乎没有改变，可称之为弹性散射电子。所有这些电子通过物镜后在物镜的后焦面上会形成一种特殊的图像，称之为夫琅禾费衍射花样。图 2.44 对常见电子衍射花样进行了归纳：如果被电子束照射的样品区域是一块单晶，则花样的特点是中央亮斑加周围其他离散分布、强弱不等的衍射斑，斑点呈规律性分布；如果被电子束照射的样品区域包括许多单晶，则衍射花样的特点是中央亮斑加周围半径不等的一圈圈同心圆亮环；如果被电子束照射的样品区域是非晶，则衍射花样的特点是中央亮斑加从中央到外围越来越暗的弥散光晕。

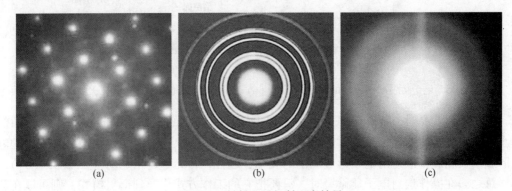

(a)　　　　　　　　(b)　　　　　　　　(c)

图 2.44　材料电子衍射观察结果

(a) 单晶结构；(b) 多晶结构；(c) 非晶结构

　　形成这些花样的原因，可从样品对入射电子的散射来解释。对于晶体样品，由于原子、离子、分子等基本质点排列的周期性，不同质点同一方向上的散射波之间存在固定的相位差，在一些方向上相位差为 $2\pi$ 的整数倍。根据波的叠加理论，在这些方向上的散射波会发生加强干涉，称之为衍射。如图 2.44 (a) 所示，在相同方向上的衍射波在物镜后焦面上形成一个亮斑，可称之为衍射斑。显然，直进的电子形成处于中央位置的透射斑，而整个后焦面的图像称之为电子衍射花样，至于哪些方向上会出现衍射波，这可由布拉格公式决定。由于电子衍射花样与晶体的结构之间存在对应关系，可根据所记录下的衍射花样，对晶体结构（单晶）进行分析，即对图 2.44 (a) 中主要衍射斑点进行衍射指标的标注。完成这项工作需要较多的知识积累，常用的方法有：（1）通过比对一些专著中列出的标准数据，标出结果；（2）严格推理，这是最为严谨的推断方法，尤其适合未知晶体结构的测定，此方法的使用是建立在对晶体衍射学系统学习基础之上的简易的标注方法（图 2.45）。

　　对于多晶样品，构成多晶的每一个单晶形成自己的衍射花样。由于每一个单晶的取向不同，每个单晶上相同指数的衍射波出现在以入射电子方向为中心线的圆锥上，它们通过物镜后形成衍射环（图 2.45 (b)）。利用这些衍射环的有关数据，也可以对多晶样品进行结构分析，基本公式为：

$$Rd = \lambda L = K \tag{2.8}$$

式中，$R$ 为衍射斑或衍射环与透射斑（电子衍射图案圆心）之间的距离；$d$ 为晶面间距；$L$ 为电子衍射的相机长度；$\lambda$ 为入射电子束的波长。由于 $L$ 和 $\lambda$ 一般都为固定值，所以两者的乘积 $K$ 为常数，称为相机常数。

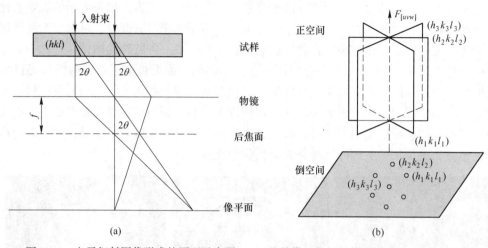

图 2.45 电子衍射图像形成的原理示意图 (a) 及晶带正空间与倒空间对应关系图 (b)

当样品为非晶时，从不同原子上散射出的同一方向上的电子波之间没有固定的相位差，且随着散射角的增大，散射的电子数量少，能量损失大。它们通过物镜后，直进的电子形成中央亮斑，散射的电子形成周围的光晕，越往外，光晕越来越弱（图 2.45（c））。

总之，在操作透射电子显微镜时，只要把它的工作方式切换到衍射模式，则可以在荧光屏上观察到在物镜后焦面上形成的衍射花样，也可以用底片或 CCD 相机拍摄下来。利用上述样品的 X 射线衍射谱图，加上电子衍射花样，可以对材料中的精细结构进行深入研究，包括晶界、位错、层错、孪晶、相界、反相畴界、析出相、取向关系等。

## 2.3 原子力显微镜

早在 20 世纪 80 年代初期，Binner 和 Rohrer 利用原子间的隧道电流效应发明了扫描隧道显微镜（scanning tunneling microscope，STM），显微镜扫描探测技术由此开始逐步发展。扫描隧道显微镜的基本原理是基于量子理论中的量子隧道吸引和扫描。扫描隧道显微镜在当时具有空前高的分辨率，最高横向空间分辨率可达 0.1 nm，纵向垂直高度分辨率可达到 0.01 nm，从而将人们带进了微观世界，使人们第一次直观地观测到分子、原子。但是由于扫描隧道显微镜是依靠隧道电流的原理工作，它只适用于观察导体和半导体的表面结构。对于非导电材料必须在其表面覆盖一层导电膜，而导电膜的存在往往掩盖了样品表面结构的许多细节。为了获取绝缘材料的原子图像，在扫描隧道显微镜的基础上，Binner 和 Quate、Gerber 在 1986 年发明了第一台原子力显微镜（atomic force microscope，AFM）。

原子力显微镜是一种可用来研究包括绝缘体在内的固体材料表面结构的分析仪器。它通过检测待测样品表面和一个微型力敏感元件之间的极微弱的原子间相互作用力，来研究物质的表面结构及性质。将一对微弱力极端敏感的微悬臂一端固定，另一端的微小针尖接近样品，这时它将与样品相互作用，作用力将使得微悬臂发生形变或运动状态发生变化。扫描样品时，利用传感器检测这些变化，就可获得作用力分布信息，从而以纳米级分辨率获得表面结构信息。因此，原子力显微镜除了导电样品外，还能够观测非导电样品的表面结构，且不需要用导电薄膜覆盖，其应用领域将更为广阔。

### 2.3.1 原子力显微镜的工作原理及仪器构造

#### 2.3.1.1 原子之间的作用力

原子力显微镜与扫描隧道显微镜最大的差别在于并非利用电子隧道效应，而是利用原子之间的范德华力作用来呈现样品的表面特性。假设两个原子中，一个是在微悬臂的探针尖端，另一个是在样品的表面，它们之间的作用力会随距离的改变而变化，其作用力与距离的关系如图 2.46 所示。当原子与原子很接近时，彼此电子云斥力的作用大于原子核与电子云之间的吸引力作用，所以整个合力表现为斥力的作用。反之，若两原子分开有一定距离时，其电子云斥力的作用小于彼此原子核与电子云之间的吸引力作用，故整个合力表现为引力的作用。若以能量的角度来看，这种原子与原子之间的距离与彼此之间能量的大小见 Lennard-Jones 公式：

$$E_{pair}(r) = 4\varepsilon\left[\left(\frac{\sigma}{r}\right)^{12} - \left(\frac{\sigma}{r}\right)^{6}\right] \tag{2.9}$$

式中，$\sigma$ 为原子的直径；$r$ 为原子之间的距离。

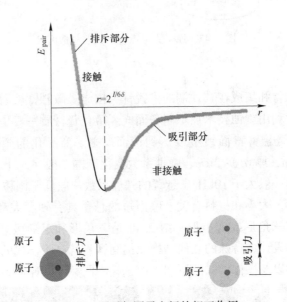

图 2.46　原子与原子之间的相互作用

从式（2.9）可知，当 $r$ 降低到某一程度时其能量为 $+E$，也代表了在空间中两个原子是相当接近且能量为正值；若假设 $r$ 增加到某一程度时，其能量就会为 $-E$，同时也说明了空间中两个原子之间距离相当远且能量为负值。不管从空间上去看两个原子之间的距离与其所导致的吸引力和斥力，或是从当中能量的关系来看，原子力显微镜就是利用原子之间奇妙的关系把原子的样子呈现出来，使得微观世界不再神秘。

#### 2.3.1.2 原子力显微镜的仪器构造

原子力显微镜的仪器构造如图 2.47 所示，主要由力传感器、光学检测系统和位移控制系统三部分组成。

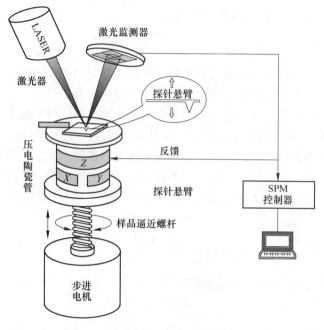

图 2.47　原子力显微镜的仪器构造图

### A　力传感器

力传感器由微悬臂和集成在其顶端的尖锐针尖构成。微悬臂被固定在同种材质制造的长方形载体上，通常利用刻蚀技术加工制备而成。微悬臂材质一般是硅（Si）或者氮化硅（$Si_3N_4$），氮化硅的微悬臂背面镀金以达到镜面反射。商品化的微悬臂一般长为 $100 \sim 200\mu m$，宽 $10 \sim 40\mu m$，厚 $0.3 \sim 2\mu m$，弹性系数变化范围一般在几十牛每米到百分之几牛每米之间，共振频率一般大于 10kHz。悬臂的弹性系数一般低于固体原子的弹性系数，悬臂的弹性系数与形状、大小和材料有关。厚而短的悬臂具有硬度大和振动频率高的特点。悬臂的形状常见的有三角形或者矩形，图 2.48 是三角形和矩形微悬臂的扫描电镜照片。在某些应用中还可以设计成特殊的几何结构以提高微悬臂高阶模式的响应。这些参数的选择是依照样品的特性以及操作模式的不同，而选择不同类型的探针。

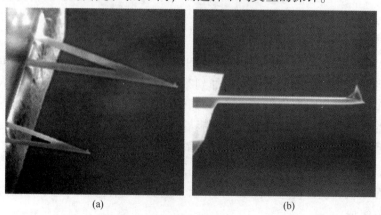

(a)　　　　　　　　　　　　　　　(b)

图 2.48　三角形（a）和矩形（b）微悬臂的扫描电镜照片

探针末端的针尖一般呈金字塔形或圆锥形，针尖的曲率半径与原子力显微镜的分辨率有直接关系。一般商品针尖的曲率半径在几纳米到几十纳米范围。图 2.49 是探针针尖的扫描电镜照片。由于探针针尖的尖锐程度决定影像的分辨率，愈细的针尖相对可得到更高的分辨率，因此具有纳米尺寸的碳纳米管探针，是目前探针材料的明日之星。碳纳米管是由五碳环和六碳环构成的空心圆柱体。碳纳米管因其末端的面积很小，直径 1~20nm，长度为数十纳米等优点，很适合作为原子力显微镜的探针针尖。碳纳米管因为具有极佳弹性弯曲及韧性，可以减少在样品上的作用力，避免样品的成像损伤，使用寿命长，可适用于比较脆弱的有机物和生物样品。

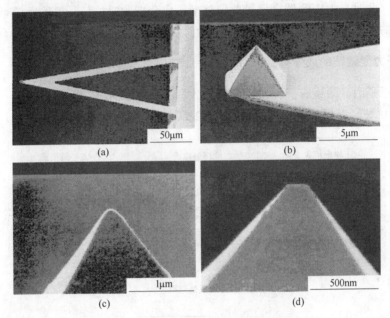

图 2.49　金字塔形探针针尖的扫描电镜照片

B　光学检测系统

光学检测系统由激光二极管、棱镜、反射镜和四象限光电探测器构成。当针尖与样品之间有了相互作用之后，会使得微悬臂摆动。所以当激光照射在微悬臂的末端时，其反射光的位置也会因为悬臂摆动而有所改变，这就造成偏移量的产生。在整个系统中是依靠激光光斑位置探测器将偏移量记录下并转换成电信号的，以供控制器作信号处理。聚焦到微悬臂上面的激光反射到光电探测器，通过对落在探测器四个象限的光强进行计算，可以得到由于表面形貌引起的微悬臂形变量大小，从而得到样品表面的不同信息。

C　位移控制系统

位移控制系统由压电陶瓷管和相应的控制电路组成。在原子力显微镜的系统中，将信号经由光电探测器取入之后，在反馈系统中会将此信号当作反馈信号，作为内部的调整信号，并驱使由压电陶瓷管制作的扫描器做适当的移动，以保持样品与针尖一定的作用力。压电装置在 $X$，$Y$，$Z$ 三个方向上精确控制样品或探针位置。目前构成扫描器的基质材料主要是钛锆酸铅 $[Pb(Ti，Zr)O_3]$ 制成的压电陶瓷材料。压电陶瓷具有压电效应，即在加电压时有收缩特性，并且收缩的程度与所加电压成比例关系。压电陶瓷能够将 1mV~

1000V 的电压信号转换成十几分之一纳米到几微米的位移，从而实现原子力显微镜的精确定位。因此，反馈控制是本系统的核心工作机制。本系统采用数字反馈控制回路，用户在控制软件的参数工具栏通过以参考电流、积分增益和比例增益几个参数的设置来对该反馈回路的特性进行控制。

如图 2.48 所示，由激光二极管发出激光束经过光学系统聚焦后，照到微悬臂的背面，经微悬臂反射的激光束被四象限光电探测器所接收。样品固定在压电陶瓷管上方，并一起随压电陶瓷管在扫描电路控制下沿 X 和 Y 方向扫描，并且在 Z 方向可以伸缩。如果微悬臂探针同样品间的相互作用使微悬臂在 Z 方向产生位移，那么反射束将在四象限光电探测器上移动。此时光电探测器会记录此偏移量，也会把此时的信号送给反馈系统，以利于系统做适当的调整，最后再将样品的表面特性以影像的方式呈现出来。

### 2.3.2　原子力显微镜的成像模式

目前，原子力显微镜有三种扫描成像模式，分别是接触模式（contact）、非接触模式（non-contact）和轻敲模式（tapping），如图 2.50 所示。

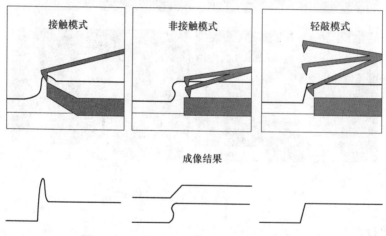

图 2.50　原子力显微镜的三种扫描成像模式

各种操作模式在针尖与样品的距离以及作用力所处的范围是不同的，如图 2.51 所示。从图 2.51 可以看到，接触模式是在排斥力区域工作的，非接触模式是在吸引力区域工作的，而轻敲模式则是在包含上述两个区域在内的更大范围内工作的。

#### 2.3.2.1　接触模式

接触模式是原子力显微镜最直接的扫描成像模式。在整个扫描成像过程中，探针针尖始终与样品表面保持紧密的接触，而相互作用力是排斥力。扫描时，微悬臂施加在针尖上的力有可能破坏试样的表面结构，因此力的大小范围在 $10^{-10} \sim 10^{-6}$N。若样品表面不能承受这样的力，便不宜选用接触模式对样品表面进行成像。接触模式又可以分为恒力和恒高两种工作模式，如图 2.52 所示。在恒力模式中，反馈系统控制压电陶瓷管，保持探针同样品之间的作用力不变。恒力模式不但可以用来测量表面起伏比较大的样品，也可以在原子水平上观测样品。而在恒高模式中，针尖和样品之间的距离保持恒定，这时针尖、样品之间的作用力大小直接反映了表面的形貌图像。恒高模式一般只用来观测比较平坦的样品表面。

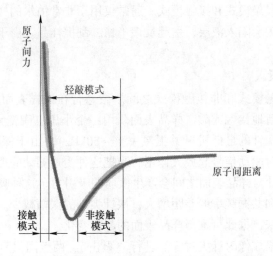

图 2.51　针尖与样品的距离以及作用力所处的范围

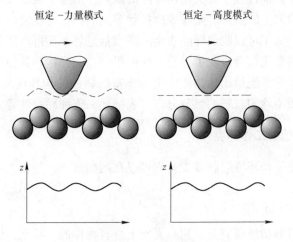

图 2.52　AFM 恒力与恒高工作模式

接触模式的扫描速度快，是唯一能够获得"原子分辨率"图像的工作模式。垂直方向上有明显变化的质硬样品，有时更适于用接触模式扫描成像。该扫描模式的缺点是横向力影响图像质量。在空气中，因为样品表面吸附液层的毛细作用，使针尖与样品之间的黏着力很大。横向力与黏着力的合力导致图像空间分辨率降低，而且针尖刮擦样品会损坏软质样品（如生物样品、聚合体等）。

#### 2.3.2.2　非接触模式

非接触模式探测试样表面时微悬臂在距离试样表面上方 5～10nm 的距离处振荡。这时，样品与针尖之间的相互作用由范德华力控制，通常为 $10^{-12}$N。这样样品不会被破坏，而且针尖也不会被污染，特别适合于研究柔嫩物体的表面。

这种操作模式的不利之处在于要在室温大气环境下实现这种模式十分困难。因为样品表面不可避免地会积聚薄薄的一层水，它会在样品与针尖之间搭起一个小小的毛细桥，将针尖与表面吸在一起，从而增加尖端对表面的压力。为了避免接触吸附层而导致针尖胶粘，其扫描速度低于轻敲模式和接触模式。通常仅用于非常怕水的样品，而且吸附液层必须薄，如果太厚，针尖会陷入液层，引起反馈不稳，刮擦样品。由于上述缺点，非接触模式的使用受到限制。

### 2.3.2.3　轻敲模式

轻敲模式介于接触模式和非接触模式之间。微悬臂在试样表面上方以其共振频率振荡，针尖周期性地短暂地接触或敲击样品表面。用一个小压电陶瓷元件驱动微悬臂振动，其振动频率恰好高于探针的最低机械共振频率（~50kHz）。由于探针的振动频率接近其共振频率，因此它能对驱动信号起放大作用。当把这种受迫振动的探针调节到样品表面时（通常2~20nm），探针与样品表面之间会产生微弱的吸引力。这种吸引力会使探针的共振频率降低，驱动频率和共振频率的差距增大，探针尖端的振幅减少。这种振幅的变化可以用激光检测法探测出来，据此可推断样品表面的起伏变化。

在该模式下，扫描成像时针尖对样品进行"敲击"，两者间只有瞬间接触，克服了传统接触模式下因针尖被拖过样品而受到摩擦力、黏附力、静电力等的影响。图像分辨率高，并有效地克服了扫描过程中针尖划伤样品的缺点，适合于柔软及吸附样品的检测，特别适合生物样品的检测。缺点是轻敲模式比接触模式的扫描速度慢。

在轻敲模式下，除了可以收集样品表面的高度信息外，还可以同时收集到样品表面的相位信息。相位差的变化综合反映了样品表面的组分、黏弹性和其他性质等，显示样品表面组成结构的细节，常常能给出比高度图更为丰富的样品结构和性质的信息。一般而言，相位图对于识别多相不均匀材料的组分分布，表征样品表面黏弹性等方面更为有效。

## 2.3.3　原子力显微镜的工作环境

原子力显微镜受工作环境限制较少，它可以在超高真空、气相、液相和电化学的环境下操作。

### 2.3.3.1　真空环境

最早的扫描隧道显微镜研究是在超高真空下进行操作的。后来，随着原子力显微镜的出现，人们开始使用真空原子力显微镜研究固体表面。真空原子力显微镜避免了大气中杂质和水膜的干扰，但其操作较复杂，对仪器要求较高。

### 2.3.3.2　气相环境

在气相环境中，原子力显微镜操作比较容易，它是广泛采用的一种工作环境。因原子力显微镜操作不受样品导电性的限制，它可以在空气中研究任何固体表面。但气相环境中原子力显微镜易受样品表面水膜的干扰。

### 2.3.3.3　液相环境

在液相环境中，原子力显微镜是把探针和样品均放在液体池中工作，它可以在液相中研究样品的形貌。液相中原子力显微镜消除了针尖和样品之间的毛细现象，因此减少了针尖对样品的总作用力。液相原子力显微镜的应用十分广阔，它包括生物体系、腐蚀或任一液固界面的研究。

### 2.3.3.4　电化学环境

正如超高真空系统一样，电化学系统为原子力显微镜提供了另一种控制环境。电化学原子力显微镜是在原有原子力显微镜基础上添加了电解池、双恒电位仪和相应的应用软件。电化学原子力显微镜可以现场研究电极的性质，包括化学和电化学过程诱导的吸附、腐蚀以及有机和生物分子在电极表面的沉积和形态变化等。

### 2.3.4 原子力显微镜的特点

（1）原子级的高分辨率。原子力显微镜的放大倍数能高达 10 亿倍。原子力显微镜具有非常高的横向分辨率和纵向分辨率。横向分辨率可达到 0.1～0.2nm，纵向分辨率高达 0.01nm。

（2）观察活的生命样品。电子显微镜的样品必须进行固定、脱水、包埋、切片、染色等一系列处理，因此电子显微镜只能观察死的细胞或组织的微观结构。原子力显微镜的样本可以是生理状态的各种物质，在大气条件或溶液中都能进行，因而只需很少或不需对样品作前期处理。因此，原子力显微镜能观察任何活的生命样品，而且能够对动态的变化过程进行记录。

（3）工作范围宽。原子力显微镜具有很宽的工作范围，可以在诸如真空、空气、高温、常温、低温以及液体环境下扫描成像。

（4）样品制备简单。原子力显微镜所观察的标本不需要包埋、覆盖、染色等处理，可以直接观察，避免了由此所带来的测量误差，而且探针与样品表面相互作用力很小，不会损伤样品。

（5）加工样品的力行为。可以测试样品的硬度和弹性等，原子力显微镜还能测量电化学反应。原子力显微镜还具有对标本的分子或原子进行加工的力行为，例如搬移原子、切割染色体、在细胞膜上打孔等。

### 2.3.5 原子力显微镜的假象

在所有显微学技术中，原子力显微镜图像的解释相对来说是容易的。光学显微镜和电子显微镜成像都受电磁衍射的影响，这给它们辨别三维结构带来困难。原子力显微镜可以弥补这些不足，在原子力显微镜图像中峰和谷明晰可见。原子力显微镜的另一优点是光或电对它成像基本没有影响，原子力显微镜能测得表面的真实形貌。但原子力显微镜也有假象存在，相对来说，原子力显微镜的假象比较容易验证。下面介绍一些假象情况：

（1）针尖成像。原子力显微镜中大多数假象源于针尖成像。如图 2.53 所示，针尖比样品特征尖锐时，样品特征就能很好地显现出来。相反，当样品比针尖更尖时，假象就会出现，这时成像主要为针尖特征。高表面曲率的针尖可以减少这种假象发生。

（2）钝的或污染的针尖产生假象。当针尖污染或有磨损时，所获图像有时是针尖的磨损形状或污染物的形状。这种假象的特征是整幅图像都有同样的特征。

（3）双针尖或多针尖假象。这种假象是由于一个探针末端带有两个或多个尖点所致。当扫描样品时，多个针尖依次扫描样品而得到重复图像，如图 2.54 所示。

（4）样品上污物引起的假象。当样品上的污物与基底吸附不牢时，污物可能被正在扫描的针尖带走，并随针尖运动，致使大面积图像模糊不清。

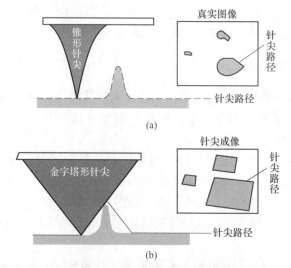

图 2.53　真实图像和针尖成像对比

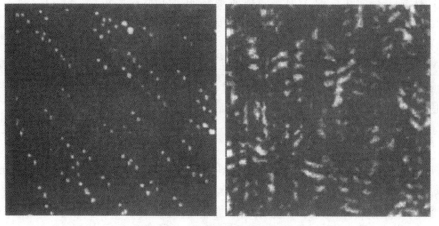

图 2.54　双针尖或多针尖假象

## 2.3.6　AFM 样品的要求

原子力显微镜研究对象可以是导体、半导体和绝缘体样品，可以是有机固体、聚合物以及生物大分子等。原子力显微镜的样品制备比较简单，有以下一些要求。

纳米粉体材料应尽量以单层或亚单层形式分散并固定在基片上，样品制备过程中应当注意：（1）选择合适的溶剂和分散剂将粉体材料制成稀的溶胶，必要时采用超声分散以减少纳米粒子的聚集，以便均匀地分散在基片上。（2）根据纳米粒子的亲疏水特性、表面化学特性等选择合适的基片，常用的有云母、高序热解石墨、单晶硅片、玻璃、石英等。如果要详细地研究粉体材料的尺寸、形状等性质，就要尽量选取表面原子级平整的云母、高序热解石墨等作为基片。而单晶硅片最好要用浓硫酸与 30% 双氧水的 7：3 混合液在 90℃ 下煮 1h。（3）样品尽量牢固地固定到基片上，必要时可以采用化学键合、化学特定吸附或静电相互作用等方法。如金属纳米粒子，用双硫醇分子作连接层可以将其固定在镀金基片上。在350℃时烧结也可以把金纳米粒子有效地固定在某些半导体材料表面上。生物样品也需要固定到基片上，原则与粉体材料基本相同，只是大多数时候都需要保持生物样品的活性，所以大多在溶液中进行研究，如成像、测定力曲线以研究其构型、构象等特性。对于薄膜材料，如金属或金属氧化物薄膜、高聚物薄膜、有机-无机复合薄膜、自组织单分子膜、Langmuir-Blodgett 膜（简称 LB 膜）等，一般都有基片的支持，可以直接用于原子力显微镜扫描研究。

试样的厚度，包括样品台的厚度，最大为 10mm。如果试样过重，有时会影响扫描仪的动作，不要放过重的试样。试样的大小以不大于样品台的大小为大致的标准。如果未固定好就进行测量，可能产生移位，需固定好后再测定。

### 2.3.7　原子力显微镜图像的分辨率

原子力显微镜图像的分辨率决定了图像的质量，提高分辨率的方法主要有以下四点：

（1）发展新的技术或模式来提高分辨率，即从硬件设备以及成像机理上提高成像分辨率。如最近 Fuchs 等发明的 Q 控制技术，可以提高成像分辨率和信噪比。采用力调制模式或频率调制模式等也可以有效提高成像分辨率。

（2）选择尖端曲率半径小的针尖，减小针尖与样品之间的接触面积，减小针尖的放大效应，以提高分辨率。

（3）尽量避免针尖和样品表面的污染。如果针尖上有污染物，就会造成与表面之间的多点接触，出现多针尖现象，造成假像。如果表面受到了污染，在扫描过程中表面污染物也可能粘到针尖上，造成假像的产生。

（4）控制测试气氛，消除毛细作用力的影响。由于毛细作用力的存在，在空气中进行原子力显微镜成像时会造成样品与针尖的接触面积增大，分辨率降低。此时，可考虑在真空环境下测定，在气氛控制箱中充入干燥的 $N_2$，或者在溶液中成像等。溶液的介电性质也可以影响针尖与样品间范德华作用力常数，从而有可能减小它们之间的吸引力以提高成像分辨率。不过液体对针尖的阻尼作用会造成反馈的滞后效应，所以不适用于快速扫描过程。

### 2.3.8　原子力显微镜的功能技术

原子力显微镜能被广泛应用的一个重要原因是它具有开放性。在基本原子力显微镜操作系统基础上，通过改变探针、成像模式或针尖与样品之间的作用力就可以测量样品的多种性质。以下是与原子力显微镜相关的功能技术。

#### 2.3.8.1　相位式原子力显微镜

相位图是以相位差作为成像信号得到的图像，而相位差是指驱动悬臂振动的检测信号与悬臂震动的输出信号之间的差值。相位差的变化综合反映了样品表面的组分、黏弹性和其他性质等，显示样品表面组成结构的细节，常常能给出比高度图更为丰富的样品结构和性质的信息，如图 2.55 所示。一般而言，相位图对于识别多相不均匀材料的组分分布、表征样品表面黏弹性等方面更为有效。

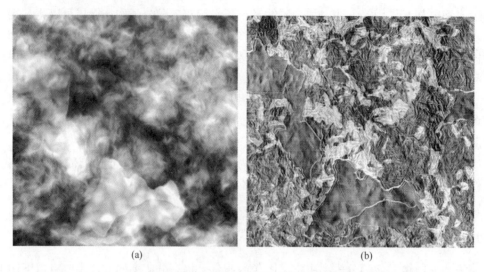

图 2.55　聚乙烯膜的高度图（a）和相图（b）

### 2.3.8.2　侧向力显微镜

侧向力显微镜（lateral forcemicroscope，LFM）的作用方式主要是使探针与样品表面相接触并在表面上平移，利用探针移动时所承受样品表面摩擦力以及样品表面高低起伏造成微悬臂的偏斜量来探知样品的材质与表面特性。

### 2.3.8.3　磁力显微镜

磁力显微镜（magnetic force microscopy，MFM）是使用一种受迫振动的探针来扫描样品表面，所不同的是这种探针是沿着其长度方向磁化了的镍探针或铁探针。当这一振动探针接近一块磁性样品时，探针尖端就会像一个条状磁铁的北极和南极那样，与样品中磁畴相互作用而感受到磁力，并使其共振频率发生变化，从而改变其振幅。这样检测探针尖端的运动，就可以进而得到样品表面的磁特性。

### 2.3.8.4　静电力显微镜

在静电力显微镜（electron force microscopy，EFM）中，针尖和样品起到一个平行的板极电容器中两块极板的作用。当其在样品表面扫描时，其振动的振幅受到样品中电荷产生的静电力的影响。利用这一现象，就可以通过扫描时获得的静电力图像来研究样品的表面信息。

### 2.3.8.5　扫描式热梯度探针显微镜

利用探针微悬臂上加镀的电路，工件表面的热梯度会驱动电路产生电流，此电流可被量测得知。在接触模式或轻敲模式操作下，均可在变温控制下操作，观察材质与温度的关系。可在 50~250℃ 条件下的空气中操作。系统设计上有隔热保护装置，确保扫描仪不因受热而尺寸失序；探针温度补偿，使表面温度与输入温度一致；可程序化温控，迅速变化。

### 2.3.8.6　单分子力谱

除了具有成像功能之外，原子力显微镜还是一种力探测仪。原子力显微镜针尖尖端的尺寸很小，可以实现在样品表面捕捉单个分子，而且针尖微悬臂的灵敏度高至可以探测小至数皮牛顿（pN）的力。加上原子力显微镜具备准确的位移控制系统等特点，使得原子力显微镜已经成为从事单分子力谱研究的理想工具。通过对压电陶瓷管施加外电压可使其在 $X$、$Y$、$Z$ 三个方向上做精确移动，如果将 $X$、$Y$ 方向固定，针尖只随着压电陶瓷管在 $Z$ 轴方向的伸缩而上下运动，就可以实现对固定在针尖和基底之间的高分子链进行纳米力学的操纵。图 2.56 是一次完整的探针逼近-拉伸过程以及得到的力曲线。随着计算机软、硬件的飞速进步，单分子力谱已经成为很多商品化原子力显微镜的标准配置，为原子力显微镜成像与单分子力谱的有机结合奠定了坚实基础。

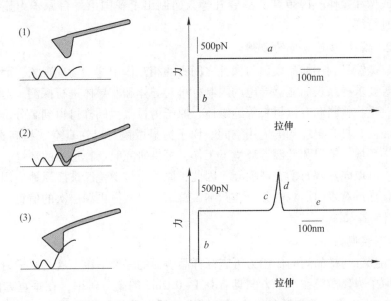

图 2.56　探针的逼近-拉伸过程以及相应的力曲线

### 2.3.8.7　纳米加工技术

纳米加工技术（nanolithography）是指通过增加针尖对样品表明的相互作用力来实现对表面的机械改造，通常的方法有机械刮擦、挤压等。一般针尖材料的硬度应大于样品以降低磨损。基底可以是金属、半导体或涂覆在固体基片上的有机或高分子薄膜。某些贵金属（Au、Ag、Pt、Pd、Ni 等）具有很好的延展性和可塑性，可以利用原子力显微镜针尖在其表面划出一些结构。例如，用金刚石针尖可以在 Au、Cu、Ni 等块状材料的表面和蒸镀薄膜的表面进行刮擦等机械加工，得到凹槽结构。Magno 等利用原子力显微镜针尖对 Ⅲ~Ⅳ族半导体表面加工，刻画出沟槽，最细的结构可达宽 20nm，深 2nm。

## 2.3.9　原子力显微镜的发展及应用

### 2.3.9.1　原子力显微镜的发展

1981 年，IBM 公司苏黎世研究所的科学家成功开发扫描隧道显微镜，为原子力显微镜的问世奠定了基础。1982 年，由扫描隧道显微镜派生出了原子力显微镜。1986 年，德裔物理学家 G. Binnig 等人对原子力显微镜进行了改良，开始使用微悬臂梁作为探针，于是世界上第一台原子力显微镜问世，其横向分辨率为 2~3nm，纵向分辨率为 0.5nm。1988 年，国外开始对原子力显微镜进行改进，研制出了激光检测原子力显微镜。1990 年

Quate 研究小组利用微加工技术制造了硅尖一体化的微悬臂梁，硅尖的应用使得原子力显微镜的制作规模化和标准化。1991 年 Manne 等人使得第一个现场电化学原子力显微镜实验获得成功，目前原子力显微镜已成功应用于现场电化学研究。1992 年 Bustamante 等人用原子力显微镜在室温和干燥空气条件下得到可重复的质粒 DNA 的图像，并且分辨率达到分子级水平，可以清晰地观察到三维环状 DNA 分子的结构，并可以估算分子的宽度和高度。2000 年 Oesterhelt 等人报告了采用原子力显微镜结合单分子力谱技术对噬盐菌的紫膜碎片进行成像和操作。1989 年，白春礼等人研制出了我国第一台原子力显微镜，并跻身于国际先进行列。

### 2.3.9.2　原子力显微镜的应用

原子力显微镜是利用样品表面与探针之间力的相互作用这一物理现象，因此不受扫描隧道显微镜等要求样品表面能够导电的限制，可对导体和非导体进行探测。对于不具有导电性的组织、生物材料和有机材料等绝缘体，原子力显微镜同样可得到高分辨率的表面形貌图像，从而使它具有更广阔的应用空间。原子力显微镜可以在真空、超高真空、气体、溶液、电化学环境、常温和低温等环境下工作，可供研究时选择适当的环境，其基底可以是云母、硅、高取向热解石墨、玻璃等。因此，原子力显微镜已被广泛地应用于表面分析的各个领域，通过对表面形貌的分析、归纳、总结，以获得更深层次的信息。

A　材料科学方面的应用

a　三维形貌观测

通过检测探针与样品间的作用力可表征样品表面的三维形貌，这是原子力显微镜最基本的功能。原子力显微镜在水平方向具有 0.1~0.2nm 的高分辨率，在垂直方向的分辨率约为 0.01nm。由于表面的高低起伏状态能够准确地以数值的形式获取，原子力显微镜对表面整体图像进行分析可得到样品表面的粗糙度、颗粒度、平均梯度、孔结构和孔径分布等参数，也可对样品的形貌进行丰富的三维模拟显示，使图像更适合于人的直观视觉。图2.57 就是接触式工作得到的云母原子力图像，同时还可以逼真地看到其表面的三维形貌。

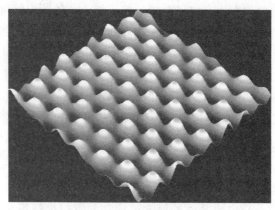

图 2.57　云母的原子力图像

b　晶体生长方面的应用

原子力显微镜是观察聚合物结晶形态，包括片晶表面分子链折叠作用的有效手段。由原子力显微镜图像可确定聚氧乙烯片晶表面几何形状接近正方形，厚度约为 12.5nm，在空气中随时间的延长晶片逐渐形成不规则的树枝状结构。这些结构间的缝隙深度较聚氧乙烯晶体厚度大，说明在这个过程中高分子链进行重新折叠。大约 1h 后，结晶结构消失。利用原子力显微镜可以观测到聚乙烯的菱形单晶，并对其不同角度表面摩擦力进行测量，得出结晶表面链折叠方式与分子量有关的结论。利用原子力显微镜研究聚合物的熔化和结晶过程中信号变化可以用来研究晶体生长的动力学过程。例如，在聚乙烯结晶过程研究中发现聚乙烯结晶时固体的成核和有序效应主要取决于它表面的纳米结构，特别是原子级偏平域的尺寸。原子力显微镜大大方便了人们研究高聚物的结晶过程，如成核、诱导成核、片晶和球晶的生长等动态过程。

　　c　在膜材料中的应用

　　原子力显微镜在膜技术中的应用相当广泛，它可以在大气环境下和水溶液环境中研究膜的表面形态，也可以获得膜表面的三维图像，如图 2.58 所示。当获得一幅清晰的 AFM 图像后，在图像上选定一条线作线分析，可测量孔径大小，对整张膜的孔径进行逐一测量，统计分析可以得到孔径分布情况。利用原子力显微镜的软件处理技术，还可以得到膜表面的粗糙度参数，可以获得膜的透过通量与粗糙度之间的关系。此外，对膜的粗糙度进行研究时发现，膜表面的粗糙度与膜污染之间存在一定的关系。Elimelech 等研究了被胶体污染了的醋酸纤维素反渗透膜和芳香聚酰胺反渗透复合膜，发现芳香聚酰胺复合膜的受污染程度高，这主要归因于复合膜表面的粗糙度高。

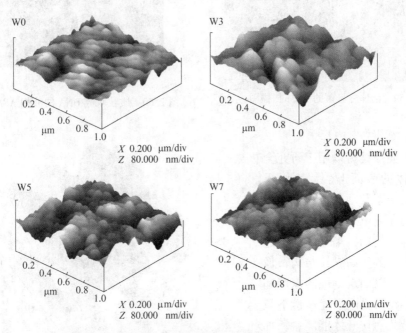

图 2.58　不同水含量的聚偏氟乙烯膜的三维 AFM 图像

　　B　生物学领域的应用

　　利用原子力显微镜可以对细胞、细菌、病毒等进行观察。最先用 AFM 进行成像的细胞是干燥于盖玻片表面的固定的红细胞。在 AFM 成像中，扫描区域很宽，它能够对整个细胞或单个分子成像。原子力显微镜区别于其他工具最显著的优势是其可以在生理条件下进行细胞成像。随着 AFM 成像技术的不断发展，目前可以实现对活体细胞、细菌进行扫描成像。图 2.59 是活体酵母菌 AFM 扫描图。原子力显微镜由于其纳米级的分辨率，可以清楚地观察生物大分子，如双链 DNA、单链 DNA、蛋白质、多糖等物质的形貌结构。从双链 DNA 在空气和液体中的成像可以辨认出其螺旋沟槽结构，如图 2.60 所示。此外，基于原子力显微镜的单分子力谱技术可以在接近生理条件下对单个分子进行力学操作与加工，对分子结构与构象的转变、分子间/分子内的相互作用以及反应历程实现实时-原位的探测；可以探测双链 DNA 的复制、染料小分子与 DNA 的嵌入、DNA 与多种蛋白的相互作用、多糖分子的构象转变、蛋白质的解折叠与折叠过程、烟草花叶病毒的解组装、抗体-抗原之间的结合作用、多种键能或结合能的测定等。

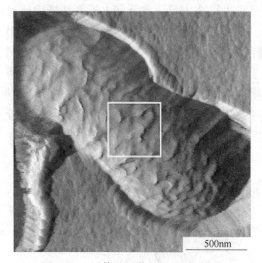

图 2.59　活体酵母菌的 AFM 扫描图

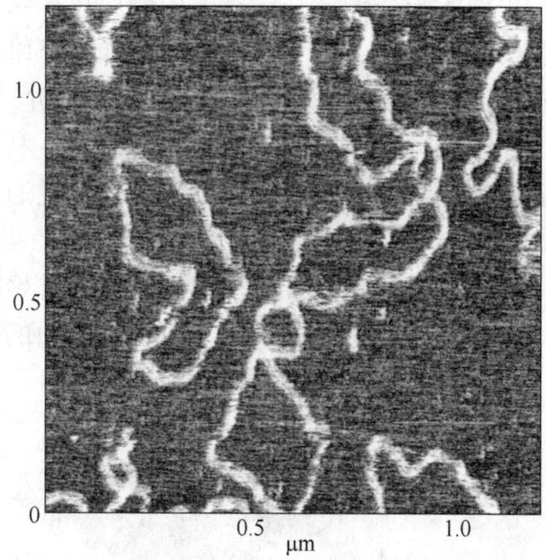

图 2.60　质粒双链 DNA 的液相 AFM 扫描图

### C　在物理学中的应用

原子力显微镜可以用于研究金属和半导体的表面形貌、表面重构、表面电子态及动态过程，超导体表面结构和电子态层状材料中的电荷密度等。例如，半导体加工过程中通常需要测量高纵比结构，像沟槽和孔洞，以确定刻蚀的深度和宽度。这些在扫描电子显微镜下只有将样品沿截面切开才能测量。如图 2.61 所示，利用原子力显微镜可以定量测量刻槽的深度及宽度。

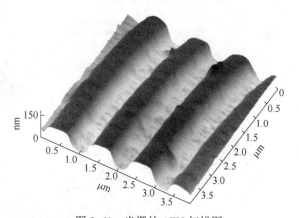

图 2.61　光栅的 AFM 扫描图

近年来，原子力显微镜在纳米摩擦、纳米润滑、纳米磨损、纳米摩擦化学反应和机电纳米表面加工等方面得到应用，它可以实现纳米级尺寸和纳米级微弱力的测量，可以获得相界、分形结构和横向力等信息的空间三维图像。在原子力显微镜探针上修饰纳米 MoO 单晶研究摩擦，发现了摩擦的各向异性。

D 在电化学中的应用

电化学原子力显微镜在 1991 年问世，它将原子力显微镜技术的应用范围扩展到电化学领域。电化学原子力显微镜其实就是将原子力显微镜技术与电化学方法联用的一种技术，一般采用接触模式工作，使得原子力显微镜可以在电解质溶液中成像。它可以应用到电化学的腐蚀和防腐蚀研究、电镀以及电化学反应过程的研究，还可以用于观测电化学沉积、电极表面的分子吸附研究，以及观测两个表面之间的静电力状态。

## 参 考 文 献

[1] 戎咏华，姜传海. 材料组织结构的表征 [M]. 2 版. 上海：上海交通大学出版社，2012.
[2] 王佩玲，李香庭，陆昌伟，等. 现代无机材料组成与结构表征 [M]. 北京：高等教育出版社，2006.
[3] 郭素枝. 电子显微镜技术与应用 [M]. 厦门：厦门大学出版社，2008.
[4] 祁景玉. 现代分析测试技术 [M]. 上海：同济大学出版社，2006.
[5] 朱和国，杜宇雷，赵军. 材料现代分析技术 [M]. 北京：国防工业出版社，2012.
[6] 杨序刚. 聚合物电子显微术 [M]. 北京：化学工业出版社，2015.
[7] 吴刚. 材料结构表征及应用 [M]. 北京：化学工业出版社，2002.
[8] 张霞. 新材料表征技术 [M]. 上海：华东理工大学出版社，2012.
[9] 叶恒强，王元明. 透射电子显微学进展 [M]. 北京：科学出版社，2003.
[10] 钟建. 原子力显微镜及其生物学应用 [M]. 上海：上海交通大学出版社，2019.
[11] 杨序刚，杨潇. 原子力显微术及其应用 [M]. 北京：化学工业出版社，2012.
[12] 王富耻. 材料现代分析测试方法 [M]. 北京：北京理工大学出版社，2006.
[13] 彭昌盛，宋少先，谷庆宝. 扫描探针显微技术理论与应用 [M]. 北京：化学工业出版社，2007.
[14] 朱传风，王琛. 扫描探针显微术应用进展 [M]. 北京：化学工业出版社，2007.
[15] 祖元刚. 原子力显微镜在大分子研究中的应用 [M]. 北京：科学出版社，2013.
[16] 辛勤，罗孟飞，徐杰. 现代催化研究方法新编 [M]. 北京：科学出版社，2018.
[17] 李鹏飞. 高角度环形暗场 $Z$ 衬度成像原理及方法 [J]. 兵器材料科学与工程，2002，25 (4)：44~47.
[18] 李惠惠，张圆正，代云容，等. 单原子光催化剂的合成、表征及在环境与能源领域的应用 [J]. 材料导报，2020，34 (2)：3056~3068.

# 3 无机材料组成分析技术

材料的组成成分分析在无机材料的结构和性能研究中是非常重要的，是材料结构表征的重要组成部分。无机材料的组成成分分析除了应用传统的化学仪器分析手段，如傅里叶变换红外光谱分析、元素分析、等离子体-原子发射光谱分析、核磁共振波谱分析等之外，还有电化学分析技术，如电解分析、库仑分析、电导分析等，以及材料成分分析的物理表征技术，如 X 射线荧光光谱分析、拉曼光谱分析以及 X-射线光电子能谱分析等。虽然化学分析和电化学分析技术具有较优的准确性和灵敏度，但是两种分析手段对于样品的溶剂溶解性要求较高。而无机材料的溶解性较差，经常难以满足制样要求，使得化学分析和电化学分析技术在无机材料的成分分析过程中的应用受到限制。相比较而言，材料物理的成分分析表征技术对于样品的溶解要求较低，在无机材料的成分分析过程中被广泛应用。

本章主要介绍四种无机材料成分的物理检测技术，包括 X 射线荧光光谱、X 射线光电子能谱、俄歇电子能谱以及激光拉曼光谱。在学习这四种成分分析技术时，应明确每种技术所适用的材料种类以及分析技术的优势，了解分析原理，熟悉每种分析技术对于样品的特殊要求，掌握实验结果的分析方法。对于复杂的样品，善于结合多种分析技术的优势实现多组分样品化学组成的分析检测。结合相关的仪器设备操作实验，使得学生能够熟练掌握相应的分析方法，完成仪器设备实验操作，并对于分析结果给出准确的答案。

## 3.1 X 射线荧光光谱分析技术

X 射线荧光光谱（XRF）分析是一种重要的材料化学组成成分分析手段，可用于很多种材料中主量、少量甚至痕量元素的分析，具有分析范围广（$^4Be \sim ^{92}U$），可分析浓度范围宽（$10^{-4}\% \sim 100\%$），可以直接分析固体、粉末或者液体试样，分析精度高及非破坏性分析等特点。

1895 年，德国物理学家伦琴（W. C. Röntgen）在研究稀薄气体放电现象时，发现了 X 射线；1912 年，劳厄（M. von Laue）证实了 X 射线的波动性；1923 年，人们应用 X 射线发现了化学元素 Hf，证明可以用 X 射线光谱进行元素分析；第二次世界大战后，1948 年，美国海军实验室研制出第一台波长色散 X 射线荧光光谱仪。经历 60 多年的发展，X 射线荧光光谱仪已成为大多数实验室及工业部门不可或缺的分析仪器设备，X 射线荧光光谱分析技术已在各种科研和工业领域得到广泛的应用。按特征荧光色散和探测方法的不同，X 射线荧光光谱分为波长色散 X 射线荧光光谱（WD-XRF）和能量色散 X 射线荧光光谱（ED-XRF）。

我国荧光光谱分析技术的建立始于 20 世纪 50 年代末，直至 20 世纪 80 年代初主要用于科研院所和地质实验室，从事地质和材料中稀土、锆、铪、铌、钽等元素的分析。现已发展成为建材、冶金、石油化工、无机非金属材料、有机材料等工业领域分析质量控制的重要技术之一，并在环境分析、司法取证、文物分析、生物样品和活体分析等领域获得广泛的应用。在仪器制造方面，EDXRF 谱仪已在国内外市场占据重要份额，低功率的 WDXRF 谱仪也已批量生产。2001 年江苏天瑞公司研制出并批量生产的功率 400W 的 EDXRF 和 WDXRF 谱仪合为一体的仪器，表明我国仪器厂商已从仿制走向创新之路。

### 3.1.1 特征 X 射线的产生

X 射线是一种波长在 0.001~50nm 范围内的电磁辐射，具有波动和粒子两重性。X 射线的光子能量 $E(\mathrm{keV})$ 和波长 $\lambda(\mathrm{nm})$ 之间可以相互转换：

$$E = 1.23984/\lambda \tag{3.1}$$

X 射线与物质的相互作用是十分复杂的，主要概括为四种：X 射线荧光、康普顿散射、瑞利散射和吸收，如图 3.1 所示。

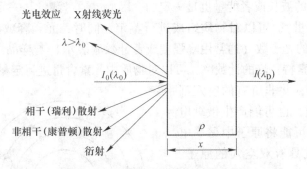

图 3.1 X 射线与物质相互作用示意图

当 X 射线与物质相遇时，一部分射线穿过样品，一部分被样品吸收产生荧光辐射，另一部分被散射回来。散射过程可能伴随能量的损失，称为康普顿散射，它是低能光子的主要作用原理；也可能没有能量损失，即发生相干散射，称为瑞利散射，光子的运动方向发生改变，光子的能量保持不变。

荧光辐射主要包括荧光 X 射线和俄歇电子。图 3.2 为荧光 X 射线产生过程示意图。当具有一定能量的 X 射线与原子相互作用时，会把能量传递给原子内壳层上的电子，将其激发到能量较高的外层轨道，甚至脱离原子核的束缚成为自由电子，被激发的自由电子称为光电子，这一过程定义为光电效应。在这一过程中，原子的内壳层产生空穴，原子处于不稳定状态，外层电子会从高能量轨道跃迁到低能轨道填充空穴，多余的能量就会以 X 射线的形式释放出来，原子恢复到稳定状态。如果空穴在 K、L、M 壳层产生，就会产生 K、L、M 系 X 射线。

荧光 X 射线是一种分离的不连续谱。如果激发光源是 X 射线，则受激产生的 X 射线称为二次 X 射线或者荧光 X 射线。X 射线荧光光谱分析（XRF）利用的荧光 X 射线波长范围为 0.01~24nm，覆盖了超铀元素的 K 系谱线和 Li 元素的 K 系谱线。

元素的原子受激发后所释放的 X 射线光子的能量（$E$）等于跃迁的壳层电子对应的两个轨道之间的能量差。对于某一给定元素，其任意两个轨道的能量差是固定的，所以电子

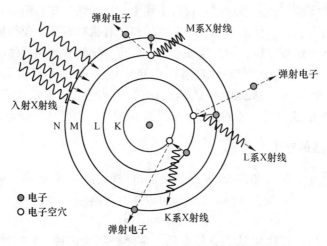

图 3.2　荧光 X 射线产生过程示意图

跃迁产生的 X 射线的波长或者能量也是一定的。因此，通过测量某一元素所产生的特征 X 射线的波长（或能量），可以对物质组成进行鉴定。同时，元素释放出来的特征能量光子，单位时间产生的光子数（通常用峰强度或者计数率表示）与样品中元素含量成正比。因此，通过测量元素特征峰的计数率，可以对物质中元素含量进行定量分析。

值得注意的是，并非所有的空穴都能产生荧光 X 射线，也可能产生俄歇电子。光电子出射时可能将原子中另一电子逐出原子，形成具有双空穴的原子，这一电子称作俄歇电子，这一过程被称为俄歇效应，如图 3.3 所示。俄歇电子的产生会一定程度上削弱荧光 X 射线的强度。俄歇效应是俄歇电子能谱仪主要利用的电子信号，也可以用来对于材料界面进行元素的定性和定量分析。

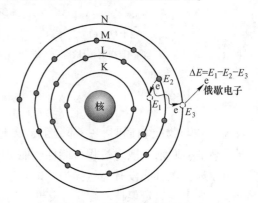

图 3.3　俄歇电子和俄歇效应

### 3.1.2　X 射线荧光光谱分析原理

#### 3.1.2.1　莫塞莱定律

早在 1913 年，莫塞莱（Moseley）详细研究了不同元素的特征 X 射线，依据实验结果确定了原子序数 $Z$ 与 X 射线波长之间的关系：

$$\frac{1}{\lambda} = \Delta \tilde{v} = k(Z - \sigma)^2 \tag{3.2}$$

式中，$k$ 为特性常数，随谱线的谱系而定；$\sigma$ 为屏蔽常数，$\sigma < 1$。式（3.2）表明了特征荧光 X 射线波长的倒数与有效原子序数的平方成正比。

根据荧光 X 射线产生机理，特征 X 射线的能量等于发生跃迁的两个壳层轨道电子的能量差，所发射的 X 射线的能量为：

$$\Delta E = E_i - E_f = RhC(Z - \sigma)^2 \left( \frac{1}{n_f^2} - \frac{1}{n_i^2} \right) \qquad (3.3)$$

对于 $K_{\alpha_1}$ 谱线，假定屏蔽常数 $\sigma = 1$，$n_f = 1$，即 K 壳层；$n_i = 2$，为 L 壳层，则：

$$E_{K_{\alpha_1}} = \frac{3}{4} RhC(Z - 1)^2 \qquad (3.4)$$

对于 $K_{\beta_1}$ 谱线，$n_i = 3$，即 M 壳层：

$$E_{K_{\beta_1}} = \frac{8}{9} RhC(Z - 1)^2 \qquad (3.5)$$

同样，对于 L 壳层，$n_f = 2$，那么：

$$E_{L_{\alpha_1}} = \frac{5}{36} RhC(Z - 1)^2 \qquad (3.6)$$

应该注意的是，实际的原子结构比简化的模型要复杂得多，屏蔽常数只是经验常数，所以 $\frac{1}{\sqrt{\lambda}}$ 与原子序数 $Z$ 之间的关系并非是完整的线性关系。如图 3.4 所示，只能说接近线性关系。但是，莫塞莱定律为 X 射线荧光光谱定性分析奠定了数学基础。

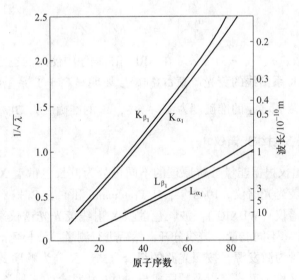

图 3.4　X 射线光谱线的莫塞莱定律

### 3.1.2.2　荧光产额

荧光产额（$\omega$）定义为在某一能级谱系下从受激原子有效发射出的荧光 X 射线光子数（$n_K$）与在该能级上受 X 射线激发产生的空穴总数（$N_K$）之比，代表了某一谱系光子脱离原子而不被原子自身吸收的概率。对于 K 系谱线，有：

$$\omega = \frac{\sum n_K}{N_K} \qquad (3.7)$$

K、L 和 M 系谱线荧光产额与原子序数之间的关系如图 3.5 所示。总的说来，原子序数越大，荧光产额越高。对于轻元素，荧光产额相对较低，这也是利用 XRF 分析较轻元素比较困难的主要因素之一。

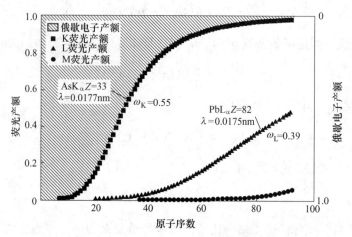

图 3.5　荧光产额与原子序数的关系

荧光产额可通过试验测定，也可通过经验公式进行计算，常用的经验公式是 Burhop 提出的：

$$\left(\frac{\omega}{1-\omega}\right)^{\frac{1}{4}} = a + bZ + cZ^3 \tag{3.8}$$

式中，$Z$ 为原子序数；$a$、$b$、$c$ 为常数。在 NRLXRF 程序中使用的也是式（3.8）。根据式（3.8）计算得到的 K 系谱线的荧光产额 $\omega_K$ 准确度要明显高于 L 系谱线的 $\omega_L$，而 M 系谱线 $\overline{\omega}_0$ 荧光产额 $\omega_M$ 最小。$\omega_K$ 的准确度为 3%~5%，$\omega_L$ 的准确度为 10%~15%。

### 3.1.3　波长色散型 X 射线光谱仪

X 射线荧光光谱仪根据能量分辨原理的不同可分为波长色散型 X 射线荧光光谱仪和能量色散型 X 射线荧光光谱仪。1948 年，H. Friedmann 和 L. S. Birks 研制世界首台波长色散型 X 射线荧光光谱仪（WDXRF）。波长色散型 X 射线荧光光谱仪采用晶体或人工拟晶体，根据 Bragg 定律将不同能量的谱线分开，然后进行测量。波长色散型 X 射线荧光光谱仪一般采用 X 射线管为激发源，按照光路的组合方式，又分为顺序式（又称单道式或扫描式）和同时式（又称多道式）以及顺序式与同时式相结合的三种类型光谱仪。

一般波长色散型 X 射线光谱仪的结构如图 3.6 所示，主要由 X 射线光管、准直器、分光晶体、测角仪、探测器以及样品室、计数电路和计算机组成。

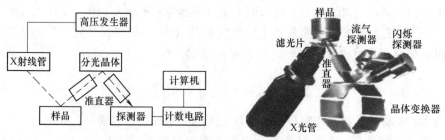

图 3.6　波长色散型光谱仪结构示意图

### 3.1.3.1  X射线光管

X光管是X射线光谱仪最常用的激发源。其结构类似于真空二极管，由发射电子的灯丝（阴极），接受高速电子的阳极（靶）、玻璃或陶瓷真空管、水冷系统及铍窗组成。其原理是灯丝发射的电子经聚焦后在电场的作用下飞向阳极靶，轰击靶面发生能量交换，其中1%的能量转变成X射线光子，99%的能量转变成热能使靶体温度上升。灯丝电子轰击阳极靶面产生X射线光子的有效区域称为焦斑。由于X光管的焦斑小，产生的初级辐射高度分散，所以样品安装尽可能接近阳极靶。阳极至样品的距离越短，样品表面接受的辐射程度越高；光管窗口越薄，低能辐射的透过率越高。X光管有功率高低之分，高功率光管通常用于波长色散光谱仪，低功率光管用于能量色散光谱仪。

### 3.1.3.2  分光晶体

分光晶体是波长色散型X射线光谱仪的核心部件，可使样品发射的特征荧光X射线依照Bragg定律，按照波长顺序散布在空间的不同位置，分别进行检测。分光晶体通常由一组具有特定晶面的单晶组成，每种晶面具有特定的晶面指数，适用于不同的波长范围。作为分光晶体，应具有如下特点：（1）特定的晶面间距，适用于特定的波长范围；（2）衍射峰具有理想的分辨率；（3）对各谱线具有理想的衍射效率；（4）在X射线辐照下性质稳定；（5）线性热膨胀系数小，热稳定性高；（6）具有良好的机械加工性能。

根据Bragg公式：

$$\sin\theta = \frac{n\lambda}{2d} \tag{3.9}$$

因为$\sin\theta$不能大于1，所以，理论上晶体能够产生衍射的最大波长等于晶面间距的2倍。考虑到在光谱仪的实际设计中，测角仪的扫描角度最大只能到145°，因此，与晶体扫描上限对应的最大衍射波长为：

$$\lambda_{\max} = 2d\sin\theta = 2d\sin72.5° = 1.91d \tag{3.10}$$

当晶体处于低角度，其扫描同样受到限制。特别是当$2\theta$接近0时，初级准直器、晶体、次级准直器及探测器几乎在一条直线上，分光晶体无法截取入射线束，导致大部分辐射未经分光直接进入检测器，导致背景迅速升高，光谱噪声加大（图3.7）。晶体截取通过初级准直器的全部辐射所需的最小掠射角$\theta$遵循如下关系式：

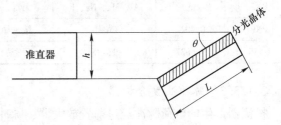

图3.7  分光晶体的角度扫描关系图

$$\sin\theta = \frac{h}{L} \tag{3.11}$$

式中，$h$为准直器的宽度；$L$为单晶体的长度。

当初级准直器一定时，即单晶体长度$L$和准直器宽度$h$一定时，晶体能够截取的全部荧光辐射的最小衍射角$\theta$满足如下关系式：

$$\theta = \arcsin\left(\frac{h}{L}\right) \tag{3.12}$$

当实际衍射角 $\theta < \arcsin(h/L)$ 时，晶体不能截取全部的荧光辐射。通常将 $2\theta = 2\arcsin(\theta/L)$ 定义为分光晶体的工作下限。因此，在实验操作中选择分光晶体的原则是：选择晶面间距尽量小的晶体，使待测的荧光辐射的最短波长所对应的衍射角（$2\theta$）介于 $10°\sim15°$。对于所选用的分光晶体，适合的 $2\theta$ 扫描范围通常在 $10°\sim148°$。此外，在分光晶体的选择时，还要兼顾衍射强度、色散率以及分辨率。表 3.1 是一些常用的分光晶体的晶面间距以及适合测定的元素范围。

**表 3.1　常用的分光晶体以及对应分析元素**

| 晶体 | $2d/\text{nm}$ | 用途 | 注解说明 |
| --- | --- | --- | --- |
| LiF 420 | 0.1801 | Ni~U | 超高分辨 |
| LiF 220 | 0.2848 | V~U | 高分辨 |
| LiF 200 | 0.4027 | K~U | 高强度 |
| InSb 111 | 0.7477 | Si | 超高灵敏度 平面/弯曲 |
| PE 002 | 0.8742 | Al~Cl | 常规使用 平面/弯曲 |
| Ge 111 | 0.6532 | P~Cl | 平面/弯曲 |
| TLAP 100 | 2.575 | O~Mg | 涂层 |
| PX1 | 5 | O~Mg | 人工合成多层膜 |
| PX4 | 12 | C | 人工合成多层膜 |
| PX4a | 12 | C | 人工合成多层膜，灵敏度较 PX4 高 20% |
| PX5 | 11 | N | 人工合成多层膜 |
| PX6 | 30 | Be | 人工合成多层膜 |
| PX7 | 16 | B | 人工合成多层膜，对潮湿灵敏 |
| PX8 | 3 | Al、Mg、Na、F | 无毒，比 TLAP 晶体长寿耐用 |
| PX9 | 0.4027 | Cu~U | 精密加工晶体，高强度，优于 LiF 200 |
| PX10 | 0.4027 | K~U | 精密加工晶体，高强度，优于 LiF 200 |

### 3.1.3.3　脉冲高度分析器

探测器产生的电荷脉冲经过前置放大器、脉冲成型放大器和脉冲高度分析器才能最终转换成有效的光谱信号。对于能量为 $E$ 的入射 X 射线光子，经探测器的光电转换形成幅度与其能量成正比的脉冲。实际上，这种脉冲的高度不是单一值，而是符合统计规律的一种正态分布，其幅度的平均值与入射光子的能量 $E$ 成正比。在实际分析中，确定分析线的脉冲幅度分布十分重要。在汇编定量分析程序时，必须对所选各元素的分析线进行脉冲幅度分布扫描，以确定其相应的脉冲分析条件。

在波长色散光谱仪中，衍射峰 $2\theta$ 的扫描与分析线脉冲幅度分布扫描是两种不同概念。分析衍射峰 $2\theta$ 扫描是一种光学概念，目的是确定分析线的峰位及背景位置；分析线的脉冲高度分布扫描是一种电学概念，目的是确定与分析线对应的脉冲高度分布及相关参数。

脉冲高度分析器分为两种：积分鉴频器和窗甄别脉冲高度分析器。

积分鉴频器首先选择一低频脉冲阈值 $V_L$，对放大器中所有超过 $V_L$ 阈值的脉冲，都产生一逻辑输出脉冲，超出阈值的时间即为逻辑脉冲的持续时间。通过设定 $V_L$，积分鉴频器可选择脉冲高度较大的计数，阻止前置放大器噪声引起的低幅度波动。当两个 X 射线光子同时或者几乎同时到达探测器时，会出现脉冲堆积和组合峰，当两个脉冲高度均在鉴别阈值以下时，不能被计数；但如果脉冲堆积产生的合峰超出鉴别阈值，探测器会计数。这种脉冲堆积是探测器死时间损失的主要原因之一。

在积分鉴别模式下，输出计数率等于所有超过阈值 $V_L$ 的脉冲计数之和，此时放大器输出呈脉冲高度谱峰分布。积分鉴别器输出分几个阶段：首先是由前放噪声引起的极高计数，但随着阈值 $V_L$ 升高到超过前放噪声幅度，计数率迅速下降；此后在背景阶段，由于阈值 $V_L$ 逐渐升高，脉冲逐渐滤掉，计数平缓下降；当出现 X 射线光子产生的脉冲高度谱峰时，由于阈值 $V_L$ 的逐渐升高会过滤掉更多的计数，所以计数率再次下降。在利用积分鉴别器选择谱峰时，考虑到在高计数率下，光谱可能向低脉冲高度漂移，应适当将低频脉冲阈值 $V_L$ 调整到低于谱峰值。

窗鉴别脉冲高度分析器是在一低频阈值 $V_L$ 的基础上，增加一高频阈值 $V_U$，形成以脉冲高度选择窗口，如图 3.8 所示，只有大于低频阈值 $V_L$、小于高频阈值 $V_U$ 的放大器脉冲计数输出。在实际分析过程中，窗甄别会包含邻近背景区域，展宽光谱特征，平滑封顶。一般将窗宽设定为小于最窄脉冲高度光谱峰半高宽的 1/4。当峰背比低且来源于背景的统计误差占主导时，窗口应选择在谱峰中间，宽度等于谱峰半高宽的 1.17 倍，这时统计精度最高。当逃逸峰未与主峰的低能边完全分离时，窗宽必须展开，并且做不对称设置，以包含主峰和相关联的逃逸峰。实际应用中，窗宽应包含所有峰和邻近背景。

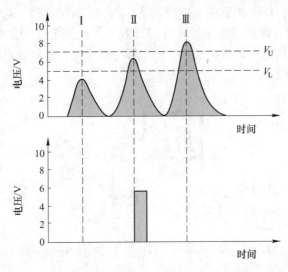

图 3.8　窗甄别脉冲高度分析器原理示意图

窗鉴别脉冲高度分析器最有效的应用实例是消除高次衍射线对分析谱线的干扰。例如，Si 的 $K_\alpha$ 线波长为 0.713nm，Zn 的 $K_\alpha$ 线波长为 0.144nm，Zn 的五次衍射线波长为 0.718nm，Fe 的 $K_\beta$ 线波长为 0.176nm，Fe 的四次衍射线波长为 0.661nm。这两个元素的高次衍射线均对 SiK$_\alpha$ 线构成干扰。将脉冲高度分析器的能量窗口设置为 1.740eV，并适当设置窗宽，则 Fe 和 Zn 的高能光子由于超出高频阈值而被剔除。

在光谱仪的自动化系统中，为简化光学扫描与脉冲分析条件的选择，通常以固定脉冲高度分析器的基线和窗口高度的方式，使脉冲放大器的增益或衰减（$A_E/L$）随 $2\theta$ 角度变化，使不同谱线的脉冲幅度受到不同程度的放大或衰减，最终落入预定的同一窗口内。

### 3.1.4　能量色散型 X 射线荧光光谱仪

世界上第一台能量色散型 X 射线荧光光谱仪（EDXRF）于 1969 年由美国海军实验室 Birks 研制。我国从 20 世纪 70 年代末开始研制，目前国产的能量色散型 X 射线荧光光谱仪在国外市场占据一定的份额。经过五十年的发展，能量色散型 X 射线荧光光谱仪在石油化工、建筑材料、金属和无机非金属材料、文物鉴定、地质矿产、核反应材料和薄膜材料等领域的定性和定量分析中发挥重要作用。为满足不同领域的需求，能量色散型 X 射线荧光光谱仪大体分为 5 种类型：手持式 P-X 射线荧光光谱仪，微束 μ-X 射线荧光光谱仪，通用型 X 射线荧光光谱仪，偏振/高能 X 射线荧光光谱仪和全反射 X 射线荧光光谱仪。不同类型仪器在配置上的差异主要表现在测量单元上。

能量色散型 X 荧光光谱仪的主要构造如图 3.9 所示，主要有 X 射线光管、准直器、探测器、放大器、多道分析器及计数电路组成。样品发射的所有谱线同时进入检测器，经历光电转换、整形放大、模拟-数字转换、能量甄别等过程，然后由多通道分析器记录和测量，并通过解谱处理，完成定性和定量分析过程。也可在样品前加单色器，降低谱线的背景干扰，改善能量色散型 X 射线荧光光谱仪的检出限。与波长色散型 X 射线荧光光谱仪的显著差别是没有分光晶体及测角仪，直接采用脉冲高度分析器来分辨特征谱线，探测器可以紧邻样品位置，接受辐射的立体角增大，几何效率提高 2~3 个数量级。使用小功率的 X 射线管作为激发源，可能获得较高的计数率，达到定性和定量分析的目的。所以能量色散荧光光谱仪的结构紧凑，安装、使用和维修方便，价格相对便宜，质量轻，广泛用作现场和在线式谱仪。

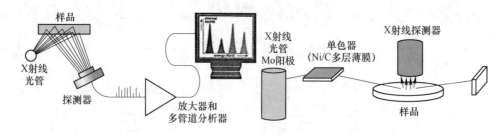

图 3.9　能量色散型 X 射线荧光光谱仪构造示意图

### 3.1.4.1　探测器

探测器将每个入射光子引起的电离总数转变成幅度与其能量成正比的电压或电流脉冲，通过前置放大、主放大及整形电路处理后成为计数电路能够接受的正常脉冲。多道分析器将来自放大器的时序脉冲，经模数转换后按能量顺序累计储存在存储器的相应能道内，并由计数电路显示和测量。

能量色散荧光光谱仪中，普遍采用的是半导体探测器，包括 Si(Li) 半导体探测器、Ge(Li) 半导体探测器、Si-PIN 半导体探测器、$HgI_2$ 探测器、封闭式正比计数管和闪烁计数管等。探测器的分辨率是评价能量色散型 X 射线荧光光谱仪的主要指标之一。

图 3.10 显示了 Si(Li) 探测器的工作原理。其表层为正电性的 p 型 Si，中间为 Li 补偿本征区，底层为负电性的 n 型 Si，组成 PIN 型二极管。芯片在反向偏置的作用下，通过电场作用消耗剩余的自由电荷载流子，建立耗尽区，耗尽区是探测器的辐射敏感区和活性区。为了降低由热生电荷载流子引起的噪声，探测器的晶片必须在液氮冷却装置提供的低温下操作。当 X 射线光子穿过半导体的 Li 漂移活性区时，其中 Si 原子由于光电吸收产生光电子，在负偏压的作用下，光电子流向 n 型区，空穴流向 p 型区。光电子与晶体点阵中的原子相互作用产生大量低能辐射，这一过程持续到光电子能量完全耗尽。这种电离过程使探测器的灵敏区产生大量的电子-空穴对，所产生的电荷载流子的数量与入射光子的能量成正比。

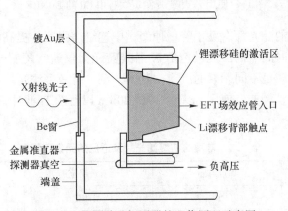

图 3.10　锂漂移硅探测器的工作原理示意图

能量探测器除半导体探测器和前置放大器外，还包括主放大器和多道分析器。主放大器是将前置放大器微弱和低信噪比的信号放大，用于脉冲高度分析，并滤掉和压制极高和极低频信号，改善能量分辨率。多道分析器是用来测量每一放大后的脉冲信号，并将其转换成数字形式。脉冲高度对应于入射光子的能量，在一定脉冲高度下累计的数量代表了特定能量的光子的数量。即多道分析器首先确定脉冲高度，再将脉冲信号分类，按其高度大小排队，记录数量，从而获得以能量-强度关系表示的能量色散 X 射线荧光光谱图。

能量探测器的探测效率受到多种因素的影响。高能 X 射线需要较厚的探测区域，轻元素分析需要使用更薄的 Be 窗。其他影响因素还包括不完全电荷收集、逃逸峰损失、边角损失、探测器材料产生的荧光及其死区吸收、接触层吸收与荧光等。

### 3.1.4.2　滤光片

能量色散荧光光谱仪中，可以配置滤光片进行能量选择。滤光片的类型有两种：初级滤光片和次级滤光片。

初级滤光片是将滤光片放置于 X 射线管和样品之间，获得单色性更好的辐射和降低待测元素谱由原级谱散射引起的背景。例如，用 Rh 靶测定饮料中的 0.1%Cd，使用 Zr 滤光片可消除 Rh 的 $K_\beta$ 线及其康普顿线对 $CdK_\alpha$ 线的测定，如图 3.11 所示，提高 $CdK_\alpha$ 线的峰背比。

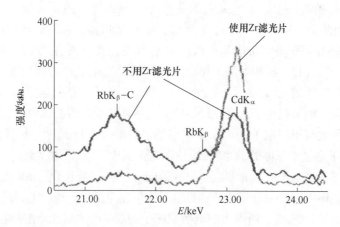

图 3.11　使用 Zr 滤光片测定饮料中 Cd 的 EDXRF 谱

此外，选择合适的滤光片有助于降低原级谱中连续谱强度，提高信噪比，降低谱仪死时间，有效减少测量时间。商品能量色散 X 射线荧光谱仪通常配置 5 个以上的初级滤光片，如表 3.2 所示，满足不同元素的测定。其中，至少有一个滤光片可去除原级谱中特征谱对待测元素的干扰。例如，使用 Cr 靶，应配 20μm 以上的 Ti 滤片，以消除 Cr 的 K 系线对待测元素的干扰。

表 3.2　常用的初级滤光片及适用的元素范围

| 材质 | 厚度/μm | 元素适用范围 | X 射线管靶材 |
| --- | --- | --- | --- |
| Kapton | 50 | Al~Cl | Rh，Mo |
| Al_ thin | 50 | S~Cr | Rh，Mo |
| Al | 200 | K~Cu | Rh，Mo |
| Ti | 20 | Mn~Fe | Cr |
| Cu | 75 | Mn~Mo | Mo |
| Zr | 125 | Mn~Y | Rh，Mo |
| Mo | 100 | Mn~Mo | Rh |
| Ag | 100 | Zn~Mo | Rh，Mo |

次级滤光片置于样品和探测器之间，这种滤光片主要用于非色散谱仪，目的是对样品产生的多元素 X 射线荧光谱线进行能量选择，提高待测元素的测量精度。例如，测定锰矿石中 Mn 元素时，铁的 $K_{\alpha}$ 线（$E=6.04keV$）干扰 Mn 的 $K_{\alpha}$ 线（$E=5.898keV$）分析，此时可以选用 Cr 次级滤光片，其吸收线限为 5.988keV，可以强烈吸收 Fe 的 $K_{\alpha}$ 线和 $K_{\beta}$ 线以及 Co 和 Ni 的荧光 X 射线，而对 Mn 的 $K_{\alpha}$ 线吸收很小，从而提高了测量精度。

### 3.1.5　定性与定量分析方法

不同元素受 X 射线激发后，会发射特征 X 射线。这些特征谱线是识别样品中存在某一元素的指纹信息。通过确定样品中特征 X 射线的波长或能量，可以判定样品中含有哪些元素。1913 年，莫塞莱详细研究了不同元素的特征 X 射线，依据实验结果确定了原子序数 $Z$ 与 X 射线波长之间的定量关系，即莫塞莱定律，它是 X 射线光谱定性分析的理论基础。然而，样品并不仅含单一元素，往往含有多个元素，会存在谱线重叠。同时，光谱仪、样品等因素也会带来干扰。因此，寻找特征谱线的存在，判断、识别干扰是定性分析的主要任务。

### 3.1.5.1 基体效应

现代 X 射线荧光光谱仪的自动化程度高，仪器的操作误差及人为误差极小，分析误差主要来源于样品制备、基体效应等因素。基体是样品中除分析元素外所有组成元素的总称。基体效应通常分为两类：吸收-增强效应和样品的物理-化学效应。

#### A 吸收-增强效应

元素间的吸收-增强效应包括：（1）原级 X 射线入射样品时的吸收效应；（2）样品发射的 X 射线在出射的路径中被吸收；（3）分析元素受样品中其他元素的激发所产生的二次或三次荧光，即增强效应。因此，在 X 射线荧光光谱分析中，测得的强度值与待测元素的浓度不呈线性关系，如图 3.12 所示。图 3.12 中直线 $A$ 只有样品对原级 X 射线和荧光 X 射线在一定含量范围内的质量吸收系数为常数时，才表现出线性关系；如果样品对原级 X 射线或荧光 X 射线的吸收大于待测元素，测得的相对强度值低于线性关系（曲线 $B$），称为正吸收；与之相反的情况为曲线 $C$，称为负吸收；曲线 $D$ 表示基体中元素对于待测元素有增强效应。正吸收和负吸收效应同时对试样中待测元素具有增强效应，具有增强效应的元素必然被吸收，其强度减弱。

以 Fe-Cr 和 Fe-Ni 二元合金为例，$FeK_{\alpha}$ 线能量为 6.403keV，大于 Cr 的 K 系激发电位（5.998keV），可以激发 Cr 的 K 系线；同理，$NiK_{\alpha}$ 线（7.477keV）可以激发 Fe 的 K 系线（激发电位 7.111keV）。Fe 在 Fe-Cr 和 Fe-Ni 二元合金中的强度随其含量的变化如图 3.13 所示。若无其他元素存在，Fe 的强度与其浓度为直线关系；在 Fe-Ni 合金中，由于 Ni

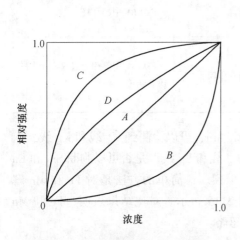

图 3.12 元素间的吸收-增强效应

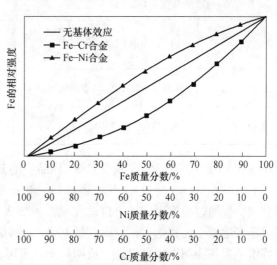

图 3.13 Fe-Ni 合金和 Fe-Cr 合金中 Fe 的
强度与其浓度的关系

对 Fe 有增强效应，使 Fe 的强度直线向上弯曲；相反，在 Fe-Cr 合金中由于 FeK$_\alpha$ 激发 Cr，使 Fe 的强度下降，Fe 的曲线向下弯曲。

B　物理-化学效应

样品的物理-化学效应包括：（1）样品的均匀性、粉末的粒度、样品表面的光洁度等。例如，在分析地质样品时，因其含有复杂的矿物成分，若全部颗粒具有相同的或可以认为是相同的化学成分时，可以认为样品是均匀的。（2）元素的化学状态，如氧化态、配位或者成键等改变对于 X 射线谱的峰位、荧光产额等产生影响。

### 3.1.5.2　定性分析

现代谱仪一般均可自动给出定性分析结果，但由于实际样品的复杂性，所得结果需要分析工作者具备识别峰的能力。在 XRF 实际分析中，可能存在的干扰来源如表 3.3 所示。值得注意的是，对于能量色散 XRF 而言，合峰容易被认为是元素谱线，而且逃逸峰也有较大影响。

表 3.3　XRF 中的主要干扰来源

| 干扰来源 | 特　性 | 干扰来源 | 特　性 |
|---|---|---|---|
| 元素间的谱线重叠 | K 系线相互干扰；高 Z 元素 L、M 系线对低 Z 元素的 K 系线产生干扰 | 样品衍射 | 来自试样的衍射线也会产生干扰线 |
| 连续谱的相干、非相干散射 | 随原子序数降低，干扰显著增强；低衍射角最大 | 分光晶体产生的高次线 | WDXRF 中，高次线比衍射级次低的谱线强度弱 |
| 光管靶线相干、非相干散射 | 随原子序数降低，干扰明显增强 | 晶体产生的背景和干扰 | 在 WDXRF 中存在 |
| 靶材及其污染 | Cu，W，Ni，Ca，Fe；光管使用寿命越长，干扰越强 | 拖尾 | 电荷采集不完全引起低能拖尾 |
| 二次靶 | 相干、非相干散射靶线 | 合峰 | EDXRF 中的合峰 |
| 卫星线 | 随原子序数降低，干扰强度增加 | 康普顿棱 | EDXRF 中不相干逃逸峰产生的康普顿棱 |
| 逃逸峰 | 逃逸峰位由探测器材料决定 | | |

图 3.14 是用二次靶 Ge 激发 GSS4 样品中的 Fe 和 Mn，可以检测到 K$_\alpha$ 线和 K$_\beta$ 线，但除了 Fe 和 Mn 的 K$_\alpha$ 线和 K$_\beta$ 线，还有 Eu 和 Sm 的 L$_\alpha$ 线和 L$_{\beta_1}$ 线。是否可以判断 Sm 和 Eu 的存在，仅通过检索程序难以自动完成，需要人工干预。最简单的方法是对 Fe 和 Mn 解谱时不考虑稀土元素的存在，得到的解谱结果如图 3.15 所示。对比结果表明，Fe 和 Mn 的解谱结果与实测谱拟合很好，证明稀土元素可以忽略。

### 3.1.5.3　半定量分析

半定量分析方法建立在非相似标样的基本参数法基础上。每个元素使用一个或几个标样，在定性分析基础上获取所测定元素特征谱的净强度，然后应用基本参数法建立校准曲

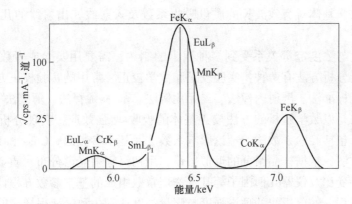

图 3.14　GSS4 样品中 Fe 和 Mn 的 K 系线能量区间扫描图

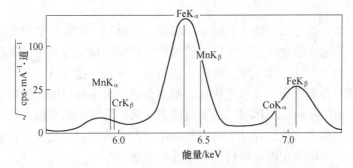

图 3.15　GSS4 Fe 和 Mn 的解谱拟合结果

线，并设定截距 $D$ 为零，求得校准曲线的斜率 $E$，满足如下关系：

$$I_m = I_{cal.} = D + EI_{th} \tag{3.13}$$

式中，$I_m$、$I_{cal.}$、$I_{th}$ 分别为测得强度、计算强度和应用基本参数法计算标样的理论强度；$D = 0$；$E$ 为曲线的斜率，它是基本参数法依据标样的组成计算得到的理论强度和实测强度之间的转换因子，仅与仪器有关，而与样品无关。转换因子可称作仪器参数，或称谱仪灵敏度因子。

在半定量分析中是以单质元素建立校准曲线，即校正元素浓度和强度的关系，在测定未知试样时，通过测得未知样元素的浓度换算成样品中的化合物浓度。半定量分析方法可称作无标样方法。

#### 3.1.5.4　定量分析

定量分析是将样品元素分析线的测量强度转换成元素浓度的过程。当样品组成比较简单时，这种关系基本呈现理想的线性关系。但是，对于复杂样品，由于基体效应的存在，元素发射的分析线强度与元素浓度间的定量关系非常复杂，其数学表达式如下：

$$I_i = \frac{K_i I_0 W_A (\lambda_i - \lambda_0)}{\dfrac{\mu_m(\bar{\lambda})}{\sin\varphi_1} + \dfrac{\mu_m(\lambda)}{\sin\varphi_2}} = \frac{K_i W_A}{\bar{\mu}_i} \tag{3.14}$$

式中，$I_i$、$I_0$、$W_A$、$\lambda_i$、$\lambda_0$ 分别为分析线、初级辐射入射线强度，分析元素的质量分数，分析线及入射的初级辐射线波长；$\bar{\mu}_i$、$\mu_m(\bar{\lambda})$、$\mu_m(\lambda)$、$\sin\varphi_1$、$\sin\varphi_2$ 分别为分析元素的平

均质量吸收系数、基体对有效波长的质量吸收系数及入射线和出射线的几何因子；$K_i$ 为常数。

分析线强度与浓度定量关系受到多种因素的制约，需要用实验或者数学方法进行处理。常用的定量分析方法有两种：实验校正和数学校正。常用的实验校正方法有：标准校准法、加入内标标准法、散射内标法、二元比例法、基体-稀释法、薄膜法等。

数学校正法是以数学解析的方法校正基体的吸收-增强效应，实现分析线强度与元素浓度准确换算，包括经验系数法、理论影响系数法及基本参数法。Criss 和 Birks 等于 1968 年提出基本参数法，依据样品组分的近似假设，用初级辐射光谱分布、质量衰减系数、荧光产额、吸收陡变比及仪器几何因子等基本物理常数组成的基本参数方程计算荧光理论强度，通过数学运算，使分析线的理论强度与测量强度达到一致，获得样品的真实成分。

### 3.1.6　样品制备

固体块状样品，如金属、合金、玻璃、陶瓷、塑料等，需要加工成大小、形状和表面状态符合定量测试需求的试样后，才可直接测量。试样的加工方式可以根据不同的分析要求，采取合适的加工工具，如车床、铣床、切割机、砂轮、抛光机、砂纸、磨片机等。例如，大块的金属和合金样品，可以先将其切割成合适的大小和厚度，然后对测量面进行抛光、清洁后可以用于测量。固体样品的表面清洁常采用易挥发的有机溶剂，如甲醇、乙醇等，也可以先用去离子水清洁样品表面，然后使用有机溶剂。但是需要注意溶剂和水不能在测量面有保留，可用吸水纸、棉球、专用纱布等擦干。

粉末样品的制备一般是将粗颗粒样品处理成细颗粒，可以采用球磨机、振动磨机、气体粉碎机等自动研磨工具。如果研磨时容易变黏结或者团聚，还可以采用湿磨法。研磨时，在料钵中加入水、乙醇或其他液体，浸没样品形成浆液或悬浮液，研磨后将样品干燥。为了得到稳定、均一和重复性好的试样，可以将粉碎均匀的粉末压制成片状用于测量。

液体试样可直接放在液体样杯中测定，也可以滴在滤纸片、离子交换膜、聚四氟乙烯基片上面，经自然干燥或烘干，获得薄样，进行测定。

### 3.1.7　全反射 X 射线荧光光谱仪

全反射 X 射线荧光光谱分析（TXRF）、同步辐射 X 射线荧光光谱分析（SRXRF）及微束 X 射线荧光光谱分析（μ-XRF）是能量色散 X 射线荧光光谱分析的拓展应用，主要适用于表面和近表层微量样品的痕量分析及微区分布等高灵敏度分析。1923 年，康普顿（Computon）发现 X 射线以低于 0.1°的掠射角入射到光滑的光学平面上时反射率会骤增；1971 年，Yoneda 和 Horiuch 等将这种反射特性应用于 X 射线荧光技术，发展了全反射 X 射线荧光光谱分析技术，用于痕量元素的无损检测。

全反射物理现象如图 3.16 所示。在均匀介质中，X 射线以光速直线传播，当到达两种介质的界面时，会偏离原来的方向传播。当入射 X 射线以较大的入射角照射样品时（$\theta > \theta_{crit}$），部分光束会发生折射进入第二介质；当 X 射线以特定的入射角（$\theta = \theta_{crit}$）照射样品时，折射线束与界面相切，沿着界面传播，这种现象称为全反射。对应的角度 $\theta_{crit}$ 称为临界角，与入射能量 $E$ 的平方根成反比，与介质密度 $\rho$ 的平方根成正比，满足如下关系式：

$$\theta_{crit} = 0.02 \sqrt{\frac{\rho}{E}} \qquad (3.15)$$

当 X 射线以小于临界角的极小掠射角（$\theta < \theta_{crit}$）入射到光滑界面时，入射线束几乎完全被反射。

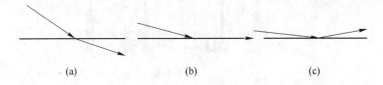

图 3.16　平行 X 射线以不同角度入射界面时的现象

(a) $\theta > \theta_{crit}$；(b) $\theta = \theta_{crit}$；(c) $\theta < \theta_{crit}$

全反射 X 射线荧光光谱仪的结构及原理如图 3.17 所示。来自 X 光管的原级辐射经历光学系统的滤波、高能切割形成一束低能条形辐射，然后以低于临界角的掠射角照射承载样品的第二反射体，发生全反射；在第二反射体表层，入射光束与反射光束叠加，产生相长性干涉形成驻波场。样品在驻波场内受到入射光束与反射光束的双重激发，产生高强度的荧光反射，样品产生的特征 X 射线被第二反射体上方的探测器接收。由于临界角通常小于 1°，小于临界角的入射光通常只能激发 1~100nm 厚度的样品，所以全反射 X 射线荧光光谱分析主要用于表层分析。目前，全反射荧光光谱的检出限可达 $10^{-9} \sim 10^{-12}$ 数量级，绝对检出量 $10^{-12}$g，结合同步辐射，绝对检出量甚至可以达到 $10^{-15}$g。

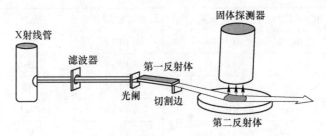

图 3.17　全反射 X 射线光谱仪结构原理图

全反射 X 射线荧光光谱分析技术具有检出限低、样品用量少、样品制备简单、无基体影响及多元素能同时测定等特点，是测定微量样品中痕量元素的一种高灵敏度分析技术。对于所有固体和液体样品，凡能置于反射体表面的少量样品，均可获得准确的定量分析结果。

全反射 X 射线荧光光谱分析由于检出限低，非常适用于测定人体组织、人发、血样、植物、大气飘尘中的痕量元素及超痕量元素。例如，应用全反射荧光光谱仪检测体液的最低检测限约为 20ng/mL，检查活体组织的检测限为 100ng/g，测定重金属的检测限为 20~60ng/mL。人体器官组织可用灰化和微波消解方法处理，用细胞组织的切片进行直接分析，可防止污染和化学处理引起的误差。图 3.18 是人体肺组织的全反射 X 射线荧光光谱图。

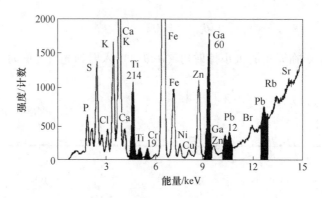

图 3.18　肺组织污染的全反射 X 射线荧光光谱图

### 3.1.8　应用分析实例

#### 3.1.8.1　钢铁与合金分析

X 射线荧光光谱法，由于分析范围宽和基体影响的校正模型完整、准确而广泛地用于特殊钢、合金及各种材料的质量控制分析。其中，测定钢与合金多种成分的通用方法，以基本参数法校正为基础，用多种国际标准、国家标准及若干特种材料建立校正曲线的校准方法，确保校准数据在不同仪器间可以转移使用。表 3.4 是通用方法分析合金的元素校准范围，最多可测定 21 种合金元素的化学成分。

表 3.4　通用方法分析合金元素的校准范围

| 元素 | 浓度范围/% | 元素 | 浓度范围/% | 元素 | 浓度范围/% |
| --- | --- | --- | --- | --- | --- |
| Al | 0.01~9 | Mn | 0.01~20 | Nb | 0.01~6 |
| Si | 0.01~2 | Fe | 0.01~99 | Mo | 0.01~30 |
| P | 0.01~0.1 | Co | 0.01~60 | Hf | 0.01~2 |
| Si | 0.01~0.1 | Ni | 0.01~82 | Ta | 0.01~3 |
| Ti | 0.01~4 | Cu | 0.01~33 | W | 0.01~20 |
| V | 0.01~4 | Y | 0.01~0.9 | Re | 0.01~9 |
| Cr | 0.01~30 | Zr | 0.01~0.7 | Pt | 0.01~0.3 |

基本参数校准模型的浓度校准范围很宽，甚至可扩展到标准样品限定的范围之外。在设定标准时仅需使用 2~3 个标准样品，而且标准样品不用与待测样品类似。在实际测量时，为节省测量时间，诸如 Ni、Fe、Co 等主量元素可不校正背景；Cu、Pt、Re、Ta、Y 等元素必须精确校正背景的影响；Nb、Zr、Y 可用 Nb 的偏置背景作为公共背景；Ta、Re、W、Hf 等元素可用 $WL_\alpha$ 线的偏置背景作为公共背景；如果需要测定低浓度 Ni、Co、Fe 等元素，可用 $FeK_\alpha$ 线的偏置背景作为公共背景；轻元素的分析线通常用特定的公共背景进行校正。在测量 V-Rh 间各元素时，使用分辨率较高的 LiF220 晶体；测量铜、钽、铂等元素可分别选择 $CuK_{\beta_1}$、$TaL_{\beta_1}$ 和 $PtL_{\beta_1}$ 作为分析线。表 3.5 列出了各元素的光谱分析条件及谱线干扰重叠情况。

表 3.5　分析通道的光谱重叠

| 分析通道 | 干扰元素 | 分光晶体 2d | 准直器/μm | 激发条件 kV | 激发条件 mA |
|---|---|---|---|---|---|
| MoK$_\alpha$ | Zr | LiF 220 | 150 | 60 | 50 |
| NbK$_\alpha$ | Y | LiF 220 | 150 | 60 | 50 |
| ZrK$_\alpha$ | Nb | LiF 220 | 150 | 60 | 50 |
| YK$_\alpha$ | Nb | LiF 220 | 150 | 60 | 50 |
| PtL$_\beta$ | Mo、Nb、Ta、W | LiF 220 | 150 | 60 | 50 |
| TaL$_\beta$ | Cu、W、Hf | LiF 220 | 150 | 60 | 50 |
| CuK$_\beta$ | Hf、Re、W、Ta | LiF 220 | 150 | 60 | 50 |
| ReL$_\alpha$ | Cu、Ni、W | LiF 220 | 150 | 60 | 50 |
| WL$_\alpha$ | Cu、Ni、Ta | LiF 220 | 150 | 60 | 50 |
| HfL$_\alpha$ | Cu、Ni、Ta、W | LiF 220 | 150 | 60 | 50 |
| NiK$_\alpha$ | Co、Cu | LiF 220 | 150 | 60 | 50 |
| CoK$_\alpha$ | Fe、Hf | LiF 220 | 150 | 60 | 50 |
| FeK$_\alpha$ | Mn、V | LiF 220 | 150 | 60 | 50 |
| MnK$_\alpha$ | Cr、Fe | LiF 220 | 150 | 60 | 50 |
| CrK$_\alpha$ | Mn、V | LiF 220 | 150 | 60 | 50 |
| VK$_\alpha$ | Ti | LiF 220 | 150 | 60 | 50 |
| TiK$_\alpha$ | | LiF 220 | 150 | 50 | 60 |
| SK$_\alpha$ | Cu、Mo、Nb、W | Ge 111 | 300 | 24 | 125 |
| PK$_\alpha$ | Cu、Mo、Nb、W | Ge 111 | 300 | 24 | 125 |
| SiK$_\alpha$ | W | PE 002 | 300 | 24 | 125 |
| AlK$_\alpha$ | Cr、Ti | PE 002 | 300 | 24 | 125 |

### 3.1.8.2　地质样品分析

在现代地质分析实验室，X射线荧光光谱技术与电感耦合等离子体发射光谱技术（ICP-AES）及电感耦合等离子体质谱（ICP-MS）结合使用。X射线荧光光谱测定地质样品中主次量元素，ICP-AES/MS测定痕量与超痕量元素。同时，便携式XRF广泛用于岩矿石的原生露头、土壤、矿浆等样品的现场分析。

地质样品定量分析主要采用粉末压片和玻璃溶片两种制样方法。粉末压片法的优点是简单、快速、较少使用化学试剂、外来干扰少，是分析大量地质样品的理想方法。例如，采用粉末压片法，应用PW2440X射线荧光光谱仪测定多目标地球化学样品中25个主、次量元素，La、Gr、Co和Th的精密度优于14%，其他各组分精密度均优于6%。

玻璃熔片法可有效破坏岩石颗粒和矿物结构，消除粉末压片法可能产生的粒度效应和矿物效应，对于粉末压片法难以测定的Si、Al等轻元素，可以获得较好的结果。针对高Sr、Ba的硅酸盐样品，可采用LiBO$_2$-Li$_2$B$_4$O$_7$（22∶12）混合溶剂，40mg/mL的碘化锂溶液作为脱模剂，熔样温度1150℃，预熔2min。各主量元素的精密度（RSD）均小于2%，主量元素的测量值和标准值基本一致。

现场XRF技术能够在野外对矿区样品中Ca、Fe、Ni、Cu、Zn、As、Pb、Co等多种元素实现快速测定。例如，C. Kilbride等采用手持式XRF对野外现场样品中的Cu、Pb、As、Cd、Zn、Fe、Ni、Mn等元素进行分析，并与ICP-AES测量数据进行对比，其中所测定的Fe、Cu、Zn、Pb、As和Mn的RSD小于8.2%。

XRF技术在地球外星球探测上也有应用。1976年，XRF技术首次应用于"海盗号"火星探测计划，发现火星土壤中含有铁、镁组分，硫的含量高于地球地壳平均水平两个数量级。此后，随着Si-PIN探测器的发展，小型化的XRF先后应用于1997年火星"探路者"、2003年火星"漫步者"和2012年"好奇号"火星探测器。

### 3.1.8.3　环境样品分析

目前，XRF技术广泛应用于环境监测相关领域。如测定环境空气中重金属、废水中的重金属、农田或者林地和污染场地土壤中重金属、底泥中重金属、植物中重金属等。

XRF技术在环境空气质量监测中的应用主要是测定颗粒物中重金属的含量，如可吸入颗粒物（$PM_{10}$，直径小于$10\mu m$）、细颗粒物（$PM_{2.5}$，直径小于$2.5\mu m$）中重金属的测定，也可应用于降尘（直径大于$30\mu m$的颗粒物）、总悬浮颗粒物（TSP，直径小于$100\mu m$）中重金属含量的测定。使用有机滤膜，如醋酸-硝酸滤膜、特氟龙滤膜或者聚氯乙烯滤膜采集一定量的环境空气样品，不需要消解等前处理，在测出多张空白滤膜的平均值后，直接测定滤膜采集后的重金属含量，方便快速，结果准确。

XRF分析技术测定水质中的重金属主要集中于测定水体中悬浮颗粒物（SS）中的金属和总金属含量。使用$0.45\mu m$有机滤膜将摇匀后的水样匀速、慢速过滤，颗粒物被截留在滤膜上，按照悬浮物测定方法将样品烘干至恒重，测定颗粒物中的金属含量。但此方法只能测定稳定性较好的金属，对于测定汞、砷等挥发性金属，测量结果的准确性较差。测量挥发性金属的滤膜应在自然状态下将其风干，使用干燥剂降低含水率，然后测定。对于水体中金属的总含量，可将样品蒸干，将蒸干后的样品研磨均匀，与固定物质混合后直接压片测定金属的总含量。同样，汞、砷等挥发性金属的测量结果较差，需要利用其他方法测定水体中金属总含量，这也是XRF分析技术用于水体中金属测量的局限性。

对于土壤及固体废弃物样品，样品经风干后研磨，四分法取样，与固定剂压片后可直接用于土壤中重金属含量的测定。此方法可直接应用固体试剂中的金属绘制标准曲线，操作简便，干扰小，避免了传统湿法分析方法带来的试剂和操作干扰。

### 3.1.8.4　生物样品的分析

在植物样品分析中，XRF主要用于测定元素在植物中的分布和形态，由此可以推测植物对元素的吸收、赋存、准运等机理。例如，应用X射线荧光光谱仪对稻谷样品中的镉、铅和总砷含量进行检测，并分别与GB/T 5009.15—2003镉、GB/T 5009.12—2003铅、GB/T 5009.11—2003无机砷标准方法测定结果进行比较，由稻谷样品镉元素检测结果得出，两种检测方法的$R^2$分别为0.9711和0.9729，检测结果在小于0.16mg/kg或大于0.24 mg/kg范围，定性判定正确率达到78.3%~91.0%。

植物样品微区分析有助于了解植物体内元素在细胞或组织水平上的运移路径。二维成像已经广泛用于生物样品和环境样品的元素分布和元素间相关性分析。目前应用较多的扫描成像 XRF 技术主要有同步辐射 X 射线荧光分析、电子探针 X 射线荧光分析、动态微扫描 XRF 分析、共聚焦 XRF 分析技术等。

在医学和生命科学上，XRF 主要用于研究人体组织、血液、骨骼、牙齿以及毛发中元素相关性和形态特性分析。经冷冻干燥或灰化，再经化学处理的人体血液样品滴在滤纸上，或者尿样经离子交换树脂分离浓缩后，应用波长色散 XRF 检测各元素的含量。大多数元素的检出限可以达到 $0.1\mu g$。例如，采用同步辐射微能量 X 射线荧光光谱技术对核燃料制造工厂工人头发中的铀元素浓度的分布进行评估，结果表明：可以在飞克级检测到铀元素，而且几乎所有的铀元素都存在于头发外层；在对工人未经清洗头发的扫描中，发现了微米级大小的铀颗粒，这些发现可以进一步增进头发中铀排泄的了解以及它作为生物监控者的潜在用途。

X 射线荧光光谱分析具有谱线简单、干扰少且操作过程简便，可进行原位、微区分析，并实现无损检测等特点备受瞩目。随着微电子学、计算机科学、核科学和材料学的飞速发展，特别是计算机分析软件的日新月异，X 射线荧光光谱仪不仅拥有波长色散和能量色散基本常见荧光光谱仪，全反射、便携式、微束、电子探针等光谱仪也是现代工业发展的常用仪器设备，已被广泛应用于地球化学、宇宙化学、环境科学、材料和高分子科学、生命科学等诸多领域。特别是，随着 X 射线聚焦光学和固体 X 射线探测器的发展，新一代仪器的空间分辨率和检测灵敏度都有很大提高，使得低含量元素样品、生物样品的原位、高灵敏度、超高分辨率分析成为可能。

# 3.2 X 射线光电子能谱法

利用一定能量的粒子（光子、电子或离子）轰击特定的样品，入射粒子与样品中原子相互作用，释放出电子或离子，检测研究从样品中释放出来的电子或离子的能量分布和空间分布，可以获得样品中原子的各种信息，包括含量、化学价态等，这种分析技术称作电子能谱学。电子能谱学的分析范畴非常广泛，根据激发粒子及出射粒子的性质，可以分为以下几种技术，如表 3.6 所示。

表 3.6 主要的电子能谱分析方法

| 技术名称 | 缩写 | 技术过程基础 |
|---|---|---|
| 光电子能谱（紫外光源） | PES 或 UPS | 测量由单色 UV 光源电离出的光电子能量 |
| 光电子能谱（X 射线源） | ESCA 或 XPS | 测量由单色 X 射线源电离出的光电子能量 |
| 俄歇（Auger）电子能谱 | AES | 测量由电子束或光子束（不必须为单色）先电离而后放出的俄歇电子能量 |
| 离子中和谱 | INS | 测量由稀有气体离子冲击出的俄歇电子能量 |
| 电子冲击能量损失谱 | ELS | 由一单色电子束冲击样品，测量经非弹性散射后的电子能量 |
| 彭宁（Penning）电离谱 | PIS | 由介稳激发态原子冲击样品，测量由此产生出的电子能量 |
| 自电离电子谱 | | 与俄歇电子相似，测量由超激发态自电离衰减而产生的电子能量 |

　　X 射线光电子能谱（X-ray photoelectron spectroscopy，XPS），也称作化学分析用的电子能谱（electron spectroscopy for chemical analysis，ESCA），不仅能探测样品表面的化学组成，而且可以确定各元素的化学价态，已经发展成为一种重要的固体表面分析技术，广泛用于化学、材料科学以及表面科学。它的分析原理是基于德国物理学家赫兹发现的光电效应以及爱因斯坦于 1905 年提出的光电效应方程。1954 年，瑞典的物理学家凯·西格巴恩（K. Siegbahn）和他在瑞典乌普萨拉大学（Uppsala University）的研究小组在研究 XPS 设备中获得重大进展，首次获得了 NaCl 的高能量分辨率 X 射线光电子能谱；1969 年，他与美国惠普公司合作制造了世界首台商业单色 X 射线光电子能谱仪。1981 年，西格巴恩获得诺贝尔物理学奖，以表彰他在将 XPS 发展成为一种重要的表面分析技术中所做出的贡献。对于化学材料分析来说，最有用的是 XPS，其次是 AES 和 UPS。XPS 可以对材料表面 3~5nm 的元素进行定性和定量分析，并利用其化学位移进行元素价态分析。结合离子束溅射可以获得元素沿深度的化学成分分布信息。此外，利用其高空间分辨率，还可以进行微区选点分析、线分布扫描分析以及元素的面分布信息分析。固体样品中除了氢、氦之外的元素都可以利用 XPS 进行分析。

### 3.2.1　X 射线光电子能谱基本原理

　　光电效应和化学位移是 XPS 分析技术的两个重要原理。

#### 3.2.1.1　光电效应

　　光与物质相互作用产生电子的现象称作光电效应。用一束能量为 $h\nu$ 的单色光辐射样品表面，样品原子（M）发生电离，产生自由电子（e），称为光电子。电离过程可以表示为：

$$M + h\nu \longrightarrow M^+(E_{int}) + e$$

式中，$M^+$ 为具有能量 $E_{int}$ 的激发态离子；$E_{int}$ 包括离子中电子振动和转动的内在能量，$E_{int} = 0$，意味着生成的离子处于基态。为了发生电离，入射光子的能量必须大于样品原子或者分子的最小电离能 $I_p$，电离后过剩能量转换成离子和光电子的能量。根据爱因斯坦（Einstein）光电发射定律，有：

$$h\nu = E_B + E_K \tag{3.16}$$

式中，$E_B$ 为内层电子的轨道结合能，定义为将电子从量子化能级转移到无穷远静止状态所需的能量，等于自由电子的真空能级与电子所在能级的能量差；$E_K$ 为被入射光子所激发出的光电子的动能。

　　对于固体样品，轨道结合能还必须考虑晶体势场对光电子的束缚以及样品导电特性引起的附加项。电子的结合能可以定义为把电子从所在的能级转移到费米能级所需的能量（$E_B^F$）。费米能级相当于绝对零度（0K）时固体能带中充满电子的最高能级。固体样品中电子由费米能级跃迁到自由电子能级所需的能量为逸出功（$\Phi_S$）。因此，入射光子的能量 $h\nu$ 被分成三部分：

$$h\nu = E_B^F + E_K + \Phi_S \tag{3.17}$$

　　由于样品的功函数 $\Phi_S$ 的理论计算和实验测定都比较困难。在实际测定中，常用仪器的功函数 $\Phi_{SP}$ 代替。对一台 XPS 谱仪，当仪器条件不变时，仪器的功函数 $\Phi_{SP}$ 是一定值。如图 3.19 所示，当样品的功函数小于仪器的功函数，则功函数小的样品的电子向功函数大的仪器转移，分布在仪器表面，使谱仪入口处带负电，样品带正电，在样品与谱仪之间产生接触电位差，其值等于谱仪与样品的功函数之差。这个电场阻止电子继续从样品向仪器转移，当达到动态平衡时，费米能级重合。当具有动能 $E_K$ 的电子穿过样品至谱仪入口，受到上述电场的影响而减速，使自由电子的动能 $E_K$ 减小为 $E_K'$，满足如下关系式：

$$E_K + \varPhi_S = E_K' + \varPhi_{SP} \tag{3.18}$$

所以 
$$h\nu = E_B^F + E_K' + \varPhi_{SP}$$

因此，只要测定光电子进入谱仪后的动能 $E_K'$，就可以得到电子的结合能。

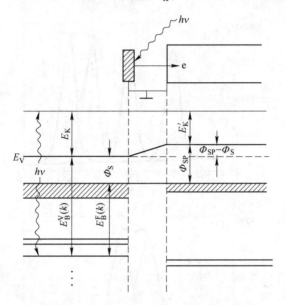

图 3.19　导体电离过程的能级变化

### 3.2.1.2　化学位移

一个原子的内壳层电子的结合能受核内电荷和核外电荷分布的影响。轨道电子的结合能由原子核和电荷分布在原子中形成的静电电位所确定。原子价壳层电荷密度的改变，对内层电子结合能产生影响。因此，任何引起电荷分布发生变化的因素都有可能使原子内壳层电子的结合能发生变化。结合能的位移可以表示为：

$$\Delta E_B^A = \Delta E_V^A + \Delta E_M^A \tag{3.19}$$

式中，$\Delta E_B^A$ 为分子 M 中 A 原子的结合能位移；$\Delta E_V^A$ 为分子 M 中 A 原子本身价电子变化对化学位移的贡献；$\Delta E_M^A$ 为分子 M 中其他原子的价电子对 A 原子内层电子结合能位移的贡献。

内壳层电子结合能变化表现为光电子谱峰的位移，位移由物理位移和化学位移组成。化学位移是指原子因所处化学环境不同而引起的内层电子结合能的变化。除少数元素，如 Cu、Ag 内层电子化学位移较小，在 XPS 谱图中不易分辨以外，一般元素的化学位移在 XPS 谱图中均可以分辨。

某原子所处的不同化学环境主要有两方面的含义：一是指与它结合的元素种类和数量不同；二是指原子具有不同的价态。其中，结合原子的电负性对化学位移影响更大，而且分子中某原子的内层电子结合能的化学位移与它结合的原子电负性变化有一定的线性关系。图 3.20 为聚三氟醋酸乙烯中 C 1s 和 O 1s 的化学位移。C 原子有 4 个峰，说明 C 原子分别与不同元素结合，结合元素的电负性顺序：F>O>C>H，对应四个 C 1s 轨道电子结合能逐渐降低，O 原子轨道结合能的位移呈现相同原理。因此，可以确定分子结构式如下：

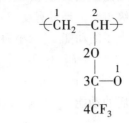

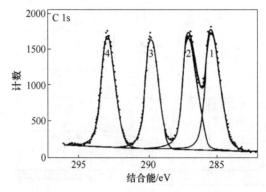

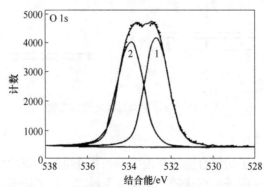

图 3.20    单色 AlK$_\alpha$ 激发聚三氟醋酸乙烯中 C 1s 和 O 1s XPS 谱图

图 3.21 为不同 C 和 Si 化合物中 C 1s 和 Si 2p 结合能的变化关系。C 1s 的化学位移可以超过 12eV，而 Si 2p 的化学位移一般小于 6eV。

当某个元素的原子处于不同的氧化态时，它的结合能变化规律为：同一元素随氧化态的升高，内层电子的结合能增加，化学位移增大。从原子中移去一个电子所需的能量将随着原子中正电荷的增加或负电荷的减少而增加。图 3.22 是金属及其氧化物的结合能位移 $\Delta E_B$ 同原子序数 $Z$ 的关系。

### 3.2.1.3    终态效应

除了化学位移，电子的结合能与体系的终态密切相关。由电离过程引起的各种激发产生的不同体系终态对电子结合能的影响称为终态效应。弛豫就是一种终态效应。除了弛豫外，还有多重分裂电子的震激等激发状态，在 XPS 谱图上表现为除正常光电子主峰外，还会出现若干伴峰，使谱图变得更为复杂。

### A    弛豫效应

电子从内壳层被电离，造成原来体系的平衡势场被破坏，生成的离子处于激发态，其余轨道电子结构将做重新调整，使离子回到基态，这一过程称作电子的弛豫。这一过程所释放的能量，称为弛豫能。所以，弛豫能为当原子中的电子被电离后，为了使系统的终态能量最小，对原子内外电子的重新调整伴生的能量。由于时间上弛豫过程和光电发射同时进行，所以弛豫加速了光电发射的光电子的动能，使轨道结合能的实验数值减小。

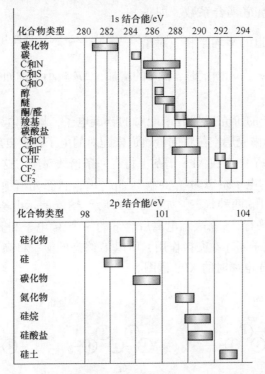

图 3.21　C 和 Si 在不同种类化合物中的 C 1s 和 Si 2p 结合能

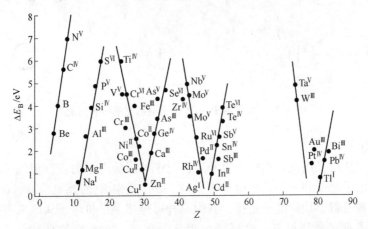

图 3.22　金属及其氧化物结合能位移 $\Delta E_B$ 与原子序数 $Z$ 的关系

### B　自旋-轨道裂分

电子自旋与它的轨道角动量之间存在磁相互作用，自旋-轨道裂分是指由自旋和角动量耦合而引起原子的 p、d 或 f 能级的分裂。在光电发射过程中，从闭壳层分子的简并亚壳层（$l>0$）光电离一个电子而产生的离子态，由于自旋-轨道耦合作用使一个简并空穴裂分成两个能级，如图3.23所示，$l$ 和 $s$ 轨道平行状态是比较稳定的。裂分后的能量差 $\Delta E$ 正比于自旋-轨道耦合系数，即正比于 $\dfrac{1}{r^3}$，$r$ 为所涉及轨道的平均半径。对给

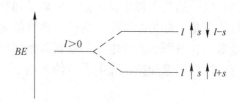

图3.23　$s\text{-}l$ 耦合引起能级分裂示意图

定的壳层（$n$、$l$ 一定），当 $n$ 固定时，随 $l$ 的增加，$\Delta E$ 减小，例如 4p>4d>4f。

C　多重分裂

当原子或自由离子的价壳层拥有未配对的自旋电子，即当体系的总角动量 $j$ 不为零时，光致电离所形成的内壳层空位将同价轨道未配对的电子发生自旋耦合，使体系出现不止一个终态，相应于每个终态在 XPS 谱图上将有一条谱线对应，这就是多重分裂。

例如，基态 $Mn^{2+}$ 的电子组态为 ［Ne］$3s^2 3p^6 3d^5$，状态光谱项为 $^6S$，$Mn^{2+}$ 离子 3s 轨道光电离后，出现 $^5S$ 和 $^7S$ 两种状态，如图3.24所示。$^5S$ 态表示电离后剩下的一个 3s 电子和五个 3d 电子自旋反平行，$^7S$ 态表示电离后剩下的一个 3s 电子和五个 3d 电子自旋平行。因为只有自旋平行的电子才存在交换作用，所以 $^7S$ 终态的能量将高于 $^5S$ 态。图3.25为实验测得的 $Mn^{2+}$ 3s 轨道光电离时的 XPS 谱图。

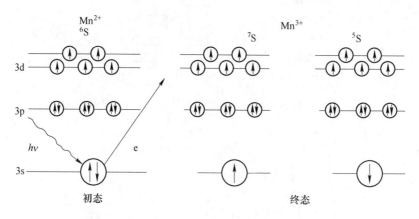

图3.24　$Mn^{2+}$ 离子的 3s 轨道电离时的两种终态

D　震激伴峰

光电离时，从内壳层发射出一个电子后，对于外层价电子而言，相当于增加了一个核电荷。外壳层电子感受到的有效核电荷 $Z_{eff}=Z_c-\sigma$，其中 $Z_c$ 为核电荷数，$\sigma$ 为屏蔽常数。由此产生的弛豫过程会使价电子重排，其中一种可能使一个价电子从原来占据的轨道向能量较高的尚未占据的轨道跃迁，这样的过程称为震激，在主峰的高结合能（低结合能）侧出现一个能量损失峰，即震激峰。

震激峰经常出现在有机分子特别是共轭芳香体系，可归属于 $\pi\rightarrow\pi^*$ 跃迁，即价电子由最高占有分子轨道（HOMO）向最低未被占据分子轨道（LUMO）的跃迁。对于一些过渡金属和稀土金属，由于在 3d 和 4f 轨道中有未成对电子，常出现很强的震激峰。图3.26为不同价态时 Cu 的主峰结构。对于 $Cu^0$ 和 $Cu^+$，由于价壳层为闭壳层，不存在震激峰；但是 $Cu^{2+}$

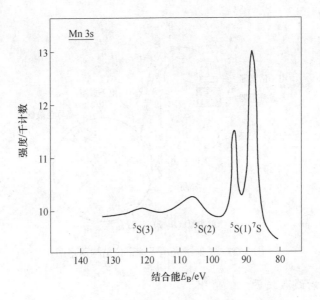

图 3.25　Mn 的 3s 轨道高分辨 XPS 谱（$MnF_2$）

价壳层为开壳层，所以可以观察到震激峰。

　　利用震激伴峰与原子分子的电子结构之间的关系，可以用于化学态鉴别。对每个化学态，这种震激有无、强度分布以及与主峰间隔均是唯一。对过渡金属和稀土金属而言，顺磁性均有震激伴峰，逆磁性没有。例如，$Ni^{2+}$（四面体）有震激峰，$Ni^{2+}$（平面正方，逆磁）没有震激峰；$Co^{2+}$处于高自旋态（$^4F$）比低自旋态（$^2D$）表现更强的震激峰，而 $Co^{3+}$（逆磁性）没有震激伴峰。

### 3.2.2　X射线光电子能谱仪的结构

　　X 射线光电子能谱仪的主要构造如图 3.27所示，主要包括激发源、样品室、电子能量分析器、检测器和记录系统，其中电子能量分析器是光电子能谱仪的心脏。大致的工作原理为：单色 X 射线光子照射到样品，样品中原子、分子或离子中电子被激发溢出样品，得到具有一定动能的光电子。光电子形成的微弱电流经电子倍增器放大，输出相应的系列脉冲进入多道脉冲分析器，获得横坐标为光电子动能或者元素轨道结合能，纵坐标为单位时间检测光电子数（强度）的 XPS 谱。

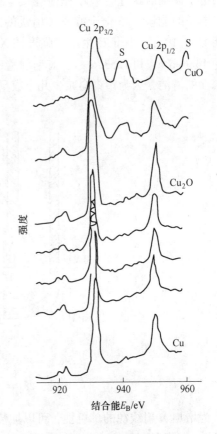

图 3.26　Cu 2p 轨道的 XPS 谱图
（S 代表震激伴峰）

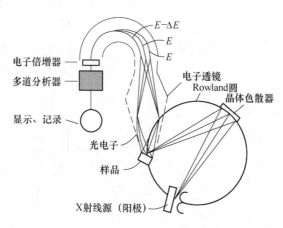

图 3.27    X 射线光电子能谱仪结构示意图

### 3.2.2.1    X 射线激发源

在目前商品 XPS 仪器中，一般采用 Al/Mg 双阳极 X 射线源，如图 3.28 所示。X 射线源产生过程是：由灯丝发出的热电子被加速后轰击阳极靶材料，激发其内层电子电离，当外层电子以辐射跃迁方式填充内壳层空位时，释放出特征能量 X 射线。对于重元素靶，轰击电子的能量 3~5 倍于特征 X 射线的能量；对于轻元素靶，轰击电子的能量为靶材电离能的 5~10 倍，保证产生足够强度的 X 射线。常用的 Al 和 Mg 的 $K_{\alpha_{1,2}}$ 发射线的能量分别为 1486.6 eV 和 1253.6 eV。X 射线管的窗口可以阻止杂散电子的逸出。必须保持阳极靶表面的清洁，因为污染会减少几个数量级的光子数，甚至产生干扰射线。

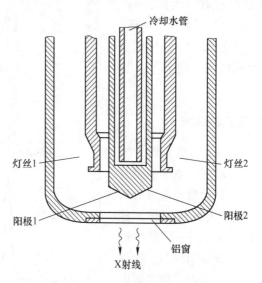

图 3.28    双阳极 X 射线枪的结构

为增加 X 射线源的单色性，可以加装单色器。单色器基于晶体衍射的 Bragg 原理，当满足 Bragg 条件时，产生衍射。使用单色 X 射线源，优点是去除不必要的辐射线，如伴线及鬼线，使得 X 射线线宽变窄，提高信号/背底之比；缺点是有效分析面积上接受的光子数减少，是相应非单色 X 射线源光子数的十分之一。

### 3.2.2.2　电子能量分析器

电子能量分析器用来测量从样品发射出来的电子的能量分布，是电子能谱仪的核心部件。能量分析器的主要性能指标是分辨率和灵敏度，一方面要求能够对微弱的电子信号进行分析检测，即具有较高的灵敏度；另一方面，需要对具有能量微小差异的电子予以区分，即具有较高的分辨率。对于 XPS，要求分辨率在 1000eV 时约为 0.2eV，对应的分辨本领（$E/\Delta E$）为 5000。

图 3.29 是半球形电子能量分析器示意图。半球形能量分析器由两个同心半球面组成，内外球的半径分别是 $r_1$ 和 $r_2$，两半球的平均半径为 $r$，两个半球间的电位差为 $\Delta V$，内球接地，外球接负电压。能量为 $E_K$ 的电子沿平均半径 $r$ 轨道运动，满足如下条件：

$$\Delta V = \frac{1}{e}\left(\frac{r_2}{r_1} - \frac{r_1}{r_2}\right)E_K \tag{3.20}$$

式中，$e$ 为电子电荷，改变 $\Delta V$ 可以选择不同的 $E_K$。如果在球形电容器上加一个扫描电压，同心球形电容器就会对不同能量的电子具有不同的偏转作用，从而把不同能量的电子分开，使得不同能量的电子在不同时间沿着中心轨道通过，得到 XPS 谱图。

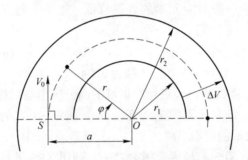

图 3.29　半球形能量分析器示意图

为了提高能量分析器的有效分辨率，在样品和能量分析器之间加设一组减速场构成的聚焦透镜，将光电子的初动能 $E_0$ 预减速到 $E_1$，然后再进入分析器。预减透镜的功能是在保持绝对分辨率不变的前提下，使仪器的灵敏度提高 $(E_0/E_1)^{1/2}$ 倍。同时，透镜使得样品和能量分析器分开一定距离，有利于改进信噪比，也使得样品室结构具有较大的自由度，利于开发多功能谱仪系统。

在现代电子能谱仪中，为了提高接收灵敏度，增加电子透镜接收样品发射的光电子的立体角，在样品下方装置磁浸透镜，使原来不能进入电子透镜的部分光电子，在磁场作用下改变运动轨迹，得以进入接收透镜。使用磁浸透镜，可使灵敏度提高 10 倍以上。

### 3.2.2.3　电子检测器

经能量分析之后具有合适动能的电子进入检测器，最终被转换成电流或电压信号。一般光电子流非常弱，在 $10^{-13} \sim 10^{-19}$ A，需要对电流加以放大才能检测出来。现在多采用电子倍增器为检测器。基于串级放大碰撞作用，可获得 $10^6 \sim 10^8$ 倍增益。倍增器输出的脉冲，被输入脉冲鉴频器进一步放大，再进入数模转换器，最后将信号输入到多道脉冲分析器中及计算机中进行记录或显示。

### 3.2.2.4　超高真空系统

电子能谱仪的光源、样品室、分析器和检测器都必须在高真空条件下工作。一方面，减少电子在运动过程中与残留气体分子发生碰撞而损失信号强度；另一方面，防止残留气体吸附到样品表面，甚至与样品发生化学反应，从而影响电子从样品表面的发射并产生干扰谱线。通常，超高真空系统由不锈钢材料构成，真空度优于 $1\times10^{-6}Pa$。

### 3.2.3　XPS 定性分析

XPS 谱图可以提供样品的化学组成、元素的化学态以及电子结构等信息。对于一个未知成分的样品，可以先做全谱扫描，全谱能量扫描范围一般为 $0\sim1200eV$，几乎涵盖除了氢、氦以外的所有元素的最强峰。

一般解析步骤：

（1）首先识别元素 C、O 的光电子谱线、俄歇线以及归属于元素 C、O 的所有其他谱线。

（2）利用 X 射线光电子手册各元素的峰位确定其他元素的强峰，并标出相关峰，注意元素间的峰重叠以及伴峰。

（3）识别弱峰。弱峰一般对应元素的含量较低，如果一些弱峰实在无法识别，可以暂定为已识别元素的伴峰或鬼峰。

（4）确认分析结构的准确性。对于 p、d、f 等双峰线，其双峰间距及峰高比一般为定值，p 峰的强度比为 1∶2，d 峰为 2∶3，f 峰为 3∶4。

对于感兴趣的元素，需要进一步进行窄区域的高分辨细扫描。高分辨窄谱扫描的能量范围一般在 $10\sim30eV$，每个元素的主要光电子峰是独一无二的，很少会重叠，利用这些"指纹峰"，可以直接鉴别元素组成。

元素化合态的识别是 XPS 的最主要用途之一，利用 XPS 谱峰的化学位移，可以方便鉴别元素所在的价态。识别化合态的直接方法是测量 XPS 谱峰的位移值，以及光电子谱双峰间的距离。例如，图 3.30 为 Ti 元素在金属 Ti 和 $TiO_2$ 中 2p 轨道 XPS 谱峰位置，可以看出，$TiO_2$ 中 2p 轨道的谱峰位置向高能量位移，同时双峰间距离也发生改变。

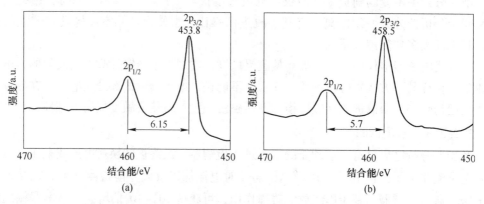

图 3.30　金属 Ti 和 $TiO_2$ 中 Ti 元素 2p 轨道的高分辨 XPS 谱

（a）Ti；（b）$TiO_2$

　　有时化学位移不大或者不明显时，可以应用俄歇参数法，或者通过伴峰结构直观简洁地判断出化学态；还可以与标准图谱手册进行对比。有时参照数据实在难以区分的时候，还可以通过测试模拟化合物或模拟样品来间接鉴别待测样品中某元素的化学态。

　　在实际分析中，常伴有俄歇电子的发射。当俄歇跃迁不涉及价带电子时，由于化学环境不同，内壳层电子能级发生微小的变化，造成俄歇电子能量有微小的变化，即谱图上的峰位有微小的移动，这也是化学位移。如果俄歇跃迁涉及价带电子，当化学环境变化时，情况就更加复杂，不仅俄歇峰的能量会发生位移，而且峰形也会有变化。俄歇电子从产生处到表面的逸出过程中，由于能量损失引起低能侧出现伴峰，这种效应有时也与化学环境有关。俄歇参数法是利用 XPS 谱图中窄俄歇电子峰的动能（$E_K^A$）减去同一元素最强的光电子峰动能（$E_K^P$），得到俄歇参数 $\alpha$，即：

$$\alpha = E_K^A - E_K^P \tag{3.21}$$

　　$\alpha$ 在某些元素的价态分析中起重要作用，如 Cu 和 $Cu_2O$ 的 Cu 2p 轨道结合能比较接近，但它们的 $\alpha$ 值相差约 2eV，很容易辨别。

　　为保证 $\alpha < 0$，将俄歇参数调整为：

$$\alpha' = \alpha + h\nu = E_K^A + E_B^P \tag{3.22}$$

　　以 $E_B^P$ 为横坐标，$E_K^A$ 为纵坐标，$\alpha'$ 为对角参数绘制得到二维化学状态平面图（图3.31），帮助识别表面元素的化学状态。

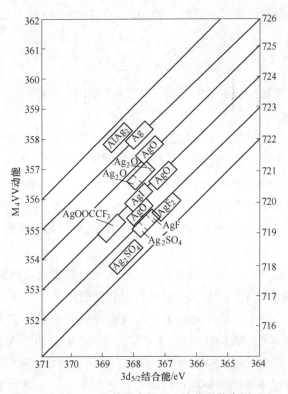

图 3.31　Ag 及其化合物的二维化学状态图

### 3.2.4　XPS 定量分析

定量分析的基本原理是把收集的光电子谱线强度（峰高或峰面积），通过一系列因子与样品组分关联。XPS 的定量分析较为复杂，其光电子峰的强度受到许多因素的影响，主要涉及分析器的传输率、仪器常数、元素中某轨道的角度不对称因子、原子轨道的光电离截面、元素在一定深度区间的浓度、电子的非弹性平均自由程、所测光电子与表面法线间的出射角等因素。例如，在 Perkin-Elmer 公司出版的数据分析用标准手册中，光电子峰的面积强度 $I$ 表示为：

$$I = nf\sigma\theta y\lambda AT \tag{3.23}$$

式中，$n$ 为在每立方厘米体积样品中某元素的原子数目；$f$ 为每平方厘米上的 X 射线光强；$\sigma$ 为原子轨道的光电截面；$\theta$ 为入射光和被测电子间的角度有效因子；$y$ 为光电子的光电过程效率；$\lambda$ 为非弹性平均自由程；$A$ 为所测样品的面积；$T$ 为电子的检测效率。在实际分析中，常用到原子的灵敏度因子 $S$，式（3.23）可以写成：

$$I = nf\sigma\theta y\lambda AT = ns \tag{3.24}$$

在 XPS 的标准手册中，给出了各元素中最强峰的 $S$ 值，当计算表面不同元素的比值时，可用式（3.25）：

$$\frac{n_1}{n_2} = \frac{I_1/S_1}{I_2/S_2} \tag{3.25}$$

当计算某元素在表面的摩尔分数时，则用式（3.26）：

$$c_x = \frac{n_x}{\sum_i n_i} = \frac{I_x/S_x}{\sum_i I_i/S_i} \tag{3.26}$$

不同原子的 $S$ 值可在标准手册中查到。在实际应用中，要注意不同型号仪器给出的 $S$ 值有所不同。

在定量分析过程中，很多因素，包括 X 射线的入射、折射和吸收，光致电离，光电子在固体内的输运和表面出射，能谱仪传输函数，光电子检测效率等都会影响到定量分析的准确度。为了尽可能提高定量分析的精度，通常要求以下几点：

（1）样品为无定型或者多晶均匀物相，表面无污染，原子级相对平整；

（2）选取 X 射线入射角为 5°~10°，远大于 X 射线折射和反射的临界角，可忽略 X 射线的折射和反射；

（3）光电子的动能和起飞角（光电子接收方向与样品表面之间夹角）要大，当 $E_K =$ 500~1500eV，起飞角应选 10°~15°，可忽略折射和反射；

（4）在固体样品中，X 射线和光电子沿宏观直线路径指数形式衰减，衰减性质各向同性，不随深度 $d$、X 射线入射方向和光电子发射方向变化。由于 X 射线衰减长度远大于光电子衰减长度，在光电子取样深度内，X 射线衰减可以忽略不计。

应用 XPS 确定样品中不同组分的相对浓度，比测定绝对含量更为重要。在 XPS 的定量关系中，有不少因子难以准确定量，如果按照绝对含量测定要求，不确定度会很大，其至可能超过百分之百。此外，针对绝对测量的灵敏度，XPS与一些其他的分析技术相比，如电感耦合等离子体火焰法（ICP）、X射线荧光光谱分析或者质谱法，都不存在优势。但是，XPS的优势体现在表面分析，其表面分析灵敏度非常高，可以检测到表面0.1%原子单层的化学组成。

### 3.2.5　XPS分析在半导体材料和薄膜材料中的应用

#### 3.2.5.1　薄膜厚度分析

电子从表面层逸出的深度与该电子的动能有关。假设样品的表面垂直于分析器，电子的逃逸深度是 $d$，改变样品的角度（固定X射线和分析器），也就改变了样品的探测深度（如图3.32所示），利用这一点可以对超薄膜样品的厚度进行测量。

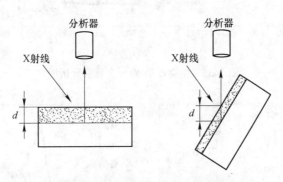

图3.32　样品的角度变化改变表面测量深度

#### 3.2.5.2　无机材料分析——黄铁矿表面XPS分析与生物浸出机制研究

XPS是研究矿物溶解过程较为先进的表面分析技术，可分析矿物表面5nm范围内化学组成的变化，为解释矿物溶解机制和溶解过程动力学提供可靠的数据指导。黄铁矿是重要的酸源，常用于其他有色金属硫化物的浸出，特别是耗酸类硫化矿物的浸出。应用XPS分析常温下黄铁矿生物浸出过程矿物表面的组成变化。首先，XPS全元素扫描谱（图3.33）显示浸出渣表层中所含C、O、Cu、Fe和S元素的峰值。其中，结合能为284.80 eV的C 1s是碳校准峰值，O 1s峰值是浸渣表层空气污染或被氧化所致，不是黄铁矿中固有的组元。黄铁矿中其他杂质较少，主要元素为O、Fe和S，其中O占比最高，这与表面氧化状态有关。

图3.34为细菌浸渣表面窄谱分析结果，浸渣表面S 2p和Fe 2p扫描光谱如图3.34（b）和（d）所示。从S 2p窄谱分析，162.29eV峰值的出现，主要为未溶解的黄铁矿本体。而169.17eV和163.40eV峰值的出现，表明有半胱氨酸和硫酸盐生成，或两者同时存在，半胱氨酸的存在与细菌的代谢有关。由Fe 2p窄谱分析可知，铁的形态比较复杂，+2价和+3价铁离子同时存在，707.30eV峰值的出现，表明浸渣表面有Fe离子存在。S 2p结合能峰宽从最低值到最高值为159~173eV，峰值分别为162.69eV、163.40eV和169.17eV。结合能峰值为160.8~161.3eV、161.4~162.3eV和162.4~162.9eV范围内为单一的 $S^{2-}$ 单体；结合能峰值在（164.0±0.25）eV范围内主要为元素硫或半胱氨酸，在（166.7±0.3）eV

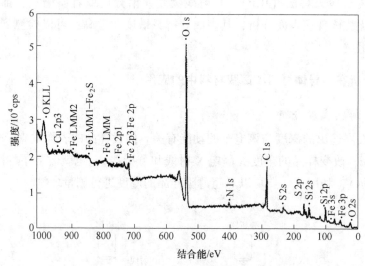

图 3.33    生物浸渣 XPS 全元素分析图

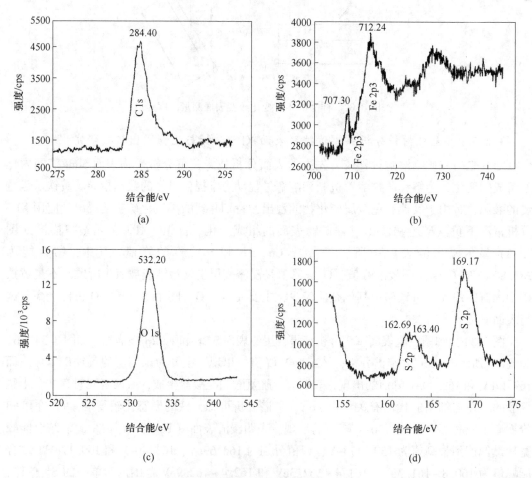

图 3.34    细菌浸渣表面各元素窄谱分析

主要为亚硫酸盐；多硫化物比较复杂，结合能峰值一般在 162.5~164.0eV 之间。硫酸盐和硫代硫酸盐彼此是重叠的，一般难以判断，据研究报道，硫代硫酸盐的峰值为 167.7~168.4eV，硫酸盐的峰值为 168.1~168.8eV。

Fe 比 S 的形态更加复杂，窄谱曲线比较杂乱。结合能峰值为 707.30eV，712.24eV 显示主要为 FeOOH，以及高铁酰合物，酰合物是因为生物浸出过程中生成部分铁矾，黏附于浸渣表面。

综上，XPS 分析了常温下黄铁矿生物浸出过程中矿物表面的组成变化。黄铁矿表面主要由含 Fe 和含 S 两种化合物组成。其中，含 Fe 化合物主要为 FeS、针铁矿、褐铁矿、硫酸盐、高铁配合物等；含 S 化合物主要为 FeS、硫酸盐、半胱氨酸、多硫化合物等。黄铁矿的生物浸出遵循硫代硫酸盐机制，间接浸出和直接浸出机制同时存在。黄铁矿的溶解首先是 Fe—S 键断裂，在细菌、溶氧等氧化剂的作用下，Fe 和 $S_2^{2-}$ 迅速被氧化，化学反应界面逐步内扩至黄铁矿本体，最后铁氧化物或氢氧化物型氧化产物稳定存在于未反应的黄铁矿表面，加快了表面电子传递速率，促进了黄铁矿电化学氧化溶解。

### 3.2.5.3 有机化合物和聚合物分析

有机化合物与聚合物主要含有 C、O、N、S 和一些金属元素，对这些元素进行 XPS 定性和定量分析，有助于了解有机物和聚合物结构中的官能团信息。

对于 C 元素来说，与自身成键（C—C）或者与 H 成键（C—H）时，C 1s 轨道的结合能约为 285eV，当用 O 原子置换 H 原子后，对每一个 C—O 键均可能引起 C 1s 电子约 $(1.5±0.2)$ eV 的化学位移，C—O—X 中 X（除 X = NO₂外）的次级影响一般较小 $(±0.4eV)$，X = NO₂可引起 0.9eV 的化学位移。

卤族元素对于 C 1s 电子轨道结合能向高能量位移分为初级取代效应（直接与 C 原子相连）和次级取代效应（在近邻 C 原子上）两种情况，引起的化学位移如表 3.7 所示。

表 3.7 卤族元素取代引起 C 1s 轨道结合能化学位移

| 卤族元素 | 初级取代效应 | 次级取代效应 |
| --- | --- | --- |
| F | 2.9 | 0.7 |
| Cl | 1.5 | 0.3 |
| Br | 1.0 | <0.2 |

O 1s 轨道结合能对于绝大多数官能团来说都在 $(533±2)eV$ 的范围内，当连接羧基和碳酸盐基时可能具有较高的结合能。

许多含氮官能团中 N 1s 电子结合能均在 399~401eV 范围内，包括—CN、—NH₂、—OCONH—、—CONH₂等官能团。此外，还有一些官能团具有较高的 N 1s 结合能，如—ON₂的结合能约为 408eV，—NO₂的结合能约为 407eV，—ONO 的结合能约为 405eV。

S 对 C 1s 结合能初级效应非常小，约 0.4eV。S 2p 电子的结合能：R—S—R 中 S 2p 结合能约为 164eV，R—SO$_2$—R 中 S 2p 结合能约为 167.5eV，R—SO$_3$H 中 S 2p 结合能约为 169eV。

### 3.2.5.4　生物样品分析

XPS 能够提供不同化学环境碳原子和氧原子的化学位移和结合能，帮助我们进一步了解一些植物样品的化学结构。例如，不同制备方法来源的木质素，可以应用 XPS 对木质素结构单元之间的连接方式和官能团含量进行分析，以期对木质素分子结构研究提供一定参考。

通过三种不同方法对四川绵阳慈竹提纯得到三种木质素：二氧六环木质素（DL、EL）和超声波木质素（UDL），并对二氧六环木质素（DL）发生不同化学反应后得到相应的碱性水解产物（HL）、硼氢化钠还原产物（RL）和亚硫酸氢钠加成产物（AL）的样品进行了 XPS 分析。图 3.35 为各样品的 XPS 谱图，表 3.8 和表 3.9 分别为 XPS 谱中元素 C 1s 轨道和 O 1s 轨道的结合能。通过对比分析，得出结论：慈竹磨木木质素存在酯键，推断是存在于形成层的对香豆酸与木质素羟基发生酯化反应生成。木质素结构单元之间主要通过醚键、碳碳单键连接，醚键的含量多于碳碳单键，羰基的含量高于酯键和烯双键。超声波辅助碱处理和乙醇处理都增加了木质素的羰基含量，超声波辅助碱处理还使木质素游离态羟基增加，乙醇木质素发生了乙醇解，并伴随有酸或酯的生成。木质素还原产物能够提供更多木质素分子结构信息。

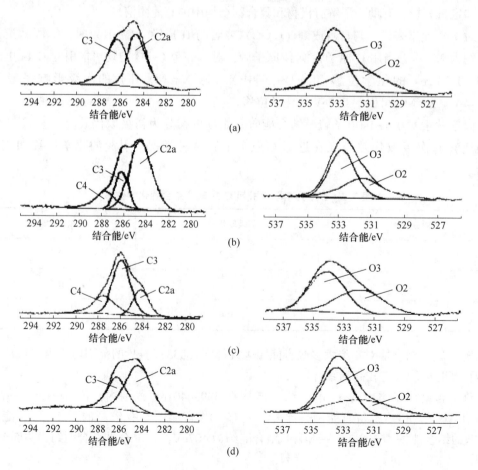

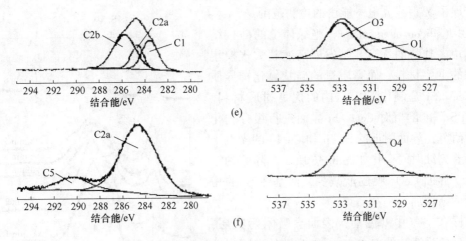

图 3.35 木质素及其化学反应产物的光电子能谱

(a) UDL；(b) DL；(c) EL；(d) HL；(e) RL；(f) AL

(碳元素、氧元素各个峰电子结合能的校正分别以 C 1s 与 O 1s 作为基准)

表 3.8  C 1s 能谱中各类碳原子的结合能（BE）和峰面积（A）

| 样品 | C1 | | C2 | | | | C3 | | C4 | | C5 | |
| --- | --- | --- | --- | --- | --- | --- | --- | --- | --- | --- | --- | --- |
| | | | C2a | | C2b | | | | | | | |
| | BE/eV | A | BE/eV | A | BE/eV | A | BE/eV | A | BE/eV | A | BE/eV | A |
| UDL | — | — | 284.58 | 47.7 | — | — | 286.38 | 52.9 | — | — | — | — |
| DL | — | — | 284.60 | 64.1 | — | — | 286.29 | 19.9 | 287.72 | 16.0 | — | — |
| EL | — | — | 284.39 | 22.3 | — | — | 286.10 | 53.2 | 287.65 | 24.5 | — | — |
| HL | — | — | 284.62 | 64.1 | — | — | 286.44 | 35.9 | — | — | — | — |
| RL | 283.52 | 31.0 | 284.60 | 19.7 | 285.72 | 49.3 | — | — | — | — | — | — |
| AL | — | — | 284.79 | 84.0 | — | — | — | — | — | — | 290.37 | 16.0 |

表 3.9  O 1s 能谱中各类氧原子的结合能（BE）和峰面积（A）

| 样品 | O1 | | O2 | | O3 | | O4 | |
| --- | --- | --- | --- | --- | --- | --- | --- | --- |
| | BE/eV | A | BE/eV | A | BE/eV | A | BE/eV | A |
| UDL | — | — | 531.45 | 42.9 | 533.14 | 57.1 | — | — |
| DL | — | — | 531.50 | 41.5 | 532.73 | 58.5 | — | — |
| EL | — | — | 531.72 | 43.2 | 533.74 | 56.8 | — | — |
| HL | — | — | 531.53 | 40.5 | 532.99 | 59.5 | — | — |
| RL | 530.31 | 41.5 | — | — | 532.76 | 58.5 | — | — |
| AL | — | — | — | — | — | — | 535.33 | 100 |

### 3.2.5.5 深度剖析

深度剖析主要是研究元素化学信息在样品中的纵深分布。利用氩离子枪对样品表面进行氩离子溅射剥离，控制合适的溅射强度及溅射时间，将样品表面刻蚀到一定深度，然后进行取谱分析。刻蚀和取谱交替操作，便可以得到样品化学信息随着深度的变化规律，极大地扩展了 X 射线光电子能谱的检测范围。

SOI（silicon on insulator，绝缘体上的硅）结构具有很多独特的优点，是发展高速超大规模集成电路的重要材料，而高质量的硅基氧化铈异质结构 $CeO_2/Si$ 是制作 SOI 结构的优良衬底材料。应用 XPS 深度剖析对 $CeO_2/Si$ 界面进行组分和化学态的研究，界面附近的 Si 2p 和 Ce 4d 的光电子能谱随着刻蚀时间变化如图 3.36 所示。随着刻蚀的进行，界面 $CeO_2$ 膜逐渐减少，而基体 Si 的相对含量逐渐增加。

原样在空气中暴露后，表面会吸附污染层，为了得到较为清洁的 $CeO_2$，可先对样品进行刻蚀清理，得到 $CeO_2$ 表面的 XPS 谱峰，见图 3.37 中顶部虚线。$V$、$V''$、$V'''$ 和 $U$、$U''$、$U'''$ 分别对应 $Ce^{4+}$ $3d_{5/2}$ 和 $Ce^{4+}$ $3d_{3/2}$ 的谱峰。图 3.37 中实线峰为 $CeO_2/Si$ 界面附近区域随着氩离子刻蚀而变化的 Ce3d 谱，其中 $Ce^{4+}$ 强度相对降低，而界面附近

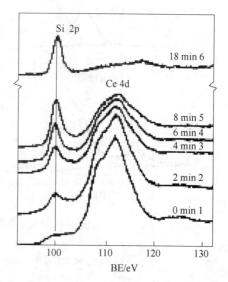

图 3.36　$CeO_2/Si$ 界面 Si 2p 和 Ce 4d 的 XPS 谱随刻蚀时间的变化

出现了较强的 $Ce^{3+}$ 峰 $V'$（885.7eV）和 $U'$（904eV）。这表明随着氩离子刻蚀，出现了大量的 $Ce_2O_3$，这是因为氩离子刻蚀引起了 $CeO_2$ 诱导还原反应。对 $CeO_2/Si$ 材料的氧元素进行 XPS 深度分析，O 1s 谱峰随着刻蚀时间的变化如图 3.38 所示。O 1s 主峰位于 530.5eV 附近，而随着氩离子深度刻蚀的进行，O 1s 向着结合能（BE）高的方向移动至 531.2eV，此峰值应为 $Ce_2O_3$ 中 O 元素的结合能，这与图 3.37 刻蚀后分析得到的结果相吻合。由以上讨论可知，合理运用深度剖析，可以研究化学状态的深度变化，对材料科学具有很高的应用价值。

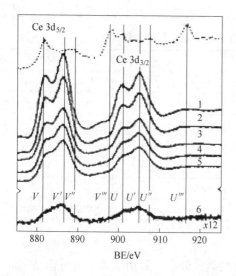

图 3.37　$CeO_2/Si$ 材料表面附近（虚线）和界面附近（实线）Ce 3d 的 XPS 谱

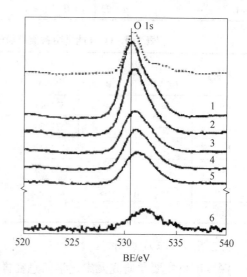

图 3.38　$CeO_2/Si$ 材料表面附近（虚线）和界面附近（实线）O 1s 的 XPS 谱

### 3.2.6　XPS 分析新技术

常规 XPS 分析面积是十几平方毫米，提供的是分析面积内的平均结构信息，且所用的激发源通常为非单色 X 光。随着电子能谱仪制造技术的迅速发展以及对分析技术的需求，近年来发展起来了高灵敏度单色 XPS（mono XPS）、小面积 XPS 或者小束斑 XPS（SAXPS）和成像 XPS（iXPS）。其中单色 SAXPS 可提供高能量分辨率、高信背比、微区选区分析（约 15μm）XPS 信号，iXPS 还可提供分析区域内元素及其化学态分布的信息图像。

现代 monoXPS 和 SAXPS 多采用铝靶微聚焦单色器，由聚焦电子枪、可移动 Al 阳极靶、分光晶体等组成。电子枪发射的 AlKαX 射线经过凹面晶体单色光聚焦后，形成高亮度小束斑单色 X 射线照射到样品表面，激发出具有高能量分辨率的 SAXPS 谱。与常规 XPS 相比，SAXPS 和 monoXPS 的灵敏度得到提高，且操作简便、样品定位准确，分析效率大大提高。特别是，mono SAXPS 不但能准确、有效分析样品选定微区内元素的化学态，还具有较高的灵敏度和能量分辨率，配合离子枪刻蚀，能够准确、可靠、快速地进行 XPS 深度分析。

成像 XPS（iXPS）能够提供样品表面元素分布图像及元素化学态像等。iXPS 成像主要有三种：平行成像法、X 射线束扫描法和光电子扫描法。平行成像法是一种快速照相式的多点同时成像法，其优点是速度快，信噪比高。平行成像法 iXPS 分析面积和空间分辨率主要取决于成像透镜，目前最佳空间分辨率可达 1μm。XPS 线扫描分析采用聚焦 X 射线沿指定直线扫描样品感兴趣分析区域，同时收集 XPS 信号，得到 XPS 信号沿扫描线一维分布谱。

# 3.3　俄歇电子能谱（AES）简介

1925 年，法国物理学家俄歇（Pierre Auger）在应用 X 射线研究惰性气体的光电效应时，发现一些能量较低的电子，电子的运动轨迹与入射 X 射线无关，而与原子种类有关。俄歇推断，这种能量较低的电子是由原子受激发后在退激发过程中引起的外层电子的电离。为了纪念他这一重要发现，将这种物理现象称为俄歇效应，产生的电子称为俄歇电子。由于俄歇电子信号很弱，形成过程复杂，直到 1953 年 J. J. Lander 首次使用电子束激发获得俄歇电子能谱，才开始广泛地得到应用。

### 3.3.1　俄歇电子的产生

俄歇电子产生过程如图 3.39 所示。原子某内层能级，例如 C 1s 能级上的一个电子被外来的电子、光子或离子激发后逸出，在该能级留下一个空位。此时原子处于高能激发态，外层电子会自发跃迁到该空位，使原子发生弛豫。多余的能量通过辐射或非辐射途径消耗掉。如果是辐射途径，原子发射特征的 X 射线；如果是非辐射途径，则外层电子填充内层空位时会把另一个同壳层或更外层的电子激发到真空能级以上，而在原子中留下两个能量较低的空位。那个出射的电子就叫做俄歇电子。测定俄歇电子的动能，即可判定原子的种类。由于激发态原子的辐射弛豫的概率同原子序数 $Z$ 的四次方成正比，虽然 Li 以上的元素都有俄歇峰，但俄歇电子谱显然更适合分析轻元素。由于俄歇过程初始态的结合能在 1keV 左右，所以激发用的电子束初始能量为 3keV 或 5keV，以尽量获得较大的离子化概率。

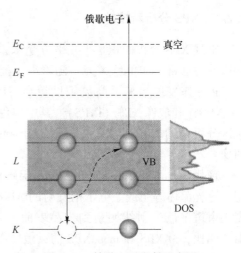

图 3.39    俄歇电子发射示意图

在俄歇电子谱学记号中，人们把主量子数为 1、2、3… 的电子能级分别记为 K、L、M…，因此，俄歇电子被标记为 KLL、LMM 等，其中最小量子数轨道为初始空位所处的轨道，较大量子数轨道标记俄歇过程发生后剩余两个空位所在的轨道。俄歇效应与光电子发射效应不同，光电子发射是一步过程，只涉及原子的一个能级，而俄歇效应是两步过程，它涉及三个（至少两个）能级，俄歇电子带着这些能级的印迹。如果 $W$ 能级的空穴被 $X$ 能级的电子填充，而 $Y$ 能级的电子逸出成为俄歇电子，按能量守恒，俄歇电子的能量为：

$$E_A(Z) = | E_W(Z) - E_X(Z) - E_Y(Z) |  \qquad (3.27)$$

式中，$Z$ 为原子序号；$E_W$、$E_X$、$E_Y$ 都为元素特有的能级能量，不同原子会发射出不同特征能量 $E_A$ 的俄歇电子，通过对俄歇电子能量的测定便可得知有何种原子存在。同一原子有许多能级 $W$、$X$、$Y$，它不只发射一种特征能量的俄歇电子，而是发射一组具有特征能谱的俄歇电子。公式 (3.26) 计算俄歇电子能量涉及的三个能级都是指原子未受激发时的能级，实际上俄歇过程是一个二次电离过程，在俄歇电子发射前，原子已处于电离激发态，此时的能级相对稳态原子的能级应有所位移，一般是 $X$、$Y$ 能级的电子束缚能增加，用式 (3.27) 来进行计算就有偏差，因此通常采用经验公式进行计算。

## 3.3.2    俄歇电子能谱仪

俄歇电子能谱仪器的结构非常复杂，其结构框架如图 3.40 所示，主要由快速进样系统、电子枪、离子枪、能量分析系统、超高真空系统及计算机数据采集和处理系统等组成。

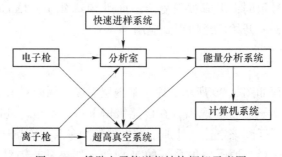

图 3.40    俄歇电子能谱仪结构框架示意图

俄歇信号强度大约是初级电子强度的万分之一，如果考虑噪声的影响，必须选择信噪比高的能量分析系统，一般采用筒镜分析器。能谱仪的能量分辨率由能量分析器决定，通常能量分析器的分辨率 $\frac{\Delta E}{E} < 0.5\%$，$E$ 一般为 1000~2000eV，所以 $\Delta E$ 为 5~10eV。谱仪的空间分辨率大小与最小束斑直径有关，目前一般商品扫描俄歇电子能谱仪的最小束斑直径小于 50nm，场发射俄歇电子枪的束斑直径可以小于 6nm。

电子能谱仪的检测多使用单通道电子倍增器，电子信号打到倍增器可以有 $10^6 \sim 10^8$ 增益。电子能谱仪需要超高真空测试环境，真空度要求 $10^{-7} \sim 10^{-8}$Pa 的真空度。能谱仪一般配有氩离子枪，氩离子枪分固定式和扫描式，固定式氩离子枪只用于清洁表面，扫描式氩离子枪可用于深度分析。

灵敏度是俄歇电子能谱仪的主要指标之一。俄歇能谱仪的检测极限受到信噪比的限制，由于俄歇谱存在很强的本底，它的散粒噪声限制了检测极限，所以粗略地说，俄歇谱仪的检测极限为 0.1%~1%，信息深度小于 5nm。实际上，一台俄歇电子能谱仪的灵敏度与很多因素有关，差别也很大。

俄歇电子能谱仪的信号接收方式有两种：（1）俄歇电子和来自二次电子和背散射电子本底在内的总电子信号的测量；（2）为了抑制慢变化本底，使用锁相放大器进行总电子信号微分的测量。两类谱线都是根据离开样品的电子动能函数进行测量的。对总电子信号取微分，可抑制本底，这可对（1）方式得到的直接谱通过计算机获取。图 3.41 是 W 箔的两类谱，其中 3.41（a）和（b）为直接谱，俄歇电子的峰较弱，并叠加在二次电子和背散射电子的连续本底上。用计算器对图 3.41（a）和（b）直接谱进行微分处理得到微分谱，即图 3.41（c）和（d），本底明显减小，俄歇信号增强。

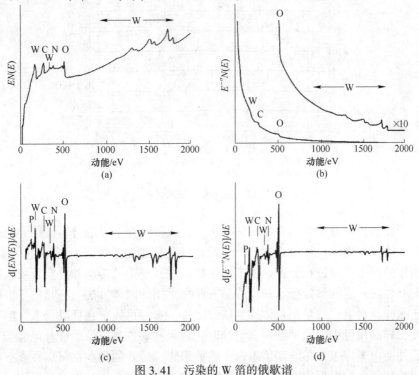

图 3.41　污染的 W 箔的俄歇谱

(a) 固定减速比（FRR）模式，能量分辨率 0.6%，脉冲计数录取的直接谱；

(b) 固定能量分析器分辨率（FAT）模式，能量分辨率 1eV，脉冲计数方式录取的直接谱；

(c) 计算机处理得到（a）的微分谱；(d) 计算机处理得到（b）的微分谱

　　图3.42是各元素的俄歇谱系，可以发现如下特点：

　　（1）对于较轻的元素（原子序数为3~11）只有KLL谱系，没有LMM谱系。

　　（2）原子序数从12（镁）到16（硫）的元素出现KLL谱系和LMM谱系交叉。也就是说，对于这个范围内的元素可以有两个以上的俄歇峰：一个在K系列，一个在L系列；而且K系列俄歇谱峰能量较高，L系列谱峰能量低。

　　（3）随着原子序数的增加，同一序列有多个谱峰出现。

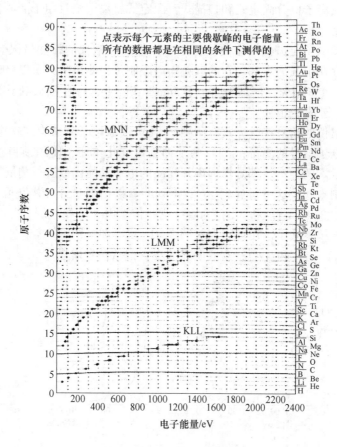

图3.42　各元素的俄歇谱系

　　俄歇电子能谱仪对分析样品有特定的要求，在通常情况下只能分析固体导电样品。经过特殊处理，绝缘体固体也可以进行分析。粉体样品原则上不能进行俄歇电子能谱分析，但经特殊制样处理也可以进行分析。由于涉及样品在真空中的传递和放置，所以待分析样品一般都需要经过一定的预处理。粉体样品有两种常用的制样方法：一是用导电胶带直接把粉体固定在样品台上；二是把粉体样品压成薄片，然后再固定在样品台上。前者的优点是制样方便，样品用量少，预抽到高真空的时间较短；缺点是胶带的成分可能会干扰样品的分析，此外荷电效应也会影响到俄歇电子谱的采集。后者的优点是可以在真空中对样品进行处理，如加热、表面反应等，信号强度也比胶带法高得多；缺点是样品用量太大，抽到超高真空的时间太长，并且对于绝缘体样品，荷电效应会直接影响俄歇电子能谱的录谱。

### 3.3.3 表面元素定性分析

俄歇电子的能量仅与原子的轨道能级有关，与入射电子能量无关，也就是说与激发源无关。对于特定的元素及特定的俄歇跃迁过程，俄歇电子具有特征能量。因此，可以根据俄歇电子的动能，定性分析样品表面的元素种类。由于每个元素会有多个俄歇峰，因此定性分析的准确度很高。俄歇技术可以对除 H 和 He 以外的所有元素进行全分析，这对于未知样品的定性鉴定非常有效。由于激发源的能量远高于原子内层轨道的能量，一束电子可以激发出原子能级上多个内层轨道上的电子，加上退激发过程涉及两个次外层轨道上电子的跃迁，因此，多种俄歇跃迁过程可以同时出现，并在俄歇电子能谱图上产生多组俄歇峰。尤其是原子序数较高的元素，俄歇峰的数目更多，俄歇电子能谱的定性分析变得非常复杂。

元素表面定性分析，主要是利用俄歇电子的特征能量值来确定固体表面的元素组成。能量的确定，在积分谱中是指扣除背底后谱峰的最大值，在微分谱中通常是指负峰对应的能量值。为了增加谱图的信背比，习惯上用微分谱进行定性分析。元素周期表中由 Li 到 U 的绝大多数元素和一些典型化合物的俄歇积分谱和微分谱已汇编成标准 AES 手册，因此，由测得的俄歇谱鉴定探测体积内的元素组成是比较方便的。在与标准谱进行对照时，除重叠现象外还需考虑以下情况：（1）化学效应或物理因素引起的峰位移或谱线形状变化；（2）与大气接触或试样表面被沾污而产生的峰。

俄歇电子能谱的采样深度很浅，一般为俄歇电子平均自由程的 3 倍。根据俄歇电子的平均自由程，可估计出各种材料的采样深度。一般金属材料为 0.5~2.0nm，有机物为 1.0~3.0nm。对于大部分元素，俄歇峰主要集中在 20~1200eV 范围内，只有少数元素才需要用高能端俄歇峰辅助进行定性分析。

### 3.3.4 表面元素半定量分析

样品表面出射俄歇电子强度与样品中该原子的浓度有线性关系，利用这种关系可以进行元素的半定量分析。此外，俄歇电子强度不仅与原子多少有关，还与俄歇电子的逃逸深度、样品的表面光洁度、元素存在的化学状态有关。因此，AES 技术一般不能给出所分析元素的绝对含量，仅能提供元素的相对含量。而且，AES 给出的相对含量也与谱仪的状况有关。因为不仅各元素的灵敏度因子不同，AES 谱仪对不同能量俄歇电子的传输效率也不同，并会随谱仪污染程度而改变。当谱仪分析器受到严重污染时，低能端俄歇峰的强度大幅度下降。AES 仅提供表面 1~3nm 表面层信息，样品表面的 C、O 污染以及吸附物的存在，也会严重影响定量分析结果。由于俄歇能谱各元素的灵敏度因子与一次电子束的激发能量有关，因此激发源的能量也会影响定量结果。

### 3.3.5 表面元素价态分析

虽然俄歇电子的动能主要由元素的种类和跃迁轨道所决定，但由于原子外层电子的屏蔽效应，芯能级轨道和次外层轨道上电子的结合能在不同化学环境中是不一样的，有一些微小的差异。轨道结合能的微小差异可以导致俄歇电子能量的变化，称为俄歇化学位移。一般来说，俄歇电子涉及三个原子轨道能级，其化学位移要比 XPS 的化学位移大得多。利用俄歇化学位移可以分析元素在该物质中的化学价态和存在形式。最初，由于俄歇电子能谱的分辨率低，化学位移的理论分析比较困难，使得俄歇化学效应在化学价态研究上的应用未能得到足够重视。随着俄歇电子能谱技术和理论的发展，俄歇化学效应的应用也受到了重视，利用这种效应可对样品表面进行元素化学成分分析。

# 3.4　紫外光电子能谱

赫兹于 1887 年观察到光电效应，爱因斯坦于 1905 年建立了光电效应的定量关系，也就是今天由光电子能谱实验求算电子结合能的基本公式。瑞典 Siegbhan 开拓 X 射线光电子能谱（XPS）的同时，英国 Turner 和苏联 Vilesov 分别独立地开拓了电子能谱学的另一分支：紫外光电子能谱（UPS）。XPS 研究中一般使用软 X 光作激发源，最常用的是 $MgK_\alpha$ 和 $AlK_\alpha$ 线，能量较高，用以激发原子或分子内层电子电离；而在 UPS 研究中大都使用 58.43nm He Ⅰ 和 30.4nm He Ⅱ 紫外光，能量较低。紫外光电子能谱的理论基础是光电效应定律，但是由于紫外光源的能量较低，只能激发原子或者分子的价层电子电离，所以 UPS 技术提供的是原子或者分子轨道的电离能及有关性质。

## 3.4.1　紫外光电子能谱仪构造

紫外光电子能谱仪的构造与 X 射线光电子能谱仪相似，主要包括以下主要部件：单色紫外光源（$h\nu = 21.21eV$）、电子能量分析器、真空系统、溅射离子枪源或电子源、样品室、信息放大、记录和数据处理系统。

紫外光源主要是由气体放电中电子跃迁产生，常用的放电介质是稀有气体 He、Ne 等，其中 He 最常用。He Ⅰ 辐射来自中性 He 原子，能量为 21.2eV；He Ⅱ 来自单重电离的 $He^+$，能量为 40.8eV。

紫外光电子能谱仪中的单色器与 XPS 不同，它非常小而且简单，主要采用可烘烤的平面格栅。图 3.43 是差压抽气结合掠入射 UV 源单色器的示意图。UV 源产生的光子与毛细管对准，它的输出端作为单色器的入口缝。光子束照射格栅，它以 $\beta$ 角倾斜，衍射光子通过出射缝照射在样品上。单色器出口发射出单色光的波长 $\lambda$ 满足关系式：

$$m\lambda = 2d\cos\left(\frac{\theta_0}{2}\right)\sin\beta \tag{3.28}$$

式中，$m$ 为衍射级数；$d$ 为格栅间距；$\theta_0$ 为入射和出射线之间的夹角；$\beta$ 为格栅偏离通过零级反射位置时的角度偏离值。

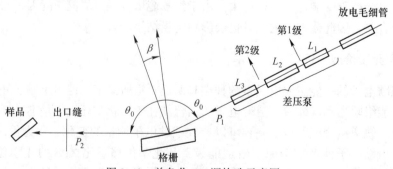

图 3.43　单色化 UV 源构造示意图

### 3.4.2 紫外光电子能谱的谱带结构

从分子中逐出一个电子通常所需能量范围是 $5\sim20eV$，那么当分子受到能量为 $h\nu$ 的紫外光激发使某分子轨道电子电离时，始态一般是处于电子和振动基态的分子 $M(x, V''=0)$，终态是处于激发态的分子离子 $M^{+*}$ $(x, a, b, \cdots; V'=0, 1, 2, \cdots)$。那么，用本征函数 $\psi''$ 表示的分子基态和用 $\psi'$ 表示的终态（离子+光电子）间的跃迁概率 $\psi$ 可写为：

$$\psi \propto |Me(r; R_0)|^2 |\langle \psi''_V(R) | \psi'_V(R)\rangle|^2 \tag{3.29}$$

式中，振动重叠积分 $|\langle \psi''_V(R) | \psi'_V(R)\rangle|^2$ 称作 Franck-Condon 因子，它决定某振动谱带的强度。其物理意义是当 $Me$ 不随 $R$ 变化时，分子跃迁到分子离子振动态，以能量最低而又具有相同核间距的振动态的概率为最大。

UPS 中观察到的是正离子的振动间距，对双原子分子离子其振动能近似为：

$$E_V = \left(V' + \frac{1}{2}\right)h\omega - \left(V' + \frac{1}{2}\right)h\omega x \tag{3.30}$$

式中，$V'$ 为离子态的振动量子数；$x$ 为非谐性常数；振动频率 $\omega = \sqrt{k/\mu 2\pi}$；$\mu$ 为离子的折合质量；$k$ 为量度键强的振动力常数。那么借助 Franck-Condon 原理和振动频率的改变可对 UPS 谱带结构及分子中电子成键特性给予分析。

图 3.44 给出处于基态的双原子分子 AB 和几种离子态的分子离子 $AB^+$ 的势能曲线及其对应的谱带结构图。对应于一个非键电子电离，其离子基态 $x$ 与分子基态有相同内核距，此时分子基态跃迁到分子离子振动基态概率最大，而跃迁到分子离子振动激发态的概率很小，于是谱带将由一个很强尖峰和高电离能一侧的一两个小峰组成。若从分子中逐出成键或反键轨道电子，则原子间成键特性受到较大影响，离子核间距变大或变小，此时分子基态跃迁到分子离子某个振动激发态（核间距不变而能量最低的振动态）的概率最大，但其他振动态出现的概率也不小，导致谱带由多个振动峰组成，如图中 a 所示。图 3.44 中 b,谱带由收敛到连续的振动级组（vibrational progression）组成，这表明离子解离引起结构的变化。离子预解离也可造成一个宽的连续谱，即图中 c 状态。若从分子中逐出极强成键电子，其振动峰间距很小，谱仪无法分辨出单个振动峰，或因离子态的振动能级自然宽度太

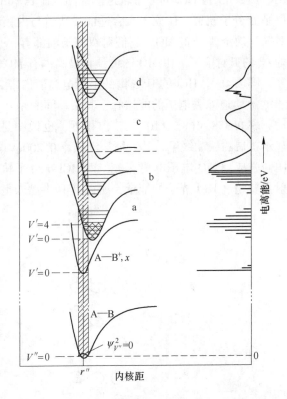

图 3.44 基态分子 AB 和几个分子
离子的势能曲线图

（垂线间为 Franck-Condon 区）

大，也会造成一个无精细结构的连续谱。图中 d 表示一个排斥态与一个束缚态的交叉，此时描述两种状态的波函数混合，造成一个宽的连续谱，而振动精细结构又叠加在这个连续谱上。

### 3.4.3　电离能

电离过程可理解为分子受能量冲击逐出电子产生正离子的过程。测量分子电离能是分子电子壳层结构的直接证明。UPS 提供的绝热电离能 $(E_{ia})$ 对应谱带中的第一条振动线，而垂直电离能 $(E_{iv})$ 是 UPS 谱带中最强峰对应的能量。对多原子分子，$E_{ia}$ 常不易确定，实验上某谱带的最强峰易于定位，因而电离能的实验值常用 $E_{iv}$ 表示。不管定义为 $E_{ia}$ 或 $E_{iv}$，实验电离能 $(E_b)$ 总是中性分子 $(E(M))$ 和在某特定态的分子离子$(E(M^{+*} + e))$ 间的总能量差：

$$E_b = E(M^{+*} + e) - E(M) \tag{3.31}$$

这表明，计算电离能的正确方法是分别确定离子和分子的总能量并求其差值。通常借助 Kopman 原理，计算的轨道能与实验获得的 $E_{iv}$ 相对应。

以 HCl 为例。卤化氢是异核双原子分子，外层的分子轨道（MO）由 H 1s 和 X $np$ 原子轨道线性组合而成。X $np$ 轨道与 H 1s 轨道能量差别甚大，在化学成键中不起重要作用。图 3.45 是 HCl 的分子轨道能级图，H 1s 和 Cl 3p 轨道沿内核轴指向重叠形成成键与反键 σ 分子轨道，H 原子无合适能量轨道与内核轴成直角的两个 3p 轨道相作用，导致一对简并的 π 型非键 MO，它们对双原子轴都有一平面节，因而几乎完全定域在 Cl 原子上，即 Cl 的孤对电子。由 MO 图可预言最高占有 MO 的是两个简并的非键 π 轨道。

图 3.46 中 HCl 的 UPS 谱的最低电离能谱带 A 是个尖峰，按 Franck-Condon 原理应是非键 π 轨道除去电子的能谱峰，其振动间距 0.333eV（$8.0×10^{-13}s^{-1}$），与中性分子的振动频率 0.358eV（$8.7×10^{-13}s^{-1}$）相近，也说明是非键轨道电子电离。较高电离能谱带 B 显示扩展的振动级组，其特征振动频率 0.200eV（$4.8×10^{-13}s^{-1}$）明显比中性分子的小，说明与强成键 MO 电子电离有关，即 HCl σ 分子轨道除去电子的能谱峰。Cl 3s 轨道电子出射需要超过 HeI 光子的能量，所以其 HeI 谱未呈现出来。

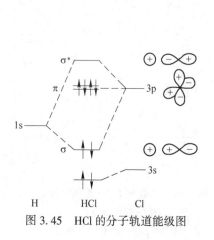

图 3.45　HCl 的分子轨道能级图

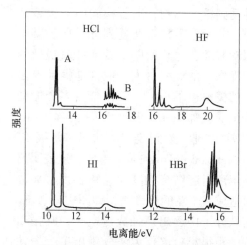

图 3.46　卤化氢的 He I 光电子谱

### 3.4.4 NaCl 固体的 UPS 谱

在固态理论中，描述固体中电子行为的波函数称 Bloch 函数，其电子态称 Bloch 态。各 Bloch 态间能量间距很小，致使固态的电子结构变成一个连续的能带，用态密度函数 $N(E)$ 表示，即单位体积中具有能量为 $E$ 的允许 Bloch 态的数目。能带宽度取决于定域轨道间相互作用的能力。固体的 UPS 谱可直接地与 $N(E)$ 对 $E$ 的曲线相对应，并与固体的电子结构有关。

以 NaCl 为例。固体 NaCl 是个非金属连续固体。气态 NaCl 的 MO 能级图（图 3.47）表明：σ 和 π 轨道几乎都完全定域在电负性大的 Cl 原子上，就是说 NaCl 是个强离子型分子，只有较少价电子密度与 Na 原子相关，气态 NaCl 的 UPS 谱图（图 3.47）两个谱带正是反映了这种 MO 能级图。较低的电离能谱带与双重简并 π 轨道相应，较高的电离能谱带对应 σ 亚层电子电离。在固体 NaCl 中，$Cl^-$ 离子是六配位的，并且晶体环境不能除去 Cl 3p 亚层上的轨道简并性，因而定域在不同 Cl 原子上的 Cl 3p 轨道间的相互作用是可

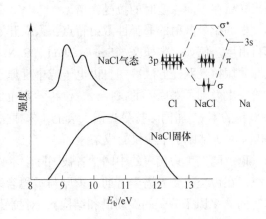

图 3.47　固态和气态 NaCl 的 UPS 谱图
（右上角为 NaCl 分子的 MO 能级图）

能的，即各定域轨道间发生重叠，所以固态 NaCl 的 UPS 谱应是一个单谱带，谱带的宽度（≈4.0eV）大于气相谱满宽（≈1.5eV），表明 Cl 3p 轨道间的相互作用在确定固体的电子结构中起重要作用。固体 NaCl 没有更低原子能级产生一个与 Cl 3p 谱带相重叠的能带，那么 3p 价带完全充满，所以 NaCl 晶体在电性上是个绝缘体。

## 3.5　激光拉曼光谱

1928 年，印度物理学家拉曼（C. V. Raman）发现，当光照射到物质上时会发生散射，散射光中除了与激发光波长相同的成分外，还有比激发光的波长长的和短的成分，这一现象后来被称为拉曼效应。拉曼效应起源于分子振动与转动，因此从拉曼光谱中可以得到分子结构的有关信息。拉曼效应的发现开辟了分子结构研究的一个全新领域，是人类探秘分子内部世界的重要突破。目前，拉曼光谱技术已被广泛应用于材料、化工、生物、医学、环保等领域。为了表彰拉曼发现的光散射现象及其在分子结构鉴别中的应用，以他的名字命名了拉曼效应，并授予其 1930 年诺贝尔物理学奖。拉曼效应是一种相当微弱的效应，要观察到它是相当不容易的，现在通常用较强的激光光源，带有高倍聚光镜的分光计，还有很精密的检波器。可是拉曼只用了非常简单的设备就做出了这一伟大发现。他采用的光源是太阳，分光计是袖珍型的"检波器"，即人的眼睛，用最简单的方法得出深奥的结果。

20 世纪 30 年代拉曼光谱仪是以汞弧灯为光源，物质产生的拉曼散射谱线极其微弱，

因此应用受到限制，尤其是红外光谱的出现，使得拉曼光谱在分子结构分析中的地位一落千丈。直至 60 年代激光光源的问世，以及光电讯号转换器件的发展，才给拉曼光谱带来新的转机。世界上各大仪器厂家相继推出了激光拉曼光谱仪，此时拉曼光谱的应用领域不断拓宽。70 年代中期，激光拉曼探针的出现，给微区分析注入活力。80 年代以来，随着科学技术的飞速发展，激光拉曼光谱仪在性能方面日臻完善，如：美国 Spex 公司和英国 Reinshow 公司相继推出了拉曼探针共焦激光拉曼光谱仪，低功率的激光光源的应用使激光器的寿命大大延长，共焦显微拉曼的引入可以进行类似生物切片的激光拉曼扫描，从而得出样品在不同深度时的拉曼光谱。

　　根据拉曼散射的非弹性散射特点，人们开始利用拉曼散射效应去操控物质中原子的外部自由度。例如，朱棣文（Steven Zhu）、C. N. Cohentannoudji 和 W. D. Phillips 等利用受激或非共振拉曼跃迁方法冷却自由电子或中性原子，使样品的温度降到 $37\mu K$，在人类历史上第一次做到了对原子的操控，三位科学家也因此获得了 1997 年的诺贝尔物理学奖。在 2000 年的第 17 届国际拉曼光谱大会上，朱棣文报告通过拉曼散射把样品温度进一步降到 290nK 和研制原子干涉仪的成果。

　　以黄昆先生为代表的中国学者被国际学术界公认对世界拉曼光谱学的发展做出了重大贡献。在传统拉曼光谱学时期，黄昆与玻恩合著的《晶格动力学理论》以及吴大猷先生撰写的《多原子分子的振动谱和结构》，对拉曼光谱学的发展产生了重大影响。在进入激光拉曼光谱学发展阶段，黄昆先生提出的被国际誉为黄-朱模型超晶格的微观理论，被公认为超晶格拉曼散射最正确的理论，这一理论也为低维体系的拉曼理论打下基础。我国在低维半导体和表面增强拉曼光谱学方面的研究水平也进入了世界前沿行列。

### 3.5.1　拉曼光谱的原理

　　当一束波数为 $\bar{v}_0$ 的单色光照射到物质上时，一部分光被透射，一部分光被反射，另外还有一部分光将偏离原传播方向，向各个方向辐射，此现象称为光散射。按频率特性，散射光可以分成两个部分：与入射光波数相同的光谱称为瑞利散射；而与入射光波数不同的光谱，称为拉曼散射。根据量子理论，当光子与物质分子碰撞时，一种是弹性碰撞，一种是非弹性碰撞。在弹性碰撞中，只改变了光的方向，而光子的能量没有发生改变，光的频率不变，对应的是瑞利散射光；在非弹性碰撞中，光子运动的方向和能量都发生了改变，光的频率也因此发生改变，这就是拉曼散射。拉曼散射光对称地分布在瑞利散射光的两侧，如图 3.48 所示，其强度远弱于瑞利光，通常为瑞利光的 $10^{-6} \sim 10^{-9}$。其中，频率比瑞利光低的为斯托克斯线，比瑞利光高的为反斯托克斯线。

　　拉曼散射产生的根本原因是当光照射到物质时，如果物质分子的某种振动引起分子极化率的改变，就会产生拉曼散射现象。如果分子的振动模式不能改变分子极化率，将不会产生拉曼散射现象。

　　图 3.48 是 $CCl_4$ 的实验拉曼光谱。其中，$\omega_0$ 是入射光的频率。在拉曼光谱图中，通常以波数（$cm^{-1}$）为能量横坐标，并令 $\omega_0$ 为频率横坐标的零点，光谱图上标记的散射光频率常称为拉曼频率或者拉曼频移。拉曼频率不随着入射光频率 $\omega_0$ 的改变而变化，而且斯托克斯和反斯托克斯的频率的绝对值相等。

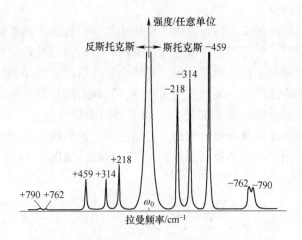

图 3.48 CCl$_4$ 的实验拉曼光谱

在拉曼散射中，拉曼位移 $\Delta\nu$ 的数值与入射光的波数无关，仅取决于分子本身固有的振动和转动能级的结构，因此，不同物质具有不同的拉曼位移。每一种具有拉曼活性的物质都有其特定的拉曼光谱特征，根据物质的特征拉曼光谱可以对物质种类进行指认，这就是拉曼光谱定性分析的基本原理。在利用拉曼光谱进行定性鉴定时，只需找出拉曼谱图中的特征光谱，就可以对物质进行定性鉴定。相同化学组成而晶体结构不同的物质，往往由于其分子结构不同而具有不同的拉曼光谱。

虽然拉曼位移与入射光频率无关，但是拉曼散射的强度却与分子的浓度、入射光强度等因素有关。拉曼散射的相对强度可以表示为：

$$\varphi_K = \varphi_0 S_K NHL4\pi\sin^2(\alpha/2) \tag{3.32}$$

式中，$\varphi_K$ 为在垂直入射光束方向上通过聚焦透镜所收集的拉曼散射光的通量，W；$\varphi_0$ 为入射光束照射到样品上的光通量，W；$S_K$ 为拉曼散射系数，约等于 $10^{-28} \sim 10^{-29}\,\text{mol} \cdot \text{L}^{-1}/\text{Sr}$；$N$ 为单位体积内的分子数；$H$ 为样品的有效长度；$L$ 为考虑到折射率和样品内场效应等因素影响的系数；$\alpha$ 为拉曼光束在聚焦透镜方向上的半角度。

由式（3.32）分析可以知道，当实验条件不变时，拉曼散射光的通量与单位体积内的分子数成正比，这为拉曼定量分析提供了依据。

对于可见、紫外、红外等吸收光谱，其定量关系遵循朗伯-比尔定律，但它并不适用于拉曼散射光谱。拉曼光谱法的定量基础是拉曼效应原理，其最主要的问题是分析曲线易产生非线性，在拉曼光谱定量分析中常采用内标或外标法来解决上述问题。

### 3.5.2 拉曼光谱仪

拉曼光谱仪根据光学系统的不同，可以分为两大类：一类为光栅色散型激光拉曼光谱仪；另一类则为干涉型拉曼光谱仪，如傅里叶变换拉曼光谱仪。

#### 3.5.2.1 光栅色散型激光拉曼光谱仪

光栅色散型激光拉曼光谱仪主要由以下几个部分组成：激光光源，样品室（显微平台），色散系统，检测器，数据处理系统。根据检测器的不同可将激光拉曼光谱仪分为单道和多道激光拉曼光谱仪。

　　单道激光拉曼光谱仪的主要特点是由光电倍增管、直流放大器等组成单道探测器。它的优点是仪器分辨率好，精密度高；缺点为扫描时间长。多道激光拉曼光谱仪与单道激光拉曼光谱仪的不同之处是：由二极管阵列、像增强管等组成多道探测器。这类仪器具有收集散射光效率高、分析速度快、灵敏度高等优点，其缺点是仪器分辨率差。

　　分光光路是拉曼光谱仪的核心部件，它的主要功能是将散射光按照频率（能量）进行分解，以便测量散射光的微分散射截面。光栅色散型光谱仪的分光光路是将光谱按照波长在空间展开，主要由准直、色散和聚焦等三部分组成，如图 3.49 所示。

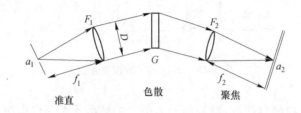

图 3.49　光栅色散型分光计基本构成示意图

　　准直的功能是使从入射狭缝进入光谱仪的光，经准直镜 $F_1$ 压缩发散角后变成平行光束；色散的功能是使光在几何空间按不同波长以不同角度分散传播；聚焦是用聚焦镜将经色散元件分光的按不同角度分开的散射光成像在接收面 $a_2$ 的不同位置，以供光探测器接收。

　　分光计中所用的光栅是一种平行、等宽又等间距的条状周期性结构，根据制作方式不同分为刻划光栅、全息光栅和复制光栅。目前大型分光计多采用全息光栅。全息光栅是让两束相干的平面波相交得到的干涉条纹成像在光刻胶上，经显影、镀膜所得到的光栅。光栅基底面有平面和凹面两种。

　　图 3.50（a）是平面反射光栅剖面结构示意图。其中，衍射槽面与光栅平面的夹角为 $\theta$，$\alpha$、$\beta$ 为入射光及衍射光与光栅平面法线的夹角，$d$ 为光栅常数。当平行光束入射到光栅上，由于槽面的衍射以及各槽面衍射光的相干叠加，不同方向的衍射光束的强度不同。当满足光栅方程：$d(\sin\alpha - \sin\beta) = m\lambda$ 时，光强有一极大值。$m = \pm1$，$\pm2$，$\cdots$，表示干涉级别序，$\lambda$ 是出现亮条纹的波长。

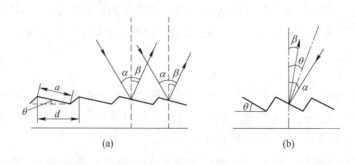

图 3.50　反射光栅的剖面结构示意图

光栅方程只给出了各级干涉的极大方向，而干涉极大的相对强度决定于单槽衍射的强度分布。槽面衍射主极大方向，对于槽面来说正好是服从几何光学的发射定律的方向。当满足光栅方程的某一波长的某一级衍射方向正好与槽面衍射的主极强方向一致时，光栅产生闪耀，从这个方向观察到的光谱线特别明亮。根据图 3.50（b）可知，此时，对槽面法线而言，入射角为 $\alpha - \theta$，发射角为 $\theta - \beta$，闪耀时需满足：$\alpha - \theta = \theta - \beta = \varphi$，即 $\alpha + \beta = 2\theta$。因为闪耀必须同时满足光栅方程 $d(\sin\alpha - \sin\beta) = m\lambda$ 和 $\alpha + \beta = 2\theta$，将两个方程式合并有：$2d\cos\varphi\sin\theta = m\lambda$，这就是闪耀条件。

对于满足闪耀条件的波长，衍射效率最高，目前光谱仪中应该用最多的是闪耀光栅。在说明仪器性能规格时，闪耀波长指的是 $m = 1$ 的对应波长。

### 3.5.2.2 傅里叶变换拉曼光谱仪

傅里叶变换拉曼光谱仪（FT-Raman）与色散型拉曼光谱仪完全不同，起分光作用的光栅类似部件是迈克耳孙干涉仪。图 3.51 是傅里叶变换光谱仪的结构示意图。它主要有以下几个部分组成：激光光源、样品室、相干滤波器、干涉仪、检测器、计算机等。

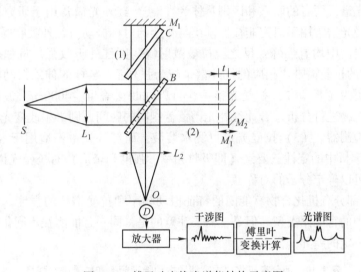

图 3.51　傅里叶变换光谱仪结构示意图

与光栅色散型拉曼光谱仪比较，同样分辨率下，傅里叶变换拉曼光谱仪的通光本领要大得多，信噪比达到很高，一次扫描可以完成全波段的测量，具有扫描速度快和波数精度高等优点。

图 3.51 中的 S 代表光源。傅里叶变换光谱仪的光源大部分采用激发波长为 1064nm 的 Nd：YAG 近红外激光器，近年来发展了高效率的二极管泵浦固体 Nd：YAG 激发源，波长为 1300nm。迈克耳孙干涉仪是傅里叶变换光谱仪的核心部件。图 3.51 中 $M_1$ 和 $M_2$ 分别为固定镜和动镜。动镜通过马达带动使它在水平方向沿 $M_1'$ 移动，移动距离为 $t$。分束器 B 是镀有介质膜的半反半透镜片，它使大约一半的光束透过至动镜 $M_2$，另一半光束以 45° 角反射至固定镜 $M_1$。C 是补偿板，用于多色光入射。$L_1$ 和 $L_2$ 是透镜，用于提供光束的准直和聚焦。

光探测器 D 一般为液氮冷却的在近红外波段良好响应性能的锗二极管或铟镓砷探测

器，探测到的干涉光信号经放大后在数据处理系统进行傅里叶变换，获得光源的光谱图。

由于傅里叶变换光谱仪多用入射波长为1064nm等近红外光源，因此可以避免荧光对于拉曼光谱的干扰。但是，由于拉曼谱峰的强度与入射光波长4次方成反比，因此，也可能出现拉曼谱峰强度低的缺点。

### 3.5.3　拉曼光谱应用

由于拉曼光谱具有制样简单、水的干扰少、拉曼光谱分辨率较高等特点，故其可以广泛应用于有机物、无机物以及生物样品的应用分析中。拉曼光谱在材料科学中应用前景广阔，如在锂离子电池碳负极材料、纳米材料及液晶材料等方面得到非常好的应用。拉曼光谱在生物学及医学领域中的应用同样具有许多优越性。

#### 3.5.3.1　有机化合物的拉曼光谱

在有机化合物分子结构鉴定中，拉曼光谱与红外光谱同属于分子振动光谱，二者相互补充，常常结合起来共同完成对于分子结构的确定。总的说来，红外光谱是吸收光谱，拉曼光谱是散射光谱，两者的联系和区别具体为：（1）红外光谱常用于研究极性基团的非对称振动；拉曼光谱常用于研究非极性基团与骨架的对称振动。红外吸收弱或无吸收的官能团在拉曼散射谱中均有强峰；反之，拉曼散射峰弱则红外吸收强。例如，许多情况下C—C伸缩振动的拉曼谱带比相应的红外谱带较为强烈；C═O的伸缩振动红外谱带比相应的拉曼谱带更为显著。（2）拉曼光谱一次可以同时覆盖$40 \sim 4000 cm^{-1}$波数的区间，可对有机物及无机物进行分析。若让红外光谱覆盖相同的区间，则必须改变光栅、光束分离器、滤波器和检测器。（3）拉曼光谱可测水溶液，而红外光谱不适用于水溶液的测定；（4）红外光谱解析中的定性三要素（即吸收频率、强度和峰形）对拉曼光谱解析也适用，但拉曼光谱还可以确定分子的对称性。

表3.10是部分有机化合物官能团的特征振动频率和拉曼谱峰的强度。据此，可以判断有机化合物中的官能团类型。但是，需要注意的是，同一官能团在不同化合物分子中的拉曼位移会有一定的差异。

表 3.10　部分有机化合物官能团振动特征频率和拉曼谱峰强度

| 官能基振动 | 特征频率 $/cm^{-1}$ | 强度拉曼光谱 |
|---|---|---|
| O—H | 3650 ~ 3000 | W |
| N—H | 3500 ~ 3300 | M |
| ≡C—H | 3300 | W |
| ═C—H | 3100 ~ 3000 | S |
| —C—H | 3000 ~ 2800 | S |
| —S—H | 2600 ~ 2500 | M ~ S |
| C≡N | 2255 ~ 2220 | VS |
| C≡C | 2250 ~ 2100 | S ~ W |
| C═O | 1820 ~ 1680 | S ~ W |
| C═C | 1900 ~ 1500 | VS ~ M |
| C═N | 1680 ~ 1610 | S |

| 官能基振动 | 特征频率 /cm$^{-1}$ | 强度拉曼光谱 |
|---|---|---|
| N＝N(脂肪族取代基) | 1580 ~ 1550 | M |
| N＝N(芳香族取代基) | 1440 ~ 1410 | M |
| a(C—)NO$_2$ | 1590 ~ 1530 | M |
| s(C—)NO$_2$ | 1380 ~ 1340 | VS |
| a(C—)SO$_2$(C—) | 1350 ~ 1310 | W ~ O |
| s(C—)SO$_2$(C—) | 1160 ~ 1120 | S |
| (C—)SO(C—) | 1070 ~ 1020 | M |
| C＝S | 1250 ~ 1000 | S |
| CH$_2$, aCH$_3$ | 1470 ~ 1400 | M |
| sCH$_3$ | 1380 | M ~ W<br>S(在 C＝C 时) |
| C—C(脂环及脂肪族) | 1300 ~ 600 | S ~ M |
| C—C(芳香族) | 1600, 1580 | S ~ M |
| | 1500, 1450 | M ~ W |
| | 1000 | S(单、间位、1, 3, 5 - 三取代) |
| aC—O—C | 1150 ~ 1060 | W |
| sC—O—C | 970 ~ 800 | S ~ M |
| aSi—O—Si | 1110 ~ 1000 | W ~ O |
| aSi—O—Si | 550 ~ 450 | VS |
| O—O | 900 ~ 845 | S |
| S—S | 550 ~ 430 | S |
| Se—Se | 330 ~ 290 | S |
| C—S(芳香族) | 1100 ~ 1080 | S |
| C—S(脂肪族) | 790 ~ 630 | S |
| C—Cl | 800 ~ 550 | S |
| C—Br | 700 ~ 500 | S |
| C—I | 660 ~ 480 | S |

图 3.52 是 α-氰基丙烯酸乙酯固体样品在室温下的拉曼光谱。其中在 2982cm$^{-1}$、2945cm$^{-1}$、2902cm$^{-1}$、2878cm$^{-1}$ 处的几个较强的拉曼峰是乙基上的 H—C—H 键的伸缩振动引起的，在 1455cm$^{-1}$、1387cm$^{-1}$ 的拉曼峰是乙基上的 H—C—H 键弯曲振动引起的，在 1119cm$^{-1}$ 出现的很弱的拉曼峰是乙基上的 H—C—H 键扭转引起的。此外，1153cm$^{-1}$、667cm$^{-1}$、358cm$^{-1}$ 的拉曼峰是由碳氧键的弯曲、摇摆等振动模式引起的，碳氧键在 501cm$^{-1}$ 和 1000cm$^{-1}$ 附近也有较弱的振动模式。

### 3.5.3.2　碳的拉曼光谱

碳有多种形态：金刚石、石墨、石墨烯、碳纳米管、无定型碳等，不同形态碳物质的

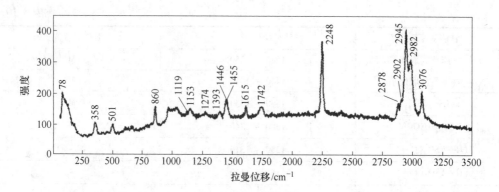

图 3.52　α-氰基丙烯酸乙酯固体样品在室温下的拉曼光谱

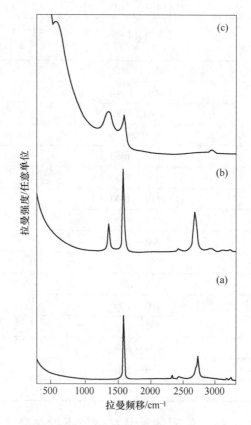

图 3.53　不同形态碳的拉曼光谱

（a）高取向热解石墨；（b）直径 20nm 碳纳米粒子；（c）玻璃碳

拉曼光谱都有不同之处，如图 3.53 所示。

　　石墨烯拉曼光谱如图 3.54 所示。在 $1580cm^{-1}$ 附近石墨烯有一个非常强烈的吸收峰（G 峰），对应 $E_{2g}$ 光学模型的一阶拉曼散射，体现了材料的对称性和有序性。$1350cm^{-1}$ 处出现一个强度较小且宽度较大的峰（D 峰），较少层数的石墨烯一般才会出现这样的 D 峰，石墨烯的层数较少，$I_D/I_G$ 的比值约为 0.2，这表明石墨烯缺陷是由石墨烯边缘效应所致，并且石墨烯中有部分 $sp^2$ 杂化的碳原子结构已转化为 $sp^3$ 杂化结构；在 2689cm$^{-1}$ 附近有一个中等强度且宽度较大的峰（2D 峰），来源于双声子共振拉曼峰，其强度体现了石墨烯的堆叠程度。通过 G 峰和 2D 峰的强度和 2D 峰的半峰宽可以估计石墨烯的层数，2D 峰的半峰宽为 60cm$^{-1}$，得到石墨烯片层数为 4~5 层。

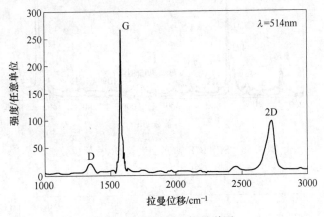

图 3.54  石墨烯的拉曼谱图

第一个纳米金刚石特征拉曼谱是由 Yoshikawa 于 1995 年测定，如图 3.55 所示。

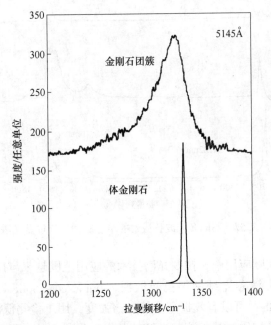

图 3.55  4.1nm 立方体金刚石的拉曼谱

图 3.56 是在 Si(110) 衬底上生长的富勒烯（$C_{60}$）的特征拉曼光谱图。

单层碳纳米管的拉曼光谱如图 3.57 所示。主要的振动模有：（1）径向呼吸模，100~250cm$^{-1}$，与碳纳米管直径相关的特征模，对应石墨中垂直平面的零能量振动模；（2）D 模，1280~1350cm$^{-1}$，对应样品中的杂质和缺陷；（3）G 模，1500~1750cm$^{-1}$，切向振动模，对应石墨中切向伸缩振动模。

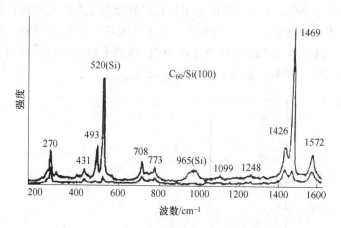

图 3.56　Si(110) 衬底上生长 $C_{60}$ 特征拉曼谱

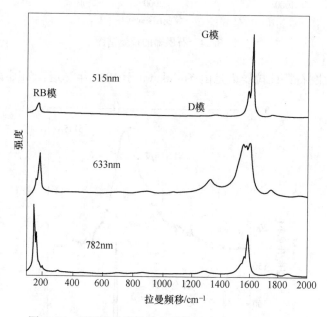

图 3.57　不同激光波长激发的单层碳纳米管拉曼光谱

　　近年来的科研和实际应用中，拉曼光谱技术的应用范围越来越广泛，共振拉曼光谱新技术不断出现。例如，液芯光纤共振拉曼散射（liquid-core optical fiber resonance Raman spectroscopy，LCOF-RRS）可以有效提高拉曼光谱强度，用于检测低浓度样品的拉曼光谱，并识别出痕量和超痕量物质。基于液芯光纤的共振拉曼散射（LCOF-RRS）能够提高拉曼强度 $10^{9}$ 倍，该技术已被用来测量 $CS_2$ 中浓度在 $10^{-7} \sim 10^{-16}\,mol/L$ 范围内的 $\beta$-胡萝卜素。透射共振拉曼（transmission resonance Raman spectroscopy，TRRS）光谱技术将透射与共振增强的拉曼散射结合起来，一方面，透射测量由于低荧光背景存在而提高了信噪比；另一方面，由于激发光的共振特性使得分析灵敏度得到增强，即将增加信噪比与增强的分析灵敏度相结合。TRRS 可用于直接测量，无需任何样品制备。TRRS 通常应用在与营养相关的植物化学物质，如类黄酮、类胡萝卜素和葡萄糖酸盐等的检测分析中。表面增强共振拉曼光谱（surface enhanced resonance Raman spectroscopy，SERRS）的检测限能够达到 $10^{-15}$ mol/L，可以在极低的检测范围内显示超高灵敏度并获得更大的信号增强。SERRS 可以检测 DNA 中扩增的聚合酶链式反应（polymerase chain reaction，PCR）和一系列不能通过 PCR 检测到的双链 DNA 分子序列，并能提供法医和考古学领域由于 DNA 损伤而无法获取的信息。SERRS 技术也用于研究癌症分子问题。时间分辨共振拉曼光谱（time-resolved resonance Raman spectroscopy，TRRRS）可以直接描述和量化三态激发的特性和基态的损失，通过 TRRRS 技术可以证明分子间单态裂变。TRRRS 可用于区分和量化激发物种，大量的样品可以在 415nm、551nm 和 473nm 激发下产生 TRRRS 效应。

## 参 考 文 献

[1] 章连香，符斌. X-射线荧光光谱分析技术的发展 [J]. 中国无机分析化学，2013，3，1~7.

[2] 吉昂. X 射线荧光光谱三十年 [J]. 岩矿测试，2012，31，383~398.

[3] 罗立强，詹秀春，李国会. X 射线荧光光谱分析 [M]. 北京：化学工业出版社，2015.

[4] 吉昂，卓尚军，李国会. 能量色散 X 射线荧光光谱 [M]. 北京：科学出版社，2011.

[5] 高新华，宋武元，邓赛文，等. 实用 X 射线光谱分析 [M]. 北京：化学工业出版社，2017.

[6] 史先肖，郑乘云，房秋雨，等. X 射线荧光光谱技术在食品、生物医药和化妆品领域的应用进展 [J]. 分析仪器，2019（1）：6~11.

[7] 戎咏华，姜传海. 材料组织结构的表征 [M]. 上海：上海交通大学出版社，2012.

[8] 黄慧忠，等. 表面分析化学 [M]. 上海：华东理工大学出版社，2007.

[9] 韩喜江. 固体材料常用表征技术 [M]. 哈尔滨：哈尔滨工业大学出版社，2011.

[10] 郭沁林. X 射线光电子能谱 [J]. 实验技术，2007，36：405~410.

[11] 武彪，温建康，王淀佐. 黄铁矿表面 XPS 分析与生物浸出机制研究 [J]. 稀有金属，2017，41（6）：720~724.

[12] 郭京波，陶宗娅，罗学刚. 竹木质素的红外光谱与 X 射线光电子能谱分析 [J]. 化学学报，2005，63：1536~1540.

[13] 余锦涛，郭占成，冯婷，等. X 射线光电子能谱在材料表面研究中的应用 [J]. 表面技术，2014，43：119~124.

[14] 张录平，李晖，刘亚平. 俄歇电子能谱仪在材料分析中的应用 [J]. 分析仪器，2009（4）：14~17.

[15] 康俊勇，徐富春，蔡端俊，等. 微纳尺度俄歇电子能谱新技术开发及其应用进展 [J]. 物理学进展，2008，28：327~345.

[16] 王殿勋. 紫外光电子能谱与分子轨道 [J]. 化学通报，1981（7）：29~34.

[17] 潘启亮，赵建国，邢宝岩，等. 液相剥离法制备高浓度石墨烯的研究 [J]. 中山大学学报，2016，37：436~440.

[18] 张树霖. 拉曼光谱学与低维纳米半导体 [M]. 北京：科学出版社，2008.

[19] 赵婧，杨超. α-氰基丙烯酸乙酯聚合物的拉曼光谱分析 [J]. 光散射学报，2016，28（2）：140~143.

# 4 无机材料热分析技术

## 4.1 热分析技术概述

热分析技术，即在程序控制温度下，测量物质的物理性质与温度的关系。"程序控制温度"是指加热或冷却以一定的速率进行，一般是指线性升温或线性降温，当然也包括恒温、循环或非线性升温、降温。物理性质则包括物质的质量、温度、热焓、尺寸、力学、声学、电学及磁学等性质。热分析主要用于测量和分析材料在温度变化过程中的物理变化（晶型转变、相态变化和吸附等）和化学变化（脱水、分解、氧化和还原等），通过研究这些变化过程，不仅可以对材料的结构作出鉴定，而且从材料的研究和生产的角度来看，可为新材料的研制提供有一定参考价值的热力学参数和动力学数据，达到指导生产、控制产品质量的目的。

### 4.1.1 热分析发展历史

热分析技术始于 1887 年，法国的 Le Chatelier 用一个热电偶插入受热黏土试样中，测量黏土的热变化；1899 年，英国 Relerts-Austen 改良了 Le Chatelier 装置，首次采用示差热电偶记录试样与参比物间的温度差，使得重复性获得了提高，灵敏度得到了增强。日本的本多光太郎在 1915 年发明了首台热天平。20 世纪 20 年代，热分析主要用在黏土、矿物和硅酸盐的研究中，但应用并不广泛。它作为一种系统分析方法，主要发展在 20 世纪 50 年代。1955 年，Boersma 提出将试样或参比物置于坩埚内，避免与热电偶直接接触，这种测试方法一直沿用至今，并得到了商业化和微量化的应用。1964 年，Watson 和 O'Neill 提出差示扫描量热理论，随后毫克级别的量热仪进一步被研制出来，美国 PE 公司最先生产了差示扫描量热仪。20 世纪 70 年代后期，计算机技术的应用促进了热分析技术快速发展，热分析联用技术于 20 世纪 80 年代初开始慢慢发展并日趋完善，数据处理得到计算机化。随着科学技术的迅速发展，热分析方法所探讨的物质类型不断扩展，由无机材料发展到有机高分子物质，所涉及的研究领域也不断地扩展，如化学学科分支、材料学、食品医药及物理学等学科方向。

1965 年，成立了国际热分析协会（International Confederation for Thermal Analysis，简称 ICTA），并于同年在苏格兰举行第一届国际热分析会议。之后，国际热分析会议每隔三年举行一次，至今已经召开了十次。根据热分析技术测量过程中的物理量，如质量、温度等，ICTA 委员会将已有 100 余种热分析技术加以审定和分类，汇总成 9 类 17 种方法，如表 4.1 所示。其中，热重（TG）和差热分析（DTA）应用最广，其次是差示扫描量热（DSC），它们构成了热分析的三大支柱。

**表 4.1　热分析技术的分类**

| 物理性质 | 热分析技术名称 | | 简称 |
|---|---|---|---|
| 质量 | （1）热重法 | Thermogravimetry | TG |
| | （2）等压质量变化测定 | Isobaric mass-change determination | |
| | （3）逸出气体检测 | Evolved gas detection | EGD |
| | （4）逸出气体分析 | Evolved gas alalysis | EGA |
| | （5）放射热分析 | Emanation thermal analysis | ETA |
| | （6）热微粒分析 | Thermoparticulate analysis | TPA |
| 温度 | （7）加热曲线测定 | Heating curve determination | |
| | （8）差热分析 | Differential thermal analysis | DTA |
| 热量 | （9）差示扫描量热 | Differential scanning calorimetry | DSC |
| 尺寸 | （10）热膨胀法 | Thermodilatometry | TD |
| 力学 | （11）热机械分析 | Thermomechanical analysis | TMA |
| | （12）动态热机械法 | Dynamic thermomechanometry | DTM |
| 声学 | （13）热发声法 | Thermosonimetry | TS |
| | （14）热传声法 | Thermoacoustimetry | TA |
| 光学 | （15）热光学法 | Thermophotometry | TP |
| 电学 | （16）热电学法 | Thermoelectrometry | TE |
| 磁学 | （17）热磁学法 | Thermomagnetometry | TM |

### 4.1.2　热分析技术的应用

　　热分析技术应用非常广泛，涉及无机材料、有机化合物、高分子化合物、生物与医学、金属与合金、陶瓷材料（包括水泥、玻璃、耐火材料、黏土等）、煤炭与石油制品、电子与电子用品 14 个领域；研究内容更是广泛，包括反应热、熔点、比热、相图、玻璃化转变、动力学、氧化与还原等。

　　（1）成分分析，用于无机物、有机物、药物和高聚物的鉴别以及它们的相图研究。

　　（2）稳定性测定，包括物质的热稳定性、抗氧化性能的测定等。

　　（3）化学反应研究，包括固体物质与气体反应的研究、催化剂性能测定、反应动力学研究、反应热测定、相变和结晶过程研究。

　　（4）材料质量检定，包括纯度测定、固体脂肪指数测定、高聚物质量检验、液晶的相变、物质的玻璃化转变和居里点、材料的使用寿命等的测定。

　　（5）材料力学性质测定，包括抗冲击性能、黏弹性、弹性模量、损耗模数和剪切模量等的测定。

　　（6）环境监测方向，可用于研究蒸气压、沸点、易燃性和易爆物的安全储存条件等。

　　几种主要的热分析方法的应用范围总结如表 4.2 所示。

表 4.2　主要的热分析方法的温度范围及其应用

| 热分析法种类 | 测量物理参数 | 温度范围/℃ | 应用范围 |
| --- | --- | --- | --- |
| 热重法（TG） | 质量 | 20~1500 | 沸点、热分解反应过程分析与脱水量测定等，生成挥发性物质的固相反应分析、固体与气体反应分析等 |
| 差热分析法（DTA） | 温度 | 20~1500 | 熔化及结晶转变、氧化还原反应、裂解反应等的分析研究，主要用于定性分析 |
| 差示扫描量热法（DSC） | 热量 | −170~725 | 分析研究范围与 DTA 大致相同，但能定量测定多种热力学和动力学参数，如比热、反应热、转变热、反应速度和高聚物结晶度等 |
| 热机械分析法（TMA） | 尺寸、体积 | −150~600 | 膨胀系数、体积变化、相转变温度、应力应变关系测定，重结晶效应分析等 |
| 动态热机械法（DMA） | 力学性质 | −170~600 | 阻尼特性、固化、胶化、玻璃化等转变分析，模量、黏度测定等 |

### 4.1.3　热分析仪器

　　现代热分析仪器的种类较多，大致由下列几部分组成：程序温度控制器、炉体、物理量检测放大单元、微分器、气氛控制器、显示系统，以及计算机数据处理系统 7 部分组成。其构造框图如图 4.1 所示。

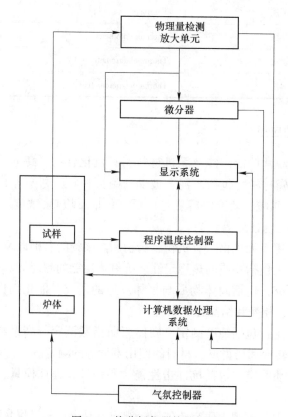

图 4.1　热分析仪器构造框图

### 4.1.3.1 程序温度控制器

程序温度控制器是使试样在一定温度范围内进行等速升温、降温和恒温。现代程序温控仪大多由计算机完成程序温度的编制、热电偶的线性化、比例-积分-微分（PID）调节以及超温报警等功能。程序温度速率可为 0.01～999℃/min。通常使用的升温速率为 10℃/min 或 20℃/min。

### 4.1.3.2 炉体部分

炉体部分包括加热元件、耐热瓷管、试样支架、热电偶以及炉体可移动的机械部分等。炉体的温度范围最低为-269℃（液氦制冷），最高可达 2800℃（在高真空下用石墨管或钨管加热，用光学高温计测温）。炉体内的均温区要大，试样放在均温区中。试样各部分的温度是否均匀对热分析的结果有一定的影响。

### 4.1.3.3 物理量检测放大单元

热分析仪器必须能准确地检测试样随温度的变化而改变的某些物理性质。由于绝大多数被测物理量是非电量，它们的变化往往很微小，为了及时而准确地检测，需要把非电量转换成电量，放大，再通过定标计算出被测参数。非电量转变为电量可以通过各种传感器来完成，例如称重传感器、位移传感器、光电传感器、热电偶传感器、声电传感器等。差示测量方式可以提高测量的灵敏度和准确度。物理量的检测系统是热分析仪器的核心，它的性能是衡量热分析仪器水平的一个重要标志。

### 4.1.3.4 微分器

微分器是把非电量传感器的放大信号经过一次微分（导数）。从微分（对时间）曲线中可以更明显地看出放大信号的拐点、最大斜率等。

### 4.1.3.5 气氛控制器

热分析仪器对试样所处的气氛条件有各种要求，因此，大多数分析仪器备有气氛控制系统。热分析仪器按气氛条件可分为高真空型、低真空型、常压型、高压型、静态型和流动型等。

热分析对气氛条件的要求有以下几种原因：（1）高温下试样可能在空气中被氧化而完全改变原来的特性，故要求在真空或惰性气氛下升温，或在某种反应气氛下升温。（2）热分析与其他分析技术联用时，要求把热分析过程中所产生的气相产物利用流动载气送出。（3）要求有适当的气路把热分析过程中所产生的腐蚀性气体或有毒气体排出。（4）相当的热分析课题是研究气氛的种类、压力、流动速率以及活性程度等对热分析结果的影响。

### 4.1.3.6 计算机数据处理系统

近年来，计算机的快速发展、软件的不断完善，大大推动了数据处理系统的进步。现代热分析仪器应用软件对标准物质进行温度校正、焓变校正、长度校正、质量校正以及基线背景线的扣除等，应用软件求取试样的焓变值、熔点、晶相转变温度、玻璃化转变温度、试样成分的组成、膨胀系数等。还有一些软件可以对数学公式进行分析、简化，适合于各种热分析研究，如动力学参数的求取、药品纯度的求取等。

### 4.1.3.7 显示系统

显示系统是把热分析曲线及其处理结果在显示屏上显示并打印出来。同时，可在显示屏上用鼠标进行各种操作。

#### 4.1.4 热分析基本术语

热分析曲线泛指由热分析实验测得的各类曲线，又称热谱或热谱曲线。

微商曲线是指将热分析曲线进行 1 次微商的曲线，如微商热重曲线、微商热容曲线、微商差热分析曲线、微商热机械分析曲线。图 4.2 为典型的 DSC 曲线。现在对热分析曲线、峰、吸放热效应及其各特征点做如下说明。

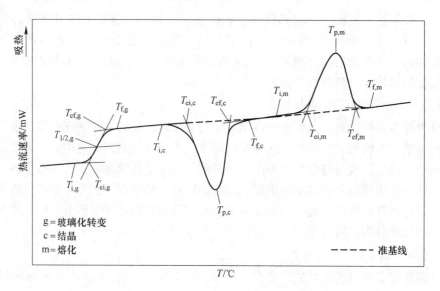

图 4.2 升温 DSC 曲线示意图

##### 4.1.4.1 基线

基线是指无试样存在时产生的信号测量轨迹；当有试样存在时，系指试样无（相）转变或反应发生时，热分析曲线近似为零（恒定）的区段。

（1）仪器基线：无试样和参比物，仅有相同质量和材料的空坩埚测得的热分析曲线。

（2）准基线：假定反应热或相变热为零，通过反应区或相变区画的一条推测线。假定热容随温度呈线性变化，利用一条直线内插或外推试样基线来画出这条基线；如果热容在反应或相变过程没有明显变化，可由峰的起点和终点直接连线画出基线；如果出现热容的明显变化，则可采用 S 形基线。

##### 4.1.4.2 峰

峰是指热分析曲线偏离试样基线的部分，曲线达到最大或最小，而后又返回到试样基线。热分析曲线的峰表示某一化学反应或相转变，峰开始偏离准基线相当于反应或相转变的开始。

（1）吸热峰：DSC 曲线的吸热峰是指输入到试样的热流速率大于输入到参比样的热流速率，相当于吸热转变。

（2）放热峰：DSC 曲线的放热峰是指输入到试样的热流速率小于输入到参比样的热流速率，相当于放热转变。

（3）峰高：准基线到热分析曲线出峰的最大距离，峰高不一定与试样量成比例。

（4）峰宽：峰的起、止温度或起、止时间的距离。

（5）峰面积：峰和准基线包围的面积。

#### 4.1.4.3 特征温度或时间

（1）初始点（$T_i$）：外推起始准基线得到最初偏离热分析曲线的点。

（2）外推起始点（$T_{ei}$）：外推起始准基线与热分析曲线峰的起始边或台阶的拐点或类似的辅助线的最大线性部分所做切线的交点。

（3）中点（$T_{1/2}$）：热分析曲线台阶的半高度处。

（4）峰（顶）：热分析曲线与准基线差值最大处。

（5）外推终止点（$T_{ef}$）：外推终止准基线与热分析曲线峰的终止边或台阶的拐点或类似的辅助线的最大线性部分所做切线的交点。

（6）终点（$T_f$）：由外推终止准基线可检知最后偏离热分析曲线的点。

## 4.2 热重分析法

### 4.2.1 热重分析仪基本原理及热重曲线分析

热重法（Thermogravimetry，TG）是在程序温度控制下测量试样的质量随温度变化的一种技术。在热分析技术中，热重法使用最为广泛。物质在加热或冷却过程中往往有质量变化，其变化的大小及变化的温度与物质的化学组成和结构密切相关，因此利用在加热和冷却过程中物质质量变化的特点，可以区别和鉴定不同的物质。所有因素如试样的质量、状态、加热速度、温度、环境条件等因素的变化对测得的质量-温度曲线将产生显著影响，因此在表示测定结果时，所有以上条件都应被标明。

热重法通常有下列两种类型：等温热重法，即在恒温下测定物质质量变化与时间的关系；非等温热重法，即在程序升温下测定物质质量变化与温度的关系。一般来说，等温法比较准确，但比较费时，目前采用得较少。

#### 4.2.1.1 热重分析仪

热重法所用仪器称为热重分析仪或热天平，其主要由三部分组成：温度控制系统、检测系统和记录系统。根据试样与天平横梁支撑点之间的相对位置关系，热天平可分为下皿式、上皿式与水平式三种，如图4.3所示。测量原理可分为两种：变位法是根据天平梁所产生变化的倾斜度与待测物质的质量变化关系进行测量；零位法是通过测定天平梁的倾斜度，再调整线圈电流，通过线圈的转动使天平梁的倾斜得到还原，根据转动力与待测物质的质量变化及电流关系进行测量。下皿式热天平构造如图4.4所示。

热重分析仪的天平具有很高的灵敏度，可达到$0.1\mu g$。天平灵敏度越高，所需试样用量越少，在TG曲线上质量变化的平台越清晰，分辨率越高。此外，加热速率的控制与质量变化有密切的关联，因此高灵敏度的热重分析仪更适用于较快的升温速度。

#### 4.2.1.2 热重曲线

热重法试验得到的曲线称为热重曲线或TG曲线。图4.5（a）是一条典型的TG曲线，纵坐标是质量（mg）或失重百分率，横坐标是温度$T$（℃或K），有时也用时间$t$。

（1）平台：TG曲线上质量基本不变的部分，如图4.5（a）中的 *AB* 和 *CD*。

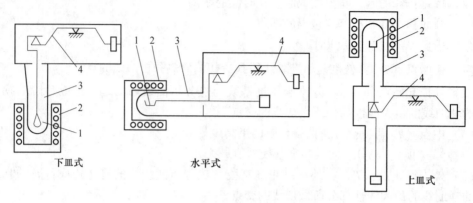

图 4.3　各类热天平示意图

1—坩埚支持器；2—炉子；3—保护管；4—天平

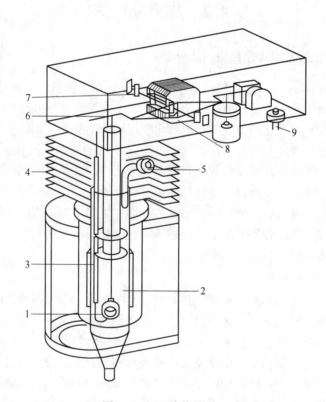

图 4.4　下皿式热天平

1—试样；2—加热炉；3—热电偶；4—散热片；5，9—气体入口；6—天平梁；7—吊带；8—磁铁

（2）起始分解温度 $T_i$：当热天平能够检测到累积质量变化时达到的温度，简称起始温度，如图 4.5（a）中的 $B$ 点。

（3）终止温度 $T_f$：当累积质量变化达最大时的温度，简称终止温度，如图 4.5（a）中的 $C$ 点。

（4）反应区间：起始温度与终止温度之间的间隔，如图 4.5（a）中的 $T_i \sim T_f$。

（5）外推起始温度 $T_{ei}$：失重前的基线的延长线与 TG 曲线拐点（最大失重速率）处的切线的交点所对应的温度，如图 4.5（b）中的 $T_{ei}$点。

（6）外推终止温度 $T_{ef}$：失重后的基线的延长线与 TG 曲线拐点（最大失重速率）处的切线的交点所对应的温度，如图 4.5（b）中的 $T_{ef}$点。

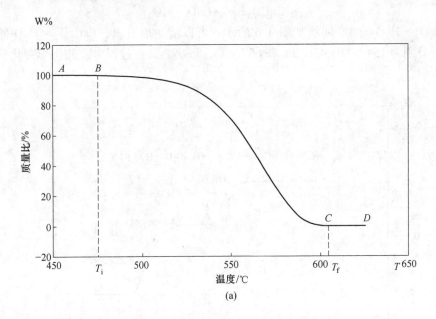

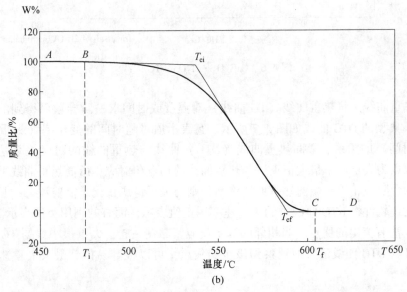

图 4.5　固体热分解反应的典型的 TG 曲线（a）和 TG 曲线的外推温度（b）

起始温度 $T_i$常不易确定，重复性差；而外推起始温度 $T_{ei}$的确定则较容易，重复性较好。终止温度 $T_f$与外推终止温度 $T_{ef}$情况类似。外推起始温度 $T_{ei}$比外推终止温度 $T_{ef}$更为有用，因此常使用的是外推起始温度 $T_{ei}$，并将外推起始温度作为特征分解温度。

上述特征 TG 曲线所指是单步过程，多步过程是一系列单步过程的叠加。下面以

$CaC_2O_4 \cdot H_2O$ 热分解过程 TG 曲线为例，说明分步过程的 TG 曲线分析。

$CaC_2O_4 \cdot H_2O$ 的热分解反应分 3 步进行，反应式如下：

$$CaC_2O_4 \cdot H_2O \longrightarrow CaC_2O_4 + H_2O \uparrow$$
$$CaC_2O_4 \longrightarrow CaCO_3 + CO \uparrow$$
$$CaCO_3 \longrightarrow CaO + CO_2 \uparrow$$

$CaC_2O_4 \cdot H_2O$ 的 TG 曲线如图 4.6 所示，可以清楚地看出，$CaC_2O_4 \cdot H_2O$ 的 3 步热分解温度分别为 154.3℃、476.3℃ 和 687.4℃，每次热失重过程对应的化学变化分析结果如图中所示。

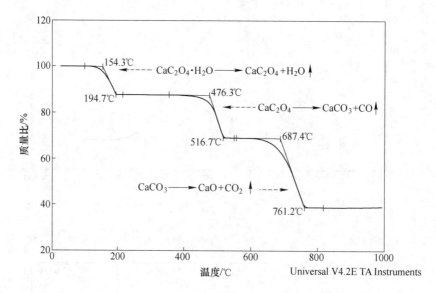

图 4.6   $CaC_2O_4 \cdot H_2O$ 的 TG 曲线

微商热重曲线是将热重曲线（TG 曲线）对温度或时间求一阶导数而得到的曲线，即 DTG 曲线。典型的 DTG 曲线如图 4.7 所示，它表示质量随时间的变化率（失重速率）与温度（或时间）的关系。微商热重曲线（DTG）曲线与热重曲线的对应关系是：微商曲线上的峰顶点为失重速率最大值点，与热重曲线的拐点相对应；微商热重曲线上的峰数与热重曲线的台阶数相等；微商热重曲线峰面积则与失重量成正比。需要注意的是，有的热分析数据处理软件将 DTG 曲线中的失重速率用正值表示，而有的则用负值表示。与 TG 法相比，DTG 法有突出的优点：当相邻的两步反应紧靠在一起，失重很小根据 TG 曲线无法区分时，可从 DTG 曲线清楚地观察到该步的失重，可以很容易得到最大失重速率及对应的温度。

**4.2.2   影响热重曲线的因素及实验条件的选择**

**4.2.2.1   仪器的影响**

**A   浮力及对流的影响**

室温下每毫升空气重 1.18mg，1000℃时每毫升重 0.28mg。热天平部件在升温过程中排开空气的重量在减少，即浮力在减少，导致试样质量虽然没有变化，但是由于升温试样

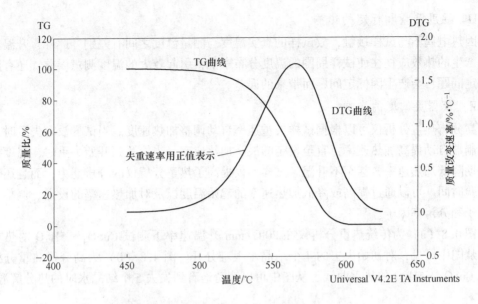

图 4.7　TG 曲线与 DTG 曲线对比

却在增重，这种增重称为表观增重。研究发现，200mg 的坩埚升温到 1073℃，表观增重约 5mg；200℃ 以前增重比较严重；200～1000℃ 之间增重与温度成线性关系。不同测试气氛对表观增重影响也很大：25～1000℃，周围若是氢气，表观增重只有 0.1mg；若是空气，增重为 1.4mg；若是氩气，增重 1.9mg。热天平不同，增重情况也不一样。因此，浮力和对流的影响，最好实际测定。例如，在热天平坩埚内放上一定重量的 α-$Al_2O_3$，升温到 1000℃，测定各温度下的表观增重，在测定试样时把表观增重扣除，即得实际重量变化值。对于不太严格的测定，可将浮力影响忽略。

此外，热天平试样周围气氛受热变轻会向上升，形成向上的热气流，作用在热天平上相当于减重，这种现象叫对流影响。对流影响与炉子结构关系很大。

B　坩埚的影响

热分析用的坩埚材质，要求对试样、中间产物、最终产物和气氛都是惰性的，既不能有反应活性，也不能有催化活性。例如，实验发现，碳酸钠的分解温度在石英或陶瓷坩埚中比在白金坩埚中低，这是因为碳酸钠会与石英、陶瓷坩埚中的 $SiO_2$ 在 500℃ 左右反应生成硅酸钠。白金对许多有机物加氢或脱氢具有催化活性。

坩埚的大小、质量和几何形状对热分析也有影响。一般来说，坩埚越轻、传热越好，对热分析越有利。坩埚形状以浅盘式为好，可以将试样薄薄地摊在底部，有利于克服扩散、传热造成的热滞后对 TG 曲线的影响。

C　挥发物再冷凝的影响

试样热分析过程逸出的挥发物有可能在热天平其他部分再冷凝，这不但污染了仪器，而且还使测得的失重偏低，待温度进一步上升后，这些冷凝物可能再次挥发产生假失重，使测定结果不准。为解决这个问题，可尽量减少试样用量，选择合适的净化气体的流量。对下皿式热天平，应从上向下通气体。

D 温度测量和标定的影响

因热电偶不与试样接触，故试样的真实温度与测量温度之间有差别。此外，升温和反应所产生的热效应往往使试样周围的温度分布紊乱，引起较大的温度测量误差。还有温度的标定问题，会产生因标定问题而带来的误差。

E 仪器灵敏度的影响

高分辨热重分析仪可以根据试样失重速率自动调整加热速度。当试样没有失重时，温度控制器自动提高加热速率，直至设定的最高加热速率。当检测到开始失重时，温度控制器自动降低加热速率，甚至不升温。这样不仅提高了热重分析仪的分辨能力，而且还会缩短实验时间。可以通过提高或降低加热速率的起始温度以及对加热速率的设定，调整敏感度因子和分辨率因子。

图 4.8（a）为传统热重分析仪在 20℃/min 升温速率下测试 $CuSO_4 \cdot 5H_2O$ 的热重曲线。从图中可见，对初始失去的 4 个结晶水很难分开。图 4.8（b）为高分辨热重分析仪测试 $CuSO_4 \cdot 5H_2O$ 的热重曲线，从图中可以清楚地看到失去 5 个结晶水时的热分解温度。

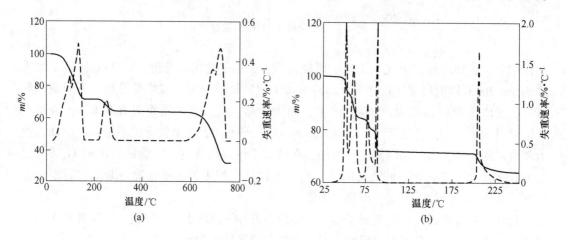

图 4.8 $CuSO_4 \cdot 5H_2O$ 的热重曲线

（a）传统热重分析仪测试 $CuSO_4 \cdot 5H_2O$ 的 TG-DTG 曲线；
（b）高分辨热重分析仪测试 $CuSO_4 \cdot 5H_2O$ 的 TG-DTG 曲线

### 4.2.2.2 操作条件的影响

A 升温速率的影响

升温速率是对 TG 测定影响最大的因素。升温速率越大，温度滞后越严重，开始分解温度和终止分解温度都越高，温度区间也越宽。图 4.9 是不同升温速率下 $NaHCO_3$ 的 TG 曲线。热重法测定升温速率选择可以参考以下原则：对传热差的高分子物试样，一般选择速率 5~10℃/min；对传热较好的无机物、金属试样，可选择速率 10~20℃/min；但是做动力学分析，升温速率还要低一些（变化升温速率的 Kissinger 法除外）。热重曲线结果需要标明升温速率。

B 气氛的影响

热天平周围的气氛改变对 TG 曲线的影响也非常显著。气氛对 TG 曲线的影响与反应

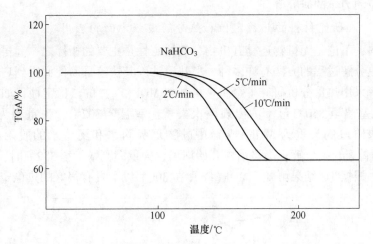

图 4.9　不同升温速率下测定的 NaHCO₃ 的 TG 曲线

类型、分解产物的性质和所通气体的类型有关。这里气氛指的是气体的性质、流速、纯度和进气温度等，它们会影响到传热、逸出气体的扩散等，影响 TG 结果。聚酰亚胺在不同气氛中的 TG 曲线如图 4.10 所示。热重法可在静态气氛或动态气氛中进行测定。为获得重复性好的实验结果，一般采用动态气氛。对于可逆的分解反应，通常不采用静态气氛。

　　C　试样用量和粒度的影响

　　在热重分析中，在热重分析仪灵敏度范围内应尽量减少试样用量，因为试样用量大会导致热传导差而影响分析结果。

　　试样粒度同样对热传导、气体扩散有较大的影响。粒度的不同会引起气体产物的扩

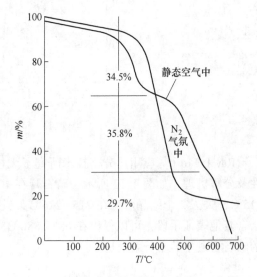

图 4.10　聚酰亚胺在不同气氛中的 TG 曲线

散有较大的变化，而这种变化可导致反应速率和 TG 曲线形状的改变。粒度越小、反应速率越快，对应 TG 曲线上的起始温度和终止温度越低，反应区间越窄。

### 4.2.3　热重分析法的应用

　　由于热重法可精确测定质量的变化，所以它也是一种定量分析方法。热重法已广泛应用于无机化学、有机化学、高聚物、冶金、材料、地质、陶瓷、石油、煤炭、生物化学、医药和食品等领域。

　　热重法的应用主要包括以下几方面：物质的成分分析，不同气氛下物质的热性质分析，物质的热分解过程和热解机理分析，相图的测定，水分和挥发物的分析，升华和蒸发速率的测定，氧化还原反应的研究，高聚物的热氧化降解研究，石油、煤炭和木材的热裂

解分析，反应动力学的研究等。

### 4.2.3.1　在研究材料的热稳定性和热分解过程方面的应用

对于材料，不论是无机物还是有机物，热稳定性是主要的指标之一。虽然研究材料的热稳定性和热分解过程的方法有许多种，但热重法因其快速且简便而得到广泛应用。

宋国强等采用热重分析研究了金属有机骨架 MOF(Fe) 的热稳定性，如图 4.11 所示。MOF(Fe) 在室温至 850℃ 范围内出现两次失重：室温至 302℃，失重率为 7.5%，结合 FT-IR 可知该阶段的失重为 MOF(Fe) 中的物理吸附水和配位水的脱附；302℃ 开始，MOF(Fe) 的骨架开始分解，晶格结构开始坍塌，失重率剧增；至 382℃ 时，MOF(Fe) 骨架彻底坍塌。根据 TG 结果可知，MOF(Fe) 在 300℃ 以下具有很好的热稳定性。

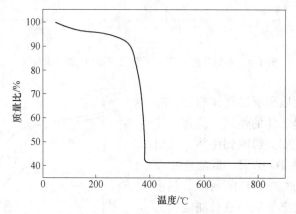

图 4.11　MOF(Fe) 的 TG 曲线

Ray L Frost 等应用热分析技术研究了无机磷石膏 $Ca_2(HPO_4)(SO_4)\cdot 4H_2O$ 的热稳定性及分解机理。如图 4.12 所示，磷石膏在 100~150℃ 失去其表面的物理吸附水；在 150~215℃，失去 2 个结晶水；在 215~226℃ 又失去 2 个结晶水；之后该物质的结构发生改变，结合其他表征手段，可以得出在 685~880℃ DTG 曲线上出现一个放热峰，是由于失去水的磷石膏发生若干分解反应。

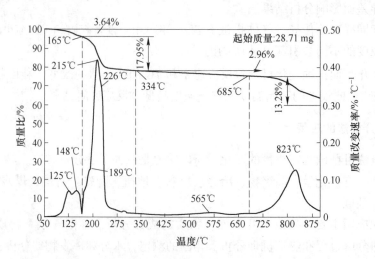

图 4.12　磷石膏在 50~900℃ 范围内的 TG/DTG 曲线

#### 4.2.3.2　在催化氧化方面的应用

催化剂的前体一般没有催化活性，需要经焙烧、氧化、还原等处理，才会具有催化活性。热处理过程通过热分析曲线可以得到原位模拟，确定热处理条件。例如，通过热分析确定肼分解催化剂的焙烧温度，催化剂前体是以 $Al_2O_3$ 为载体，浸渍后形成 $H_2IrCl_6/Al_2O_3$，在氮气下焙烧 $H_2IrCl_6$ 分解为 $IrCl_3$。如图 4.13 所示，DTG 曲线上出现两个峰，均对应 TG 曲线上的失重阶段。第一个峰为物理吸附水的挥发，在 150℃ 之前；第二个峰为 $H_2IrCl_6$ 的分解，温度在 240~400℃ 之间。因此，可推断其最合适的焙烧温度为 400℃。

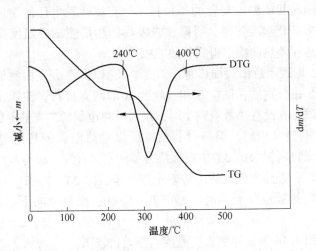

图 4.13　$H_2IrCl_6/Al_2O_3$ 于 $N_2$ 下焙烧的 TG/DTG 曲线

TG 还可以用来研究材料的氧化过程。以 β-Sialon 结合刚玉材料变温氧化过程为例，图 4.14 为 β-Sialon 结合刚玉材料变温氧化增重与温度的关系曲线。整个氧化过程大体可以分为以下三个阶段：$T=25~800℃$，基本上不氧化；$T=800~1000℃$，发生缓慢氧化，热重曲线走势平缓；$T=1000~1400℃$，发生快速氧化，氧化增重呈加速趋势，说明此温度下，氧化反应剧烈。但总体说来，β-Sialon 结合刚玉材料氧化增重速率还是很小的。到 1400℃ 时，单位面积的增重量仍不超过 $0.025mg/mm^2$，表明材料具有优良的高温抗氧化性能。

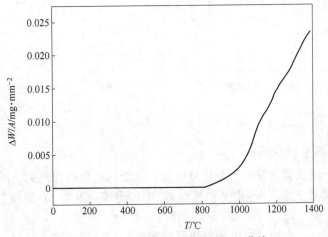

图 4.14　β-Sialon 结合刚玉材料 TG 曲线

# 4.3　差热分析法

## 4.3.1　差热分析法简介及曲线分析

### 4.3.1.1　差热分析基本原理

差热分析（Differential thermal analysis，DTA）是在程序控制温度下，测量物质和参比物之间的温度差随时间或温度变化的一种技术。当试样发生任何物理（如相转变、熔化、结晶、升华等）或化学变化时，所释放或吸收的热量使试样温度高于或低于参比物的温度，从而相应地在差热曲线上得到放热或吸热峰。

图 4.15 为 DTA 原理示意图。加热时，温度 $T$ 及温差 $\Delta T$ 分别由测温热电偶及差热电偶测得。差热电偶是由分别插在试样 S 和参比物 R 的两支材料、性能完全相同的热电偶反向相连而成。当试样 S 没有热效应发生时，组成差热电偶的二支热电偶分别测出的温度 $T_S$、$T_R$ 相同，即热电势值相同，但符号相反，所以差热电偶的热电势差为零，表现出 $\Delta T = T_S - T_R = 0$，记录仪所记录的 $\Delta T$ 曲线保持为零的水平直线，称为基线。若试样 S 有热效应发生时，$T_S \neq T_R$，差热电偶的热电势差不等于零，即 $\Delta T = T_S - T_R \neq 0$，于是记录仪上就出现一个差热峰。热效应是吸热时，$\Delta T = T_S - T_R < 0$，吸热峰向下；热效应是放热时，$\Delta T > 0$，放热峰向上。当试样的热效应结束后，$T_S$、$T_R$ 又趋于一样，$\Delta T$ 恢复为零位，曲线又重新返回基线。图 4.16 为试样的真实温度与温差比较图。

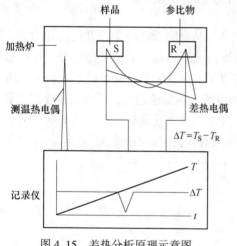

图 4.15　差热分析原理示意图

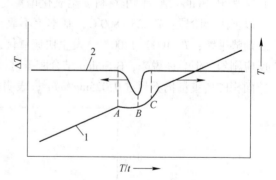

图 4.16　试样温度与温差的比较
1—试样真实温度；2—温差

### 4.3.1.2　差热分析仪简介

用于差热分析的仪器装置称为差热分析仪，主要构造包括加热炉、温差检测器、温度程序控制仪、信号放大器、记录仪和气氛控制单元等。图 4.17 是典型的 DTA 仪器构造图。

温度控制单元是配合控温热电偶提供一定程序的升温、降温或恒温。气氛控制单元可

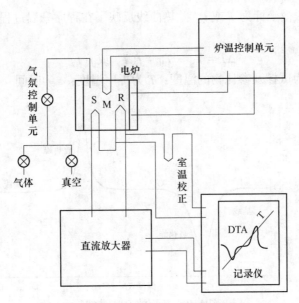

图 4.17　典型的 DTA 仪器构造图

S—试样热电偶；R—参比物热电偶；M—控温热电偶

以给炉内抽真空及通入一定流速的气体。加热炉是一块金属块，中间有两个与坩埚相匹配的空穴。两个坩埚分别放置试样和参比物。在盖板的中间孔洞插入测温热电偶，测量加热炉的温度。盖板的左右两个孔洞插入两支热电偶并反向连接，以测定试样与参比物的温差。加热炉结构如图 4.18 所示。

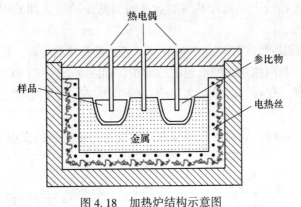

图 4.18　加热炉结构示意图

　　加热炉中的试样和参比物在相同的条件下加热或冷却，炉温的程序控制由控温热电偶监控，试样和参比物之间的温度差用对接的两支热电偶进行测定。热电偶的两个接点分别与盛装试样和参比物的坩埚底部接触，或者直接插入试样和参比物中。由于热电偶的电动势与试样和参比物之间的温差成正比，温差电动势经放大后由 $X$-$Y$ 记录仪直接把试样和参比物之间的温差 $\Delta T$ 记录下来，这样就可获得差热分析曲线，即 $\Delta T$~$T(t)$ 曲线。

### 4.3.1.3　差热曲线

图 4.19 为典型的 DTA 曲线，纵坐标为试样与参比物的温度差（$\Delta T$），向上表示放

热，向下表示吸热。横坐标为 $T$ 或 $t$。差热曲线反映了在程序升温过程中，$\Delta T$ 与 $T$ 或 $t$ 的函数关系：

$$\Delta T = T_S - T_R = f(T) \text{ 或 } f(t)$$

式中，$T_S$，$T_R$ 分别为试样及参比物的温度；$T$ 为程序温度；$t$ 为时间。

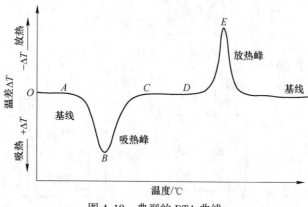

图 4.19　典型的 DTA 曲线

注意：DTA 曲线的纵坐标往往不是直接用温度差 $\Delta T$ 来表示，而是用电压单位 V 或 μV 来代替。

DTA 曲线分析常用的术语如下。

（1）基线：DTA 曲线上相应 $\Delta T$ 近似于零的部分，如图 4.20 中的 $AB$ 和 $DE$。

（2）峰：峰有吸热峰和放热峰，如图 4.20 中的 $BCD$。

（3）峰宽：DTA 曲线上，离开基线的点至回到基线的点之间的温度或时间间隔，如图 4.20 中的 $B'D'$。

（4）峰高：垂直温度轴或时间轴的峰顶（$C$）至内插基线的距离，如图 4.20 中的 $CF$。

（5）峰面积：峰和内插基线间所包围的面积，如图 4.20 中的 $BCDB$。

（6）外推起始点：在峰的前沿最大斜率点的切线与外推基线的交点，如图 4.20 中的 $G$ 点。

（7）外推终点：在峰的后沿最大斜率点的切线与外推基线的交点 $T_{ef}$。

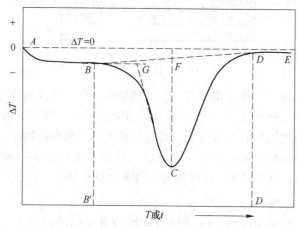

图 4.20　典型的吸热 DTA 曲线

DTA 曲线图中的几种温度如图 4.21 所示。

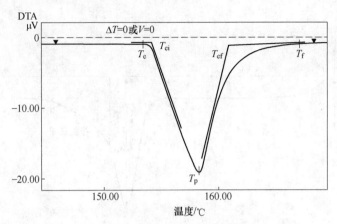

图 4.21 DTA 曲线图中的几种温度

$T_e$—反应起始点温度；$T_f$—反应终点温度；$T_{ei}$—外推起始温度；$T_{ef}$—外推终止温度；$T_p$—峰温

### 4.3.1.4 DTA 曲线方程

为了对差热曲线进行理论上的分析，1975 年，神户博太郎对差热曲线提出了一个理论解析的数学方程式，该方程式能够十分简便地阐述差热曲线所反映的热力学过程和各种影响因素。

将试样 S 和参比物 R 放在同一加热的金属块 W 中，使之处于同样的热力学条件之下，并作如下假设：

（1）试样和参比物的温度分布均匀（无温度梯度），且与各自的坩埚温度相同。

（2）试样、参比物的热容量 $C_S$、$C_R$ 不随温度变化。

（3）试样、参比物与金属块之间的热传导和温差成正比，比例常数（传热系数）$K$ 与温度无关。

分别用 $T_W$、$T_S$、$T_R$ 代表炉温、试样温度和基准物温度；$C_S$、$C_R$ 代表试样和基准物热容。设程序升温速率 $\varphi = \dfrac{dT_W}{dt}$。当 $t=0$ 时，$T_S = T_R = T_W$。差热分析时，炉温 $T_W$ 以 $\varphi$ 速率开始升温，由于存在热阻，$T_S$、$T_R$ 均滞后于 $T_W$，$T_W > T_S = T_R$。一段时间后，试样和参比物都以 $\varphi$ 的速率升温了，基线就直了。由于试样与参比物热容不同，即 $C_S \neq C_R$，在热源传热相同时，试样和参比物温度也不等，即 $T_S \neq T_R$，这是 DTA 曲线开始一段会出现一个"弯"的原因，如图 4.22 所示。

试样的传热方程为：

$$C_S \frac{dT_S}{dt} = K(T_W - T_S) \tag{4.1}$$

参比物的传热方程为：

$$C_R \frac{dT_R}{dt} = K(T_W - T_R) \tag{4.2}$$

式中，$K$ 为传热系数。

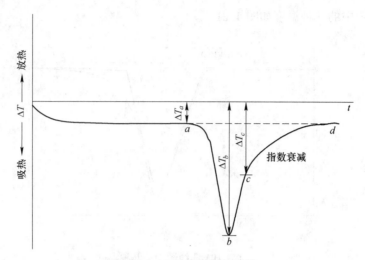

图 4.22　DTA 吸热转变曲线

$a$—反应起始点；$b$—峰顶；$c$—反应终点；$d$—曲线终点

在无热效应时：

$$\frac{\mathrm{d}T_{\mathrm{W}}}{\mathrm{d}t} = \frac{\mathrm{d}T_{\mathrm{S}}}{\mathrm{d}t} = \frac{\mathrm{d}T_{\mathrm{R}}}{\mathrm{d}t}$$

由式（4.1）和式（4.2）得：

$$\Delta T = \frac{C_{\mathrm{R}} - C_{\mathrm{S}}}{K} \frac{\mathrm{d}T_{\mathrm{W}}}{\mathrm{d}t} \tag{4.3}$$

开始升温这一段时间的 DTA 曲线可以用式（4.4）描述：

$$\Delta T = \frac{C_{\mathrm{R}} - C_{\mathrm{S}}}{K} \varphi \left\{ 1 - \exp\left( -\frac{K}{C_{\mathrm{S}}}t \right) \right\} \tag{4.4}$$

式中，$K$ 为传热系数；$t$ 为时间。

当 $t = 0$ 时，$\Delta T = 0$，即开始点为原点。

当 $t \to \infty$ 时，　　　　$\exp\left( -\dfrac{K}{C_{\mathrm{S}}}t \right) = 0$

则

$$\Delta T_a = \frac{C_{\mathrm{R}} - C_{\mathrm{S}}}{K} \varphi \tag{4.5}$$

$\Delta T_a$ 就是图 4.22 中基线部分 $a$ 处的温差，根据方程式（4.5）可得出如下结论：

（1）基线的 $\Delta T_a$ 与程序升温速率 $\varphi$ 成正比，升温速率 $\varphi$ 越小，$\Delta T_a$ 也越小。

（2）基线的 $\Delta T_a$ 与热容差 $\Delta C_p$ 成正比。$C_{\mathrm{S}}$ 和 $C_{\mathrm{R}}$ 越相近，$\Delta T_a$ 越小。因此，试样和参比物应选化学上相似的物质。

（3）只有程序升温速率 $\varphi$ 恒定，才有可能获得稳定的基线。

（4）DTA 曲线的基线因为热容差 $\Delta C_p$ 的变化会有漂移。在程序升温过程中，如果热容差 $\Delta C_p$ 有变化，$\Delta T_a$ 也会变化。实际上，$\Delta C_p$ 是随温度而变化的，因为试样和参比物的热容 $C_{\mathrm{S}}$ 和 $C_{\mathrm{R}}$ 是与温度相关的。

（5）基线也会因为传热系数 $K$ 的变化产生漂移。这是因为对试样和参比物的传热系数 $K_S$ 与 $K_R$ 并不相等，而且随温度的变化会有变化。

在差热曲线的基线形成以后，如果试样产生吸热效应，设热效应为 $\Delta H$，此时试样所得的热量为（主要讨论试样熔化时的情况）：

$$C_S \frac{dT_S}{dt} = K(T_W - T_S) + \frac{d\Delta H}{dt} \qquad (4.6)$$

式中，$\Delta H$ 为试样全部熔化的总吸热量；$\dfrac{d\Delta H}{dt}$ 为单位时间热效应的变化。

由 $\varphi = \dfrac{dT_W}{dt} = \dfrac{dT_R}{dt}$ 和 $\Delta T_a = \dfrac{C_R - C_S}{K}\varphi$ 整理得：

$$K\Delta T_a = (C_R - C_S)\frac{dT_R}{dt} = C_R \frac{dT_R}{dt} - C_S \frac{dT_R}{dt} \qquad (4.7)$$

参比物所得的热量为式（4.2）：

$$C_R \frac{dT_R}{dt} = K(T_W - T_R)$$

将式（4.2）代入式（4.7）中可得：

$$C_S \frac{dT_R}{dt} = K(T_W - T_R) - K\Delta T_a \qquad (4.8)$$

式（4.6）与式（4.8）相减，即反应热引起的温差：

$$C_S \frac{d\Delta T}{dt} = \frac{d\Delta H}{dt} - K(\Delta T - \Delta T_a) \qquad (4.9)$$

$d\Delta T/dt$ 是温差的变化率，即 DTA 曲线斜率。

根据方程式（4.9）可得到以下结论：

（1）由于试样发生吸热效应，在升温的同时 $\Delta T$ 变大，因而在 $\Delta T$ 对时间的曲线中会出现一个峰值。

（2）在峰的最大值，即峰顶（图中 $b$ 点）处 $d\Delta T/dt = 0$，则可由式（4.9）得到：

$$\frac{d\Delta H}{dt} = K(\Delta T_b - \Delta T_a)$$

即

$$峰高 = \Delta T_b - \Delta T_a = \frac{1}{K}\frac{d\Delta H}{dt} \qquad (4.10)$$

由式（4.10）可以看出，峰高与反应热效应变化率成正比。一般 $\Delta H$ 大，峰就高；峰高与传热系数 $K$ 成反比，$K$ 越小，即传热越差，峰就越高。

为提高 DTA 的灵敏度，要求仪器 $K$ 值小，不宜使用均温块式的样品支持器。新型 DTA 仪器的坩埚与炉子之间有一层空气绝热，避免试样刚放一点热就传走了，导致峰值降低的现象。但 $K$ 值越小，$\Delta T_a$ 越大，即基线偏移越大，通过电子线路放大后，基线会更不平滑，因此，$K$ 值也不宜过小。

（3）反应终点 $c$ 就是热效应结束点，$\dfrac{d\Delta H}{dt} = 0$，此时式（4.9）变为：

$$C_S \frac{d\Delta T}{dt} = -K(\Delta T - \Delta T_a)$$

经移项和积分，得：

$$\Delta T - \Delta T_a = \exp\left(-\frac{K}{C_S}t\right) \tag{4.11}$$

式（4.11）的意义是从反应终点 $c$ 点以后，$\Delta T$ 将按指数函数衰减，直至 $\Delta T_a$（基线）。

为了确定反应终点 $c$，通常可作 $\log(\Delta T - \Delta T_a) \sim t$ 图，它应为一直线。当从峰的尾部向峰顶逆向取点时，开始偏离直线的那个点，就是反应终点 $c$。

将式（4.9）对时间作定积分，从反应起始点 $a$ 积分到反应终点 $c$，则：

$$K\int_a^\infty (\Delta T - \Delta T_a)dt = KA = \Delta H \tag{4.12}$$

式（4.12）就是著名的 Speil 公式，左侧的积分等于 DTA 曲线下的面积。从式（4.12）可以看出：

（1）DTA 曲线峰面积 $A$ 与相应热效应 $\Delta H$ 成正比，比例系数 $K$ 就是传热系数；

（2）对于相同的反应热 $\Delta H$，试样传热系数 $K$ 值越大，峰面积越小，即灵敏度越低。

（3）升温速率没有出现在 Speil 公式中，因此，升温速率变化应该不影响峰面积 $A$ 的大小。而实际上，升温速率增加，峰面积一般要大些。升温速率越大，峰越尖锐（对横轴为时间而言）。

### 4.3.2　影响 DTA 曲线的因素及实验条件的选择

#### 4.3.2.1　仪器构造的影响

（1）支持器的位置。设计和制造仪器时，试样支持器与参比物支持器要完全对称，以保证它们在炉子中的位置及传热情况尽可能保持一致。

（2）坩埚材料的影响。在实验过程中，选择对试样、产物（包括中间产物）、气氛等都是惰性的，并且不起催化作用的坩埚材料。对于碱性物质（如碳酸氢钠等），不能使用石英、陶瓷类坩埚，含氟的高聚物与硅反应形成硅的化合物，因此也不能使用这类坩埚；铂坩埚对许多有机、无机反应有催化作用。

为了保证 DTA 曲线的基线稳定，提高差热分析的灵敏度，对仪器的要求如下：

（1）要求试样支持器和基准物支持器，尤其两者的相应热电偶要尽量对称，两个坩埚在炉中相对位置也要尽量一致。

（2）炉子的均温区要尽量大些，升温速率要均匀，恒温控制误差要小。

（3）一般 DTA 仪用 NiCr-NiAl 热电偶，最高温度可用到 1000℃。高温 DTA 用铂-铂铑热电偶，可用到 1500~1600℃。由于铂-铂铑热电偶比镍铬-镍硅的热电势小，其 DTA 的灵敏度也低些，因此，做低温 DTA 测定时最好不用高温炉。

#### 4.3.2.2　操作条件的影响

A　升温速率的影响

图 4.23 为不同升温速率下 $CuSO_4 \cdot 5H_2O$ 的 DTA 曲线。由于升温速率增加，$dH/dt$ 变大，单位时间产生的热效应增大，产生的温度差当然也增大，峰增高；由于升温速率增大，热惯性也增大，峰顶温度也增高。另外，曲线形状也有很大变化。升温速率

大时，峰变高变宽（温度为横坐标）。因此，升温速率增加，灵敏度增大，同时分辨率降低。

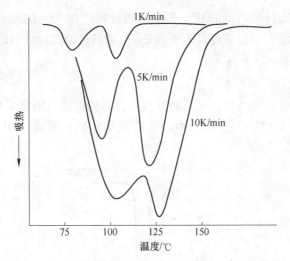

图 4.23 不同升温速率下 $CuSO_4 \cdot 5H_2O$ 的 DTA 曲线

**B 气氛的影响**

气氛的成分对 DTA 曲线的影响很大，可以被氧化的试样在空气或氧气氛中会有很大的氧化放热峰，但在氮气或其他惰性气体中就没有氧化峰。例如，在空气和氢气的气氛下对镍催化剂进行差热分析，所得到的结果截然不同，如图 4.24 所示，在空气中镍催化剂被氧化而产生放热峰。

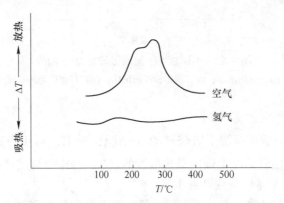

图 4.24 镍催化剂在空气和氢气氛下的 DTA 曲线

**C 压强的影响**

对于不涉及气相的物理变化，如晶型转变、熔融、结晶等变化，转变前后体积基本不变或变化不大，则压力对转变温度的影响很小，DTA 峰温基本不变；但对于放出或消耗气体的化学反应或物理变化，如热分解、升华、汽化、氧化、氢还原等，压力变化对 DTA 曲线有明显的影响，DTA 峰温度有较大的变化，峰温度变化程度与变化过程的热效应大小成正比。

### 4.3.2.3　样品影响

A　试样量的影响

试样量越多，内部传热时间越长，形成的温度梯度越大，DTA 峰形扩张，分辨率下降，峰顶温度移向高温。一般试样量为 5~15mg，最新仪器试样量可以为 1~6mg。一般把 50mg 以上算常量，50mg 以下算微量。

B　试样粒度、形状的影响

试样粒度会影响峰形和峰位，尤其对有气相参与的反应。通常采用小颗粒样品，样品磨细过筛并在坩埚中装填均匀。同一种试样应选用相同的粒度。图 4.25 为不同粒度下 AgNO₃ 的 DTA 曲线。

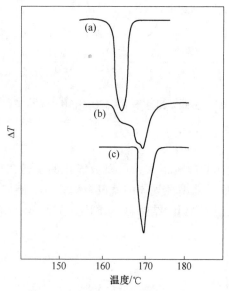

图 4.25　不同粒度下硝酸银转变 DTA 曲线
(a) 原始试样；(b) 稍微粉碎的试样；(c) 仔细研磨的试样

C　参比物和稀释剂的影响

热分析的参比物一般用高温下锻烧过的 α-Al₂O₃ 粉末。对于参比物的条件要求有以下两点：(1) 在所使用的温度范围内是热惰性的 (2) 参比物与试样的比热容、热传导率相同或相近，这样 DTA 曲线基线漂移小。

在差热分析中，有时需要在试样中添加稀释剂。常用的稀释剂有参比物或其他惰性材料，其作用为：改善基线，防止试样烧结，调节试样的热导性，增加试样的透气性以防试样喷溅，配置不同浓度的试样。一般来说，加入稀释剂会降低差热分析的灵敏度，所以，一般情况尽可能不用稀释剂。

### 4.3.3　差热分析法的应用

在热分析中，差热分析的发展历史最长，应用领域也最广，从最早研究矿物、陶瓷和高聚物等材料，发展到对液晶、药物、配合物及动力学研究。它不但可以类似于热重法研究样品的分解或挥发，还可以研究不涉及重量变化的物理变化，例如结晶过程、晶型的转变、相变、固态均相反应以及降解等。虽然 20 世纪 60 年代中期出现了差示扫描量热仪（DSC），但是差热分析在高温和高压方面取得了较大的进展，可用于高达 1600℃ 的高温和几十兆帕以上的研究工作，对物质在高温或高压下的热性质研究提供了很大的帮助，在高温、高压和抗腐蚀的研究领域占据独特的优势。依据差热分析曲线特征，如各种吸热、放热峰的个数、形状及相应的温度等，可定性分析物质的物理或化学变化过程，还可依据峰面积半定量地测定反应热。

### 4.3.3.1 研究材料相态结构的变化

检测非晶态的分相最直接的方法是通过电镜来观察，它可以直接观察待测样品的分相形貌，在扫描电镜分析中还可进行电子探针分析，探明分相的组成。但电镜分析相对比较复杂，从制样到分析需要的周期比较长，应用 DTA 不仅制样简单，而且方便快速。

**A　陶瓷材料的差热分析**

DTA 可为研制新型的陶瓷材料以及制造工程中工艺条件的控制、陶瓷材料的相变温度和相图的测定提供极为有用的数据。例如，$BaO\text{-}TiO_2\text{-}Al_2O_3\text{-}SiO_2$ 玻璃陶瓷材料的 DTA 曲线如图 4.26 所示。通过 DTA 曲线分析发现，该材料在铁电结晶放热峰 1 和熔融峰 3 之间另有一个结晶相 2，实验表明，当这类玻璃陶瓷材料中微观结构都以晶相 2 存在时，材料性能达到最佳状态。

**B　高硅氧玻璃的差热分析**

图 4.27 是两种不同组分高硅氧玻璃的差热分析曲线。由于两条曲线均出现两个 $T_g$，判断此两种组分玻璃都是两相。曲线 1 第一相 $T_g$ 低，判断 $B_2O_3$ 的含量高；第二相的 $T_g$ 高，$SiO_2$ 含量高。根据 $T_g$ 的凹峰面积，还可半定量地知道两分相的相对含量。曲线 1 两个 $T_g$ 的吸热效应相似（凹峰面积相近），可以推断这两种玻璃的分相是两相交错连通。曲线 2 上第一相吸热峰效应大，推断含

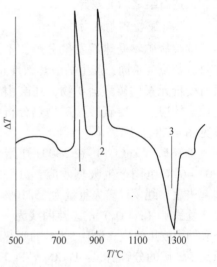

图 4.26   $BaO\text{-}TiO_2\text{-}Al_2O_3\text{-}SiO_2$
玻璃陶瓷材料的 DTA 曲线
1—铁电结晶相；2—结晶相；3—熔融

有较多的 $B_2O_3$，该相构成了玻璃的基体，有较高的体积分数。第二相为 $SiO_2$ 高含量相，其 $T_g$ 效应小，表明其体积分数小，推断第二相可能分布在第一相（基体）中。相应的电镜照片也证实了这一推断。

### 4.3.3.2 材料的鉴别和成分分析

应用 DTA 对材料组成进行鉴别，主要是根据物质的相变（包括熔融、升华和晶型转变等）和化学反应（包括脱水、分解和氧化还原等）所产生的特征吸热或放热峰。有些材料常具有比较复杂的 DTA 曲线，虽然有时不能对 DTA 曲线上所有的峰作出解释，但是它们像"指纹"一样表征着材料的种类。例如，根据石英的相态转变 DTA 峰温、DTA 曲线的形状推断石英的形成过程以及石英矿床、天然石英的种类，并且也可用于检测天然石

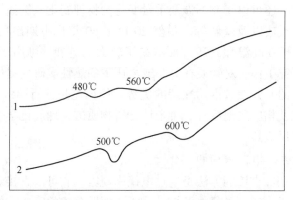

图 4.27  高硅氧玻璃的差热曲线

1—68SiO$_2$·27B$_2$O$_3$·5Na$_2$O；2—60SiO$_2$·30B$_2$O$_3$·10Na$_2$O

英和人造石英之间的差异。

**A  碳酸盐矿物的热分析**

碳酸盐矿物受热后发生分解，不同碳酸盐矿物分解温度不同，产生的吸热效应也不相同。具有变价元素的碳酸盐矿物，还会由于氧化产生放热效应。主要碳酸盐矿物热分析曲线的特征见图 4.28。

菱锌矿（ZnCO$_3$）在 330℃ 开始分解，在 330~468℃ 范围产生吸热效应，分解放出 CO$_2$ 引起失重，纯菱锌矿失重量为 35.10%。

菱铁矿（FeCO$_3$）的差热曲线为一个吸热效应和两个放热效应。500~590℃ 的吸热效应和失重是菱铁矿的分解引起：FeCO$_3$→FeO+CO$_2$，纯菱铁矿失重率为 38%。650℃ 的放热效应是 FeO 氧化造成：4FeO+O$_2$→α-Fe$_2$O$_3$+γ-Fe$_2$O$_3$。近于 900℃ 的放热效应为 γ-Fe$_2$O$_3$ 转变为 α-Fe$_2$O$_3$，这一热效应不是很明显。一般在菱铁矿分解效应之前还有一个小的放热效应，认为是由于 Fe$_2$O$_3$ 缓慢分解生成的 FeO 立即被氧化引起。菱铁矿在 N$_2$ 或 CO$_2$ 气氛中的差热曲线仅有一吸热效应。在 O$_2$ 气氛中仅有放热效应。这是因为菱铁矿分解产生 FeO 立即氧化为 Fe$_2$O$_3$ 放出的能量比 FeCO$_3$ 分解所需的能量多，吸热效应部分被放热所抵消，而只表现放热效应。

菱锰矿（MnCO$_3$）在 480~604℃ 分解产生吸热效应，MnO 的氧化在 630℃ 产生放热效应。纯菱锰矿的分解失重为 38.3%。菱锰矿在 N$_2$、

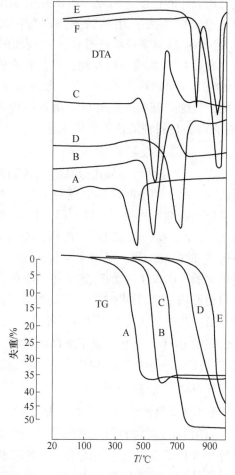

图 4.28  主要碳酸盐矿物的热分析曲线

A—菱锌矿；B—菱铁矿；C—菱锰矿；D—菱镁矿；

E—白云石；F—方解石

$CO_2$ 和 $O_2$ 气氛中差热曲线的特征与菱铁矿相似，不易区分。

菱镁矿（$MgCO_3$）520℃开始分解，520~730℃产生不对称吸热效应。纯菱镁矿的失重率为 52.2%。吸热效应结束后出现一个小的放热效应，认为是菱镁矿中所含 Fe 的氧化引起的。但是本实验中所用的菱镁矿含铁量很低，却仍有清楚的放热效应，可能与方镁石的生成有关。

白云石（$CaMg(CO_3)_2$）的差热曲线有两个吸热效应，温度分别为 800~850℃ 和 900~950℃，对应反应为分解释放 $CO_2$，其反应式如下：

$$CaMg(CO_3)_2 \longrightarrow CaCO_3 + MgO + CO_2 \uparrow$$
$$CaCO_3 \longrightarrow CaO + CO_2 \uparrow$$

白云石在 $N_2$、$CO_2$、$O_2$ 气氛中的差热曲线基本不变。纯白云石两个阶段的失重率均为 23.8%。当试样质量小于 50mg 时，两个吸热效应会逐渐合并。当试样质量为 10~20mg 时，呈现与方解石相似的吸热效应。因此，在进行碳酸盐矿物热分析时，试样的用量不宜太少。

B　水合草酸钙分解过程与机理研究

$CaC_2O_4 \cdot H_2O$ 的 TG 和 DTA 曲线如图 4.29 所示，热分解过程如下。

第一阶段，脱水：$CaC_2O_4 \cdot H_2O(s) \longrightarrow CaC_2H_4(s) + H_2O(g)$

第二阶段，脱 CO：$\quad\quad\quad CaC_2H_4 \longrightarrow CaCO_3(s) + CO(g) + O_2(g)$

第三阶段，脱 $CO_2$：$\quad\quad CaCO_3 \longrightarrow CaO(s) + CO_2(g)$

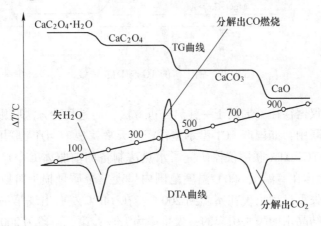

图 4.29　$CaC_2O_4 \cdot H_2O$ 的 TG 和 DTA 曲线

（1）失重率：

$$w = \frac{18}{146} \times 100\% = 12.3\%$$

（2）草酸钙分解：

$$w = \frac{28}{146} \times 100\% = 19.2\%$$

（3）碳酸钙分解：

$$w = \frac{44}{146} \times 100\% = 30.1\%$$

总失重 $\sum w = 61.6\%$，上述计算结果与 DTA-TG 曲线结果一致。

#### 4.3.3.4　热分析联用技术

在热分析工作中，采用单一测试技术难以对热分析曲线进行正确解释，图 4.30 很好地说明这一点。分别采用 TG 和 DTA 方法对同一白云石进行分析，然后按照同一温度标准将两条分析曲线绘于一张图上，可以看出存在两个矛盾：其一，TG 曲线的热分解为一个阶段，DTA 曲线则为两个阶段；其二，热分解不在同一温度范围内，这是曲线的性质不同及实验条件不同而导致的。

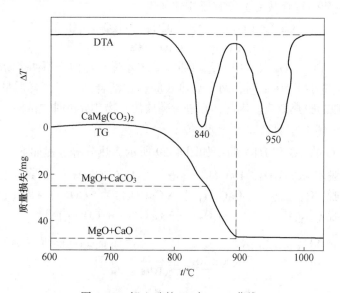

图 4.30　铝土矿的 TG 与 DTA 曲线

目前，热分析仪器往往不局限于一种热分析方法，而是几种方法联用。常用到的是热重法与差热分析法联用，如国产 LCT 型示差精密热天平就是 TG-DTA 联用仪器。

李芸玲等应用 TG-DTA 联用仪器研究了水热法制备的前驱体 $Co_3O_4$ 的热稳定性，如图 4.31 所示。前驱体在室温至 600℃ 温度范围内呈现三个质量损失阶段，并且有三个明显的吸热峰。第一失重过程出现在室温到 200℃，在 140℃ 左右出现第一个吸热峰，这一失重是由吸附水和结晶水的失去引起的，失重率为 13%；第二阶段为 200~350℃，失重率为 5%，在 320℃ 左右出现第二吸热峰，这一失重是由反应中添加的表面活性剂分解引起；第三阶段的质量损失出现在 350~420℃，在 400℃ 左右出现第三个吸热峰，该阶段质量损失速率较快，失重率为 23%，其质量损失及吸热应为前驱体分解生成 $Co_3O_4$ 所产生的；在 420℃ 以后，曲线趋于平稳，表明热分解形成稳定的 $Co_3O_4$。

图 4.32 是 $SrCO_3$ 在空气氛下的 DTA 及 TG/DTG 曲线。DTA 曲线上，950℃ 处有一明显的吸热峰，而在 TG 及 DTG 曲线上均不出现，说明在 950℃ 的热效应不涉及质量的变化，对应 $SrCO_3$ 从正交晶系转变为六方晶系。

Kharadi G. J. 等采用热分析联用技术研究配合物的热稳定性和分解机理，以获得有关配合物结构的信息。如图 4.33 所示，$[Cu(A^1)(Ph)(OH)(H_2O)] \cdot 3H_2O$ 在室温至 950℃ 范围内出现三次失重：40~190℃ 是失水的过程，DTG 曲线显示 185℃ 时失水速率最大，此过程中失去 3mol 结晶水、1mol 配位水分子和—OH；第二阶段失重为 315~335℃，DTG

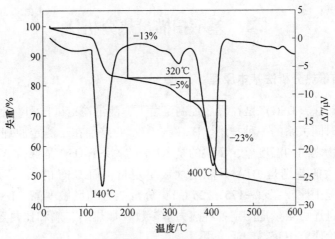

图 4.31 前驱体在 $N_2$ 气氛中的 TG-DTA 曲线

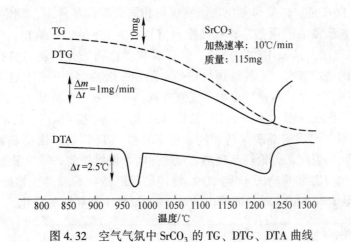

图 4.32 空气气氛中 $SrCO_3$ 的 TG、DTG、DTA 曲线

曲线在 325℃ 失重速率最大，此过程中苯环被分解；500~750℃，失去另一种配体，最后分解产物为 CuO。

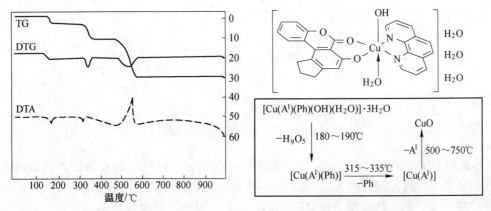

图 4.33 $[Cu(A^1)(Ph)(OH)(H_2O)] \cdot 3H_2O$ 的热分析曲线

# 4.4 差示扫描量热分析法

### 4.4.1 差示扫描量热分析法基本原理

差示扫描量热法（DSC）是在程序控制温度下，测量输给试样和参比物的热流量差或功率差与温度或时间关系的一种技术。DSC 与 DTA 的差别在于测定原理的不同：DTA 是测量试样与参比物之间的温度差，反映的是 $\Delta T\text{-}T$ 的关系；DSC 是保持 $\Delta T = 0$，测定$\Delta H\text{-}T$的关系。两者最大的差别是 DTA 只能定性或半定量，而 DSC 的结果可用于定量分析。DSC 的使用温度范围比较宽（$-175 \sim 725\,℃$），分辨能力和灵敏度高。DSC 不仅涵盖 DTA 的一般功能，而且还可定量地测定各种热力学参数（如热焓、熵和比热容等），所以在材料应用科学和理论研究中获得广泛应用。

差示扫描量热法按测定方法不同，分为两种类型：功率补偿型 DSC 和热流型 DSC。

功率补偿型 DSC 是在样品和参比物始终保持相同温度的条件下，测定为满足此条件样品和参比物两端所需的能量差，并直接作为信号 $\Delta Q$（热量差）输出。图 4.34 为功率补偿型 DSC 的原理图，其采用内加热式，装样品和参比物的支持器是各自独立的元件，在样品和参比物的底部各有一个加热用的铂热电阻和一个测温用的铂传感器。图 4.35 为样品支持器示意图，整个仪器由两个电子线路控制，其中一条控制温度，使样品和参比物在预定的速率下升温或降温；另一条用于补偿样品和参比物之间所产生的温差，通过功率补偿电路使样品与参比物的温度保持相同。功率补偿型 DSC 是采用动态零位平衡原理，即要求样品与参比物温度，无论样品吸热还是放热时都要维持动态零位平衡状态，也就是要保持样品和参比物温度差趋向于零。DSC 测定的是维持样品和参比物处于相同温度所需要的能量差（$\Delta W = \mathrm{d}H/\mathrm{d}t$，单位时间内的焓变），反映了样品焓的变化。

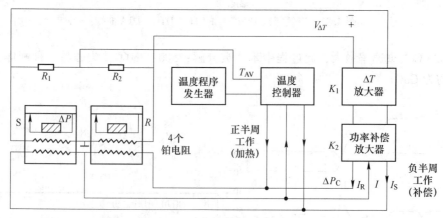

图 4.34 功率补偿型 DSC 原理图

热流型 DSC 是在给予样品和参比物相同的功率下，测定样品和参比物两端的温差 $\Delta T$，然后根据热流方程，将 $\Delta T$（温差）换算成 $\Delta Q$（热量差）作为信号输出。图 4.36 为热流型 DSC 示意图。热流型 DSC 与 DTA 仪器十分相似，采取外加热式，是一种定量的 DTA 仪器。不同之处在于试样与参比物托架下，置一导热性能好的康铜电热片，加热器

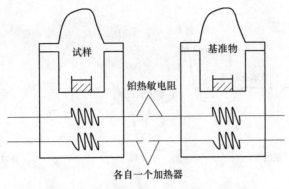

图 4.35 功率补偿型 DSC 的样品支持器

在程序控制下对加热块加热，其热量通过电热片同时对试样和参比物加热，使之受热均匀。样品和参比物的热流差是通过试样和参比物平台下的热电偶进行测量。试样的温度由镍铬丝和镍铝丝组成的高灵敏度热电偶检测，参比物的温度由镍铬丝和康铜组成的热电偶加以检测。

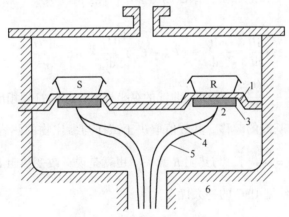

图 4.36 热流型 DSC 示意图

1—康铜盘；2—热电偶热点；3—镍铬板；4—镍铝丝；5—镍铬丝；6—加热块

### 4.4.2 DSC 曲线分析

#### 4.4.2.1 DSC 曲线的分析方法

差示扫描量热测定时记录的热谱图称为 DSC 曲线，典型 DSC 曲线的纵坐标是试样与参比物的功率差 $dH/dt$，也称作热流率，单位为毫瓦（mW），横坐标为温度（$T$）或时间（$t$）。曲线的形状与差热分析法相似，如图 4.37 所示。曲线离开基线的位移，代表样品吸热或放热的速率，通常以 mJ/s 表示；而曲线峰与基线延长线所包围的面积，代表热量的变化。因此，DSC 可以直接测量试样在发生变化时的热效应。一般在 DSC 热谱图中，吸热（endothermic）效应用凸起的峰值来表征（热焓增加），放热（exothermic）效应用反向的峰值表征（热焓减少）。

功率补偿型 DSC 曲线方程推导如下。假设：$C_S$、$C_R$ 分别为试样与支持器和参比物与

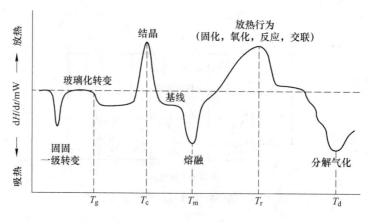

图 4.37 典型 DSC 曲线示意图

支持器的热容；$T_S$、$T_R$ 为试样、参比物的温度；$T_b$ 为环境温度；$dQ_S/dt$、$dQ_R/dt$ 为传给试样、参比物的热流率；$dH_R/dt = 0$，即参比物没有热效应；$dH_S/dt$ 为单位时间试样的放热量；$R = R_S = R_R$，$R$ 是传热热阻，试样侧与参比物侧热阻相等。

推导结果为：

$$\frac{dH}{dt} = -\frac{dQ}{dt} + (C_S - C_R)\frac{dT_b}{dt} - RC_S\frac{d^2Q}{dt^2} \tag{4.13}$$

第一项 $\dfrac{dQ}{dt} = \dfrac{dQ_S}{dt} - \dfrac{dQ_R}{dt}$，与 DSC 曲线的纵坐标 $dH/dt$ 的符号相反。

第二项代表 DSC 基线的漂移。其数值取决于试样与参比物的热容差（$\Delta C = C_S - C_R$），还取决于升温速率$\left(\varphi = \dfrac{dT_R}{dt}\right)$，与热阻 $R$ 无关。也就是说，改变热阻 $R$ 并不影响基线的漂移程度，这是功率补偿型 DSC 的一大优点。

第三项中的 $\dfrac{d^2Q}{dt^2}$ 是功率补偿型 DSC 曲线的斜率，另外还有一个热时间常数 $RC_S$，这与 DTA 及热流型 DSC 曲线方程的第三项相似，不同的是它要乘一个二阶导数，这样，热阻 $R$ 值的影响就小得多了。

功率补偿型 DSC 作热量定量只需用纯金属铟作单点校正，即可用于较宽的温度范围。而 DTA 则不行，因为热阻 $R$ 随温度不同而不同，对 DTA 定量的影响不能忽视。

热流型 DSC 曲线方程推导过程从略，推导结果为：

$$R\frac{dH_S}{dt} = (T_S - T_R) + (C_S - C_R)R\frac{dT_S}{dt} + RC_S\frac{d(T_S - T_R)}{dt} \tag{4.14}$$

第一项 $T_S - T_R = \Delta T$，相当于 DTA 曲线的纵坐标 $\Delta T$；

第二项 $(C_S - C_R)R\dfrac{dT_S}{dt}$，其中 $\dfrac{dT_S}{dt} = \varphi$，即升温速率，热阻 $R = \dfrac{1}{K}$，所以第二项 $= \dfrac{\Delta C_p}{K}\varphi$，

相当于 DTA 曲线的基线方程式 $(\Delta T)_a = \dfrac{C_R - C_S}{K}\varphi$，即式（4.5），其意义已讨论过。

第三项 $RC_S \dfrac{\mathrm{d}\Delta T}{\mathrm{d}t}$，$RC_S$ 叫作热时间常数，单位是时间，是曲线斜率，反映了试样每一瞬间的热行为。当斜率不为零时即在出峰。

这种热流型 DSC 曲线方程与经典的 DTA 曲线方程实际上是一样的。由此，也说明了热流型 DSC 与 DTA 的原理是一样的。

不管是 DTA 还是 DSC 对试样进行测定的过程中，试样发生热效应后，其导热系数、密度、比热容等性质都会有变化，使曲线难以回到原来的基线，形成各种峰形。如何正确选取不同峰形的峰面积，对定量分析来说是十分重要的。一般来讲，DSC 峰面积的确定有以下四种方法，如图 4.38 所示。

（1）若峰前后基线在一直线上，则取基线连线作为峰底线（图 4.38（a））。

（2）当峰前后基线不一致时，取前、后基线延长线与峰前、后沿交点的连线作为峰底线（图 4.38（b））。

（3）当峰前后基线不一致时，也可以过峰顶作纵坐标平行线，与峰前、后基线延长线相交，以此台阶形折线作为峰底线（图 4.38（c））。

（4）当峰前后基线不一致时，还可以作峰前、后沿最大斜率点切线，分别交于前、后基线延长线，连结两交点组成峰底线（图 4.38（d））。此法是国际热分析协会 ICTA 所推荐的方法。

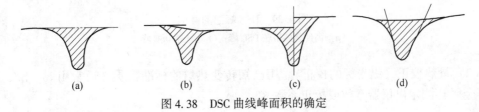

图 4.38　DSC 曲线峰面积的确定

### 4.4.2.2　DSC 曲线的校正

DSC 是动态量热技术，对 DSC 仪器的校正主要是温度校正和量热校正。为了能够得到精确的数据，即使对于那些精确度相当高的 DSC 仪，也必须经常进行温度和量热的校核。

（1）温度校正（横坐标校正）。DSC 的温度是用高纯物质的熔点或相变温度进行校核的，高纯物质常用高纯铟，另外有 $KNO_3$、Sn、Pb 等。1965 年，ICTA 推荐了标定仪器的标准物质，见表 4.3。

表 4.3　DSC 温度校正的部分标准物质

| 纯物质名称 | 熔点/℃ | 熔融热/$J \cdot g^{-1}$ |
| --- | --- | --- |
| 偶氮苯 | 24.6 | 21.6 |
| 硬脂酸 | 69 | 47.5 |
| 铟 | 156.6 | 28.47 |
| 锡 | 231.96 | 60.49 |
| 铅 | 327.5 | 23.03 |
| 锌 | 419.58 | 108.4 |
| $K_2SO_4$ | 585 | 33.2 |

试样坩埚和支持器之间的热阻会使试样坩埚温度落后于试样坩埚支持器热电偶处的温度。这种热滞后可以通过测定高纯物质 DSC 曲线的办法求出。高纯物质熔融 DSC 峰前沿斜率为：

$$\frac{1}{R_0} \cdot \frac{\mathrm{d}T}{\mathrm{d}t} = \frac{\varphi}{R_0} \tag{4.15}$$

式中，$R_0$ 为坩埚与支持器之间的热阻。如图 4.39 所示，试样的 DSC 峰温为过其峰顶作斜率与高纯金属熔融峰前沿斜率相同的斜线与峰底线交点 $B$ 所对应的温度 $T_e$。

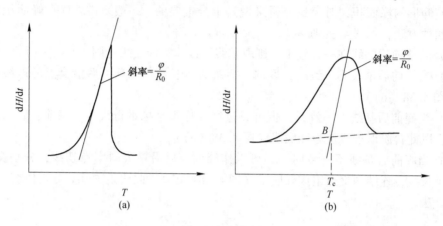

图 4.39   DSC 峰温的修正

（a）高纯金属熔融 DSC 峰；（b）试样 DSC 峰

（2）量热校正（纵坐标的校正）。用已知转变热焓的标准物质（通常用 In、Sn、Pb、Zn 等金属）测定出仪器常数或校正系数 $K$。

$$K = \frac{\Delta H \cdot m \cdot s}{a \cdot A} \tag{4.16}$$

式中，$A$ 为 DSC 峰面积，$cm^2$；$\Delta H$ 为用来校正的标准物质的转变热焓，J/mg；$s$ 为记录纸速，cm/s；$a$ 为仪器的量程，J/s；$m$ 为质量，mg。

任一试样的转变或反应焓值为：

$$\Delta H = \frac{K \cdot A \cdot a}{s \cdot m} \tag{4.17}$$

选用的标准物质，其转变温度应与被测试样的热效应温度范围接近，而且校正所选用的仪器及操作条件都应与试样测定时完全一致。DSC 量热校正的标准物质见表 4.4。

表 4.4   DSC 量热校正的标准物质

| 化合物 | 温度/℃ | 转变类型 | $\Delta H/kJ \cdot mol^{-1}$ | 平均标准偏差 | | 性质 |
| --- | --- | --- | --- | --- | --- | --- |
| | | | | $\pm kJ \cdot mol^{-1}$ | $\pm\%$ | |
| $H_2O$ | 0 | m. p | 6.03 | 0.12 | 2.0 | |
| AgI | 149 | p. t | 6.56 | 0.05 | 0.7 | I |
| In | 157 | m. p | 3.26 | 0.02 | 0.6 | |
| $RbNO_3$ | 166 | p. t | 3.87 | 0.02 | 0.6 | |

续表 4.4

| 化合物 | 温度/℃ | 转变类型 | $\Delta H$/kJ·mol$^{-1}$ | 平均标准偏差 | | 性质 |
|---|---|---|---|---|---|---|
| | | | | ±kJ·mol$^{-1}$ | ±% | |
| AgNO$_3$ | 168 | p. t | 2.27 | 0.01 | 0.3 | I |
| AgNO$_3$ | 211 | m. p | 12.13 | 0.08 | 0.7 | I |
| RbNO$_3$ | 225 | p. t | 3.19 | 0.01 | 0.4 | |
| Sn | 232 | m. p | 7.19 | 0.03 | 0.4 | |
| RbNO$_3$ | 285 | p. t | 1.29 | 0.01 | 0.5 | |
| NaNO$_3$ | 306 | p. t | 15.75 | 0.11 | 0.7 | I |
| Pb | 327 | m. p | 4.79 | 0.07 | 1.4 | |
| Zn | 419 | m. p | 7.10 | 0.04 | 0.6 | |
| Ag$_2$SO$_4$ | 426 | p. t | 15.90 | 0.16 | 1.0 | |
| CsCl | 476 | p. t | 2.90 | 0.03 | 1.0 | |
| Li$_2$SO$_4$ | 576 | p. t | 24.46 | 0.07 | 0.3 | II |
| K$_2$CrO$_4$ | 688 | p. t | 6.79 | 0.10 | 1.5 | III |

注：m. p—熔点；p. t—多晶转变；I—易分解；II—具有吸湿性；III—基线校正困难。

### 4.4.3 影响 DSC 曲线的因素及实验条件的选择

影响 DSC 的因素和差热分析基本上类似，鉴于 DSC 主要用于定量测定，因此某些实验因素的影响显得更为重要，其主要的影响因素大致有下列几个方面。

#### 4.4.3.1 实验条件的影响

A 升温速率

程序升温速率主要影响 DSC 曲线的峰温和峰形。一般升温速率越大，峰温越高，峰形越大、越尖锐。

实际样品测试中，升温速率的影响是很复杂的，与试样的种类和热转变的类型密切相关。例如，考察升温速率对聚合物玻璃化转变温度 $T_g$ 的影响时，因为聚合物玻璃化转变是一松弛过程，升温速率太慢，转变不明显，甚至观察不到；升温快，转变明显，但 $T_g$ 移向高温；而升温速率对 $T_m$ 影响不大，但有些聚合物在升温过程中会发生重组、晶体完善化，使 $T_m$ 和结晶度都提高。

升温速率对峰的形状也有影响，升温速率慢，峰尖锐，分辨率也好；升温速率快，基线漂移大。升温速率一般采用 10℃/min。

B 气体性质

在实验中，一般比较注意所通气体的氧化还原性和惰性，而往往容易忽视其对 DSC 峰温和热熔值的影响。实际上，气氛对 DSC 定量分析中峰温和热熔值的影响是很大的。在氢气中所测定的起始温度和峰温都比较低，这是由于氢气的热导性接近空气的 5 倍，温度响应比较慢；相反，在真空中温度响应要快得多。同样，不同的气氛对热熔值的影响也存在着明显的差别，如在氢气中所测定的热熔值只相当于其他气氛的 40% 左右。

#### 4.4.3.2　试样特性的影响

**A　试样用量**

试样用量是一个不可忽视的因素。通常用量不宜过多，因为过多会使试样内部传热慢、温度梯度大，导致峰形扩大和分辨率下降。当采用较少样品时，用较高的扫描速度，可得到最大的分辨率、最规则的峰形，可使样品和所控制的气氛更好地接触，更好地除去分解产物；当采用较多样品用量时，可观察到细微的转变峰，获得较精确的定量分析结果。

**B　试样粒度**

粒度的影响比较复杂。通常由于大颗粒的热阻较大而使试样的熔融温度和熔融热熔偏低；但是当结晶的试样研磨成细颗粒时，由于晶体结构的歪曲和结晶度的下降也可导致相类似的结果；对于带静电的粉状试样，由于粉末颗粒间的静电引力使粉状形成聚集体，也会引起熔融热熔变大。

**C　试样的几何形状**

在高聚物研究中，发现试样几何形状的影响十分明显。对于高聚物，为了获得比较精确的峰温值，应该增大试样与试样盘的接触面积，减少试样的厚度并采用慢的升温速率。

### 4.4.4　差示扫描量热分析法的应用

DSC 由于能定量地测定多种热力学和动力学参数，且使用的温度范围比较宽（-175~725℃），分辨率较好，灵敏度较高，因此应用也较广，用于测定比热容、反应热、转变热等热效应以及试样的纯度、反应速度、结晶速率、高聚物结晶度等。峰的位置、形状、数目与物质的性质有关，可用作物质的定性表征和鉴定；峰的面积与反应热熔有关，故可以用来定量计算参与反应的物质的量或者测定热化学参数。DSC 的主要应用总结见表 4.5。

**表 4.5　DSC 的主要应用**

| 序号 | 应　　用 |
|---|---|
| 1 | 一般鉴定——与标准物质对照 |
| 2 | 比热测定 |
| 3 | 热力学参数、热熔和熵的测定 |
| 4 | 玻璃化转变的测定和物理老化速率测定 |
| 5 | 结晶度、结晶热、等温和非等温结晶速率的测定 |
| 6 | 熔融、熔融热——结晶稳定性研究 |
| 7 | 热、氧分解动力学研究 |
| 8 | 添加剂和加工条件对稳定性影响的研究 |
| 9 | 聚合动力学的研究 |
| 10 | 吸附和解吸——水合物结构等的研究 |
| 11 | 反应动力学研究 |

#### 4.4.4.1　化合物熔变的测定

试样发生热效应而引起温度的变化时，这种变化一部分传导至温度传感装置（如热电偶、热敏电阻等）被检测，另一部分传导至温度传感装置以外的地方。记录仪所记录的热效应峰仅代表传导至温度传感装置的那部分热量变化情况，但是，当仪器条件一定时，记录仪所记录的热效应峰的面积与整体热效应的热量总变化成正比，即

$$m \times \Delta H = KA$$

式中，$m$ 为物质的质量；$\Delta H$ 为单位质量的物质所对应的热效应变化，即熔变；$K$ 为仪器常数；$A$ 为曲线峰的面积。

首先，用已知热熔变 $\Delta H_s$ 的物质 $M_s$ 进行测定，测出与其相对应的峰面积 $A_s$，求得仪器常数 $K$：

$$K = \frac{m_s \cdot \Delta H_s}{A_s}$$

然后，在同样的方法和条件下测定未知物质 $M_x$ 的曲线峰面积 $A_x$，则可求得 $\Delta H_x$：

$$\Delta H_x = \frac{K \cdot A_x}{m_x}$$

#### 4.4.4.2 比热容的测定

在 DSC 测试过程，试样处在线性的程序温度控制下，试样的热流率是连续测定的，且所测的热流率（$dH/dt$）与试样的瞬间比热容成正比。因此，热流率可用式（4.18）表达：

$$\frac{dH}{dt} = m \cdot c_p \cdot \frac{dT}{dt} \tag{4.18}$$

式中，$m$ 为试样的质量；$c_p$ 为试样的比定压热容；$\dfrac{dT}{dt}$ 为升温速率。

在比热容的测定中，通常采用蓝宝石作为标准物质，其比热容已精确测定，可从有关手册中查得不同温度下的数据。测定试样比热容时，首先测定空白基线，即空试样盘的扫描曲线，然后在相同条件下使用同一个试样盘分别测定蓝宝石和试样的 DSC 曲线，所得结果如图 4.40 所示。在某温度 $T$ 下，从DSC 曲线中求得纵坐标的变化值 $y_1$ 和 $y_2$（扣除空白值后的校正值），将 $y_1$ 及 $y_2$代入式（4.19）中，即可求得未知试样的比热容。

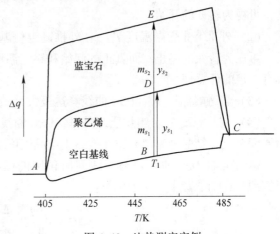

图 4.40 比热测定实例
（试样：熔融聚乙烯；温度：405~485K）

$$\frac{y_1}{y_2} = \frac{m_1 c_{p1}}{m_2 c_{p2}} \tag{4.19}$$

式中，$m_2$、$c_{p2}$ 分别为蓝宝石的质量和比热容；$m_1$、$c_{p1}$ 分别为试样的质量和比热容。

#### 4.4.4.3 熔融和结晶温度及熔融和结晶热的测定

熔融是物质从晶相到液相的转变阶段，结晶是指物质从非晶液态向完全结晶或部分结晶固态的转变阶段。物质升、降温过程熔融和结晶的 DSC 曲线如图 4.41 所示。热分析法

测定的精度为±1℃（以热力学平衡温度为准）。峰高应居仪器满量程的 25% 以上。连接 DSC 曲线开始偏离前后基线的起始点（即 $T_i$ 和 $T_f$）确定 DSC 曲线的基线，以便由 DSC 曲线与基线所围绕的峰面积来计算熔化热或者结晶热。如果 DSC 曲线出现多重峰，则对每个峰均应做如此处理。熔化是由升温 DSC 曲线测量，曲线的起始边是指低温侧；而结晶是降温测量，起始边在降温一侧。

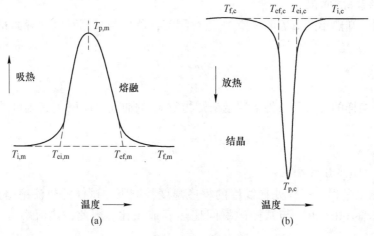

图 4.41　升温熔融与降温结晶的 DSC 曲线

当物质熔化时，DSC 曲线表现为吸收峰，熔融温度即熔点 $T_m$，由曲线可知如下几个特征温度，如图 4.41（a）所示。

（1）外推起始熔融温度 $T_{ei,m}$：外推低温侧基线与通过曲线起始边拐点切线的交点温度，可视为转变的开始。

（2）外推终止熔融温度 $T_{ef,m}$：外推高温侧基线与通过曲线终止边拐点切线的交点温度，可视为转变的终止。而真正的起始和终止温度应分别是 $T_i$ 和 $T_f$，与仪器灵敏度有关，具有一定的任意性。

（3）熔融峰温度 $T_p$：DSC 曲线峰达极大（或极小）的温度。

（4）结晶温度 $T_c$：当物质结晶时，DSC 曲线表现为放热峰，同上可定义外推结晶起始温度 $T_{ei,c}$、结晶峰温 $T_{p,c}$ 和外推终止结晶温度 $T_{ef,c}$，如图 4.41（b）所示。

由图 4.41 DSC 曲线峰与基线间所包围的面积，按式（4.20）可以计算熔化热 $\Delta Q_f$（结晶热 $\Delta Q_c$），以 kJ/kg 为单位：

$$\Delta Q = \frac{ABT}{W} \times \frac{\Delta Q_S W_S}{A_S B_S T_S} \tag{4.20}$$

式中，$\Delta Q$ 为试样的熔化热或结晶热，kJ/kg；$\Delta Q_S$ 为标样的熔化热或结晶热，kJ/kg；$A$ 为试样 DSC 曲线的峰面积，$mm^2$；$A_S$ 为标样 DSC 曲线的峰面积，$mm^2$；$W$ 为试样质量，mg；$W_S$ 为标样质量，mg；$T$ 为试样 $y$ 轴灵敏度，mW/mm；$T_S$ 为标样 $y$ 轴灵敏度，mW/mm；$B$ 为试样 $y$ 轴灵敏度，mW/mm；$B_S$ 为标样 $y$ 轴灵敏度，mW/mm。

### 4.4.4.4　TG-DSC 联用技术

以 $La_2O_3$ 和 $Co_3O_4$ 粉末混合物的 TG-DSC 分析结果为例来说明 TG-DSC 联用技术。图

4.42 （a）~（c）分别是升温速度为 10K/min、20K/min 和 30K/min 的 TG-DSC 曲线。从图中可以看出：（1）样品在 573K 以下有轻微的吸热和失重，这可能是脱去物理吸附水所引起的；（2）从 573~1173K，有四次失重，同时有三个很强的吸热峰；（3）在 1173~1273K 之间，有一次增重。

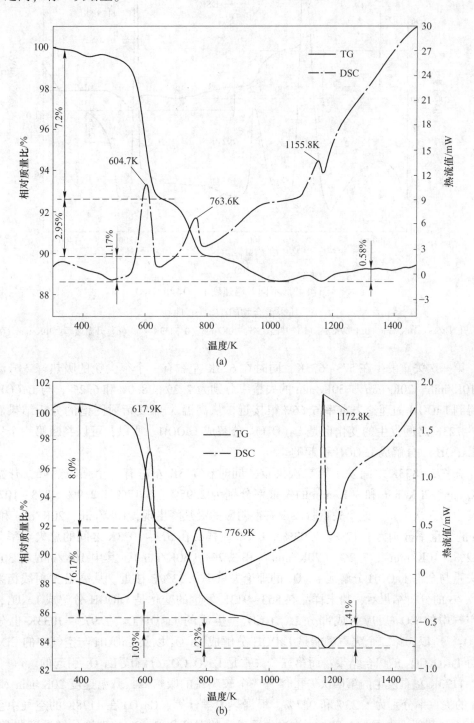

(a)

(b)

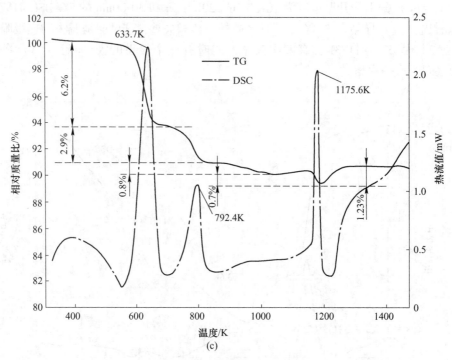

图 4.42　不同升温速度 La$_2$O$_3$ 和 Co$_3$O$_4$

粉末混合物的 TG-DSC 曲线

（a）升温速率：10K/min（0.1667K/s）；（b）升温速率：20K/min（0.3333K/s）；（c）升温速率：30K/min（0.5K/s）

第一次失重发生在 573~673K，同时在 623K 左右有一个很尖锐的吸热峰。升温速率为 10K/min、20K/min 和 30K/min 的失重率分别为 7.2%、8.0% 和 6.2%，与 La(OH)$_3$ 分解得到 LaOOH 的理论失重率 6.66% 很接近。从高温 X 射线衍射图谱的分析结果看，在 623~723K 之间发生的变化也是 La(OH)$_3$ 分解成 LaOOH。所以，可以判断第一个失重是由 La(OH)$_3$ 分解成 LaOOH 引起的。

在 673~873K 之间发生第二次失重，同时在 773K 左右有一个强吸热峰，升温速度 10K/min、20K/min 和 30K/min 的失重率分别为 2.95%、6.17% 和 2.9%。873~1073K 之间发生第三次失重，这个失重阶段没有很明显的吸热峰出现，10K/min、20K/min 和 30K/min 的失重率分别为 1.17%、1.03% 和 0.8%。样品在 673~1073K 之间的总失重率分别为 4.12%（10K/min）、7.2%（20K/min）和 3.7%（30K/min），其中 10K/min 和 30K/min 的失重与全部 LaOOH 分解成 La$_2$O$_3$ 的理论失重率 3.33% 较接近。从高温 X 射线衍射图谱图 4.43 的分析结果看，粉末样品在 853~913K 发生的变化是 LaOOH 分解成 La$_2$O$_3$，同时与空气中的 CO$_2$ 反应生成部分 La$_2$O$_2$CO$_3$，生成的 La$_2$O$_2$CO$_3$ 在 973~1033K 也分解成 La$_2$O$_3$。所以，第二个失重可能是 LaOOH 分解成 La$_2$O$_3$ 以及 LaOOH 与空气中的 CO$_2$ 生成部分 La$_2$O$_2$CO$_3$ 的综合结果；而第三个失重是 La$_2$O$_2$CO$_3$ 分解成 La$_2$O$_3$ 引起的。

1173K 左右发生的第四次失重伴有一个较尖锐的吸热峰，升温速度 20K/min 和 30K/min 的失重率分别为 1.23% 和 0.7%。根据热力学计算，Co$_3$O$_4$ 在 1178K 的空气中会分解成 CoO，其理论失重为 1.97%。本次失重发生的温度与 Co$_3$O$_4$ 的理论分解温度非常接近，

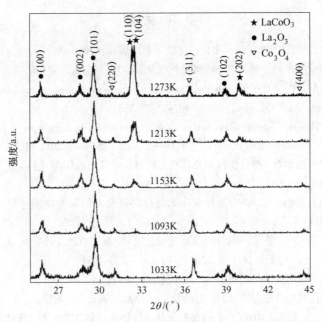

图 4.43  $La_2O_3$ 和 $Co_3O_4$ 混合样品的高温 X 射线衍射图谱

但失重量比理论失重要小。从图 4.42 可以看出，很弱的 $LaCoO_{3-\delta}$ 衍射峰在 1093K 时就开始出现，生成的 $LaCoO_{3-\delta}$ 很可能会覆盖在 $Co_3O_4$ 颗粒表面。所以，$Co_3O_4$ 颗粒表面的 $LaCoO_{3-\delta}$ 覆盖层在一定程度上可能会阻碍其分解出的 $O_2$ 向外扩散，使得局部氧分压升高，从而阻止 $Co_3O_4$ 的进一步分解。这也可能是图 4.43 中 1213K 和 1273K 的 X 射线衍射花样中没发现 CoO 的衍射峰的原因。

此外，1173～1273K 之间的增重可能是由 $La_2O_3$ 和 $Co_3O_4$ 反应生成 $LaCoO_{3-\delta}$ 引起的，反应式如下：

$$3La_2O_3 + 2Co_3O_4 + (1/2 - 3\delta)O_2 \Longrightarrow 6LaCoO_{3-\delta}$$

各升温速度的增重率分别为 0.58%（10K/min）、1.41%（20K/min）和 1.23%（30K/min），与 $La_2O_3$ 和 $Co_3O_4$ 生成 $LaCoO_3$ 的理论增重 0.987% 略有差别，这可能与 1173K 附近部分 $Co_3O_4$ 的分解有关。

综上所述，将高温 X 射线衍射与 TG-DSC 实验相结合，能够较满意地说明 $La_2O_3$ 和 $Co_3O_4$ 粉末固相反应合成 $LaCoO_{3-\delta}$ 的机理。

热分析已有百年的发展历史，随着科学技术的发展，它不仅在无机材料领域有很重要的用途，而且有力地推动了无机化学、分析化学、有机化学、高分子、石油化工、人工合成材料科学的发展，同时在冶金、地质、矿物、建筑材料、防火材料等方面的应用也十分广泛，尤其近年来在合成纤维、食品加工方面具有很大的应用前景。但是，这种方法也有一定的局限性，如使用单一的技术得不到准确的测试结果，需要几种技术结合，或者与其他分析手段（光谱、质谱、色谱等）联用才可获得有价值的信息。因此，与热分析的联用技术具有很大的开发潜力，如何将热分析与其他技术进行联用，更好地确定更多有价值的信息仍是一个热点问题。

# 参 考 文 献

［1］吴刚. 材料结构表征及应用［M］. 北京：化学工业出版社，2016.

［2］刘振海，徐国华，张洪林，等. 热分析与量热仪及其应用［M］. 北京：化学工业出版社，2011.

［3］RAY L F, SARA J P, ROSS P. Thermal stability of the 'cave' mineral ardealite $Ca_2(HPO_4)(SO_4) \cdot 4H_2O$［J］. J. Therm. Anal. Calorim. , 2012, 107：549～553.

［4］KHARADI G J. Thermal decomposition and mass spectra of mixed ligand copper（Ⅱ）complexes of 1, 10- phenanthrolineand coumarin derivatives［J］. J. Therm. Anal. Calorim. , 2012, 107：651～659.

［5］陈秀云，刘晓霞，杨水金. 热分析技术及其在无机材料研究中的应用［J］. 湖北师范学院学报（自然科学版），2014, 35（4）：79～87.

［6］王德君，曾智强，蔡娟，等. 热分析技术在无机材料研究中的某些应用［J］. 压电与声光，1997, 19（3）：208～214.

［7］杨继，杨柳，卢岚，等. 热重-固相微萃取/气相色谱-质谱联用研究葡萄糖/天冬酰胺模拟体系非水相 Maillard 反应［J］. 分析测试学报，2011, 30（3）：233～241.

［8］王兆周. 热分析中联用技术的应用［J］. 辽宁地质，1993, 1：74～80.

［9］刘金香. 固体催化剂的研究方法［J］. 石油化工，2000, 29：378～391.

［10］宋国强，王志清，王亮. MOF(Fe) 的制备及其氧气还原催化性能［J］. 催化学报，2014, 35（2）：185～195.

［11］李芸玲，李林枝，王淑会. 前处理时间对 $Co_3O_4$ 形貌及光催化性能的影响［J］. 无机化学学报，2015, 31（3）：472～478.

# 5　无机材料的孔结构表征技术

气体吸附是基本的表面现象之一，它是了解许多工业过程的基础，也是表征固体颗粒表面和孔结构的主要手段。1985 年发表了关于《气/固系统物理吸附数据报告》的国际科学联合会手册，其中有关表面积和孔隙度的测定已被科学界和工业界广泛接受。

近 30 年来，具有均匀、特定孔隙结构的纳米孔材料，如介孔分子筛、碳纳米管和纳米管以及具有等级孔结构的材料取得了重要进展。这些材料的孔道特性要求开发高分辨率的实验方法，用于吸附各种亚临界流体，例如 77K 下吸附氮气，87K 下吸附氩气以及273K 下吸附二氧化碳、有机蒸气和超临界气体。基于密度泛函理论和分子模拟（如Monte-Carlo 模拟）的新方法被开发用于从高分辨率的物理吸附数据中，获得更准确和全面的孔隙结构分析。因此，本章尝试给出目前在气体物理吸附方法领域的研究进展，以及讨论利用物理吸附技术研究固体表面和孔隙结构的优点与局限性。

## 5.1　气体吸附定义和基本术语

一般来说，吸附定义为分子、原子或离子在界面附近的富集。在气/固系统中，吸附发生在固体表面附近。吸附可以是物理吸附，也可以是化学吸附。物理吸附是一种普遍现象，当可吸附气体（吸附质）与固体（吸附剂）表面接触时，它就会发生，所涉及的分子间力与防止蒸气凝结的分子间作用力相同。除了色散力之外，还可能存在与吸附剂和吸附质的几何结构和电子特性相关的特定的分子相互作用力，例如，极化、场偶极、场梯度四极相互作用力等。而化学吸附的分子间作用力来源于化学键的形成。

当吸附的分子穿透表层并进入块状固体的内部结构时，定义为"吸收"。有时很难区分吸附和吸收。"吸附"（absorption）这个词最早由 Kayser 在 1881 年引进，用于描述气体在自由表面的凝聚。它与"吸收"的不同之处在于，吸附只发生在固体表面，吸收则指气体进入固体或者液体的本体中。

当"absorption"一词被用来表示吸附的反向过程时，定义为脱附作用，在这个过程中吸附量逐渐减少。当吸附曲线与脱附曲线不重合时，吸附迟滞现象发生。

气固吸附体系由三个区域组成：固体、气体和吸附空间（吸附层）。气体含量为吸附量 $n^a$，$n^a$ 的计算依赖于吸附空间的体积 $V^a$，在没有附加信息的情况下，这是一个未知的量。为了解决这个问题，Gibbs 提出了一个精确评估中间量的模型，称为表面过剩量 $n^\sigma$。假定吸附是完全二维的（$V^a = 0$），并且发生在一个虚表面上（Gibbs 分切面，即 GDS），在气体吸附的情况下，它限制了均相气相的体积 $V^g$。然后应用气体定律，计算吸附剂在气相平衡状态下的吸附量 $n^g$。系统中引入的总吸附量 $n$ 与 $n^g$ 之间的差别是表面过剩量 $n^\sigma$。严格地说，用吸附压力法或重量法测定的是表面过剩量 $n^\sigma$。然而，对于 0.1MPa 以下的气体吸附，$n^a$ 和 $n^\sigma$ 是几乎相同的，此时 GDS 非常接近吸附剂表面，需要准确地测定空隙体积（气体吸附测压）或浮力（气体吸附重量法）。在高压下的气体吸附测量中，$n^a$ 与 $n^\sigma$ 之间的差异不容忽视。需要将实验的表面过剩数据转化为相应的吸附量，从而得到吸附空间（$V^a$）和固体吸附剂（$V^s$）的体积。在最简单的情况下，当 GDS 与实际吸附面完全一致时，$n^a$ 的吸附量可根据式（5.1）得出：

$$n^a = n^\sigma + c^g V^a \tag{5.1}$$

在恒温条件下，吸附量 $n^a$（或表面过剩量 $n^\sigma$）与气体平衡压力之间的关系称为吸附等温线。压力的绘制方式取决于吸附的温度是否低于或高于吸附临界温度。当吸附温度低于临界点时，通常采用相对压力 $p/p^\circ$，其中 $p$ 为平衡压力，$p^\circ$ 为吸附温度下的饱和蒸气压。当吸附温度高于临界温度时，如果不存在凝聚，不存在 $p^\circ$，则使用平衡压力 $p$。

固体表面可以在不同尺度上加以定义，如图 5.1 所示。在原子尺度上，范德瓦尔斯表面是由暴露于表面的原子以半径为范德瓦乐斯半径的理想球体表示时，由球体堆叠而产生的表面。第二个康诺利曲面定义为通过在范德瓦尔斯表面上滚动的球形探针分子的底部绘制的表面，是探针可探测的表面。第三个是 $r$-距离面，位于距康诺利表面 $r$ 的虚表面。

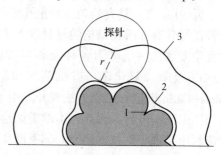

图 5.1　吸附剂的几种可能表面的示意图
1—范德瓦尔斯；2—康诺利曲面
（探针-可接近）；3—$r$-距离面

对于多孔吸附剂，表面又可细分为外表面和内表面。在一般情况下，外表面定义为孔隙外表面，内表面则定义为所有孔壁的表面；存在微孔的情况下，通常将外表面定义为非微孔表面。在实验测定时，无论选择何种定义，评价方法中都必须考虑孔隙大小和形状分布。孔隙的可达性取决于探针分子的大小和形状，记录的内部面积和孔体积取决于吸附分子的尺寸（堆砌和分子筛效应）。固体表面的粗糙度可以用粗糙度因子来表征，即外部表面与所选择的几何表面的比率。孔隙形态描述了孔隙的几何形状和结构，包括孔的宽度、体积以及孔隙壁的粗糙度。孔隙度是指总孔隙体积与颗粒或团聚体体积之比。

在物理吸附方面，常根据孔径大小对孔进行分类（IUPAC 建议，1985）：

（1）孔径超过 50nm 的孔称为大孔（macropore）；

（2）孔径在 2~50nm 之间的孔称为介孔（mesopore）；

（3）孔径小于 2nm 的孔称为微孔（micropore）。

此外，纳米孔（nanopore）包括上述三类孔，但上限为 100nm。

77K 下氮气吸附-解吸等温线的分析表明，这些限制在一定程度上是不严谨的。然而，这种分类定义已经被广泛接受。

微孔的可达体积整体可视为吸附空间，发生的过程是微孔填充，这不同于发生在开放的大孔或中孔壁的表面覆盖。在微孔填充的情况下，仅从表面覆盖的角度解释吸附等温线是不正确的。微孔填充可视为一种初级吸附过程，区分近似宽度小于 0.7nm 的窄微孔（又称超小微孔，ultramicropores）和宽微孔（又称超微孔，supermicropores）往往是有用的。

介孔的物理吸附发生在三个不同的阶段。在单层吸附中，所有吸附分子与吸附剂的表面层接触。在多层吸附中，吸附空间容纳多于一层的分子，并非所有吸附分子与吸附剂表面直接接触。在介孔中，多层吸附后又发生孔收缩。

毛细管或孔冷凝是指气体在孔隙中以小于体积液体饱和压力 $p°$ 的压力 $p$ 凝结成类液相的现象，也就是说，毛细管冷凝反映了有限体积系统中的汽-液相变。毛细管或孔冷凝不适合用于描述微孔填充，因为微孔填充不涉及汽液相转变。

对于物理吸附，单层容量（$n_m^a$）通常被定义为饱和吸附量，足以覆盖整个分子单层。在某些情况下，这可能是一个紧密的排列，但在另一些情况下，吸附可能采用不同的结构。与单层容量有关的量可以用下标 m 来表示，单层和多层吸附的表面覆盖度（$\theta$）定义为吸附物质的数量与单层容量的比值。如果已知被吸附的分子在整个单层中有效占据的面积（$\sigma^m$），则可以从单层容量来计算吸附的比表面积（$A_s$）。因此：

$$A_s = \sigma^m \cdot L \cdot n_m^a \tag{5.2}$$

式中，$L$ 为阿伏伽德罗常数。比表面积（$a_s$）是指吸附剂的单位质量：

$$a_s = A_s/m \tag{5.3}$$

物理化学中的量、单位和符号的 IUPAC 手册分别推荐面积和特定区域的符号 $A$、$A_s$ 或 $S$ 和 $a$、$a_s$ 或 $s$，但为了避免与赫姆霍兹自由能 $A$ 或熵 $S$ 混淆，更倾向于 $A_s$ 和 $a_s$。

吸附量热法可以直接评价物理吸附的能量数据：吸附量微分能量 $\Delta_{ads}\dot{h}$ 曲线或微分吸附焓 $\Delta_{ads}\dot{u}$ 随着吸附量 $n^a$ 的变化曲线可以用来研究表面覆盖或微孔填充的能量。能量数据也可以间接根据不同温度下测定的吸附等温线，基于克劳修斯-克拉佩龙（Clausius-Clapeyron）方程进行计算，即"等温吸附"方法。对于给定的吸附量，"吸附热"不对应于任何确定的热力学状态变化，此时，"等温吸附热"一词最好改为"等温吸附焓"。由于实验和理论上的原因，量热法比等温吸附法更可靠，特别是在研究微孔填充或吸附物的相行为时。

## 5.2 孔吸附实验方法

吸附的发生是由于吸附质分子与吸附剂表面分子发生相互作用。根据这种相互作用强度的大小，一般把吸附过程分为两大类：化学吸附和物理吸附。当相界面上存在不平衡的物理力时发生物理吸附，而当相邻相的原子和分子在界面形成化学键或准化学键时发生化学吸附。化学吸附的特征是有大的相互作用位能，即高的吸附热。化学吸附通常是不可逆吸附，即单层的和定域化的吸附。大量的光谱数据和其他数据表明，化学吸附发生时会在吸附质分子和表面分子间产生真正的化学键，因此化学吸附常发生在高于吸附质临界温度时，需要接近于化学键能的活化能，而且其特定性强。化学吸附的另一个特点是，它常被用于研究催化剂活性位性质和测定负载金属的金属表面积或颗粒大小。

与化学吸附相反，物理吸附的吸附热很低，接近于吸附质的冷凝热。物理吸附时不会发生吸附质的结构变化，而且吸附可以是多层的，以至于吸附质能充满孔空间。高温下一般很少发生物理吸附。物理吸附通常是可逆的且吸附速率很快，以至于无需活化能就能很快达到平衡。但在很小的孔中吸附时，吸附速率可能被扩散速率限制。与化学吸附不同，物理吸附没有特定性，能自由地吸附于整个表面。因此，物理吸附的这些特点特别适合于固体颗粒和空材料的表面积和孔结构测量。

物理吸附和化学吸附的主要差别见表 5.1。

表 5.1　物理吸附和化学吸附的主要差别

| 物理吸附 | 化学吸附 |
| --- | --- |
| 由范德华力引起（无电子转移） | 由共价键或静电力引起（有电子转移或共享） |
| 吸附热 10～30kJ/mol | 吸附热 50～960kJ/mol |
| 一般现象，如气体冷凝 | 特定的或有选择性的 |
| 用抽真空可除去物理吸附层 | 只有同时用加热和抽真空的方法才能除去化学吸附层 |
| 低于吸附气体临界温度时发生多层吸附 | 水不超过单层 |
| 仅在其临界温度时明显发生 | 通常在较高温度时发生 |
| 吸附速率很快，瞬间发生 | 吸附速率可快可慢，有时需要活化能 |
| 整个分子吸附 | 常常解离成原子、离子或自由基 |
| 吸附剂影响不强 | 吸附剂有强的影响（形成表面化合物） |
| 在许多情况下两者的界线不明显 | |

## 5.2.1　物理吸附等温线的测定

用于测定物理吸附等温线的方法可分为两类：（1）测定从气相中除去的气体量，即测压法；（2）直接测量气体吸收量，即重量法测量吸附剂质量变化。在实验中，无论哪种测定，都可以使用静态或动态技术。表面过剩量是实验确定的数量，对于 100kPa 以下的蒸气的吸附，例如，低温下的 $N_2$、Ar、Kr 吸附，表面过剩量和总吸附量可以认为基本上是相同的。

静态测压法需要测量校准气体体积压力的变化。恒温状态下，已知量的纯气体进入含有吸附剂的有限的、校准的体积内，当吸附发生时，限制体积中的压力会下降，直到平衡建立为止。在平衡压力下，气体吸附量是指进气量与填充吸附剂周围空间所需的气体量（即死空间）之间的差额。死空间的体积必须准确地定量，它可通过预先校准受限体积和减去吸附剂的体积来获得，死空间的确定通常是测量吸附量的总误差中最大的不确定因素。

吸附等温线是通过将连续的气体引入吸附剂而逐点建立的吸附等温线。在准平衡条件下，可以用"连续"程序来构造等温线。以缓慢和恒定的速率进行纯吸附（或从系统中去除），采用压力或重力技术跟踪吸附量随压力的增加（或减小）的变化。在这种气体流动的测量中，必须确认结果不受流量变化的影响，并用静态法所确定的代表性等温线检验结果的一致性。

可以采用两种不同的载气来研究吸附量。反气相色谱涉及洗脱现象和保留时间的确定，主要应用于低单层覆盖或微孔填充区域的研究。载体气体下的吸附/脱附，即 Nelson 和 Eggertsen 流动法也允许建立吸附/脱附等温线，但该技术通常仅用于单点表面积评估。这两种技术都要求载体气体的吸附可以忽略不计。

真空微天平技术的发展使人们对重量法测定吸附等温线兴趣盎然。在吸附平衡的帮助下，吸附剂的重量变化可以在放气阶段和吸附/脱附阶段直接跟踪。重量测量方法对于测量接近环境温度下的蒸气特别方便，例如水蒸气或某些有机吸附剂。然而，在低温下，很难控制对流效应和测量吸附剂的确切温度。

一般认为，测压法是在低温(77K 或者 87K)下用氮气、氩气和氪气进行等温吸附测量的最合适的方法。近年来，几乎所有与纳米孔材料表征有关的组织和机构都安装了优良的商业吸附设备。本章不涉及详细描述测压方法，具体操作可以参考最近出版的书籍和综述文献。

在完整的微孔和介孔范围内，纳米孔吸附剂的孔径分析需要进行物理吸附实验，这种实验可以从 1Pa 以下的超低压力开始，跨越广泛的压力范围(最高可达 7 个数量级)。因此，为了使氮气和氩气等气体在 $10^{-7} \leqslant p/p° \leqslant 1$ 的相对压力范围内的吸附具有足够高的精度，必须使用高效的涡轮分子真空抽吸系统，保证样品池和歧管的真空度维持在很低的压力下。此外，还需要不同压力传感器的组合，涵盖不同的压力范围。在超低压范围内的另一种复杂情况是，在 77K 或者 87K 吸附氮气或氩气时，对于小于 10Pa（如 $p/p° < 10^{-4}$）的气体压力，必须考虑由于克努森效应导致的样品球毛细管的压力差。因此，为了获得准确的数据，必须进行热蒸腾校正，还应适当选择平衡条件。太短的平衡时间可能导致数据不充分，从而使等温线转移到过高的相对压力。由于窄微孔中的平衡非常慢，在等温线的相对压力很低的区域常常会出现不平衡的问题。为了提高测量精度，应记录每个基准点的饱和压力 $p°$。此外，还需保证吸附物的纯度不低于 99.999%。结果的准确性取决于吸附剂的制备和取样仔细程度。

## 5.2.2 死空间(空隙体积)的测定

在使用涉及气体剂量的测压技术时，需注意测量的气体剂量中的系统误差是累积的，随着压力的增加，死空间中未吸附的气体量变得越来越重要。因此，为了正确地确定吸附量，准确地了解死空间（即有效空隙体积）是至关重要的。死空间可以在吸附等温线测量之前或之后确定。标准程序是使用一种非吸附气体，如氦气，在操作条件下测量死空间。然而，使用氦气进行死空间校准可能存在问题。最近的研究证实，在液氮温度(氦气滞留)条件下，具有非常窄微孔的纳米孔固体可以吸附的氦气量不可忽略。如果在分析之前不去除滞留的氦气，会显著影响在超低压范围内吸附等温线的形状。因此，在继续进行压力测定分析之前，建议样品暴露于氦气后在室温下脱气。

如果吸附剂由极窄的微孔组成，则应避免使用氦气。与氦气相比，由于扩散限制，氮气或氩气分子的进入受到限制，这种情况通常出现在一些沸石和活性炭测定实验。避免这一问题的一种方法是使用吸附质，例如氮气在室温下确定空样品单元的体积，然后在与吸附测定相同的操作条件下测量校准曲线(用空样品池)。这条校准曲线实质上代表了多点死空间的确定；通过样品密度(即骨架密度)，可以对样品体积进行必要的校正。

## 5.2.3 吸附剂脱气

在测定吸附等温线之前，所有物理吸附物种都应从吸附剂表面去除，同时避免表面或固体结构的不可逆变化。这可以通过脱气来实现，即将吸附剂表面暴露在高真空中，对于微孔材料来说，通常是在高温下确保压力低于 1Pa。为了获得可重复的等温线，必须根据吸附剂的性质，将脱气条件，包括加热程序、吸附剂上的压力变化和残余压力控制在一定范围内。对于结构敏感样品，建议采用样品控制加热程序，如果吸附剂在高真空下脱气，也可降低细粉末淘洗的风险。

对于微孔材料，除了在真空下脱气，还可以在高温下用惰性气体(可能是吸附气体)冲洗吸附剂，以使非微孔材料表面足够清洁。为了监测脱气过程，可以利用真空计跟踪气体压力的变化。如果实验技术允许，还可以跟踪吸附剂质量的变化。通过将程序升温脱附与气体分析相结合使用，例如，联用质谱可以获得更多关于脱气效果的信息。

# 5.3 吸附数据分析

气体吸附量通常以每克吸附剂所吸附气体的物质的量表示，并指明吸附剂的组成和表面特征。为了便于吸附数据的比较，通常以图形形式显示吸附等温线，以吸附量(mol/g)对平衡相对压力($p/p°$)作图，其中$p°$是操作温度下气体吸附的饱和压力，当温度高于吸附临界温度时，$p°$是相对于$p$的饱和压力。如果吸附测量是在气相明显偏离理想状态，例如高压条件下进行的，则等温线应以气体逸度而不是压力表示(气体逸度为体系压力和逸度因子的乘积。逸度因子的大小常用来衡量实际气体偏离理想气体的程度，其数值大于0且小于等于1。当气体的逸度因子等于1时表明该气体为理想气体)。

## 5.3.1 物理吸附等温线分类

1985年，IUPAC建议将物理吸附等温线分为6种类型。然而，在过去的30年，已经鉴定出了各种新特征类型的等温线，这些新类型的等温线与特定的孔结构密切相关。2015年，IUPAC提出的物理吸附等温线的最新分类如图5.2所示。

可逆Ⅰ型等温线限于单层或准单层吸附，通常来自于表面积对较小的微孔固体，例如活性炭、分子筛沸石和某些多孔氧化物。Ⅰ型等温线相对于$p/p°$轴是凹的，吸附量接近极限值，吸附极限取决于可接近的微孔体积而不是内部表面积。在极低的$p/p°$下，陡峭的吸收曲线是由于在窄微孔(分子尺寸的微孔)中增强了吸附剂与吸附气体间的相互作用，导致微孔在极低的$p/p°$下填充。对于77K和87K时氮气和氩气的吸附，Ⅰ(a)型等温线主要由微孔(宽度小于1nm)的微孔材料给出，Ⅰ(b)型吸附等温线多来自于具有较宽孔径分布的材料，包括较宽的微孔和可能较窄的介孔(小于2.5nm)。

可逆Ⅱ型等温线常见于气体在无孔粉末颗粒或大孔吸附剂上的物理吸附，这种吸附等温线形状是不受限制的单层-多层吸附。如果曲线图的拐点是锋利的，那么$B$点通常对应于单层吸附的完成。一个更渐进的曲率(即不太明显的$B$点)表示单层覆盖的大量重叠和多层吸附的开始。当达到饱和压力即$p/p°=1$时，吸附层数变成无穷多。

对于Ⅲ型等温线，没有$B$点，因此没有可识别的单层吸附。这种情况下，吸附剂与吸附物的相互作用相对较弱，被吸附的分子聚集在非孔或大孔固体表面最有利的位点周围。与Ⅱ型等温线相比，在饱和压力下吸附量是有限的。

Ⅳ型等温线常见于介孔吸附剂，如氧化物凝胶、工业吸附剂和介孔分子筛。介孔的吸附行为是由吸附剂-被吸附物相互作用以及凝聚态分子之间的相互作用决定的。在这种吸附过程，在介孔壁上的初始单层-多层吸附路径与Ⅱ类等温线的对应部分相同，然后是孔隙冷凝，即气体在孔隙中凝结成液体，其压力$p$一定小于液体的饱和压力$p°$。Ⅳ型等温线的典型特征是具有可变长度的最终饱和平台(有时缩小到仅仅是拐点)。

对于Ⅳ(a)型等温线，毛细管凝结伴随着滞后现象。当孔宽超过某一临界宽度时会

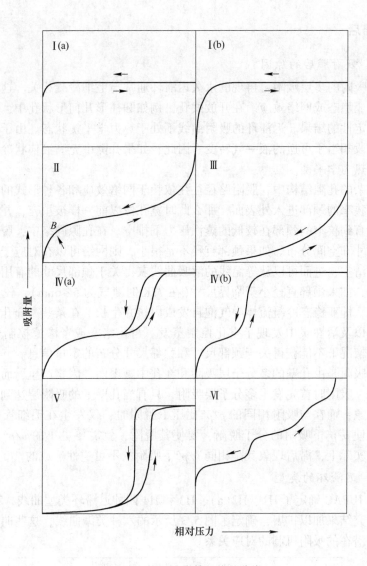

图 5.2 物理吸附等温线的分类

发生这种现象，这取决于吸附系统和吸附温度。例如，分别在 77K 和 87K 的圆柱形孔中吸附氮气和氩气时，孔径大于 4nm 时出现滞后现象。当吸附剂的介孔宽度较小时，可以观察到完全可逆的Ⅳ（b）型等温线。原则上，Ⅳ（b）型等温线也是由锥形端封闭的圆锥形和圆柱形介孔给出。

在低 $p/p°$ 范围内，Ⅴ型等温线形状与Ⅲ型非常相似，这可以归结于相对较弱的吸附剂-被吸附物相互作用。当 $p/p°$ 较高时，分子聚集之后是孔隙填充，如在疏水性微孔和介孔吸附剂上吸水时可观察到Ⅴ型等温线。

可逆阶梯型Ⅵ等温线代表高度均匀的非孔表面逐层吸附。台阶高度代表每个吸附层的容量，而台阶的锐度取决于吸附系统和吸附温度。Ⅵ型等温线的最佳实例是，在石墨化的炭黑上氩气或氪气在低温下获得的吸附等温线。

### 5.3.2  吸附滞后

#### 5.3.2.1  吸附滞后的原因

等温物理吸附的多层吸附可再现的永久迟滞环通常与毛细冷凝相关。这种滞后形式可以归因于吸附亚稳态或网络效应。在开放式孔，例如圆柱形几何形状孔中，延迟的冷凝是多层吸附亚稳定性的结果。迟滞环的吸附曲线不处于热力学平衡状态。由于蒸发不涉及成内核，脱附阶段相当于可逆的液—气转变。因此，如果孔隙中充满液体状冷凝物，则在脱附曲线上建立热力学平衡。

在更为复杂的孔隙结构中，脱附路径往往依赖于网络效应和各种形式的孔隙堵塞。如果宽孔仅通过狭窄的颈部进入外表面，那么此时宽孔像以前一样被填充，并在脱附期间保持填充状态，直到狭窄的颈部在较低的蒸汽压力下排空。在孔隙网络中，脱附蒸汽压力取决于颈部的尺寸和空间分布。如果颈部直径不是很小，则网络可以在对应于特征渗透阈值的相对压力下清空，进而可以从等温线的解吸曲线获得关于颈部尺寸的有用信息。理论和实验研究表明，如果颈部直径小于临界尺寸（在 77K 时氮气为 5~6nm），较大孔隙的脱附机理涉及空化，即亚稳态冷凝流体中气泡自发成内核并生长。在某些微介孔二氧化硅、介孔沸石、黏土以及活性炭中发现了空化控制蒸发。与孔堵塞或者渗滤控制蒸发的情况相反，在空化的情况下不能获得关于颈部尺寸和颈部尺寸分布的定量信息。

简言之，吸附是由孔壁的多分子层吸附和在孔中凝聚两种因素产生，而脱附仅由毛细管凝聚所引起。吸附时首先发生多分子层吸附，只有当孔壁上的吸附层达到足够厚度时才能发生凝聚现象；而在与吸附相同的 $p/p°$ 比压下脱附时，仅发生在毛细管中的液面上的蒸汽，却不能使 $p/p°$ 下吸附的分子脱附，要使其脱附，就需要更小的 $p/p°$，故出现脱附的滞后现象。实际上，滞后现象就是相同 $p/p°$ 下吸附的不可逆性造成的。

#### 5.3.2.2  迟滞环的类型

1985 年，IUPAC 确定了 H1、H2( a )、H3 和 H4 四种迟滞环类型曲线，2015 年 IUPAC 根据最新的研究结果加以扩展，确定了图 5.3 所示的六种类型曲线，这些曲线表明了孔隙结构的特征与潜在的吸附机制的对应关系。

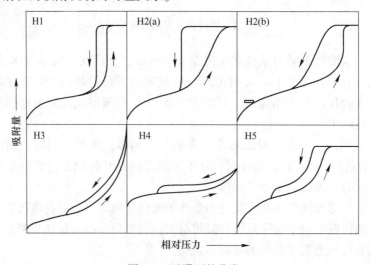

图 5.3  迟滞环的分类

H1 型迟滞环存在于窄范围均匀的介孔材料，如介孔二氧化硅（MCM-41、MCM-48、SBA-15）和一些孔道可调的多孔玻璃和有序介孔碳。在这类材料中，网络效应是最小的，陡峭的窄环是吸附分支延迟冷凝的明显标志。然而，H1 型迟滞环也存在于墨水瓶网络孔结构中，其中颈部尺寸分布的宽度与孔/腔尺寸分布的宽度相似，如三维有序多孔炭。

H2 型迟滞环对应了更复杂的孔结构，其中网络效应很显著。非常陡峭的脱附分支是 H2(a) 环的一个特征，归因于在窄范围孔颈中的孔堵塞/渗透或空化诱导的蒸发。具有 H2(a) 迟滞环的材料有硅胶、多孔玻璃（如硼硅酸耐热玻璃）以及一些有序的介孔材料，如 SBA-16 和 KIT-5 等。H2(b) 型迟滞环也与孔隙阻塞有关，但颈宽的尺寸分布要大得多。这种类型的滞后环也可以在水热处理后的介孔二氧化硅泡沫和某些有序介孔二氧化硅中观察到。

H3 型迟滞环的明显特点在于吸附分支类似于 II 型等温线，脱附分支的下限通常位于空化诱导的 $p/p°$ 处。这种类型的迟滞环常见于非刚性聚集的片状粒子（如某些黏土），也见于没有完全填充、有孔隙冷凝物的大孔构成的多孔网络结构。

H4 型迟滞环与 H3 型迟滞环有点相似，其吸附分支是 I 型和 II 型的复合，在低 $p/p°$ 时，吸附量明显地与微孔的填充有关。H4 型迟滞环常见于聚集的沸石晶体、介孔沸石和微/介孔炭。

H5 型迟滞环不常见，对应某些独特孔结构，包含开放和部分封闭的介孔，例如，堵塞的六边形模板化二氧化硅。

如上所述，H3 型、H4 型和 H5 型环的共同特征是脱附分支的急剧降压。通常来说，对于特定的吸附剂，在给定温度下迟滞环位于窄范围的 $p/p°$ 内，$p°$ 如在 77K 的温度下，氮气脱附的 $p/p°$ 在 $0.4 \sim 0.5$ 之间。

## 5.4  表面积评估

### 5.4.1  Brunauer-Emmett-Teller(BET)方法的原理

最早的表面积评估是基于 Langmuir 模型使用动力学理论来处理 I 型等温线，其理论基于如下假设：第一，吸附剂表面是均匀的；第二，每个吸附位只能吸附一个分子且只限于单层，即吸附是定域化的；第三，细分分子间的相互作用可以忽略；第四，吸附脱附过程处于动力学平衡之中。虽然 Langmuir 模型描述了化学吸附和 I 型等温线，但总的来说不适用于处理物理吸附和 II ~ VI 型吸附等温线。Langmuir 模型的单层吸附如图 5.4 所示。

Brunauer、Emmett 和 Teller 在 1938 年提出多层吸附模型，如图 5.5 所示，他们把 Langmuir 动力学理论衍生到多层吸附，所做的假设除了吸附不局限于单层而可以是多层外，与 Langmuir 理论所做的假设完全相同。在 Brunauer-Emmett-Teller(BET)理论中，吸附在最上层的分子与吸附质气体或蒸汽处于动力学平衡中。当表面有一层吸附质分子覆盖时，这一层与气相处于动力学平衡，如果吸附了两层，则上层与气相处于动力学平衡，以此类推。由于是动力学平衡，每一表面吸附位可被一层、二层或多层吸附质分子所覆盖，层数可以改变，但每层的吸附分子数目保持恒定。

BET 理论是目前评价多孔材料和细颗粒材料比表面积的最广泛的方法之一。在一定

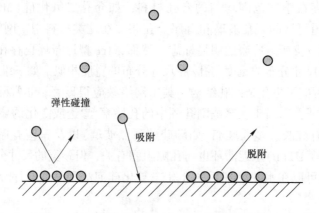

图 5.4  Langmuir 模型的单层吸附

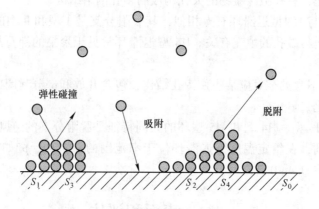

图 5.5  BET 模型的多层吸附

条件下，非孔、大孔或介孔固体，即具有典型 Ⅱ 型或 Ⅳ(a)型等温线固体，它们的 BET 面积可视为探针可达区，也就是可用于吸附的有效面积。

　　BET 方法的应用涉及两个阶段：首先，需要将物理吸附等温线转换为 BET 曲线，并从中得出 BET 单层容量值 $n_m$。在第二阶段中，通过选取分子横截面积 $\sigma$ 的适当值，从 $n_m$ 计算 BET 面积 $a$。

　　BET 方程的线性形式如下：

$$\frac{p/p^\circ}{n(1-p/p^\circ)} = \frac{1}{n_m C} + \frac{C-1}{n_m C}(p/p^\circ) \tag{5.4}$$

式中，$n$ 为在相对压力 $p/p^\circ$ 下 $n_m$ 处吸附的特定单层容量。

　　根据 BET 理论，参数 $C$ 与单层吸附的能量呈指数关系。现在普遍认为 $C$ 值有效说明了 BET 范围内等温线形状。如果 $C$ 值至少约为 80，等温线的拐点是尖锐的(图 5.2)，该拐点是由 Brunauer 和 Emmett 首次鉴定为单层完成阶段和多层吸附起始阶段的特征点。如果 $C$ 值小于等于 50，则 $B$ 点不能被识别为等温线上的单个点，此时单层和多层吸附有明显的重叠，并且对 $n_m$ 的精确解释是有误差的。当 $C<2$ 时，等温线或者是 Ⅲ 型，或者是 Ⅴ

型，此时 BET 方法不适用。高 $C$ 值（如大于等于 150）通常与在高能表面位点上的吸附或窄微孔填充有关。

利用 $\dfrac{p/p^\circ}{n(1-p/p^\circ)}$ 与 $p/p^\circ$ 之间的线性关系（即"BET 图"），可以方便地从 BET 方程中求出 $n_m$。对于 II 型和 IV（a）型等温线，其线性范围总是限制在等温线的有限部分，即通常在 $(0.05\sim0.30)p/p^\circ$ 的范围内。然而，对于 IV（b）型等温线，需要注意，因为孔隙缩合可能发生在相当低的 $p/p^\circ$ 情况下，特别是当表面为能量均匀结晶态时，如石墨化碳表面吸附氮气、氩气，或在清洁金属膜表面吸附氪气，吸附能较高，线性 BET 范围移至较低的相对压力。

BET 方法应用的第二阶段是从单层容量计算 BET 面积。此步计算需要知道完整单层中被吸附分子占据的平均面积 $\sigma_m$，即分子横截面积：

$$a_s(\text{BET}) = n_m \cdot L \cdot \sigma_m / m \tag{5.5}$$

式中，$a_s(\text{BET})$ 是吸附剂的 BET 比表面积。

### 5.4.2　BET 方法的标准化

BET 面积的计算值取决于吸附温度和操作温度，以及在应用 BET 方程时确定的压力范围。

#### 5.4.2.1　吸附质选择

氮气的 $\sigma_m$ 为 $0.162\text{nm}^2$。传统上是用液氮作为吸附质在 77K 下测量吸附剂的 BET 面积，其原因在于液氮容易获得，而且许多吸附剂的氮等温吸附线可以发现明确定义的 $B$ 点。然而，人们逐渐发现由于氮气分子的四极矩，氮分子的取向取决于吸附剂的表面化学，这可能会导致 $\sigma_m(N_2)$ 值的不确定性，在某些吸附剂表面测量误差可能达到 20%。

氩气可作为一种替代的吸附质。氩气分子不具有四极矩，并且比氮双原子分子的反应性低。然而，以下几个因素说明在 77K 下的氮气比氩气更可靠：首先，在 77K 时，氩气比其整体的三相点温度低约 6.5K，因此整体的参考态是值得怀疑的。此外，有证据表明，在 77K 时，氩单层的结构高度依赖于吸附剂的表面化学，例如，在石墨化碳等高度均匀的表面产生 VI 型等温线。

在 87K，即液氩温度下进行氩气吸附测定，可以排除氩气在 77K 下遇到的问题。在 87K 时，通常假设氩气的横截面积 $\sigma_m(\text{Ar})$ 为 $0.142\text{nm}^2$。由于没有四极矩，$\sigma_m(\text{Ar})$ 对吸附剂表面结构的差异不太敏感。此外，87K 的氩气吸附特别适用于微孔分析，可以使用液氩代替液氮进行 87K 的测量。

利用高精度的测压吸附装置，可以用氮气或氩气作为吸附质，测定 $0.5\sim1\text{m}^2$ 范围的比表面积。为了测量更低值范围的比表面积，一般建议在 77K 温度下吸附氪。然而，氪在 77K 时的行为在某种程度上与 77K 的氩相似：在此温度下氪远低于其三相点温度（约 38K），并在约 0.22kPa 升华，因此保证不了吸附层的标准热力学状态。BET 分析时，人们通常假设凝聚吸附物对过冷液体有反应（$p^\circ = 0.35\text{kPa}$）。由于极低的饱和压力，与氮气或氩气在各自的沸腾温度下相比，样品池的自由空间中的分子数量显著减少（降到原来的 1/300），导致了在 77K 处吸附氪的灵敏度提高。然而，表面积的评估由于选择横断面面积 $\sigma(\text{Kr})$ 的值很困难而变得复杂，这个值似乎随吸附质的不同而不同（常用的 $\sigma(\text{Kr})$ 值介于 0.17nm$^2$ 到 0.23nm$^2$ 之间）。由于不能提出普遍有效的建议，因此必须说明选定所选择的 $p°$ 和 $\sigma_m$（Kr）值。尽管如此，77K 下的氮吸附被认为是测量低表面积材料 BET 值的一个非常有用的工具。

### 5.4.2.2　BET 法在微孔材料中的应用

如前所述，BET 方法主要应用于Ⅱ型和Ⅳ型等温线，若存在微孔，即Ⅰ型等温线、Ⅰ/Ⅱ或Ⅰ/Ⅳ混合型等温线的情况下，需要谨慎应用。单分子层-多层吸附与微孔填充过程不可分离。在微孔吸附剂的作用下，BET 图的线性范围很难确定。可以应用如下标准程序有效评估 BET 单分子层容量：

（1）数量 $C$ 应为正数，即在 BET 纵坐标上的负截距是第一个表明超出适当范围的截距；

（2）BET 方程的应用应限制在 $n(1-p/p°)$ 项随 $p/p°$ 连续增加的范围内。

（3）对应于 $n_m$ 的 $p/p°$ 值应在所选的 BET 范围内。

必须再次强调的是，这一程序不应被用来确认 BET 单层容量的有效性。因此，由Ⅰ型等温线导出的 BET 面积不应被视为实际的探针可接近的表面积，而是代表一个明显的比表面积。

## 5.5　微孔隙度评估

### 5.5.1　吸附质的选择

微孔的物理填充通常发生在较低的相对压力下，低压范围取决于微孔的形状和尺寸、吸附分子的大小及其与吸附剂的相互作用。在狭小的微孔（宽度不超过 2 或 3 个分子直径的超微孔）中吸附涉及吸附力的重叠，并且发生在非常低的相对压力下，这一过程被称为初级微孔填充。较宽的微孔在更高的相对宽泛压力范围内通过次级过程填充（例如，在 87K 和 77K 时，氩和氮的吸附为 $p/p° \approx 0.01 \sim 0.15$），此时吸附剂-被吸附物相互作用能增强作用已减弱，在有限空间中的协同吸附剂-被吸附物相互作用在微孔填充过程中变得更加重要。

近年来，77K 下氮气吸附已被认为是微孔和介孔尺寸分析的标准方法，但氮气不是评估微孔尺寸分布的完全令人满意的吸附剂。众所周知，氮分子的四极性使其与吸附剂表面官能团和裸露离子产生特定相互作用，这不仅影响吸附氮在吸附剂表面上的取向，而且还强烈影响微孔填充压力。例如，在许多沸石和金属有机骨架（MOFs）中，物理吸附的初始阶段被转移到极低的相对压力（约 $10^{-7}$），在这个超低压范围内，扩散速率很慢，很难测量平衡吸附等温线。此外，预吸附的氮气分子与表面官能团的特殊相互作用，阻止更多的氮气分子进入窄微孔，从而使孔隙填充压力与孔的大小或者结构没有明显的相关性。因此，为了准确测量吸附等温线，必须仔细考虑吸附温度和操作温度的选择。

与氮气相比，氩气与吸附剂表面官能团没有特定相互作用。但是，在液氮温度下，不能对氩气等温线做出明确解释，在 87K 下测定则可以很好地避免这一问题，因为氩气填充狭窄的微孔时，相对压力明显高于在 77K 时氮气的相对压力，从而可以加速平衡并允许测量高分辨率吸附等温线。因此，在 87K 下氩气的吸附，孔隙填充压力与孔隙宽度和形状之间的关系更为直接，这对于沸石材料、金属有机骨架（MOFs）以及一些氧化物和活性炭尤其重要。

由于在低温（87K、77K）下的动力学限制，氩气和氮气的吸附对于非常窄的微孔的表征是有限的。解决这一问题的一种方法是以 $CO_2$（动力学尺寸 0.33nm）为吸附介质。在 273K 时，$CO_2$ 的饱和蒸气压很高（约 3.5MPa），因此微孔尺寸分析所需的压力在 0.1 ~ ~100kPa。由于相对较高的温度和压力，扩散速度更快，孔径可达 0.4nm。另一方面，$CO_2$ 在 273K 测量的最大相对压力为 $3\times10^{-2}$，故孔径只有小于 1nm 才能被测量到。$CO_2$ 在 273K 下的吸附已成为研究具有非常窄微孔碳基材料的一种被广泛接受的方法。然而，由于 $CO_2$ 的四极矩甚至大于 $N_2$，所以对于具有极性表面基团的微孔固体，如氧化物、沸石、MOFs，$CO_2$ 的孔径分析是不可取的，因为 $CO_2$ 的填充压力与孔隙尺寸之间的联系很难关联起来。

### 5.5.2 微孔体积评估

如果物理吸附等温线为 I 型（图 5.2），且几乎是水平平台，则极限吸附量可作为微孔容量 $n_p$，要将 $n_p$ 转化为微孔体积 $V_p$，通常假定孔隙在正常液体装填下被冷凝吸附剂填充，这个假设被称为 Gurvich 规则。然而，在实践中，吸附等温线的平台很少是水平的，因为大多数微孔吸附剂具有可观的外表面，并且许多微孔吸附剂在介孔范围内也具有孔，因此，Gurvich 规则不能直接用于确定微孔体积。

目前已经提出了多种分析微孔固体物理吸附等温线的方法，它们可以分为宏观程序和基于统计力学如分子模拟或密度泛函理论的程序。在常规分析中，通常采用宏观程序来评估微孔体积。其中一种方法（t-plot 法）是将等温线与相似化学组成的无孔参考材料的标准等温线比较。在这种方法中，必须使用标准的多层厚度曲线，但这受限于 BET 方法的应用范围，因此这种方法可能并不能严格适用。为了克服这个问题，优选采用 $\alpha_s$-plot 法，该法不需要评估单层容量，而且比 t-plot 法具有更强的适应性。该方法以 $(n/n_x)_s$ 和相对压力 $p/p°$ 绘制标准等温线，其中归一化因子 $n_x$ 作为预先选定的相对压力下吸附量（通常为 $p/p° = 0.4$）。为了构建给定吸附剂的 $\alpha_s$-plot 图，将吸附量 $n$ 绘制成简化标准等温线 $\alpha_s = (n/n_x)_s$ 的函数，通过对 $\alpha$-plot 曲线的线性截面进行反推得到微孔容量。在非常低的相对压力下，使用高分辨率的标准等温线数据 $\alpha_s$ 分析进行改进。

另一种常用的微孔体积评价方法是以杜宾孔隙体积填充理论（Dubinin's pore-volume filling theory）为基础，根据 Dubinin-Radushkevich（DR）方程，当微孔尺寸具有均匀的高斯分布时，$\lg n$ 与 $\lg^2(p°/p)$ 成线性关系，对纵坐标外推将给出微孔容量。尽管已经报道了微孔碳对各种气体和蒸气的物理吸附的线性 DR 曲线，但仍有许多例子表明线性区域不存在，或限制在有限的低相对压力范围内，因此，DR 方法的适用性也有局限。

值得注意的是，这些经典方法没有考虑微孔大小和形状对分子堆积的影响，因此吸附剂不能总是具有类似液体的性质。这一问题在基于分子模拟（MC）和密度泛函理论（DFT）的方法中得到解决，5.5.3 节中会详细讨论。

### 5.5.3 微孔尺寸分析

研究微孔尺寸的经验方法是应用分子直径的分子探针，基于吸附速率和容量的测量，预期急剧的吸附截止值对应于给定的微孔尺寸。但这并未考虑大多数微孔材料的复杂性。

各种半经验方法包括 Horvath 和 Kawazoe（HK 方法）、Saito 和 Foley、Cheng 和 Yang 提出的方法，分别用于评估狭缝、圆柱形和球形孔的孔径分布。尽管这些半经验方法倾向于低估孔径，但在某些情况下它们可能有助于微孔材料比较。微观处理，如密度泛函理论（DFT）和分子模拟，可以在分子水平上描述吸附相的构型，被认为是一种更可靠的方法，可在完整的纳米孔径范围内进行孔径分析。因此，DFT 和 Monte Carlo 模拟（MC）已经发展成为描述流体在良好的孔隙结构中的吸附和相行为的主要方法。这些程序基于统计力学的基本原理，在分子水平上描述了吸附分子在孔隙中的分布，从而提供了吸附剂表面附近局部流体结构的详细信息。流固相互作用势依赖于孔隙模型。针对碳、硅、沸石等不同的材料类别，提出了不同的孔隙形状模型，如狭缝、圆柱体、球形几何图形和杂化形状。

基于非局部密度泛函理论（NLDFT）的纳米多孔材料孔径/体积分析方法现在可用于许多吸附系统，它们包含在商业软件中，并且具有国际标准（ISO 15901-3）。NLDFT 方法允许人们针对给定孔形状，在不同宽度的孔中计算特定吸附质/吸附剂的一系列理论等温线 $N(p/p^\circ, W)$，这一系列的理论等温线被称为核线，可作为给定类别的吸附剂/吸附系统的理论参考。孔径分布函数 $f(W)$ 的计算基于一般吸附等温线（GAI）方程的求解，该方程将实验吸附等温线 $N(p/p^\circ)$ 与理论吸附或脱附等温线 $N(p/p^\circ, W)$ 的内核关联。为此，GAI 方程以下列形式表示：

$$N(p/p^\circ) = \int_{W_{min}}^{W_{max}} N(p/p^\circ, W)f(W)\mathrm{d}W \tag{5.6}$$

尽管孔径分布函数 $f(W)$ 的 GAI 方程的解严格来说是一个不适定的数值，但现在普遍认为用正则化算法可以得到有意义且稳定的解。

针对大多数吸附剂的不均匀性提出了几种解释方法，如果不加以适当考虑，会导致孔隙尺寸分析中存在明显的不精确性。这些方法包括用先进的分子模拟技术开发无序多孔固体的复杂三维结构模型，但这些方法仍过于复杂，无法用于常规的孔径分析。传统的 NLDFT 模型假设碳表面光滑且均匀，通过引入二维 DFT 方法解决了该模型的缺陷。淬火固体密度泛函理论（QSDFT）是另一种实用的方法，可定量地考虑表面不均匀性的影响。研究表明，考虑材料表面的不均匀性，可大大提高纳米多孔炭孔径分析的可靠性。

最后，必须强调的是，应用基于 DFT 和分子模拟的先进方法，只有在给定的纳米孔系统与选定的 DFT/MC 内核相兼容的情况下，才能合理准确地评价孔径分布。如果所选择的内核与实验吸附质/吸附剂体系不一致，所得的孔径分布可能会出现明显的误差。

# 5.6　介孔评估

## 5.6.1　孔体积

如果介孔吸附剂不含大孔，则在 $p/p^\circ$ 的上限范围内，其 Ⅳ 型等温线几乎保持水平。孔隙体积 $V_p$ 是假设孔隙中充满了液体状态的吸附物，由在接近单位的相对压力下吸附的蒸汽量（例如 $p/p^\circ = 0.95$）得出的，即应用古尔维奇法则得出。

如果存在大孔，则在 $p/p^\circ = 1$ 附近的等温线不再接近水平，不能用这种复合 Ⅳ 型 Ⅱ 型等温线来计算总孔隙体积。

### 5.6.2 介孔尺寸分析

多年来，介孔尺寸分析一直是以 Kelvin 方程为基础，用体积流体的表面张力 $\gamma$ 和摩尔液体体积 $V_m$ 来表示密闭流体在共存本体中气液相变的位移。

$$\ln(p/p^\circ) = -2\gamma V_m/RT(r_p - t_c) \tag{5.7}$$

式中，$r_p$ 为孔半径；$t_c$ 为孔缩合之前形成的吸附多层膜的厚度。

利用修正的 Kelvin 方程进行介孔尺寸分析的方法包括 Barrett、Joyner 和 Halenda（BJH）、Broeckhoff 和 de Boer 提出的方法。为了说明预吸附的多层膜，将 Kelvin 方程与标准等温线（$t$-曲线）结合起来，该等温线是在某些明确的非多孔固体上测定的。然而，对于窄介孔的尺寸分析，由于没有充分考虑曲率和增强的表面力，标准 $t$-曲线分析结果并不完全令人满意。同样，因为介孔宽度减小，宏观概念已经不能安全应用，此时 Kelvin 方程的有效性也不确定。例如，典型介孔分子筛，如 M41S 材料，由于其高度有序性，可以用 X 射线衍射、高分辨透射电镜等独立分析方法求出这类模型物质的孔径；而基于 Kelvin 方程的方法（如 BJH 法）明显低估了窄介孔的孔径，对于孔径小于 10nm 的孔尺寸，低估值约为 20%～30%。

采用分子模拟或 DFT（如 NLDFT）的微观方法可以避免 Kelvin 方程的局限性，如 5.5.3 小节讨论，可以得到密闭流体的热力学和密度分布，以及分子水平上吸附相的描述，它们具有微孔和介孔填充与迟滞现象的基本特征。因此，他们可以在整个范围内获得更可靠的孔径分布结果。此外，还可以从迟滞回线的吸附和脱附分支获得有用的信息。对于某些有序介孔材料，这些方法同时考虑到潜在的吸附-脱附机制，包括由于孔液的亚稳态而导致的缩合延迟，能够定量地预测孔隙缩聚和迟滞行为。这些优点对于产生 H2～H5 磁滞回线的材料的孔径分析是至关重要的。

商用 DFT 软件现在可用于各种吸附剂系统和孔几何（圆柱形、狭缝、球形或混合体）分析，但是，需要确保所选择的基于 DFT 和分子模拟的方法与实验纳米多孔系统相容。

## 5.7 非刚性材料的气体吸附

通常预期物理吸附等温线在单层或微孔填充范围内是完全可逆的。事实上，对于某些微孔系统（例如黏土、煤、一些活性炭），低压滞后（LPH）可延伸至可达到的最低压力。由于这种现象有时难以再现，因此低压滞后可能仅仅是由于错误的实验技术而造成的。当然，如果没有足够的时间让系统达到，则会获得虚假数据。另一个误差来源是在气相或表面上存在杂质。必须避免或消除上述这些因素，可重复的 LPH 证据才能被接受为真正的低压滞后。真正的低压滞后通常与吸附剂的膨胀和收缩有关：吸附分子不可逆地进入分子尺寸的孔中会产生吸附结构的非弹性变形。与其相关的效应被称为"活化进入"，即分子通过窄孔入口非常缓慢地扩散。

多级孔沸石材料的氮气吸附表征中经常出现两个错误：（1）纳米沸石粒子聚集体由于堆积或者自组装形成堆积孔，其吸附等温线在 $0.85 < p/p^\circ < 0.99$ 区间有明显突跃和滞后环，与介孔或者大孔沸石的吸附等温线很类似。很多 β 沸石纳米粒子材料中经常出现类似的

现象。(2)纯硅的 Silicalite-1 和高硅铝比的 ZSM-5(Si/Al>100)很多时候在 0. 15<$p/p°$<0. 25 会有一个明显的滞后环，这主要是由于 $N_2$ 在 ZSM-5 微孔中发生了流体-晶体相变(密度有变化)，而不是形成了介孔 MFI 沸石(图 5.6)。

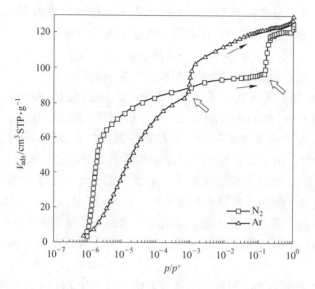

图 5.6　Silicalite-1 沸石的 $N_2$(77K)和 Ar(87K)的高分辨吸附等温线

吸附还可以诱导吸附剂的结构转变，其在很大程度上影响吸附等温线。众所周知的是沸石中的结构转变，如 MFI 型沸石 ZSM-5，其反映在与毛细管冷凝相关的压力范围之下的低压磁滞回线的外观中。在一些金属有机骨架(MOF)中观察也能观察到结构转变，但它们的吸附行为很难解释。应用标准方法评估表面积和孔径分析可能会得到无意义的 BET 表面积和孔径分布数据，因此需要基于实际孔模型的新型理论方法，考虑吸附剂的非刚性性质。

除了这些不可逆的变化外，吸附剂的弹性变形通常发生在各种系统中，如木炭、活性炭、多孔玻璃、沸石和硅胶。除了一些聚合物、气凝胶和其他高孔隙率材料外，弹性变形通常很小(0. 1%~1%)，对吸附等温线影响不大。

需要指出的是，现有的理论与模型还不足以准确地解释实验数据，多数模型和公式都只适于一定的范围(孔径、形状等)和一定的条件(吸附质、温度和压力等)，因此，处理数据时应注意选择合适的模型和计算公式。

## 5.8　气体吸附仪

目前市场上气体吸附仪种类繁多，其中以康塔(quantachrome)公司和麦克(micromeritics)公司的产品最为常见(见图 5.7 和图 5.8)。

### 5.8.1　康塔 Autosorb-iQ 全自动比表面和孔径分布分析仪

康塔 Autosorb-iQ 全自动比表面和孔径分布分析仪是在 Autosorb-1 产品上基于目前最新

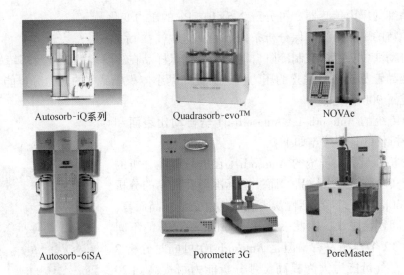

图 5.7 康塔(quantachrome)公司的物理吸附仪产品

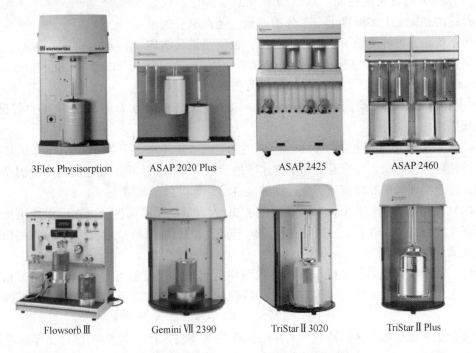

图 5.8 麦克(micromeritics)公司的物理吸附仪产品

的吸附理论、数字压力传感技术和最简洁的人机交互系统而开发的，如图 5.9 所示，其技术参数如下：

（1）测量范围为孔隙度 $0.35 \sim 500\text{nm}$，比表面积大于 $0.0005\text{m}^2/\text{g}$；

（2）多种配置选择扩展了测量能力，可测量超低比表面积、微孔和化学吸附；

（3）精确的微孔分析能力，极限高真空达 $10^{-8}\text{Pa}$；

（4）最完全数据分析方法，包括 NLDFT、QSDFT 和 GCMC 孔分布模型；

（5）精细的压力传感器，可分辨 $2.5×10^{-5}Pa$ 的压力变化；

（6）独特的串联系统确保分析条件下的真空脱气；

（7）自动液位传感器控制冷阱自动升降，确保样品在冷阱中的深度及环境始终如一；

（8）样品管及 $p°$ 各自独立的压力传感器提高了小体积样品室的压力分辨能力；

（9）配置 90h 杜瓦瓶。

相比于传统的 Autosorb-1，Autosorb-iQ 全自动比表面和孔径分布分析仪的具体特点如下：

（1）分析通量高。传统的 Autosorb-1 在进行微孔分析的时候，只能实时分析一个样品，而一个标准微孔样品的分析时间在 30~60h 之间，对于活性炭等孔结构复杂的样品而言，这个分析时间还会更长，因此一台 Autosorb-1 一个月的不间断分析量为 12 个样品左右。但是 Autosorb-iQ 可同时分析 2 个微孔样品，分析能力大为提高，月分析能力可提高到 20 个样品以上。

图 5.9　康塔 Autosorb-iQ 全自动比表面和孔径分布分析仪

（2）压力测量精度更高。双站型的 Autosorb-iQ 不仅仅是在单站的基础之上多配置了一个分析通道，还在原有的单站分析系统之上另外配置了一套分析系统，也就是说又增加了一套高精度的压力传感分析组件，包含 1 个 $10^5Pa$、1 个 $10^3Pa$ 和 1 个 $10^2Pa$ 的压力传感器，即压力传感器增加到了 8 个。另外，其还有更高测量精确度的 Autosorb-IQXR（配备 0.1torr 高分辨压力传感器）可供选择。

（3）人机交互能力更强。Autosorb-iQ 的预处理（脱气）部分完全采用计算机软件控制，可针对处理时间、处理温度和抽空速率进行软件编排，实现预处理的程序升温全自动控制，进而实现从预处理到分析全过程的全自动计算机程序处理。

（4）分析时间更长。Autosorb-iQ 提供了 3L 大容量杜瓦瓶选件，可在一次装填液氮的情况下连续测试 90h 以上。为研究孔径结构丰富，如活性炭材料、复合分子筛等提供了必要的测试条件。

（5）远程控制能力。主机可直接接入网络，实现远程控制和监测，实现测试和分析的完全独立，为高级标准化实验室建设和特殊的有毒、有害以及辐射材料的分析提供了便利。

（6）更多路吸附气体的链接。Autosorb-iQ 的气体输入接口为 5+7 设计，即标准配置为 5 个分析气输入端，还可根据用户需要提升到 12 口。因此，可以实现 12 路分析气体的计算机自动切换分析，便于使用多种气体研究材料的吸脱附性能。

（7）扩展模块接口设计。在 Autosorb-iQ 基本型的基础之上可以与 TCD、质谱、牛津变温系统、量热系统链接，实现程序升温实验、反应生成气体成分分析、吸附热研究等多种功能。

（8）数据处理功能。可以通过直观的图形法选取比表面积计算所需的相对压力点，彻底解决了微孔材料比表面计算中正确选点的难题。同时，用于 $N_2$ 吸附、Ar 吸附、$CO_2$ 吸附等不同研究目的 DFT 内核文件 22 种，全部向用户免费开放，可满足各种研究的需要。

### 5.8.2 麦克 ASAP 2020 PLUS 系列快速比表面与孔隙度分析仪

麦克 ASAP 2020 PLUS 系列快速比表面与孔隙度分析仪功能强大，应用广泛，能够提供高质量的比表面、孔隙度和化学吸附等温线数据，以满足材料分析实验室不断增加的分析需求，如图 5.10 所示。随着 ASAP 系列产品全球使用量的增长，ASAP 系列产品已成为世界各国研究人员获取高精度、高质量气体吸附数据的首选仪器，是在物理吸附研究领域发表论文中被引用最多的仪器。

该设备的主要技术参数如下：压力范围为 $0 \sim 10^5 Pa$；分辨率高达 $1 \times 10^{-5} Pa$；精度大于 0.15%；脱气系统为环境温度到 450℃，1℃ 温度步长；系统配置为 1 个分析站，2 个脱气站；低温系统为 3L、大于 72h 杜瓦瓶，可重复添加制冷剂，无分析时间限制。

图 5.10    ASAP 2020 PLUS 系列快速比表面与孔隙度分析仪

麦克 ASAP 2020 PLUS 系列快速比表面与孔隙度分析仪的主要优势为：

（1）可编程全自动 SOP 样品制备双站脱气系统。

（2）独立的 $p°$ 传感器，能够在与吸附测试相同的条件下更快速地分析和提供 $p°$ 值。

（3）包含六个进气口、单独的蒸汽站和自由空间氦气进气口，提供了更大的灵活性和对预处理、回填和分析气体的全自动选择。

（4）成熟的等温夹套冷却区域控制，提供精确的、可重复的温度控制。

（5）长效和可重复填充的杜瓦瓶，使分析时间几乎无限制。

（6）标准的两套独立真空系统，一个用于分析，另一个用于样品准备，同时提供无油真空泵选件。

（7）独立的传感器设计，提供无与伦比的稳定性、超快的响应速度、超低的滞后现象，从而提高了精度，改善了信噪比。

（8）带涂层和温控的不锈钢歧管提供无污染的惰性表面。

（9）多种可选配置，可以根据用户分析需求升级仪器。可选择蒸汽吸附、微孔测试，可添加低温循环浴、外部检测器或抗化学腐蚀系统。

（10）两套独立的真空系统，可以同时进行两个样品的制备和一个样品的分析。

（11）仪器配套 MicroActive 软件。麦克仪器的交互式数据软件 MicroActive 能够以交互方式评估等温线数据。利用交互式、可移动的计算条，可快速地选择/排除实验数据，还可实时查看在每个模型的线性和对数刻度等温线。软件物理吸附报告内容包括：等温线、BET 比表面积、Langmuir 比表面积、t-Plot 曲线、Alpha-S 方法、BJH 吸附和脱附、Dollimore-Heal 吸附和脱附、Temkin 和 Freundlich 方程、Horvath-Kawazoe 理论、MP 方法、DFT 孔径和表面能、Dubinin-Radushkevich 理论、Dubinin-Astakhov 理论等。

# 5.9　$N_2$吸附脱附原始数据处理

通过 $N_2$ 吸附脱附可以表征吸附剂的孔道结构特征。目前大部分论文进行 $N_2$ 吸附脱附表征的时候通常会提供如下数据：氮气吸脱附曲线（nitrogen adsorption-desorption isotherm），比表面积（surface area），孔容（pore volume），孔径分布图（pore size distribution），平均孔径（average pore diameter）。

## 5.9.1　$N_2$ 吸附脱附曲线

如图 5.11 所示，在原始数据中找到对应的 Isotherm liner Report，以横坐标为相对压力（$p/p°$），纵坐标为吸附量（单位 $cm^3/g$），将两列数据复制到 origin 软件就可作出氮气吸附脱附曲线（图 5.12）。需要注意的是，很多原始数据中吸附支数据和脱附支数据会生成到一列数据中。

| Isotherm Linear Plot | | | |
|---|---|---|---|
| Adsorption | | Desorption | |
| Relative Pressure($p/p°$) | Quantity Adsorbed($cm^3$/g STP) | Relative Pressure($p/p°$) | Quantity Adsorbed($cm^3$/gSTP) |
| 4.06405E-06 | 69.11384275 | 0.994625318 | 883.7537338 |
| 3.15906E-05 | 137.8165972 | 0.965956898 | 854.0079573 |
| 0.000143631 | 206.6158501 | 0.944619617 | 840.0211567 |
| 0.000723957 | 274.0851068 | 0.910227378 | 824.5720725 |

吸附支数据　　　　　　　　　　　　　　　　脱附支数据

图 5.11　原始数据中吸附支和脱附支的数据

## 5.9.2　比表面积计算

比表面积（BET surface area）通常会在报告最开始的 Summary Report 中直接给出，使用不同的计算模型得到的比表面积有所不同。如图 5.13 所示，图表给出了单点比表面积、BET 比表面积以及 Langmuir 比表面积。使用 BET 计算模型得到的比表面积是目前应用最为普遍的方法。需要特别指出的是：BET 公式只适用于处理相对压力（$p/p°$）为 0.05~0.35 的吸附数据，这是 BET 理论的多层物理吸附模型限制所致。当相对压力小于 0.05 时，不能形成多层物理吸附，甚至连单分子物理吸附层也远未建立，表面的不均匀性就显得突出；而当相对压力大于 0.35 时，毛细凝聚现象的出现又破坏了多层物理吸附。建议比表面测定时，按如下范围取值计算：介孔材料，$p/p° = 0.05\sim0.3$ 之间 5 点；微孔材料，$p/p° = 0.005\sim0.05$ 之间 8 点；微孔和介孔材料，$p/p° = 0.01\sim0.2$ 之间 8 点。

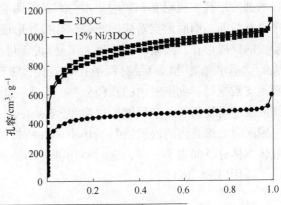

| Summary Report | |
| --- | --- |
| | 使用不同的计算模型得到的比表面积有所不同。使用BET计算模型得到的比表面积是目前应用最为普遍的方法。 |
| Surface Area | |
| Single point surface area at $p/p°$=0.253788427: | 1659.1739 m²/g |
| BET Surface Area: | 1635.0732 m²/g |
| Langmuir Surface Area: | 2352.6633 m²/g |
| t-Plot Micropore Area: | 1461.4240 m²/g |
| t-Plot External Surface Area: | 173.6491 m²/g |

图 5.13　原始数据报告中比表面积数据（单点比表面积，BET 比表面积以及 Langmuir 比表面积）

### 5.9.3　孔容计算

总孔容减去微孔孔容可以得到介孔和大孔孔容，当大孔孔容贡献较小时可以近似为介孔孔容。使用压汞法可以得到较为准确的大孔孔容。如图 5.14 所示，单点法给出的是该吸附剂的总孔容，t-Plot 法计算出的是微孔的孔容。

$$V_{mes} + V_{mac} = V_{total} - V_{mic}$$

式中，$V_{mes}$ 为介孔孔容；$V_{mac}$ 为大孔孔容；$V_{total}$ 为总孔容；$V_{mic}$ 为微孔孔容。

| Pore Volume | | |
| --- | --- | --- |
| Single point adsorption total pore volume of pores less than 126.8556nm diameter at $p/p°$=0.984501194: | 0.929782 | cm³/g |
| t-Plot micropore volume: | 0.742188 | cm³/g |

图 5.14　原始数据中的孔容相关数据

### 5.9.4　平均孔径

平均孔径的计算一般使用 BJH 的方式计算脱附支的数据，这是因为对于理想的两端开口的圆筒形孔，吸附支和脱附支重合。对于两端开口的圆柱形孔，吸附支对应的弯液面曲率是圆柱面，而脱附支对应的才是在孔口处形成的球形弯液面；对于平板孔和由片状粒子形成的狭缝形孔，吸附时不发生毛细凝聚，而脱附支数据才反映真实的孔隙；对于口小腹大的"墨水瓶"孔以及带有咽喉孔口的孔，吸附是一个孔空腔内逐渐填满的过程，根据吸附支数据可得到空腔内的孔径分布，但是脱附支能反映喉部的孔径，而且吸附时，在毛细凝聚前可能需要一定程度的过饱和，Kelvin 公式所假定的热力学平衡可能达不到。另外，脱附时毛细孔内的凝聚液与液体本体性质接近；而吸附时，物理力（特别是第一层）与液体本体分子间力不一样，这时适用液体本体表面张力与液体的摩尔体积的 Kelvin 公式已不适用（图 5.15）。

| Pore Size | |
|---|---|
| Adsorption average pore width(4V/A by BET): | 2.27459nm |
| BJH Adsorption average pore diameter(4V/A): | 2.7048nm |
| BJH Desorption average pore diameter(4V/A): | 2.9853nm |

图 5.15　原始数据中基于 BJH 法脱附支数据得到的平均孔径

### 5.9.5　孔径分布图

孔径分布有多种计算方法，对于介孔材料可以使用 BJH 计算方法得到孔径分布。从孔径分布图中可以了解孔径大小的分布情况，数据报告如图 5.16 所示。

| BJH Desorption d$V$/dlog$(D)$ Pore Volume | |
|---|---|
| Halsey: Faas Correction | |
| Pore Diameter/nm | d$V$/dlog$(D)$Pore Volume/cm$^3 \cdot$g$^{-1}$ |
| 39.52225713 | 0.080351608 |
| 26.6090126 | 0.134186387 |
| 20.64899969 | 0.167907432 |
| 16.06605542 | 0.194850915 |
| 12.72835943 | 0.247054491 |

图 5.16　原始数据中 BJH 法计算的孔径分布数据

对于既含有微孔又含有介孔的吸附剂材料，目前大部分论文使用的是非定域密度函数理论 NLDFT 计算的结果，NLDFT 法计算孔径分布的报告项中孔径的大小从微孔部分就开始了，之前的 BJH 方法计算的结果，其孔径分布是从介孔孔径开始的。数据报告见图5.17，孔径分布如图 5.18 所示。

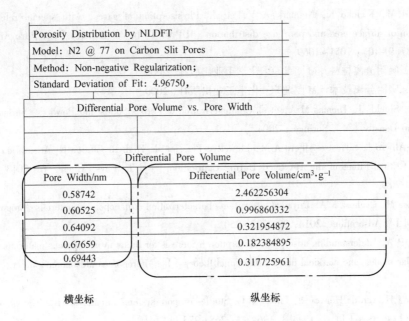

| Porosity Distribution by NLDFT |
| --- |
| Model：N2 @ 77 on Carbon Slit Pores |
| Method：Non-negative Regularization； |
| Standard Deviation of Fit：4.96750， |

| Differential Pore Volume vs. Pore Width | |
| --- | --- |

| Differential Pore Volume | |
| --- | --- |
| Pore Width/nm | Differential Pore Volume/cm³·g⁻¹ |
| 0.58742 | 2.462256304 |
| 0.60525 | 0.996860332 |
| 0.64092 | 0.321954872 |
| 0.67659 | 0.182384895 |
| 0.69443 | 0.317725961 |

横坐标                   纵坐标

图 5. 17   原始数据中 NLDFT 法计算的孔径分布数据

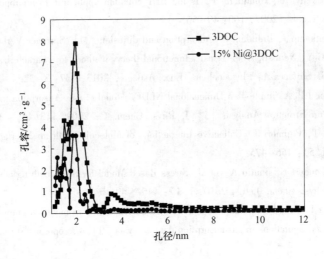

图 5. 18   NLDFT 法计算的孔径分布示意图

## 参 考 文 献

[ 1 ] Sing K S W, Everett D H, Haul R A W, et al. Reporting physisorption data for gas/solid systems with special reference to the determination of surface area and porosity（Recommendations 1984）[ J ]. Pure Appl. Chem. 1985, 57( 4 )：603~619.

[ 2 ] 近藤精一，石川达雄，安部郁夫. 吸附科学 [ M ]. 李国希，译. 2 版. 北京：化学工业出版社，2006.

[ 3 ] Rouquerol J, Rouquerol F, Sing K S W, et al. Adsorption by Powders and Porous Solids：Principles, Methodology and Applications [ M ]. Academic Press, 2014.

[ 4 ] 陈诵英，孙予罕，丁云杰，等. 吸附与催化 [ M ]. 郑州：河南科学技术出版社，2001.

［5］ Thommes M, Kaneko K, Neimark A V, et al. Physisorption of gases, with special reference to the evaluation of surface area and pore size distribution (IUPAC Technical Report) ［J］. Pure Appl. Chem., 2015, 87(9~10): 1051~1069.

［6］ 黄文强. 吸附分离材料 ［M］. 北京: 化学工业出版社, 2005.

［7］ 冯孝庭. 吸附分离技术 ［M］. 北京: 化学工业出版社, 2000.

［8］ Lowell S, Shields J, Thomas M A, et al. Characterization of Porous Solids and Powders: Surface Area. Porosity and Density ［M］. Springer, 2004.

［9］ Silvestre-Albero J, Silvestre-Albero A M, Llewellyn P L, et al. High-Resolution $N_2$ Adsorption Isotherms at 77. 4K: Critical Effect of the He Used During Calibration ［J］. J. Phys. Chem. C, 2013, 117(33): 16885~16889.

［10］ Thommes M, Cychosz K A. Physical adsorption characterization of nanoporous materials: progress and challenges ［J］. Adsorption, 2014, 20: 233~250.

［11］ Monson P A. Understanding adsorption/desorption hysteresis for fluids in mesoporous materials using simple molecular models and classical density functional theory ［J］. Microporous Mesoporous Mater., 2012, 160: 47~66.

［12］ de Boer J H, van de Heuver A, Linsen B G. Studies on pore systems in catalysts Ⅳ. The two causes of reversible hysteresis ［J］. J. Catal., 1964, 3: 268~273.

［13］ 黄开辉, 万惠霖, 蔡启瑞. 催化原理 ［M］. 北京: 科学出版社, 1983.

［14］ Rouquerol J, Llewellyn P, Rouquerol F. Is the BET equation applicable to microporous adsorbents ［J］. Stud. Surf. Sci. Catal., 2007, 160: 49~56.

［15］ Karge H G, Weitkamp J, Brandani S. Adsorption and diffusion ［M］. Springer Verlag, 2008.

［16］ Landers J, Gor G Y, Neimark A V. Density functional theory methods for characterization of porous materials ［J］. Colloid. Surfaces A: Physicochem. Eng. Aspects, 2013, 437: 3~32.

［17］ Jagiello J, Olivier J P. A Simple Two-Dimensional NLDFT Model of Gas Adsorption in Finite Carbon Pores. Application to Pore Structure Analysis ［J］. J. Phys. Chem. C, 2009, 113(45): 19382~19385.

［18］ Kaneko K, Itoh T, Fujimori T. Collective Interactions of Molecules with an Interfacial Solid ［J］. Chem Lett., 2012, 41(5): 466~475.

［19］ Neimark A V, Coudert F, Boutin A, et al. Stress-Based Model for the Breathing of Metal-Organic Frameworks ［J］. J. Phys. Chem. Lett., 2010, 1(1): 445~449.

［20］ Groen J C, Peffer L A A, Pérez-Ramírez J. Pore size determination in modified micro- and mesoporous materials. Pitfalls and limitations in gas adsorption data analysis ［J］. Microporous Mesoporous Mater., 2003, 60: 1~17.

［21］ https: //quanta. cnpowder. com. cn/.

［22］ http: //www. micromeritics. com. cn/.

［23］ 吸附数据部分图标引用于 https: //mp. weixin. qq. com/s/iwTAjYq-YeDVt8Y5RjzsgQ.

# 6 电化学测试方法

电化学测试技术在化学、生命科学、能源科学、材料科学和环境科学等领域中有广泛的应用，本章内容主要包括电极反应过程理论基础和常见的电化学测试研究方法及其应用实例。

## 6.1 电极反应过程基本原理

电极反应是指在电极表面发生的一类包含电子转移的化学反应过程。它可以是还原过程，也可以是氧化过程。一个最简单的电极过程至少包含以下几个过程，如图 6.1 所示。

（1）传质过程，主要指反应物或生成物通过扩散、对流和电迁移方式到达电极表面，如图 6.1 中的步骤（1）。

（2）非法拉第过程，是指电极界面双电层的充放电过程。另外，有些反应物传递到电极表面后，还要先经历某些转化步骤，然后吸附在电极表面，如图 6.1 中的步骤（2）。

（3）电荷传递过程，是指电极表面的离子获得或失去电子发生电化学反应，如图 6.1 中的步骤（3）。此步骤简称为传荷过程，也称为电化学步骤或是法拉第过程。

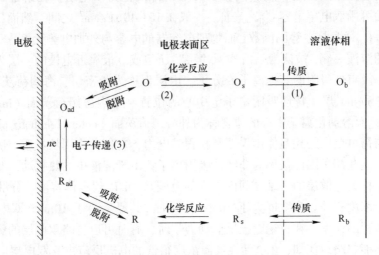

图 6.1　电极过程的基本过程

除了上述步骤外，一个电极反应还可能包含生成物在电极表面的吸脱附过程或是在电极表面进行电结晶过程等。上述这些基本过程的地位随具体条件变化而变化，因此总过程的主要矛盾也会随之变化，但整个电极过程总是表现出占据主导地位的电极基本过程的特征。

电极反应速率即氧化还原电流密度，由这几个连续的基本步骤的速率所决定，电极反应速率的控制步骤由其中最慢步骤的速率控制。电极反应都涉及电子转移过程，转移的电子可能是一个，也可能是多个。一般认为，多电子转移的电化学反应也是由多步单电子转移的基元反应组合而成。电化学反应速率由反应速率最慢的那个单电子转移步骤所控制。

通常，在电极上会发生两种过程。一种是电子转移过程。由于电子转移过程遵守法拉第定律（即因电流通过引起的化学反应的量与所通过的电量成正比），所以又称为法拉第过程。然而，在某些条件下，对于一个给定的电极—溶液界面，在一定的电势范围内，由于热力学或动力学方面的不利因素，无法发生电子转移反应，但是可以发生像吸附和脱附这样的过程，电极—溶液界面的结构可能随电势或溶液组成的变化而改变，这些过程称为非法拉第过程。当电极反应发生时，法拉第和非法拉第过程两者均发生。通过电极的电流就由法拉第电流和非法拉第电流所构成。虽然在研究一个电极反应时，通常主要的兴趣是法拉第过程，但是在应用电化学数据获得有关电荷转移及相关反应的信息时，有时必须考虑非法拉第过程的影响。因此，首先介绍非法拉第过程。

无论外部所加电势如何，都没有发生跨越金属—溶液界面的电荷转移现象的电极，称为理想极化电极(IPE)。没有真正的电极能在溶液可提供的整个电势范围内表现为 IPE，只能是在一定的电势范围内接近理想极化。当电势变化时电荷不能穿过 IPE 界面，此时电极—溶液界面的行为与一个电容器的行为类似。在给定的电势下，金属电极表面上将带有电荷 $q^M$，在溶液一侧有电荷 $q^S$（相对于溶液）。电极上的电荷是正或负，与跨界面的电势和溶液的组成有关。金属上的电荷 $q^M$ 代表电子的过量或缺乏，仅存在于金属表面很薄的一层中($< 0.01nm$)。溶液中的电荷 $q^S$ 由在电极表面附近过量的阳离子或阴离子构成。电荷 $q^M$ 和 $q^S$ 与电极面积的比值，称为电荷密度，$\sigma^M = q^M/A$，通常单位是 $\mu C/cm^2$。

金属—溶液界面上荷电物质和偶极子的定向排列称为双电层。在给定的电势下，电极—溶液界面可用双电层电容 $C_{dl}$ 来表征，一般在 $10 \sim 40\mu F/cm^2$ 之间。然而，与物理电容器不同的是，$C_{dl}$ 通常是电势的函数，而物理电容器的电容与外加电势无关。

双电层的溶液一侧，被认为是由若干"层"所组成。最靠近电极的一层为内层，它包含溶剂分子以及特性吸附的其他离子或分子，内层也称为紧密层、海姆荷茨（Helmholtz）层或斯特恩（Stern）层。特性吸附离子电中心的位置叫做内海姆荷茨面（inner Helmholtz plane，IHP），而溶剂化离子中心的位置称为外海姆荷茨面（outer Helmholtz plane，OHP）。溶剂化离子与荷电金属的相互作用仅涉及长程静电力，它们的作用从本质上讲与离子的化学性质无关，这些离子因此被称为非特性吸附离子。由于溶液中的热扰动，非特性吸附离子分布在一个称为分散层的三维区间内，它的范围从 OHP 到本体溶液。分散层的厚度与溶液中总离子浓度有关。当浓度大于 $10^{-2}mol/L$ 时，其厚度小于 $10nm$。双电层的结构能够影响电极过程的速率。在讨论电极反应动力学时，有时可以忽略双电层的影响，而在有些情况下却不能忽略。例如，在电活性物质浓度很低的电极反应中，双电层电容的充电电流要比还原或氧化反应的法拉第电流大得多，此时双电层的作用就必须加以考虑。

## 6.2    电化学测量基础

### 6.2.1   电化学测量基本原则

电化学测量的目的往往是为了研究某一个电极的基本过程，测量得到该过程的参量。

因此，在进行电化学测量时，就必须控制实验条件，使该基本过程在电极总过程中占主导地位，降低或消除其他基本过程的影响，使该过程的主要矛盾成为电极总过程的主要矛盾，这就是电化学测量的基本原则。

例如，要研究离子在溶液中的迁移过程，就必须控制电极反应速度足够快，使电极反应的速度主要由离子扩散控制。而要研究电化学反应则必须设法加强搅拌，使用旋转电极或者使用各种暂态法来缩短单向电流持续的时间，使传质过程的速度加快，使电化学反应成为控制步骤。

总之，在电化学研究中必须把所要研究的过程突出出来，使它成为整个电极过程的决定性步骤，这样测得的整个电极过程的性质才是所要研究的那个基本过程或步骤的特性。

### 6.2.2 电极系统与电极结构

电化学测量需要同时测量工作电极的电流和电位，所以实验过程中电化学测量往往采用三电极体系，即作为研究对象的工作电极（WE）、用来确定工作电极电位的参比电极（RE）和用来通过极化电流使工作电极发生极化的对电极（CE）。参比电极是用来测量研究电极电位的，应具有已知的、稳定的电极电位，而且在测量过程中不得发生极化。对电极只用来通过电流，实现研究电极的极化，其表面积应比研究电极大，因而常用表面积较大的镀铂黑的铂电极做对电极。

三电极体系中包括了两个回路：一个是由工作电极、对电极、极化电源、可变电阻以及电流表等构成的极化回路，用来控制或测量流经工作电极的极化电流，实现极化电流的变化与测量；另一个是由工作电极、参比电极和电位测量仪器构成的测量回路，用来测量或控制通过研究电极相对于参比电极的电位。三电极体系中的电流会通过工作电极流到对电极，而参比电极只是提供了参比电位而不会通过电流，因此不仅可以使工作电极界面上有极化电流通过，而且不会妨碍电极的电位测量与控制，可以同时实现对电流和电位的控制及测量。图 6.2 为三电极体系的测量电路示意图。图 6.3 为典型的三电极电化学系统装置示意图。

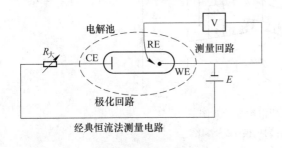

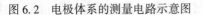

经典恒流法测量电路

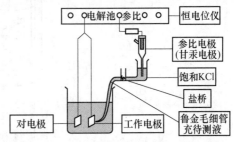

图 6.2 电极体系的测量电路示意图　　　图 6.3 三电极电化学系统装置示意图

三电极体系中各组成部分的作用和详细要求如下。

#### 6.2.2.1 电解池

电解池是盛装电解质溶液、WE、CE 所用的容器，要求稳定性好、不溶出杂质、不与电极及电解液发生反应。电解池的具体要求如下：

（1）化学稳定性高。

（2）体积要适中。如果电解池太小，盛装的电解液少，随着反应的进行，研究体系浓度变化大；如果体积太大，盛装的电解液太多，造成浪费。

（3）鲁金（Luggin）毛细管距离要适中。如果距离太近，电位测量不准；距离太远，则欧姆压降较大。一般要求距离和管直径相当，满足

$$l \approx d = 0.1 \sim 0.3 \mathrm{mm}$$

（4）对电极和工作电极要面对面平行放置，以消除边缘效应，实现电力线的均匀分布，如图 6.4 所示。一般要求对电极的表面积高于 5 倍的工作电极表面积（$S_{CE} > 5S_{WE}$）。

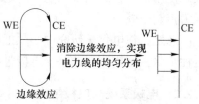

图 6.4　电极边缘效应示意图

根据电化学测试技术及实验目的不同，电解池有各种形式。图 6.5 是一种常用的 H 形电解池。其工作电极 A 和对电极 B 间用多孔烧结玻璃板隔开。参比电极可直接插在参比电极管 C 中，该管前端的鲁金毛细管口靠近研究电极表面。三个电极管的位置可做成以工作电极管为中心的直角，这样有利于电流的均匀分布和电位的测量，也有利于电解池的稳妥放置。工作电极和对电极室的塞子可用带水封的磨口玻璃塞，也可用聚四氟乙烯加工而成。

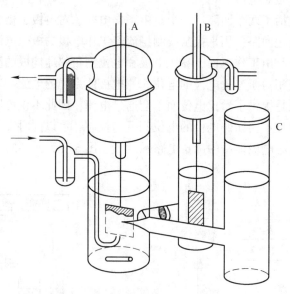

图 6.5　H 形电解池示意图

A—工作电极；B—对电极；C—参比电极

图 6.6 为适于腐蚀研究的电解池，它是美国材料试验协会（ASTM）推荐的。电解池为圆瓶状，中间为工作电极，有两个对称的对电极，使电流分布均匀。带鲁金毛细管的盐桥与外部的参比电极相连。制备电解池最常用的材料是硬质玻璃，其热膨胀系数小。玻璃除了在 HF、浓碱液及碱性熔盐中不稳定外，在大多数无机和有机电解液中是稳定的。除玻璃外，有时还用聚四氟乙烯、聚三氟氯乙烯、有机玻璃、聚乙烯、聚苯乙烯等塑料加工成电解池或电解池的某些零部件。其中用得最多的是聚四氟乙烯，因为它的化学稳定性最

好，在王水和浓碱中也不起变化，也不溶于已知的任何有机溶剂，比玻璃还稳定。其温度适用范围也很宽，为$-19 \sim 250 ℃$。

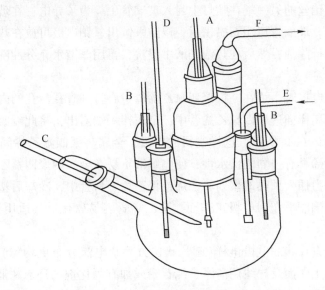

图 6.6　一种用于腐蚀研究的电解池
A—工作电极；B—对电极；C—盐桥；D—温度计；E—进气管；F—出气管

电化学测试结果不但与电极材料的本性有关，而且与电极的制备、绝缘和表面状态有关。如果电极制备、绝缘或表面准备不当将会影响测量结果的准确性。根据实验目的和要求选择所需要的金属材料，加工成试样，然后制备成各种形式的工作电极。工作电极的非工作面必须绝缘，而且必须由导线与试样可靠的连接作为引出线。图6.7给出了几种固体金属电极的形式。

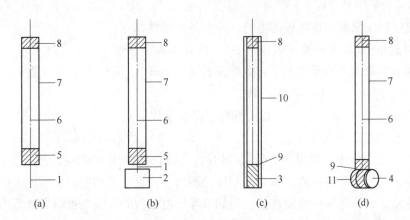

(a)　　　(b)　　　(c)　　　(d)

图 6.7　几种简单的固体金属电极形式
1—铂丝；2—铂片；3—圆柱金属；4—方块或圆片金属；5—汞；6—铜丝；7—玻璃管；8—石蜡；
9—试样与铜丝焊接点；10—聚四氟乙烯或聚乙烯管；11—加固化剂的环氧树脂

对于铂丝电极（图6.7(a)），可将直径0.5mm左右的铂丝一端在酒精喷灯上直接封入玻璃管中，管外留铂丝 10mm 左右。对于铂片电极（图 6.7（b）），可取大约 10mm×10mm 的铂片及一小段铂丝在酒精喷灯上烧红，用钳子使劲夹住，或在铁砧上用小铁锤轻敲，使二者焊牢。然后将铂丝的另一端在喷灯上封入玻璃管中。为了导电，在玻璃管中放入少许汞，再插入铜导线，玻璃管口用石蜡密封，以防汞倾出。铂电极可放在热稀 NaOH 酒精溶液中，浸几分钟进行除油，然后在热浓硝酸中浸洗，再用蒸馏水充分冲洗即可得到清洁的铂电极。

用金属圆棒作电极时，可在一根聚四氟乙烯棒中心打一直孔，孔的内径比金属棒的直径略小。用力把金属棒插进聚四氟乙烯管中，金属棒一端露出，将此端磨平或抛光作为电极的表面，如图 6.7（c）所示。这样制得的电极，金属与聚四氟乙烯间密封性良好。特别是由于聚四氟乙烯具有强烈的憎水性，使电解液不易在金属和聚四氟乙烯间渗入。也可将棒状金属电极用力插入预热的聚四氟乙烯或聚乙烯塑料管中，冷却后塑料管收缩，将金属棒封住，将其一端磨平作为电极工作面。聚乙烯管容易软化，其适用温度一般在 60℃ 以下。

对于圆片状或方片状的电极试样（圆片状比方片状电流分布更均匀），可在其背面焊上铜丝作导线，非工作面及导线用清漆、纯石蜡或加有固化剂的环氧树脂等涂覆绝缘（如图 6.7（d）所示）。不加绝缘只把金属试样用铂丝悬挂在溶液中的办法是不可行的，因为容易引起接触电偶腐蚀，而且电流密度分布不均匀，铂丝的导电性好，可能把电流集中在铂丝上，电极的性质和面积都无法确定。因此，电极的非工作面及引出导线必须绝缘好。用清漆、石蜡绝缘时，强度差，在边角处容易破损或剥落，有时其中的可溶性组分可污染溶液。当绝缘层高出电极的工作面时，在气体析出的情况下易使绝缘层分离，溶液渗入保护层下面，使"被保护的"表面也发生反应，导致难以计算电极面积，并且在阳极极化曲线测定时会由于缝隙腐蚀而产生误差。

### 6.2.2.2　参比电极

参比电极用于测定工作电极的电势，应具备的条件如下：

（1）可逆电极（浓度不变，电位不变），符合 Nernst 方程。

（2）参比电极是不极化电极（交换电流密度 $i^0 \to \infty$）。实际上 $i^0$ 不可能 $\infty$，所以需要控制流经 RE 的电流非常小，即 $I_{测} < 10^{-7} \text{A/cm}^2$。

（3）具有良好的稳定性（化学稳定性好、温度系数小）。

（4）具有良好的恢复特性。

（5）恒电位测量中，要求具有较低的内阻，从而实现较快的响应速度。

如果参比电极体系与被测体系具备相同的阴离子，且浓度相近时，参比电极可直接插入到被测体系中，不需要用盐桥连接；但如果参比电极内的溶液与被研究体系内的溶液没有相同的阴离子，或者浓度不同时，则需要用盐桥连接。以下是常用的三种阴离子参比电极。

酸性溶液：$Hg \,|\, Hg_2SO_4 \,|\, SO_4^{2-}$；

盐溶液：$Hg \,|\, Hg_2Cl_2 \,|\, Cl^-$ 或 $Ag \,|\, AgCl \,|\, Cl^-$；

碱性溶液：$Hg \,|\, HgO \,|\, OH^-$。

#### 6.2.2.3 盐桥

在测量电极电势时，当参比电极内的溶液和被研究体系的溶液组成不一样时，在两种溶液间存在一个接界面。在接界面的两侧由于溶液的浓度不同，所含的离子种类不同，在液接界面上产生液接界电势。为了尽量减小液接电势和消除测量体系与被测体系的污染，通常采用盐桥连接测量体系和被研究体系。常见的盐桥是一种充满盐溶液的玻璃管，管的两端分别与两种溶液相连接。对盐桥的要求如下：

（1）内阻小，合理选择桥内电解质溶液的浓度。

（2）盐桥内电解液阴、阳离子当量电导尽可能相近，扩散系数相当，以消除液接电位。常用 KCl、$NH_4NO_3$ 溶液。

（3）盐桥内溶液不能和测量、被测量体系发生相互作用。

盐桥通常做成 U 形，充满盐溶液后，把它置于两溶液间，使两溶液导通。盐桥内充满凝胶状电解液，可以抑制两边溶液的流动。所用的凝胶物质有琼脂、硅胶等，一般常用琼脂。但高浓度的酸、氨都会与琼脂作用，从而破坏盐桥，污染溶液。若遇到这种情况，不能采用琼脂盐桥。由于琼脂微溶于水，也不能用于吸附研究实验中。下面列举两种常用盐桥的制备方法。

（1）3%琼脂-饱和 KCl 盐桥制备。在 250mL 烧杯中，加入 97mL 蒸馏水和 3g 琼脂，盖上表面皿，水浴加热使琼脂完全溶解。然后加入 30g KCl，充分搅拌使 KCl 完全溶解后，趁热用滴管或虹吸将此溶液灌入洁净的 U 形玻璃管中，静置待琼脂凝结后便可使用。注意：U 形管内的各部位不能留有气泡，不能出现断面，否则会增加电阻，甚至造成断路。盐桥的溶胶冷凝后，管口往往出现凹面，此时用玻璃棒蘸一滴热溶胶加在管口即可。制备好的盐桥插在饱和 KCl 溶液中备用。多余的琼脂-饱和 KCl 用磨口塞塞好，使用时重新加热。

注意，琼脂-KCl 盐桥在下列情况不宜使用：1）含有高浓度的酸、氨等物质的溶液，因为高浓的酸、氨都会与琼脂作用，破坏盐桥，沾污溶液。2）含有与 $Cl^-$ 作用的离子，如 $Ag^+$，$Hg_2^{2+}$；或含有与 $K^+$ 作用的离子，如 $ClO_4^-$ 等。在这种情况下，应替换成其他电解质配制的盐桥。对于 $AgNO_3$ 溶液，可用 $NH_4NO_3$ 盐桥。对于能与 $Cl^-$ 作用的溶液，可用 $Hg$-$Hg_2SO_4$-饱和 $K_2SO_4$ 参比电极与 3%琼脂-1mol/L $K_2SO_4$ 盐桥。对于含有浓度大于 1mol/L 的 $ClO_4^-$ 溶液，因 $K^+$、$Cs^+$、$Rb^+$、$NH_4^+$ 的高氯酸盐溶解度较小，可用汞-甘汞-饱和 NaCl（或 LiCl）参比电极与 3% 琼脂-1mol/L NaCl（或 LiCl）盐桥。

（2）$KNO_3$ 盐桥制备。20g $KNO_3$ 溶于 50mL 水中，制成饱和溶液，可再加入少量的 $KNO_3$ 晶体确保使之处于饱和状态；再加入 1.5g 琼脂，热水浴中加热溶液，使琼脂粉溶解，趁热时用滴管吸取热琼脂-$KNO_3$ 饱和溶液缓慢加入到 U 形玻璃管中直至完全充满，且不能有气泡。玻璃管口朝上放置自然冷却、凝固后使用。冷却后的胶凝饱和溶液因体积收缩在管口呈现凹面，再滴上一滴热溶液，使管口呈凸面，以防止盐桥倒置在电极管中使用时在管口产生气泡。盐桥如果长时间不使用时，要将盐桥管口倒置放入饱和溶液中，防止水挥发后管内结晶导电能力减弱，影响电动势数据测量。$NH_4NO_3$ 盐桥和 $KNO_3$ 盐桥在许多溶液中都能使用，但通常使用的电极与 $KNO_3$、$NH_4NO_3$ 盐桥无共同离子，因为在配合使用时会改变参考电极的浓度和引入外来离子，从而改变参考电极的电势。

# 6.3　稳态测量技术

## 6.3.1　稳态过程

在指定的时间范围内，电化学系统的参量如电流、电位、浓度分布、电极表面状态等变化很小，基本上可以认为不变，这种状态称为电化学稳态。相反，如果在实验过程中一定时间内各种电化学参量改变显著，这时系统处于暂态。稳态和暂态之间无绝对的界限，只是相比较而言，因为电化学参量的变化显著与否，一方面取决于时间的长短，另一方面取决于测量手段和测量仪器的灵敏度。由于稳态系统的电流、电极电位、电极表面和电极界面区浓度分布等不变，使得电极的双电层充电电流为零，由吸脱附引起的电流也为零，所以稳态电流完全是电极反应的结果。此外，在电极界面区扩散层内反应物和产物粒子的浓度只是位置的函数，和时间无关。

稳态研究方法是一种经典的方法。稳态系统大多采用极化曲线来描述，测量稳态极化曲线在电化学基础研究、化学电源、电镀等领域都有重要意义。

## 6.3.2　稳态极化曲线的测定

浸在电解液中的电极具有一定的电极电位。在研究可逆电池的电动势和电池反应时，电极上几乎没有电流通过，每个电极反应都是在接近于平衡状态下进行的，因此电极反应是可逆的。但当外电流通过此电极时，电极的平衡状态被破坏，它的电极电位发生变化，电极反应处于不可逆状态，而且随着电极上电流密度的增加，电极反应的不可逆程度也随之增大。当电极为阳极时，电极电位向正方向偏移；电极为阴极时，电极电位向负方向偏移。这种电极电位的变化称为极化。当外电流密度为 $i$ 时，电极的极化值为：

$$\Delta\varphi = \varphi_i - \varphi_{i=0} \tag{6.1}$$

式中，$\varphi_i$ 为电流密度为 $i$ 时的电极电位；$\varphi_{i=0}$ 为电流密度为零时的电极电位，称为开路电位。对于可逆电极，如锌在锌盐溶液中，开路电位就是其平衡电位。对于不可逆电极（如锌在海水中），开路电位就是其稳定电位，或称为自腐蚀电位。外电流通过电极时，电极电位与平衡电位 $\varphi_平$ 之差称为该电流密度下的过电位，通常以符号 $\eta$ 表示。习惯上 $\eta$ 取正值，所以阴极过电位为：

$$\eta_K = -\Delta\varphi = \varphi_平 - \varphi_i \tag{6.2}$$

阳极过电位为：

$$\eta_A = \Delta\varphi = \varphi_i - \varphi_平 \tag{6.3}$$

过电位是发生电化学反应的推动力。对于同一条件下的电极体系，通过的电流密度越大，电极电位偏离平衡电位的绝对值也越大。电极电位（或过电位）与电流或电流密度的关系曲线叫做极化曲线。如果电极是阳极或阴极，所得曲线称之为阳极极化曲线或阴极极化曲线。

极化曲线坐标的取法很不统一。有的根据电极反应与电位的因果关系来取，因为稳态下电流密度反映电极上的反应速度，反应速度随电位变化而变化。此时电位为自变量，电流为因变量，因此极化曲线以电位为横坐标，电流为纵坐标，如图 6.8 所示。有的根据测定极化曲线时变量的关系来取。例如，采用控制电流法常以电流为横坐标，控制电位法则以电位为横坐标，如图 6.9 所示。但在许多情况下往往根据处理问题的方便或传统习惯来取坐标。

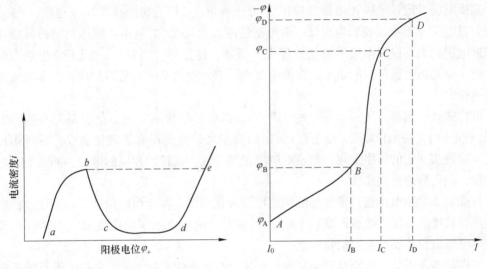

图 6.8　铁在硫酸溶液中的阳极极化曲线　　　　图 6.9　阴极极化曲线示意图

　　为什么在不同条件下测得的极化曲线具有不同的形状？测得的极化曲线能说明什么问题？要弄清这些问题必须了解电极过程动力学的规律。

　　在稳态下，整个电极过程中相串联的各步骤速度是相同的。整个电极过程的速度是由"最慢"步骤的速度决定的。这个"最慢"的步骤称为控制步骤，整个电极过程动力学特征就和这个控制步骤的动力学特征相同。当电化学反应为控制步骤时，测得的整个电极过程的动力学参数，就是该电化学步骤的动力学参数；当扩散过程为控制步骤时，整个电极过程的速度服从扩散动力学的基本规律。当控制步骤发生转化时，往往同时存在着两个控制步骤，这时电极反应处于混合控制区，简称混合区。

　　电极上总是同时存在着两个反应，一个是还原反应：$O+ne \rightarrow R$；一个是氧化反应：$R \rightarrow O+ne$。式中，$O$ 表示氧化态粒子；$R$ 表示还原态粒子。若以 $\vec{i}$ 表示还原反应速度，以 $\overleftarrow{i}$ 表示氧化反应速度，根据电极反应速度方程式可得

$$\vec{i} = i^0 \exp \left[ \frac{\alpha nF}{RT} \eta_c \right] \tag{6.4}$$

$$\overleftarrow{i} = i^0 \exp \left[ \frac{\beta nF}{RT} \eta_a \right] \tag{6.5}$$

式中，$i^0$ 为交换电流密度，简称交换电流；$\alpha$ 和 $\beta$ 称为传递系数，是表示过电位对电极反应活化能影响程度的参数，$\alpha + \beta = 1$；$\eta_c$ 和 $\eta_a$ 分别表示该电极的阴极和阳极过电位；$n$ 为电极反应中的电子数；$F$ 为法拉第常数；$R$ 为气体常数；$T$ 为绝对温度。因 $n$、$F$、$R$、$T$ 各常数已知，只要测得 $i^0$、$\alpha$（或 $\beta$），代入式（6.4）和式（6.5）就可算出各过电位下的反应速度。$i^0$、$\alpha$（或 $\beta$）也称为电极反应的基本动力学参数。

　　交换电流密度 $i^0$ 表示平衡电位下电极上的氧化或还原反应速度。在平衡电位下，电极

处于可逆状态。宏观上看，电极体系并未发生任何变化，即净的反应速度为零。但从微观上看，物质的交换始终没有停止，只是正反两个反应速度相等而已。所以在平衡电位下，

$$\vec{i} = \overleftarrow{i} = i^0 \tag{6.6}$$

交换电流可定量地描述电极反应的"可逆程度"。若达到同样的反应速度，$i^0$ 越大，则所需过电位 $\eta$ 越小，说明电极反应的可逆性越大；反之，$i^0$ 越小，则达到同样反应速度所需过电位越大，说明电极不可逆性越大。须知，这里的"可逆"一词不是指热力学上的可逆，而是指电极反应的难易。交换电流大，表示电极平衡不易遭到破坏，即电极反应的可逆性大。

极化曲线的测量方法可以是"稳态"的，也可是"暂态"的。前者是先控制恒定的电流(或电位)，待响应电位(或电流)恒定后测量之，可获得稳态极化曲线；后者则控制电流恒定或按一定的程序变化，测量响应电位的变化，或控制相应的电位，测量响应电流的变化，获得暂态极化曲线。

目前大多采用电位慢扫描动态法测定稳态极化曲线，即所谓电位动态扫描法。控制电极电位以较慢的速度连续地改变(扫描)，测量对应电位下的瞬时电流值，以瞬时电流与对应的电极电位作图，获得极化曲线。

线性扫描所得到的电流是双电层充电电流 $i_c$ 与电化学反应电流 $i_r$ 之和。没有浓差极化的情况下，如果在某电位范围内无电化学反应发生，相当于理想极化电极，主要反映双电层电容与电位的关系。当存在电化学反应时，扫描速度快，$i_c$ 相对大；扫描速度慢，$i_c$ 相对小。因此，只有当扫描速度足够慢时，$i_c$ 相对于 $i_r$ 可忽略不计，此时才是稳态极化曲线，才真正说明电极反应速度与电位的关系，才可利用稳态法的公式计算动力学参数。

正如上面所提到的，扫描速度对暂态极化曲线的形状和数值影响很大，只有当扫描速度足够慢时才可得到稳态极化曲线。但若电位扫描速度过低，则所需时间太长，从测量开始到测量结束工作电极表面状态变化可能很大。一般来说，电极表面建立稳态的速度越慢，则电位扫描速度也应越慢，因此对不同的电极体系，扫描速度也不相同。为测得稳态极化曲线，人们通常依次减小扫描速度测定若干条极化曲线，当测至极化曲线不再明显变化时，可确定此扫描速度下测得的极化曲线即为稳态极化曲线。同样，为节省时间，对于那些只是为了比较不同因素对电极过程影响的极化曲线，则选取适当的扫描速度绘制准稳态极化曲线即可。一般认为，采用 $20 \sim 60\text{mV/min}$ 的电位扫描速度是可以进行稳态测量的。

### 6.3.3 稳态极化曲线的应用

极化曲线是研究电极过程动力学最基本最重要的方法，它在电化学基础研究、金属腐蚀、电镀、电冶金、电解、化学电源等领域有广泛的应用。

#### 6.3.3.1 极化曲线在电化学基础研究方面的应用

在电化学基础研究方面，可从极化曲线测定电极反应的动力学参数，如交换电流密度、传递系数、标准速度常数、扩散系数等；可以测定塔费尔斜率；推算反应级数及研究反应历程；还可以利用极化曲线研究多步骤的复杂反应、吸附、表面覆盖层、钝化膜等；根据极化曲线可以判断电极过程的特征及控制步骤，可以确定目标体系可能发生的电极反

应以及最大可能的速度。

### 6.3.3.2 金属腐蚀过程的极化曲线

在金属腐蚀方面，测量极化曲线可以得出阴极保护电位、阳极保护电位、致钝电位、致钝电流、维钝电流、击穿电位、再钝化电位等。测量腐蚀系统的阴阳极极化曲线，可查明腐蚀的控制因素、影响因素、腐蚀机理以及缓蚀剂作用类型等。在稳定电位（或自腐蚀电位）附近及弱极化区测量极化曲线可以快速获得腐蚀速度，有利于筛选或鉴定金属材料和缓蚀剂。

金属的阳极过程是指金属作为阳极时，在一定的外电势下发生的阳极溶解过程，如下式所示：

$$M \longrightarrow M^{n+} + ne$$

此过程只有在电极电位正于其热力学电位时才能发生。阳极的溶解速度随电位变正而逐渐增大，这是正常的阳极溶出；但当阳极电位正到某一数值时，其溶解速度达到最大值，此后阳极溶解速度随电位变正反而大幅度降低，这种现象称为金属的钝化现象。如图 6.10 所示，$A$ 点对应电位为金属的自腐蚀电位 $\varphi_{corr}$，从 $A$ 点开始，随着电位向正方向移动，电流密度也随之增加，此时金属处于活化溶解状态，$AB$ 区称为金属的活化溶解区。电势超过 $B$ 点后，电流密度随电位增加迅速减至最小，这是因为在金属表面产生了一层电阻高、耐腐蚀的钝化膜。$B$ 点对应的电位称为临界钝化电位 $\varphi_{pp}$，对应的电流称为临界钝化电流 $i_{pp}$。$B$ 点标志着金属钝化的开始，对金属建立钝态具有重要意义，$BC$ 区是金属从活化向钝态转变的过渡区。当到达 $C$ 点以后，随着电位的继续增加，电流保持在一个基本不变的很小的数值上，该电流称为维钝电流 $i_p$，$C$ 点电位是金属进入稳态的电位，称为维钝电位 $\varphi_p$，$CD$ 区称为稳定钝化区，此时金属表面生成稳定的钝化膜。当电位继续从 $C$ 点升到 $D$ 点后，电流又随着电位的上升而增大，表示金属又重新发生了腐蚀，在 $DE$ 区发生了某种新的氧化反应，可能是原来氧化膜进一步氧化后成为不耐蚀的高价可溶行氧化膜，也可能是水分子放电析出氧气。$D$ 点对应的电位为金属氧化膜破坏的电位，称为过钝化电位 $\varphi_{pt}$，$DE$ 区称为过钝化区。

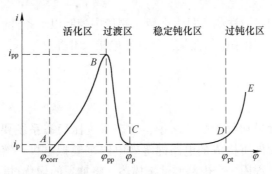

图 6.10 典型阳极极化曲线

### 6.3.3.3 极化曲线在电解方面的应用

在电解过程，主反应和副反应（如阴极放氢、阳极放氧）的极化曲线直接与电流效率有密切关系。电沉积合金时，可通过研究各组分的极化曲线，找出适当的电解液配方和电流密度。为了使阳极顺利地溶解，可测量阳极钝化曲线，找出适当的电解液配方和阴阳极面积比，估计电解液的分散能力和电流分配。

# 6.4　暂态测量技术

## 6.4.1　暂态过程

暂态法又称动态法，电极从开始极化到各个子过程，包括电化学反应过程、双电层充电过程、传质过程和离子导电过程，做出响应并进入稳态过程的这一阶段所经历的不稳定的、变化的"过渡阶段"，称暂态过程。

在暂态阶段，电极电位、电极界面上的吸附覆盖状态、双电层充电状态、电极附近液层中分布状态等都处在变化之中，也就是体系的各变量随时间而变化，总电流既有法拉第电流 $i_r$，又有非法拉第电流，即双电层充电电流 $i_c$。法拉第电流是指电极反应的电流，它是电极界面上发生氧化反应或还原反应时电子转移引起的，电量满足法拉第定律。双电层充电电流是由双电层电荷的改变引起的，其电量不符合法拉第定律，所以也称为非法拉第电流。

暂态法与稳态法相比有许多优点。由于暂态法测量时间短，电极表面溶液的浓度没有明显变化，不会引起严重的浓差极化，且对电极表面的破坏作用较小。另外，液相中的粒子或杂质来也不及扩散到电极表面，减少了杂质的干扰，因而有利于研究界面结构和界面吸附。对于那些表面状态变化较大的体系，暂态法可以提高测定数据重现性。另外，当研究体系的交换电流密度较大时，电化学反应速率很快，电极反应活性物质从本体溶液扩散到电极表面成为电极反应速率的控制步骤。由于浓差极化的影响，此时很难用稳态方法获得相应的电化学反应参数。如将测量时间缩短至 $10^{-8}\,\mathrm{s}$ 以下，则瞬间扩散电流密度可达几十安培每平方厘米，不影响对快速电化学反应过程的研究。甚至，可利用外推到 $t=0$ 时的理想情况来消除浓差极化的影响。因此，当电化学反应速率较快时，只能用暂态方法研究其电化学极化。

暂态方法弥补了稳态方法的不足，在暂态测量中控制以下条件，可以忽略浓度极化对电极过程的影响。(1)采用小幅值测量信号，使电极极化很小($\eta < 5 \sim 10\mathrm{mV}$)；(2)缩短单向极化时间。

## 6.4.2　等效电路基础

由于各种电化学参量均处于变化之中，暂态系统比稳态系统要复杂得多。为便于分析，常用电阻、电容元件所构成的电路即等效电路来模拟电极—溶液界面上所发生的过程。每个电极的基本过程用一个电路元件来描述，将抽象的极化过程用模拟电路来代替。

### 6.4.2.1　电化学步骤控制条件下的等效电路

如前所述，暂态过程中通过电极的电流一部分用于双电层充电，另一部分用于电化学反应。因此，电极—溶液界面相当于一个电容和一个电阻并联的电路，如图6.11所示。图中 $C_d$ 表示双电层电容，$R_r$ 表示电化学反应电阻。在开始接通电路时，主要对双电层充电。暂态过程结束，也就是双电层充电结束时，电流则全部用于电化学反应。在电化学极化控制下，暂态过程所经历的时间主要取决于电极的性质和充电电流的大小。

实际测量中，极化电流通过电极/溶液界面后还流过电解液，在溶液电阻未补偿的情况下，研究电极和参比电极间的等效电路应如图 6.12 所示，即 $R_r$ 与 $C_d$ 并联后再与 $R_l$ 串联。$R_l$ 表示研究电极与参比电极间溶液的电阻。

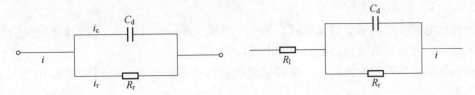

图 6.11　电化学步骤控制电极等效电路　　图 6.12　无浓差过程的电极等效电路

### 6.4.2.2　浓差极化不可忽略下的界面等效电路

电极通电初期，浓差极化很小，随着极化的发展，浓差极化逐步增大。当扩散达到对流区时，电极进入稳态扩散状态，建立起稳定的浓差极化电位，可见浓差极化是逐步建立，落后于电流的。这个特点很像含有电容的电路两端的电压和电流的关系，因此浓差极化的等效电路中具有电容，可用图 6.13 来表示浓差极化引起的等效电路。其中，$R_w$ 为浓差电阻，$C_w$ 为浓差电容。一般用 $Z_w$ 来代替浓差阻抗的等效电路，代表扩散条件下的总阻力，$Z_w$ 也称为半无限扩散阻抗。

由于浓差极化是电化学反应消耗反应物生成产物而逐渐产生和增大的，电化学反应电流等于电极表面处的扩散电流，且均为法拉第电流，界面总的过电位等于电化学极化过电位和浓差极化过电位之和。因此，等效电路中，浓差极化阻抗 $Z_w$ 和电化学反应电阻 $R_r$ 是串联的，即 $Z_f = Z_w + R_r$，总称为法拉第阻抗，如图 6.14 所示。

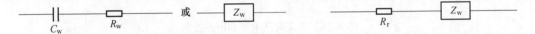

图 6.13　浓差极化引起的等效电路　　　　图 6.14　浓差极化下的电极极化电阻

另外，法拉第阻抗 $Z_f$ 的两端电压等于双电层电容 $C_d$ 两端电压，所以 $Z_f$ 和 $C_d$ 之间是并联关系，因此，扩散控制下的电极等效电路如图 6.15 所示。

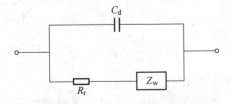

图 6.15　浓差极化不可忽略时的界面等效电路

## 6.4.3　暂态测量方法

暂态测量方法按照控制方式可分为恒电流暂态法、恒电位暂态法、动电位扫描法和交流阻抗法等。恒电流暂态法是指激励信号为一定时间内维持不变的电流，测量电位随时间的变化。恒电位暂态法是指激励信号为一定时间内维持不变的电位，测量电流随时间的变化。线性扫描法是指激励信号为随时间线性变化的电位信号，测量电流随时间的变化。交流阻抗法是指激励信号为交流电压或电流，测量体系阻抗随交流电频率的变化。

### 6.4.3.1　恒电流暂态法

将极化电流突然从某个电流阶跃至另一个电流，并保持此电流不变，同时记录下电极电位的变化，就是恒电流暂态法，也称电流阶跃法。

在电化学极化控制的体系中，将极化电流突然从零跃至 $i_1$，得到如图 6.16 所示的电位变化图。

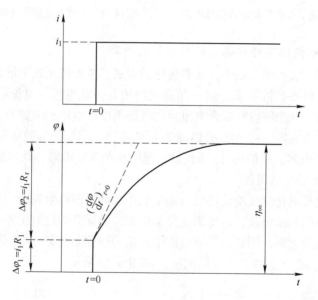

图 6.16　电流阶跃电流和电位波形

从图 6.16 可以看出，在电流发生阶跃时，电极上的电位马上有个突变 $\Delta\varphi_1$。根据电化学极化控制下的等效电路图 6.12 可以看出，在电流发生阶跃瞬间，研究电极与参比电极间的溶液电阻马上会有个欧姆电压降，但是流过电极的电量甚微，双电层电容来不及充电，其电位差还来不及改变，因此 $\Delta\varphi_1 = i_1 R_1$，$R_1$ 为研究电极与参比电极间的溶液电阻。接着，双电层电容开始充电，在开始极化的瞬间，双电层充电电流最大，极化电流 $i_1$ 几乎全部用于双电层充电。此时，$i_c = i_1 = C_d \dfrac{\mathrm{d}\varphi}{\mathrm{d}t}$，因此，求得时间趋于零时的电位随时间变化曲线的斜率就可以算出双电层电容。

随着双电层不断充电，电化学反应速度 $i_r$ 也就不断增大，由于 $i_1 = i_c + i_r$，因此，$i_c$ 就不断减小，电位随时间变化曲线的斜率逐渐变小，曲线趋于平坦，最后达到稳定。此时，$\Delta\varphi = \Delta\varphi_1 + \Delta\varphi_2 = i_1(R_1 + R_r)$。因此，根据电流阶跃暂态曲线（如图 6.16 所示），选择暂态进程的某一特定阶段，就可分别求得该体系等效电路中的 $R_1$、$R_r$ 和 $C_d$。这种确定电极参数的方法称为极限简化法，是一种近似计算方法。用这种方法测定 $C_d$ 时，要在电流阶跃后的瞬间测量电位随时间变化曲线的斜率。如果双电层充电时间很短，曲线弯曲很快，则不易测准时间趋于零时的斜率。因此，为了测定某些固体电极的微分电容 $C_d$，可选择合适的电解液和电位区域，使电极接近理想极化电极，没有电化学反应发生，$R_r$ 趋向于无穷大，从而提高测量精度。如果是测定 $R_r$，根据上述分析，需要在电位稳定时进行计算。如果体系达到稳态需要很长时间，则易受到浓差极化和平衡电位漂移的干扰。浓差极化会使电位偏高，且不易达到稳定值。

用恒电流对电极极化时，在电位达到稳定后，突然把电流切断，这种方法称为断电流法，是控制电流暂态法的一种特例，其电位变化如图 6.17 所示。

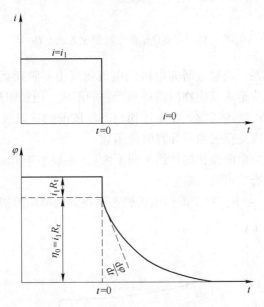

图 6.17 断电流法电流和电位波形

由等效电路图 6.12 可知，断电前后瞬间，电容 $C_d$ 间的电位差是相同的，因而通过 $R_r$ 的电流(电极反应速度)在外电流切断前后是相同的。但电流切断后，电解液的欧姆电压降立即消失，因此断电瞬间时的电位等于 $i_1R_r$。随后，双电层电容通过 $R_r$ 放电，电位逐渐衰减，其衰减速度为：

$$-\frac{d\varphi}{dt} = \frac{i_c}{C_d} = \frac{i_r}{C_d} \tag{6.7}$$

因此，可根据电位随时间的衰减曲线在断电时的斜率及 $i_1$ 求得双电层电容：

$$C_d = -\frac{i_1}{(d\varphi/dt)_{t\to0}} \tag{6.8}$$

但是，如果电极上的电流不均匀，或者有氧化层覆盖，特别是多孔电极，则电解液或电极相中的欧姆电位降并不能在断电后立即消失。电极表面有氧化层的电极等效电路图如图 6.18 所示。图中 $C_1$ 和 $Z_1$ 表示金属—氧化层界面的电容和阻抗；$C_2$ 和 $Z_2$ 表示氧化层—电解液界面的电容和法拉第阻抗；$C_m$ 和 $R_m$ 表示氧化物层的电容和电阻。当极化电流切断时，由于并联电容 $C_m$ 的存在，$R_m$ 上的欧姆电压降不能立即消失。因此，这种电位降将包括在断电后立即测定的过电位中。此电位降的衰减速度取决于 $R_mC_m$，与氧化膜的性质有关。

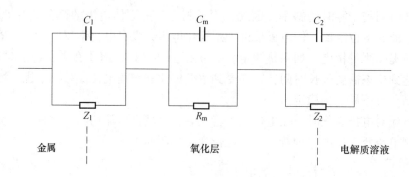

图 6.18  有氧化层的电极简化等效电路

在扩散控制下的体系，当通过研究电极的电流密度由零阶跃至 $i$，然后维持电流 $i$ 恒定时，由于发生电极反应造成反应物的消耗和产物的形成，电极附近液层中的浓度发生变化，从而引起反应物或产物的扩散。在未达到稳态扩散前的这段过程称为暂态扩散过程。这时反应物或产物的浓度是空间位置和时间的函数。

在暂态实验中，只要单向极化的持续时间不太长(一般小于 10s)，电极表面的扩散层厚度一般很小，对流的影响可以忽略。

对简单反应 $O + ne = R$，典型的恒电流暂态法得到的响应图如图 6.19 所示。

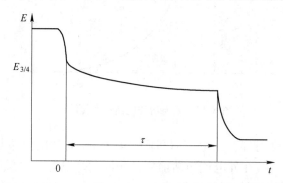

图 6.19  可逆体系的计时电位法电位随时间变化曲线示意图

当施加电流时，由于双电层电容被充电，初始有一相当剧烈的电位降，直到达到 O 还原为 R 的电位，然后电位按 Nernst 方程式进行相当缓慢的下降，直到最终 O 的表面浓度基本上达到零。这样 O 向表面的流量不再足以保持施加的电流，电极电位再度更剧烈地下降，发生新的电极反应。自电流阶跃极化开始到电极电位发生突跃所经历的时间称为过渡时间，用 $\tau$ 表示。当 $t = \tau$ 时，电极表面上反应物浓度下降到零，这时电极电位必然突变到另一电极反应的电位。电位突变阶段的曲线斜率取决于双电层电容的充电。

由于双电层充电效应，电流暂态法测量牵涉到的主要问题是过渡时间 $\tau$ 的测定。如果电位转变是瞬时的，即 $dE/dt \to \infty$，确定过渡时间 $\tau$ 是一个简单的事情。但事实上双电层电容充电需要时间，因此 $\tau$ 变得不明确，这是控制电流方法的一个基本缺点。由于双电层充电所需的电量一般远小于反应物完全消耗所需的电量，所以电位突变阶段的曲线近乎垂直于时间轴。在斜率最大处作切线，与时间轴的交点即为过渡时间 $\tau$，如图 6.19 所示。

　　应当注意的是，利用电流阶跃法测电化学参数时，必须选择合适的电流阶跃幅值。电流阶跃过大，$\tau$ 太小，双电层充电效应引起的误差就大；若电流阶跃太小，则 $\tau$ 很大，扩散层延伸过长，容易受对流的干扰。

### 6.4.3.2　恒电位暂态法

　　恒电位暂态法是一种电位阶跃技术，经常被称为计时电流法，是指施加恒定电位到工作电极，并记录电流密度作为时间的函数。恒电位暂态法可用于测定电子交换转移数 $n$、扩散系数 $D$ 及成核过程等。

　　假定一个电极反应由方程式（a）描述，起始溶液中只有 O 存在，没有 R 存在：

$$O + ne \underset{\overleftarrow{k}}{\overset{\overrightarrow{k}}{\rightleftharpoons}} R \tag{a}$$

　　当电极电位为 $E_1$ 时，假定电极上没有任何 O 发生还原。如果将图 6.20(a) 所示的电位–时间分布施加到工作电极，即在时间 $t=0$ 时刻，电位从 $E_1$ 瞬间变化到新的值 $E_2$ 时，O 将发生还原反应，此时，电极上的电流响应如图 6.20(b) 所示。

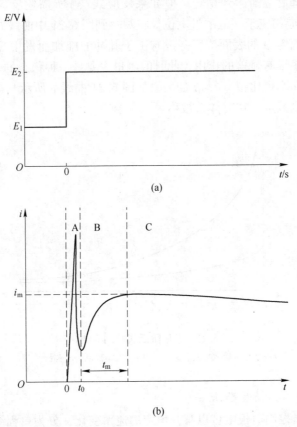

图 6.20　单电位阶跃计时电位–时间分布图(a)及电流–时间相应曲线(b)

　　当电位发生阶跃后，电极上的电流瞬变响应可以分为 3 个阶段，如图 6.20(b) 所示的 A、B 和 C 阶段。其中 A 阶段是双电层快速充电及双电层充电完成后导致电流快速衰减。在这一阶段，晶核尚未产生，但电极表面的活性物质浓度达到过饱和状态。另外，在这阶段，如果双电层充电过程很快，而恒电位仪的相应速度不够快，会出现检测不到此电流上升阶段的现象，曲线直接表现为电流从某一最大值开始下降。在 B 阶段，由于活性物质浓度达到过饱和状态，在电极表面开始形核，并且由于晶核数目增加或晶核长大，电极上电流开始增大，并达到最大电流密度。随后，电流随时间缓慢减少，进入 C 阶段。如果在 C 阶段反应速率的限制性步骤是扩散控制，可以根据适当的边界条件而求解 Fick 第二定律。当电极为平面电极时，电流与时间的关系满足式(6.9)，即 Cottrell 方程式：

$$[i] = \frac{nFD^{1/2}C_{\text{ox}}^*}{\pi^{1/2}t^{1/2}} \tag{6.9}$$

从式（6.9）可以得出，$i$ 与 $t^{-1/2}$ 间存在线性关系，其关系图为一条通过原点的直线，这常用来作为扩散控制的判据。另外，品种 O 的扩散系数 $D$ 可以从直线的斜率得到，当 $D$ 的单位为 $\text{cm}^2/\text{s}$ 时，该值数量级一般为 $10^{-6}$。

在 C 阶段，也就是扩散控制阶段，电流 $i$ 与时间 $t$ 的关系如图 6.21 中的曲线 $a$ 所示，电流随时间快速下降后逐渐达到稳定。但如果反应式(a)所描述反应的标准速率常数很小，或者 $E_2$ 对该反应相应于一低的过电位，将观察到图 6.21 中曲线 $b$ 所示的电流-时间暂态响应形式。这是因为 O 的表面浓度并没有由于脉冲的施加而发生显著变化(<1%)，因此扩散在决定速率中没有显著的作用，此时的测量主要是一种稳态的。对于中间情形，扩散速率和电子转移速率可比拟，$i$ 与 $t$ 的关系如图 6.21 曲线 $c$ 所示，电流随时间下降，但不如扩散控制下急剧减少，这时体系被称为混合控制。

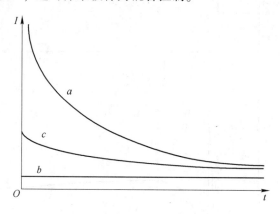

图 6.21　电位阶跃实验的 $i\text{-}t$ 响应
$a$—反应由扩散控制；$b$—反应由动力学控制；$c$—混合控制

### 6.4.3.3　动电位扫描暂态法

动电位扫描是指控制电极电位以某一恒定的速率变化，分为单程线性电位扫描和三角波电位扫描。由于电位扫描时，通常是记录电流随电位的变化关系，所以单程线性电位扫描法和三角波电位扫描法又分别称为线性伏安扫描法与循环伏安扫描法。

#### A　线性伏安法

控制极化电位由"初始电位"开始，以特定的"扫描速度"随时间向"终止电位"线性变化，同时记录扫描过程中电流与电位($i\text{-}E$)关系曲线的方法，称为线性扫描伏安法。极化电位波形如图 6.22 所示。

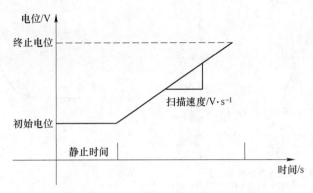

图 6.22　线性伏安法电位随时间变化图

对于电化学步骤控制的电极过程，线性伏安法所得的电流为双电层充电电流与法拉第电流之和。线性伏安法测定过程中电位是以恒定的速度变化，因此双电层充电电流与电容，以及法拉第电流都随电极电位的变化而变化。如果在线性扫描的电位范围内，电极上没有电化学反应发生，则电流–电位曲线主要反映双电层电容与电位的关系；当存在电化学反应时，双电层充电电流随扫速的增大而增大。当扫速足够慢时，双电层充电电流相对于法拉第电流可以忽略不计，这时，得到的电流-电位曲线称为稳态极化曲线，反映电极反应速度与电位的关系。在没有浓差极化的情况下，可利用稳态法的公式计算电极动力学参数。

B　循环伏安法

循环伏安法是电化学研究中的重要实验方法，广泛应用在电解、电池、电镀、金属腐蚀与防护等领域。该方法能迅速提供电活性物质电极反应的可逆性、化学反应历程、电活性物质的吸附等信息，可用于研究化合物电极过程的机理、双电层、吸附现象和电极反应动力学等。

循环伏安法测定时，加在工作电极上的电位从初始电位 $E_0$ 开始，以一定的速度 $v$ 扫描到一定的电位 $E_1$ 后，再将扫描方向反向进行到原始电位 $E_0$（或再进一步扫描到另一电位值 $E_2$），然后在 $E_0$ 和 $E_1$ 或 $E_2$ 和 $E_1$ 之间进行循环扫描。循环伏安法的基础是以恒定的速率扫描电位，随时间以三角波形一次或多次反复扫描，同时记录电流。在循环伏安法中，当达到切换电位 $E_\lambda$ 时，开始反向扫描，电位变化如图 6.23（a）所示。通常正向和反向扫描的速率相同，在任何时间的电位由下式给出：

$$0 < t \leqslant \lambda \qquad E = E_i - vt \tag{6.10}$$

$$t > \lambda \qquad E = E_i - 2v\lambda + vt \tag{6.11}$$

假设一个可逆的反应 $O + ne \rightleftharpoons R$ 是在平面电极上发生的，反应前溶液中只含有反应粒子 O，且 O、R 在溶液均可溶，控制扫描起始电势从比体系标准平衡电位（$\varphi_{平}$）正得多的起始电势（$\varphi_i$）处开始作负向电扫描，当电极电位逐渐负移到（$\varphi_{平}$）附近时，O 开始在电极上还原，并有法拉第电流通过。由于电位越来越负，还原反应速率增大，电流增加，而电极表面反应物 O 的浓度逐渐下降。反应粒子 O 从本体溶液扩散到电极表面的迁移速度等

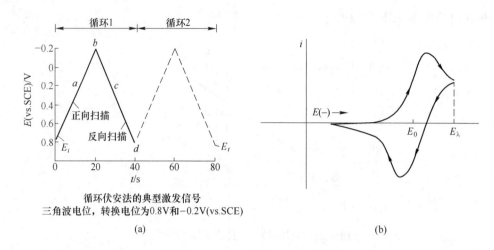

图 6.23　循环电位扫描(a)和产生的循环伏安图(b)

于电极反应速度时，电流达到最大值 $i_{pc}$。随后，随着电极电位的继续负移动，O 的扩散速度低于其还原反应速度，导致电极表面 O 粒子的浓度下降，从而电流逐渐下降，由此产生了一个阴极还原峰。当电位达到($\varphi_r$)后，改为反向扫描。在电位小于 $\varphi_{平}$ 时，电极上发生的反应依然是 O 的还原反应，此时随着电极电位逐渐变正，电极附近可氧化的 R 粒子的浓度较大。当电位接近并通过($\varphi_{平}$)时，表面上的电化学平衡向着越来越有利于生成 R 的方向移动。于是 R 开始被氧化，出现氧化电流，并且电流增大到峰值氧化电流 $i_{pa}$，随后又由于 R 的显著消耗而引起电流衰降。整个曲线称为"循环伏安曲线"，如图 6.23 (b) 所示。

电压从负到正可以看做是正扫，为阳极氧化峰；反之为负扫，对应阴极还原过程，为还原峰。阴极反应的电流称为阴极电流，对应还原峰；阳极反应的电流称为阳极电流，对应氧化峰。一般规定阴极电流为负值，阳极电流为正值。通常，氧化峰位于较正的电位，而还原峰位于较负的电位，这是极化作用的结果。

循环伏安法中的电位扫描法可以分为小幅度和大幅度电位扫描。小幅度电位扫描法其扫描电位幅度通常在 5~10mV 以内，主要用来测定双电层电容和反应电阻。大幅度电位扫描的电位扫描范围较宽，可在感兴趣的整个电位范围内进行，常用来测定电极参数，判断电极过程的可逆性、控制步骤、反应机理、中间产物以及相界吸脱附现象等。

a　体系的可逆性判断

对于一个体系，若氧化峰峰电流 $i_{pa}$ 与还原峰峰电流 $i_{pc}$ 比值绝对值 $|i_{pa}/i_{pc}| \approx 1$，或峰电位差与扫描速率无关，但峰电流与扫描速率的平方根成正比($i_{pa}$、$i_{pc} \propto v^{1/2}$)，或氧化峰峰电位与还原峰峰电位差值满足式（6.12）时，即可认为电极过程是可逆的。

$$|\Delta E_p| = |E_{pa} - E_{pc}| = \frac{2.303RT}{nF} \approx \frac{59}{n}(mV) \tag{6.12}$$

式中，$n$ 为电极反应转移电子数；$T$ 为温度，取 298K。

表 6.1 列出了一些可用于电极过程可逆性的诊断标准。如果这些条件中的一个或一个以上不能满足，意味着所讨论的电子转移过程在实验的时间尺度上不是真正可逆的。

**表 6.1　可溶性产物电子转移可逆性的判断条件**

| 序号 | 条　件 |
|------|--------|
| 1 | $i_p \propto v^{1/2}$ |
| 2 | $|i_{pa}/i_{pc}| = 1$ |
| 3 | $E_p$ 独立于 $v$ |
| 4 | $|\Delta E_p| = |E_{pa} - E_{pc}| = \dfrac{2.303RT}{nF} \approx \dfrac{59}{n}(\text{mV})$ |
| 5 | $|E_p - E_{p/2}| = 2.2\dfrac{RT}{nF}$ |
| 6 | 高于峰电位 $E_p$ 的电位下，$i^{-1/2} \propto t$ |

不可逆电极的循环伏安曲线通常为单峰或正向峰，或上下两条曲线是不对称的，无回扫峰，两峰电流之比（$i_{pa}/i_{pc}$）明显大于或小于 1，如图 6.24 所示。

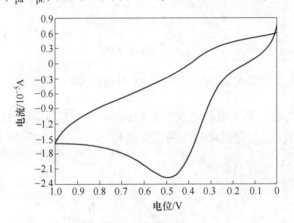

图 6.24　不可逆电极的循环伏安图

对于准可逆（部分可逆，半可逆）电极过程来说，仍是接近可逆过程，具有氧化峰和还原峰双峰，但两峰间距 $\Delta E_p = E_{pa} - E_{pc} > 59/n$（mV），$i_{pa}/i_{pc}$ 大于或小于 1。改变扫描速度，氧化峰正移，还原峰负移，$i_{pa}$、$i_{pc}$ 随扫速 $v$ 的增大而变大，且仍正比于 $v^{1/2}$，如图 6.25 所示。

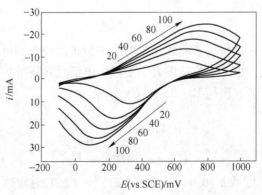

图 6.25　准可逆电极的循环伏安图

需要注意的是，测量峰电流时应扣除背景电流。峰高的测量采用切线法（半峰法）进行测量，即在起点（转折点）做切线，从切线到最高点位置的距离为峰高，如图 6.26 所示。

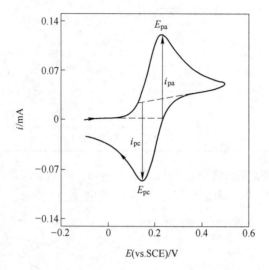

图 6.26　循环伏安图中的峰电流测量示意图

半峰电位 $E_{p1/2}$ 为电流等于极限电流（最大）的一半时相应的电极电位，如图 6.27 所示。半峰电位有两个，$E_{p1/2}$ 是起峰一侧的那个电位。

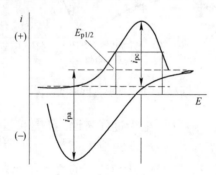

图 6.27　循环伏安图中半峰电位测量示意图

b　控制步骤判断

图 6.28 所示的电流-电位峰形曲线是典型的平板扩散控制的可逆电极反应的特征，此时电极反应受扩散控制，电子交换速率大于溶液中电活性物质的扩散速率。对平板线性扩散所控制的可逆电极反应，遵循 Randle-Sevcik 方程：

$$i_p = 0.4463nFAC\left(\frac{nFVD}{RT}\right)^{\frac{1}{2}} \tag{6.13}$$

$$i_p = kn^{3/2}AD^{1/2}cv^{1/2} \tag{6.14}$$

式中，$i_p$ 为峰电流，A；常数 $k = 0.4463\left[F^3/(RT)\right]^{0.5}$（25℃时常数 $k = 2.69 \times 10^5$）；$F$ 为法拉第常数，96485C/mol；$R$ 为气体常数，8.314J/(K·mol)；$T$ 为绝对温度，K；$n$ 为电

极反应转移电子数；$A$ 为电极面积，$cm^2$；$D$ 为扩散系数，$cm^2/s$；$c$ 为反应物的本体浓度，$mol/cm^3$；$v$ 为电位扫描速率，$v/s$。

当电极的有效面积 $A$ 不变时，式（6.13）可简化为：$i_p = Kv^{1/2}c$，即此时峰电流与电位扫描速度 $v$ 的 $1/2$ 次方成正比，与反应物的本体浓度成正比，电极过程主要受扩散控制。而当氧化峰或还原峰峰电流与扫描速率成正比(线性关系)时，表明电极过程主要受电子转移过程控制。

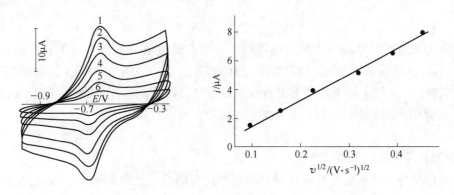

图 6.28　电化学过程控制的可逆电极循环伏安图特征

c　计算电极反应的电子数 $n$

（1）可逆电极。

1）基于电量的方法。根据 Laviron 理论，峰电流 $i_p$ 与电子转移数 $n$ 有如下关系：

$$i_p = \frac{nFQv}{4RT} \tag{6.15}$$

式中，$F$ 为法拉第常数，$96485 C/mol$；$R$ 为气体常数，$8.314 J/(K \cdot mol)$；$n$ 为电极反应转移电子的物质的量；$T$ 为温度，$K$；$v$ 为电位扫描速率，$v/s$；$Q$ 为电量，$C$，等于循环伏安某单一过程的峰面积。由 $i_p$ 与扫描速度 $v$ 的线性关系，求出斜率，从而计算 $n$。

2）基于能斯特定律。可逆过程氧化峰和其相应还原峰电位的差值 $\Delta E_p$ 与反应电子转移数 $n$ 之间满足关系式（6.16）。我们通过循环伏安测试可获得 $\Delta E_p$ 数值，再根据式（6.16）计算得到的反应电子转移数。

$$|\Delta E_p| = |E_{pa} - E_{pc}| = \frac{2.303RT}{nF} \approx \frac{59}{n} (mV, 25℃) \tag{6.16}$$

（2）不可逆电极。根据 Laviron 理论公式，峰电位与扫描速度存在如下关系：

$$E_p = \frac{RT}{\alpha nF}\ln\frac{k_0 RT}{\alpha nF} - \frac{RT}{\alpha nF}\ln v \tag{6.17}$$

$$|E_p - E_{p/2}| = \frac{1.857RT}{\alpha nF} = \frac{47.7}{\alpha n}(mV) \tag{6.18}$$

式中，$\alpha$ 称为转换系数(传递系数)，数值在 $0 \sim 1$ 之间，描述电极电位对阳极反应和阴极反应影响的程度；$v$ 为扫描速度；$k_0$ 为反应动力学速率常数。测定不同扫描速度下的峰电位，$E_p$-$\ln v$ 做直线，根据式(6.17)斜率计算 $\alpha n$，结合式(6.18)解出 $\alpha$ 和 $n$。

### 6.4.3.4 电化学阻抗谱技术

对于一个稳定的线性系统 M，如以一个小振幅的、角频率为 $\omega$ 的正弦波电信号 $X$（电压或电流）输入该系统，相应的从该系统输出一个角频率为 $\omega$ 的正弦波电信号 $Y$（电流或电压），此时电极系统的频响函数 $G(\omega)$ 就是电化学阻抗。在一系列不同角频率下测得的一组频响函数值就是电极系统的电化学阻抗谱（electrochemical impedance spectroscopy，简称 EIS）。若在频响函数中只讨论阻抗与导纳，则 $G$ 总称为阻纳。

$$\xrightarrow{X}\ \boxed{\overset{G}{M}}\ \xrightarrow{Y}\quad G(\omega) = Y/X \tag{6.19}$$

如果 $X$ 为角频率为 $\omega$ 的正弦波电流信号，则 $Y$ 即为角频率也为 $\omega$ 的正弦电势信号，此时，$G(\omega)$ 也是频率的函数，称之为系统 M 的阻抗，用 $Z$ 表示。如果 $X$ 为角频率为 $\omega$ 的正弦波电势信号，则 $Y$ 即为角频率也为 $\omega$ 的正弦电流信号，此时，频响函数 $G(\omega)$ 就称为系统 M 的导纳，用 $Y$ 表示。阻抗和导纳互为倒数关系：

$$Z = 1/Y \tag{6.20}$$

EIS 测量需满足以下基本条件：

（1）因果性条件。电极系统只对扰动信号进行响应。输出的响应信号只是由输入的扰动信号引起的。

（2）线性条件。电极过程速度随状态变量发生线性变化，输出的响应信号与输入的扰动信号之间存在线性关系。通常作为扰动信号的电势正弦波的幅度在 5mV 左右，一般不超过 10mV。

（3）有限性条件。在频率范围内测定的阻抗或导纳是有限的。

（4）稳定性条件。扰动不会引起系统内部结构发生变化，当扰动停止后，系统能够回复到原先的状态。可逆反应容易满足稳定性条件；不可逆电极过程，只要电极表面的变化不是很快，当扰动幅度小、作用时间短，扰动停止后，系统也能够恢复到离原先状态不远的状态，可以近似地认为满足稳定性条件。

电化学阻抗谱主要应用于分析电极过程动力学、双电层和扩散等，研究电极材料、固体电解质、导电高分子以及腐蚀防护机理等。交流阻抗法是以周期性的交变电讯号来极化电极而进行研究的，被认为是"准稳态方法"。

利用 EIS 研究一个电化学系统的基本思路为：将电化学系统看作是一个等效电路，这个等效电路是由电阻（$R$）、电容（$C$）、电感（$L$）等基本元件按串联或并联等不同方式组合而成。通过 EIS，可以测定等效电路的构成以及各元件的大小，利用这些元件的电化学含义，分析电化学系统的结构和电极过程的性质等。

电化学交流阻抗技术是用小幅度正弦波对电极进行极化，不会引起严重的浓度极化及表面状态变化，而且扰动与体系的响应之间近似呈线性关系，速度不同的过程很容易在频率域上分开，速度快的子过程出现在高频区，速度慢的子过程出现在低频区，从而可判断出电极过程包含几个子过程。因此，EIS 能比其他常规的电化学方法得到更多的电极过程动力学信息和电极界面结构信息。

电化学阻抗测试实验注意事项为：

（1）要尽量减少测量连接线的长度，减小杂散电容、电感的影响。互相靠近和平行放置的导线会产生电容。长的导线特别是当它绕圈时就成为了电感元件。测定阻抗时要把仪器和导线屏蔽起来。

（2）频率范围要足够宽。一般使用的频率范围是 $10^5 \sim 10^{-4}$ Hz。阻抗测量中特别重视低频段的扫描。反应中间产物的吸/脱附和成膜过程，只有在低频时才能在阻抗谱上表现出来。测量频率很低时，实验时间会很长，电极表面状态的变化会很大，所以扫描频率的低值还要结合实际情况而定。

（3）阻抗谱必须指定电极电位。电极所处的电位不同，测得的阻抗谱必然不同。阻抗谱与电位必须一一对应。为了研究不同极化条件下的电化学阻抗谱，可以先测定极化曲线，在电化学反应控制区（Tafel 区）、混合控制区和扩散控制区各选取若干确定的电势值，然后在相应电位下测定阻抗。

# 6.5 电化学测量应用实例

## 6.5.1 循环伏安法的应用实例

电催化分解水是制备氢气的一种方法。该方法主要是通过在电解槽两端通电，阳极和阴极上分别析出氧气和氢气。该方法工艺过程简单、无污染、制备的氢气较纯，是制备高纯度氢气的主要方法。101.325×$10^5$Pa 及常温下水分解成为氢气和氧气的理论分解电压为1.23V。但是，由于存在电化学极化和浓差极化，实际水的分解电压为 1.8V 左右，远大于 1.23V，电能消耗较大、成本较高，不利于大规模制氢。为了降低电化学极化过电位 $\eta$，需要开发高效低廉的析氢和析氧电催化剂。电极材料的电化学活性面积是影响电催化活性的一个重要参数，而电极的电化学活性面积和其双电层电容 $C_{dl}$ 间成线性相关，因此可以用电极的双电层电容 $C_{dl}$ 来表征其电化学活性面积。电极的双电层电容 $C_{dl}$ 可以通过电化学方法来测定。

实验需要在非析氢区域的循环伏安曲线进行测试，扫描区域选择 $-0.1 \sim 0.1$ V（vs. RHE），扫描速率选择 5mV/s、10mV/s、15mV/s、20mV/s、25mV/s、30mV/s。如图 6-29所示，$FePO_4/MoS_2$-1% 的 $C_{dl}$ 值最大，为 16.06mF/$cm^2$，与其电催化效果最佳的结论相吻合。

## 6.5.2 恒电位暂态法的应用实例

在 Ni-MH 电池中，贮氢电极合金的放电过程主要由以下 4 个过程组成：

（1）β 和 α 相的相变。当贮氢电极合金表面氢浓度由充满电时的 $C_{max}$ 降至低于与 α相（氢与合金形成的固溶体）平衡的 β 相（氢化物）氢浓度 $C_{\beta\alpha}$ 时（即 $C_H < C_{\beta\alpha}$），在过饱和度（$C_{\beta\alpha} - C_H$）的作用下，β 相开始逐渐转变为 α 相。该过程的速度主要受 α 相的形核与生长速度制约。

（2）氢的扩散。即氢（α 相）在贮氢合金材料中的扩散过程。该过程速度取决于氢在合金和表面氧化膜中的扩散系数、贮氢电极合金的颗粒大小和合金颗粒表面氧化膜的厚度和致密性。

（3）从电极体内扩散到电极表面的氢在电极表面上吸附。

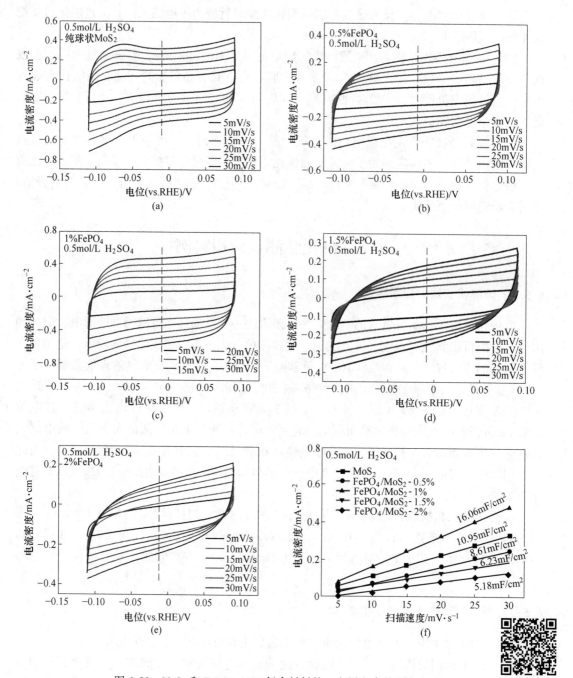

图 6.29   MoS$_2$ 和 FePO$_4$/MoS$_2$复合材料的双电层电容的测定实验

(a)纯 MoS$_2$循环伏安曲线；(b) FePO$_4$/MoS$_2$-0.5%循环伏安曲线；(c) FePO$_4$/MoS$_2$-1%循环伏安曲线；

(d) FePO$_4$/MoS$_2$-1.5%循环伏安曲线；(e) FePO$_4$/MoS$_2$-2%循环伏安曲线；(f)电流密度与扫速关系图

扫码看彩图

（4）电化学反应。氢原子的产生和消失(即水的电解与生成)的过程，该过程的速度取决于贮氢电极合金表面氢的电催化活性。

Ni-MH 电池中，金属氢化物电极的充放电性能是由电极/溶液界面的电化学过程和合金内部氢的扩散过程共同决定的。扩散系数是表征扩散速度的一个重要的动力学参数，因此有必要测定金属氢化物电极中氢的扩散系数。这不仅具有理论意义，而且对于筛选贮氢合金或优化合金的组成具有指导意义。

当对氢化物电极加载一个较大的阳极电位阶跃时，形成一个很大的过电位，使合金电极表面的电荷转移速度非常快，合金电极表面的氢浓度接近于零，从而使氢在合金中的扩散成为反应的控制步骤。

根据参考文献 [6] 报道，$\ln i$ 与放电时间 $t$ 满足一个线性关系：

$$\ln i = \ln(-2FAD\Delta C/h) - D\pi^2 t/4h^2 \tag{6.21}$$

式中，$F$、$A$ 和 $t$ 分别为法拉第常数、薄膜面积和时间；$\Delta C$ 为恒电位放电前后氢的浓度差；$h$ 为薄膜厚度。从式(6.21) 可知，其斜率为 $\dfrac{D\pi^2}{4h^2}$。因此在已知薄厚的情况下，氢在合金中的扩散系数 $D$ 可以由 $\ln i$-$t$ 曲线的斜率得出。

实验测试过程如下。首先，将不同铝含量的 $Mg_{2-x}Al_x Ni$ 储氢薄膜电极泡入电解质中30min，以使电解质充分浸润电极。然后以 $1mA/cm^2$ 的电流对电极进行充氢，充氢时间为1h，充氢后静置30min。然后在相对于开路电位 150mV 和 210mV 的阳极电位下进行放电，放电时间为2h。图 6.30 是不同铝含量的合金电极在不同电位下的放电曲线。

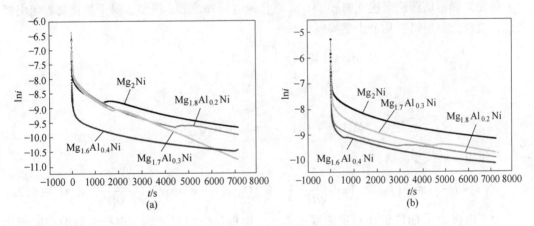

图 6.30 $Mg_{2-x}Al_x Ni$ 贮氢合金薄膜电极的恒电位放电曲线

(a) 150mV；(b) 210mV

从图 6.30 可以看出，电流-时间响应曲线可以分为两个阶段：第一阶段(当开始阶跃时)，由于氢在合金表面迅速消耗，氢的氧化电流快速下降；在随后的第二个阶段，电流下降的速度变慢，$\ln i$ 与时间基本上成直线关系。

拟合图 6.30 中各曲线的线性部分得出该线性部分的斜率，从而根据式(6.20)以及膜厚 $h=10\mu m$ 计算得各合金中氢的扩散系数，如表 6.2 所示。

由表 6.2 可以看出，铝的含量对氢在合金中的扩散系数有较大的影响。其中 $Mg_{1.8}Al_{0.2}Ni$ 和 $Mg_{1.7}Al_{0.3}Ni$ 电极中氢的扩散系数相比较 $Mg_2Ni$ 而言，都有了较大的提高。而 $Mg_{1.6}Al_{0.4}Ni$ 中氢的扩散系数比在 $Mg_2Ni$ 中反而降低。各氢化物电极氢扩散系数的大小顺序排列为：$Mg_{1.7}Al_{0.3}Ni > Mg_{1.8}Al_{0.2}Ni > Mg_2Ni > Mg_{1.6}Al_{0.4}Ni$。

**表 6.2　不同放电电位下，合金氢化物电极中氢的扩散系数**

| 合　金 | 氢扩散系数/cm·s$^{-1}$ | |
| :---: | :---: | :---: |
| | 150mV | 210mV |
| $Mg_2Ni$ | $4.807\times10^{-10}$ | $4.27055\times10^{-10}$ |
| $Mg_{1.8}Al_{0.2}Ni$ | $7.06016\times10^{-10}$ | $4.97825\times10^{-10}$ |
| $Mg_{1.7}Al_{0.3}Ni$ | $1.43202\times10^{-9}$ | $6.31770\times10^{-10}$ |
| $Mg_{1.6}Al_{0.4}Ni$ | $3.30651\times10^{-10}$ | $3.61529\times10^{-10}$ |

### 6.5.3　交流阻抗法的应用实例

#### 6.5.3.1　实例 I

电化学阻抗谱(EIS)是研究表面反应机理的一种广泛应用的电化学方法，它也被用来研究一次、二次电池的电极的电化学性能。例如，通过测量在不同放电深度下，不同 $Mg_{2-x}Al_xNi$ 贮氢合金薄膜在 6mol/L KOH 溶液中放电过程的 EIS，研究放电深度及合金成分对氢在电极中的扩散速度的影响。

首先，我们从理论上建立 $Mg_{2-x}Al_xNi$ 氢化物电极理论 EIS 模型。对于氢化物贮氢电极来说，放电过程由以下几个步骤构成：

$$MH_{abs}(体相) \xrightarrow{扩散} MH_{abs}(界面)$$

$$MH_{abs} \underset{k_{-1}}{\overset{k_1}{\rightleftharpoons}} MH_{ads}$$

$$MH_{ads} + OH^- \underset{k_{-2}}{\overset{k_2}{\rightleftharpoons}} M + H_2O + e$$

对于电子转换步骤有：

$$i = \vec{i} - \overleftarrow{i} = F\left[k_2 C_{OH^-}\theta\exp\left(\frac{\alpha F}{RT}E\right) - k_{-2}C_{H_2O}(1-\theta)\exp\left(-\frac{(1-\alpha)F}{RT}E\right)\right] \quad (6.22)$$

由于电极表面 $OH^-$ 和 $H_2O$ 的浓度很高，由电极反应引起它们在电极表面的浓度变化可以忽略。因此，表示电极反应速度的法拉第电流密度 $I_F$ 是电极电位($E$)、电极表面氢的覆盖率($\theta$)的函数。

由此可知，当给电极施加一个小振幅正弦波电位信号时，根据泰勒展开式，此时 $\Delta I_F$ 可近似地表示成：

$$\Delta I_F = \left(\frac{\partial I_F}{\partial E}\right)_{ss}\Delta E + \left(\frac{\partial I_F}{\partial \theta}\right)_{ss}\Delta\theta \quad (6.23)$$

因此，

$$Y_F = \frac{\Delta I_F}{\Delta E}$$

$$= \left(\frac{\partial I_F}{\partial E}\right)_{ss} + \left(\frac{\partial I_F}{\partial \theta}\right)_{ss}\frac{\Delta\theta}{\Delta E}$$

$$= \frac{1}{R_{ct}} + m\frac{\Delta\theta}{\Delta E}$$

$$= \frac{1}{R_{ct}} + m \frac{\Delta I_F}{\Delta E} \cdot \frac{\Delta \theta}{\Delta I_F}$$

$$= \frac{1}{R_{ct}} + m Y_F \cdot \frac{\Delta \theta}{\Delta I_F} \tag{6.24}$$

从而，
$$Y_F = \frac{1}{R_{ct}} \Big/ \left(1 - m \cdot \frac{\Delta \theta}{\Delta I_F}\right) \tag{6.25}$$

式中，$\dfrac{1}{R_{ct}} = \left(\dfrac{\partial I_F}{\partial E}\right)_{ss}$；$m = \left(\dfrac{\partial I_F}{\partial \theta}\right)_{ss}$。

现在考虑一下 H 原子从电极表面下层的 α 相（$MH_{abs}$）转变成电极表面的吸附态（$MH_{ads}$）这个步骤。

假设从 $MH_{abs}$ 转换成表面吸附的 $MH_{ads}$ 的净速率为 $v_1$（$mol \cdot cm^{-2} \cdot s^{-1}$），转换系数为 $k_1$，从 $MH_{ads}$ 到 $MH_{abs}$ 的转换系数为 $k_{-1}$，电子转移反应步骤的速率为 $v_2$（$mol \cdot cm^{-2} \cdot s^{-1}$），$MH_{ads}$ 在电极表面的浓度为 $\Gamma$，覆盖率为 $\theta$，则有：

$$\frac{d\Gamma}{dt} = \Gamma_{max} \cdot \frac{d\Delta\theta}{dt} = \Delta v_1 - \Delta v_2 \tag{6.26}$$

$$v_1 = k_1(1 - \theta) - k_{-1}\theta\Gamma \tag{6.27}$$

根据式(6.27)有：

$$\left(\frac{\partial v_1}{\partial \Gamma}\right)_\theta = - k_{-1}\theta \tag{6.28}$$

$$\left(\frac{\partial v_1}{\partial \theta}\right)_\Gamma = - k_1 - k_{-1}\Gamma \tag{6.29}$$

当给电极施加一个小振幅正弦波电位信号时，根据泰勒展开式有：

$$\Delta v_1 = \left(\frac{\partial v_1}{\partial \Gamma}\right)\Delta\Gamma + \left(\frac{\partial v_1}{\partial \theta}\right)\Delta\theta \tag{6.30}$$

将式(6.28)和式(6.29)代入式(6.30)可得：

$$\Delta v_1 = - k_{-1}\theta\Delta\Gamma - (k_1 + k_{-1}\Gamma)\Delta\theta \tag{6.31}$$

又因为：

$$\frac{d\Delta\theta}{dt} = j\omega\Delta\theta \tag{6.32}$$

将式(6.31)和式(6.32)代入式(6.26)可得：

$$\Gamma_{max} \cdot j\omega\Delta\theta = - k_{-1}\theta\Delta\Gamma - (k_1 + k_{-1}\Gamma)\Delta\theta - \Delta I_F/F \tag{6.33}$$

最后，考虑对于 H 原子从电极体内扩散到电极表面下层这个步骤。对于平板电极，有：

$$\Delta v_1 = - D \cdot K(\omega) \cdot \Delta\Gamma \tag{6.34}$$

其中，
$$K(\omega) = \sqrt{j\omega/D} \tag{6.35}$$

因此，
$$\Delta v_1 = - D \cdot K(\omega) \cdot \Delta\Gamma = - k_{-1}\theta\Delta\Gamma - (k_1 + k_{-1}\Gamma)\Delta\theta \tag{6.36}$$

整理可得：

$$\Delta\Gamma = \frac{(k_1 + k_{-1}\Gamma)\Delta\theta}{k_{-1}\theta - D \cdot K(\omega)} \tag{6.37}$$

将式(6.37)代入式(6.33)可得：

$$\Gamma_{max} \cdot j\omega\Delta\theta = -k_{-1}\theta\frac{(k_1 + k_{-1}\Gamma)\Delta\theta}{k_{-1}\theta - D \cdot K(\omega)} - (k_1 + k_{-1}\Gamma)\Delta\theta - \Delta I_F/F \qquad (6.38)$$

整理可得：

$$\frac{\Delta\theta}{\Delta I_F} = \frac{-\dfrac{1}{F}}{\Gamma_{max} \cdot j\omega + (k_1 + k_{-1}\Gamma)\dfrac{k_{-1}\theta}{k_{-1}\theta - D \cdot K(\omega)}} \qquad (6.39)$$

由于未施加干扰电位时，$v_1 = 0$，根据式(6.27)：

$$K_1(1 - \theta) - k_{-1}\theta\Gamma = 0$$

从而：

$$\Gamma = \frac{k_1(1 - \theta)}{k_{-1}\theta} \qquad (6.40)$$

将式(6.40)代入式(6.39)可得：

$$\frac{\Delta\theta}{\Delta I_F} = \frac{-\dfrac{1}{F}}{\Gamma_{max} \cdot j\omega + \dfrac{k_1 k_{-1}}{k_{-1}\theta - D \cdot K(\omega)}} \qquad (6.41)$$

将式(6.41)代入式(6.25)可得，

$$Y_F = \frac{1}{R_{ct}}\Bigg/\left[1 + \frac{m}{F\left(\Gamma_{max} \cdot j\omega + \dfrac{k_1 k_{-1}}{k_{-1}\theta - D \cdot K(\omega)}\right)}\right] \qquad (6.42)$$

即

$$Y_F = \frac{1}{R_{ct} + \dfrac{mR_{ct}}{F\left(\Gamma_{max} \cdot j\omega + \dfrac{k_1 k_{-1}}{k_{-1}\theta - D \cdot K(\omega)}\right)}} \qquad (6.43)$$

从而：

$$Z_F = R_{ct} + \frac{mR_{ct}}{F\left(\Gamma_{max} \cdot j\omega + \dfrac{k_1 k_{-1}}{k_{-1}\theta - D \cdot K(\omega)}\right)} \qquad (6.44)$$

将式(6.33)代入式(6.41)可得：

$$Z_F = R_{ct} + \frac{1}{\dfrac{F\Gamma_{max} \cdot j\omega}{mR_{ct}} + \dfrac{Fk_1 k_{-1}}{[k_{-1}\theta - D \cdot \sqrt{j\omega/D}]mR_{ct}}} \qquad (6.45)$$

即

$$Z_F = R_{ct} + \frac{1}{\dfrac{F\Gamma_{max} \cdot j\omega}{mR_t} + \dfrac{1}{\dfrac{\theta}{Fk_1} - \dfrac{mR_{ct}}{Fk_1 k_{-1}}\sqrt{j\omega D}}} \qquad (6.46)$$

式（6.46）显示，$Z_F$ 的等效电路是由电阻 $R_{ct}$ 和一个可表示成

$$\cfrac{1}{\cfrac{F\Gamma_{max} \cdot j\omega}{mR_t} + \cfrac{1}{\cfrac{\theta}{Fk_1} - \cfrac{mR_{ct}}{Fk_1 k_{-1}}\sqrt{j\omega D}}}$$ 的复合元件（$Z_1$）串联而成。而该复合元件（$Z_1$）又可看作

是电容值为 $\dfrac{F\Gamma_{max}}{mR_t}$ 的电容（$C_1$）与可表示成 $\dfrac{\theta}{Fk_1} - \dfrac{mR_{ct}}{Fk_1 k_{-1}}\sqrt{j\omega D}$ 的复合元件（$Z_2$）并联而成的

电路。而复合元件（$Z_2$）又可看成是电阻值为 $\dfrac{\theta}{Fk_1}$ 的电阻（$R_1$）与一个 Warburg 阻抗（$W_1$）所

串联而成的。

设溶液的电阻为 $R_s$，双电层电容为 $C_{dl}$，则对于整个电极系统有：

$$Z = R_s + \cfrac{1}{j\omega C_{dl} + Y_F}$$

因此，整个电极系统的等效电路如图 6.31 所示。

根据上面的推导可知，阻抗谱图是由串联的 Faraday 反应与电极中的氢向电极表面扩散的共同作用而成。它应由两个容抗弧和一条斜线组成。其中，高频区的半圆反映的是电子转移过程，而中频区的半圆对应于氢原子在合金表面的吸附过程，低频区的斜线反映的是氢在电极中的半无限扩散过程。

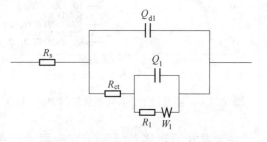

图 6.31　贮氢合金电极理论等效电路图

具体实验过程如下。先将电极泡入电解质半个小时，在 $1mA/cm^2$ 的阴极电流进行充氢，时间为 1h。待电极电位达到平衡，用 $0.25mA/cm^2$ 的阳极电流进行放氢到所需的放电深度（DOD）。DOD 的控制是先根据氢化物电极的放电曲线确定不同的 DOD 含量对应的电极电位，利用控制电极电位的方法将电极恒电流放电到所需电位，得到不同 DOD 的氢化物电极。然后在所需的放电深度下测试开路电位的 EIS 实验，实验测试频率为 $100kHz \sim 10MHz$，交流电压振幅为 5mV。利用 ZSimpWin 软件对 EIS 实验数据进行拟合。DOD 选择在 10%、50% 和 90%。图 6.32 为实验测定 $Mg_{2-x}Al_xNi$ 氢化物薄膜电极在不同放电深度下的 EIS 谱图及其拟合结果。

如图 6.32 所示，$Mg_{2-x}Al_xNi$ 氢化物电极交流阻抗谱图由两个半圆组成，没有出现 Warburg 阻抗，这说明氢在电极中的扩散步骤可以忽略。另外，高频区半圆随着放电深度的增加变化不明显，低频区的半圆随放电深度的增加而增大。由于高频半圆对应于电极的电荷转移过程，低频半圆对应于氢原子在合金表面的吸附过程，这说明电化学反应速度与放电深度无关，氢在电极表面的吸附阻力随着放电深度的增加而增大。这是由于增大放电深度时，贮氢合金表面氧化加重，导致了合金表面吸附中心减小，从而吸附氢原子变得困难。因此，由氢吸附引起的电阻就增大，表现出低频半圆直径增大。

上面推导的理论等效电路是考虑了氢在电极中的扩散过程。而实验结果表明对于所研究的 $Mg_{2-x}Al_xNi$ 氢化物电极，氢原子从电极体内向表面扩散这个步骤可以忽略。因此，有必要对上述模型进行修正。

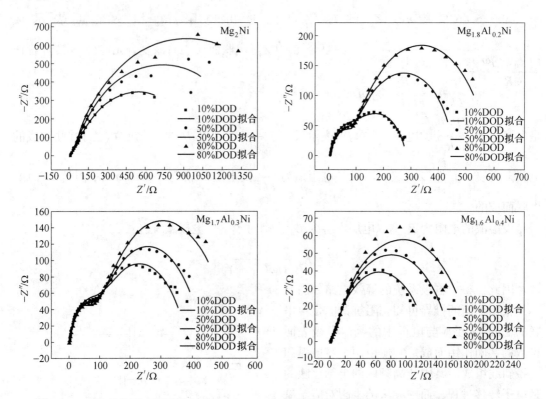

图 6.32  开路电位下，不同氢含量的 $Mg_{2-x}Al_xNi$ 氢化物电极在 6mol/L KOH 溶液中的 Nyquist 图

在考虑电子转移及氢原子在表面的转换这两个步骤时，我们得到式（6.25）和式（6.33）：

$$Y_F = \frac{1}{R_{ct}}\bigg/\left(1 - m \cdot \frac{\Delta\theta}{\Delta I_F}\right)$$

$$\Gamma_{max} \cdot j\omega\Delta\theta = -k_{-1}\theta\Delta\Gamma - (k_1 + k_{-1}\Gamma)\Delta\theta - \Delta I_F/F$$

当电极表面氢的浓度可视为不变时有：

$$\Delta\Gamma = \Gamma\Delta\theta \tag{6.47}$$

代入式（6.33）有：

$$\Gamma_{max} \cdot j\omega\Delta\theta = -k_{-1}\theta\Gamma\Delta\theta - (k_1 + k_{-1}\Gamma)\Delta\theta - \Delta I_F/F \tag{6.48}$$

整理可得：

$$\frac{\Delta\theta}{\Delta I_F} = \frac{-\dfrac{1}{F}}{\Gamma_{max} \cdot j\omega + k_{-1}\Gamma\theta + k_1 + k_{-1}\Gamma} \tag{6.49}$$

将式（6.20）代入式（6.25）可得：

$$Y_F = \frac{1}{R_{ct}}\bigg/\left(1 + \frac{\dfrac{m}{F}}{\Gamma_{max} \cdot j\omega + k_{-1}\Gamma\theta + k_1 + k_{-1}\Gamma}\right) \tag{6.50}$$

从而有：

$$Z_F = \left( R_{ct} + \cfrac{1}{\cfrac{\Gamma_{max}F}{mR_{ct}} \cdot j\omega + \cfrac{F(k_{-1}\Gamma\theta + k_1 + k_{-1}\Gamma)}{mR_{ct}}} \right) \qquad (6.51)$$

这时 $Z_F$ 可看出是 $R_{ct}$ 与一个由电容值为 $\dfrac{F\Gamma_{max}}{mR_t}$ 的电容（$C_{sf}$）与电阻值为

$\dfrac{mR_{ct}}{F(k_{-2}\Gamma\theta + k_1 + k_{-1}\Gamma)}$ 的电值 $R_{sf}$ 相并联组合成的元件串联而成的等效电路。

因此，对于整电极系统，当氢在电极中的扩散步骤可以忽略时，就可以采用图 6.33 所示的等效电路进行拟合，拟合结果见表 6.3。其中，$Q_{dl}$ 为双电层电容，$R_{ct}$ 为 Faraday 电阻，$Q_{sf}$ 为表面电容，$R_{sf}$ 为表面吸附电阻，主要与吸附氢在合金表面的覆盖度和贮氢电极 $MH_{abs} \underset{k_{-1}}{\overset{k_1}{\rightleftharpoons}} MH_{ads}$ 过程中正负反应速度常数有关。$R_{sf}$ 越大表明氢在合金中的扩散速度越慢，表现为 $\theta$ 值的下降。

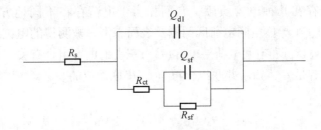

图 6.33　等效电路图

表 6.3　$Mg_{2-x}Al_xNi$ 贮氢合金电极阻抗谱拟合结果

| 电极 | DOD /% | $R_s$ /$\Omega$ | $Q_{dl}$ /$mF \cdot cm^{-2}$ | $\alpha_1$ | $R_{ct}$ /$\Omega$ | $Q_{sf}$ /$mF \cdot cm^{-2}$ | $\alpha_2$ | $R_{sf}$ /$\Omega$ |
|---|---|---|---|---|---|---|---|---|
| $Mg_2Ni$ | 10 | 0.3655 | 1.871 | 0.7005 | 139.6 | 1.789 | 0.8451 | 916.4 |
| | 50 | 0.3647 | 1.545 | 0.7101 | 69.55 | 1.855 | 0.858 | 1371 |
| | 80 | 0.3658 | 1.376 | 0.7176 | 49.7 | 1.906 | 0.8407 | 1790 |
| $Mg_{1.8}Al_{0.2}Ni$ | 10 | 3.968 | 0.4574 | 0.8305 | 116.2 | 4.17 | 0.7343 | 161.7 |
| | 50 | 3.97 | 0.498 | 0.8523 | 109.3 | 4.4509 | 0.8124 | 348.7 |
| | 80 | 3.974 | 0.5133 | 0.8482 | 107.7 | 4.883 | 0.82 | 473.5 |
| $Mg_{1.7}Al_{0.3}Ni$ | 10 | 4.016 | 0.4737 | 0.8594 | 116 | 5.045 | 0.7136 | 262.4 |
| | 50 | 3.784 | 0.4956 | 0.8564 | 112.1 | 5.62 | 0.7474 | 317.7 |
| | 80 | 4.001 | 0.5071 | 0.8567 | 108.5 | 6.026 | 0.7494 | 413.1 |
| $Mg_{1.6}Al_{0.4}Ni$ | 10 | 0.1741 | 0.7688 | 0.7006 | 4.508 | 4.575 | 0.823 | 123.7 |
| | 50 | 0.1614 | 1.445 | 0.7587 | 5.544 | 5.444 | 0.7083 | 154.4 |
| | 80 | 0.1895 | 1.034 | 0.7859 | 5.908 | 5.684 | 0.7144 | 179.8 |

从表 6.3 可以看出，除 $Mg_2Ni$ 外，氢在各电极中的法拉第反应电阻（$R_{ct}$）随放电深度

的变化几乎不变，这说明在整个放电期间，电极表面反应速度几乎不变。比较 DOD 为 10%时几种 Al 含量合金的 $R_{ct}$ 值可发现，其变化规律与线性极化所得的结果是一致的。比较 DOD 为 50%时几种 Al 含量合金的 $R_{sf}$ 值，可发现铝的添加都在不同程度上降低了 $R_{sf}$ 值，也就是说提高了氢在电极中的扩散速度。氢在电极中的扩散速度的大小顺序为：$Mg_{1.6}Al_{0.4}Ni > Mg_{1.7}Al_{0.3}Ni > Mg_{1.8}Al_{0.2}Ni > Mg_2Ni$。

### 6.5.3.2　实例Ⅱ

在放电过程，电极表面发生的是氧化反应。由于电极成分 Mg、Al 和 Ni 的电极电位比氢都要更负，在放电过程，它们也都发生了电化学氧化腐蚀反应，在电极表面形成腐蚀产物层。在充氢过程，由于 Mg 和 Al 的电极电位太负，因此其腐蚀产物很难在充氢过程被还原。这层腐蚀产物层的性质对充放电过程氢的传输有着一定的影响，因此有必要对这层腐蚀产物层进行研究。

由于电化学反应生成的氧化膜大都是半导体膜，因此我们采用 Mott-Schottky（M-S）分析测试技术来研究电极中 Al 含量及氢对电极表面氧化层空间荷层特征的影响。

在半导体膜上存在几种电容贡献，它们相当于电荷存在不同地方，即分别贮存于 Helmholtz 双层两侧、半导体空间电荷区两侧及表面态上。被测的阻抗同 Helmholtz 电容（$C_H$）、表面态电容（$C_{ss}$）和空间电荷层电容（$C_{sc}$）三者的电容组合有关。根据 S. R. 莫里森的推论，这三者电容是 $C_{ss}$ 与 $C_{sc}$ 并联组合再与 $C_H$ 串联而成的。

因此有：

$$C^{-1} = (C_{sc} + C_{ss})^{-1} + C_H^{-1} \qquad (6.52)$$

通常 Helmholtz 的厚度值约为 $10^{-10}$ m 数量级，它与空间电荷区厚度相比可以忽略不计。由于电容性阻抗与双层厚度成正比，因此 Helmholtz 的阻抗值便可忽略，也就表明 $\dfrac{1}{C_H}$ 可以忽略。在假定溶液阻抗、试样与金属导杆产生的阻抗可以忽略时，导纳测定时测得的有效电容 $C_{eff}$ 为：

$$C_{eff} = C_{sc} + C_{ss}/(1 + \omega^2 R_{ss}^2 C_{ss}^2) \qquad (6.53)$$

式中，$R_{ss}$ 为表面态电荷转移电阻；$\omega$ 为施加信号的频率。

如果假设测定的频率足够高，使循环周期内不与表面态交换电荷，则 $R_{ss}$ 实际上是相当大的，此时就有

$$C_{eff} = C_{sc} \qquad (6.54)$$

也就是在测定频率足够大时，所测得的电容值就可视为是空间电荷层电容。而且此时，$C_{eff}$ 与频率的变化无关。

根据 Mott-Schottky 理论，空间电荷层电容与施加电位之间存在如下关系：

$$\frac{1}{C_{eff}^2} = \frac{1}{C_{sc}^2} = \pm \frac{2}{\varepsilon \varepsilon_0 e N_a} \times (V - V_{fb} - kT/e) \qquad (6.55)$$

式中，$\varepsilon_0$ 为真空介电常数（$8.85 \times 10^{-14}$ F/cm）；$\varepsilon$ 为钝化膜的介电常数；$N_a$ 为半导体的载流子密度；$V$ 为外加电位；$V_{fb}$ 为平台电位；$e$ 为电子的电量；$k$ 为玻耳兹曼常数；$T$ 为绝对温度。当 Mott-Schottky 关系的斜率是正值时，半导体膜为 n 型，为负值时为 p 型。斜率越大载流子密度越小。

从以上分析可知，根据 Mott-Schottky 理论测定 $C_{sc}$ 是在假设 Helmholtz 层电容比其他电容大得多的情况下，以及测定频率的选择满足高频及 $C_{eff}$ 随频率变化最小为条件的，此时用阻抗所测得的电容就是空间电荷层电容。

然而，在 EIS 实验中，发现在氢化物电极中 Helmholtz 层电容比固体表面氢的吸附电容反而要小，从而假设 Helmholtz 层电容比其他电容大得多这个条件不成立。因此，在测试频率为高频的情况下，此时利用导纳测得的电容值并不等于空间电荷层电容，而是空间电荷层电容与 Helmholtz 层电容共同作用的等效电容值。

根据文献工作，当 Helmholtz 层电容对有效电容的贡献不能忽略时，存在如下关系：

$$\frac{1}{C_{eff}^2} = \frac{1}{C_H^2} \pm \frac{2}{\varepsilon\varepsilon_0 e N_a} \times (V - V_{fb} - kT/e) \tag{6.56}$$

从式（6.56）可以看出，如果 $C_H$ 和施加电位无关的话，$\frac{1}{C_{eff}^2}$ 和 $V$ 之间依然满足线性关系，载流子密度依然可以从 $\frac{1}{C_{eff}^2}$ 和 $V$ 的线性关系的曲线得出。

在 EIS 实验中，我们已经发现在不同放电深度下（即不同测定电压下）双电层电容的变化是很小的，可以认为 $C_H$ 和施加的电位无关。因此在测试频率足够高的情况下，满足式(5.56)。也就是说，空间电荷层载流子密度的大小依然可以从 $\frac{1}{C_{eff}^2}$ 和 $V$ 的线性关系的曲线得出。

鉴于上述分析，我们首先测定了开路电位下 $Mg_{2-x}Al_xNi$ 薄膜合金氢化物电极在 6mol/L KOH 溶液中电容随频率的变化曲线。电容测量采用三电极体系，工作电极为 $Mg_{2-x}Al_xNi$ 薄膜合金电极，辅助电极为铂电极，参比电极为 HgO/Hg 电极。氢化物电极电容测量时，电位从相对于开路电位+0.2V 扫到相对于开路电位，步长为 10mV/min，激励信号为正弦波，频率为 2000Hz，振幅为 5mV。未充氢的电极电容测量时，电位从相对于开路电位+0.2V 扫到相对于开路电位-0.2V，其他条件如氢化物电极电容测量。所得结果如图 6.34 所示。

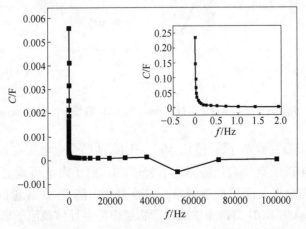

图 6.34　开路电位下，$Mg_{2-x}Al_xNi$ 薄膜合金氢化物电极电容随频率的关系曲线

从图 6.34 可以得出，当频率大于 1Hz 时，$C$ 随频率的变化较小。为满足高频及 $C$ 随频率的变化最小的条件，选定测量 Mott-Schottky 曲线时的频率为 2000Hz。

图 6.35 和图 6.36 分别是不同铝含量的 $Mg_{2-x}Al_xNi$ 薄膜合金电极及氢化物电极在 6mol/L KOH 溶液中的 Mott-Schottky 曲线。

从实验结果可以看出，$Mg_{2-x}Al_xNi$ 薄膜合金电极在 6mol/L KOH 溶液中的腐蚀产物层在 KOH 溶液中呈 p 型半导体特征。拟合线性段可知，随着 Al 含量的增加，线性段的斜率增大，即半导体的载流子密度减小。充氢后，$Mg_{2-x}Al_xNi$ 薄膜合金氢化物电极表面膜呈 n 型。当 Al 取代 Mg 的量为 0~0.3mol 时，随着 Al 含量的增加，线性段的斜率降低，即半导体的载流子密度增大；Al 的替代量为 0.4mol 时，其载流子密度为最小。

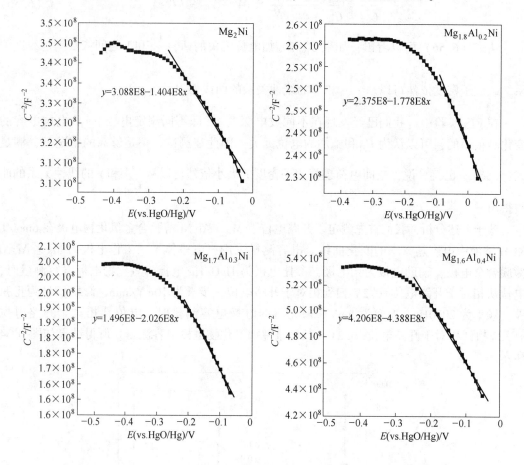

图 6.35    $Mg_{2-x}Al_xNi$ 薄膜合金电极在 6mol/L KOH 溶液中的 Mott-Schottky 曲线

根据钝化膜点缺陷模型来分析可知，$Mg_{2-x}Al_xNi$ 薄膜合金电极在 6mol/L KOH 溶液中的腐蚀产物层中是阳离子空位占优势，这不利于 $OH^-$ 离子向电极表面的扩散。阳离子空位越多，$OH^-$ 离子向电极表面扩散越困难。实验表明，随着 Al 含量的增加，$Mg_{2-x}Al_xNi$ 薄膜合金电极在 6mol/L KOH 溶液中的腐蚀产物层中的半导体载流子密度减小，说明随着 Al 含量的增加，腐蚀产物层中阳离子空位减少，因而，随着 Al 含量的增加，$OH^-$ 离子向电极表面的扩散能力增大。

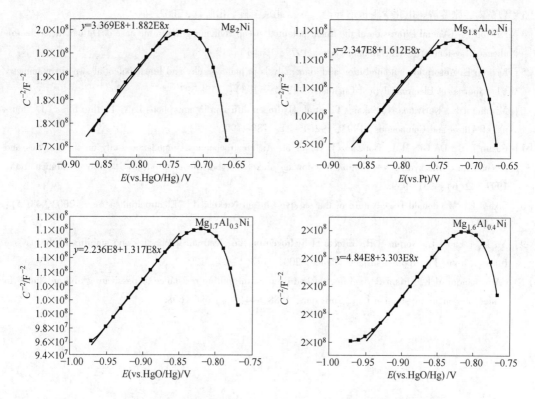

图 6.36　$Mg_{2-x}Al_xNi$ 薄膜合金氢化物电极在 6mol/L KOH 溶液中的 Mott-Schottky 曲线

进行充氢后，我们可以看到腐蚀产物层从没充氢前的 p 型转换成 n 型。这是因为充氢后，大量的氢原子进入了腐蚀产物层。氢原子会在表面膜中发生离子化，释放出一个电子。对于 p 型半导体来说，H 的离子化会导致金属离子空位的降低，即载流子密度的降低。当充氢使表面膜中的 H 原子较多，释放出的电子大于表面层的空穴时，表面层发生了转型，从 p 型半导体变成了 n 型半导体。本实验中 $Mg_{2-x}Al_xNi$ 薄膜合金电极在 6mol/L KOH 溶液中的腐蚀产物层，在充氢前后半导体类型就发生了转型。

氢化物电极表面膜呈 n 型，由于吸氢后 H 原子会发生离子化，因此它是不利电极上的 H 由表面层向外传输的。当 Al 取代 Mg 的量为 0~0.3mol 时，随着 Al 含量的增加，线性段的斜率降低，即半导体的载流子密度增大，从而抵挡 H 原子向电极表面的扩散能力也增大了。而对于 Al 的替代量为 0.4mol 时，其载流子密度为最小，其对于 H 原子向外扩散的阻力是最小的。

对于 $OH^-$ 离子，n 型半导体是有利于其从溶液中向电极表面扩散的。载流子密度越大，对其传输越有利。因此对于 Al 取代 Mg 量为 0~0.3mol 时，随着 Al 含量的增加，$OH^-$ 离子由电解质通过表面腐蚀产物层向电极表面扩散的能力越大。而当 Al 的取代量为 0.4mol 时，$OH^-$ 离子由电解质通过表面腐蚀产物层向电极表面扩散的能力最小。

## 参 考 文 献

[1] 刘永辉. 电化学测试技术 [M]. 北京：北京航空学院出版社，1987.

[2] 莫里森 S R. 半导体与金属氧化膜的电化学 [M]. 吴辉煌，译. 北京：科学出版社，1988.

［3］曹楚南，张鉴清. 电化学阻抗谱导论［M］. 北京：科学出版社，2002.

［4］Laviron E. General expression of the linear potential sweep voltammogram in the case of Diffusionless electrochemical systems［J］. Electroanal Chem, 1979, 101(1)：19~28.

［5］Laviron E. Adsorption autoinhibition and autocatalysis in polarography and linear potential sweep voltammetry［J］. Journal of Electroanalytical Chemistry, 1974, 52(3)：355~393.

［6］Miyamura H, Kuriyama N, Sakai, T, et al. Hydrogen diffusion in amorphous $LaNi_2H_x$ thin films［J］. Journal of Alloys and Compounds, 1993, 192(1~2)：188~190.

［7］Castro E B, De Giz M J, Gonzalez E R, et al. An electrochemical impedance study on the kinetics and mechanism of the hydrogen evolution reaction on nickel molybdenite electrodes［J］. Electrochimica Acta, 1997, 42(6)：951~959.

［8］Sikora E, Macdonald D D. Nature of the passive film on Nickel［J］. Electrochimica Acta, 2002, 48(4)：69~77.

［9］Yu J G, Luo J L, Norton P R. Effects of hydrogen on the electronic properties and stability of the passive films on iron［J］. Applied surface science, 2001, 177(1~2)：129~138.

［10］Armacanqui M E, Oriani R A. Effect of hydrogen on the pitting resistance of passivating film on Nickel in chloride-containing solution［J］. Corrosion, 1988, 44(10)：696~698.

# 7 无机材料的光致发光光谱

## 7.1 无机发光材料的理论基础

发光是物体内部结构粒子吸收能量后转化为光辐射的过程。光辐射按其能量的转化过程可分为平衡辐射和非平衡辐射。任何物体只要具有一定的温度，则该物体必定具有与此温度下处于热平衡状态的辐射，如红光、红外辐射。发光是指光辐射中的非平衡辐射部分。非平衡辐射是在某种外界能量的激发下，物体偏离原来的平衡状态，该物体在向平衡状态转变的过程中，其多余的能量以光辐射的方式进行发射，则称为发光。光致发光是用光激发材料时引起的发光，是发光现象中研究最多、应用也最广的一个领域。用紫外光、可见光及红外光激发发光材料而产生发光的现象称为光致发光，这种发光材料称为光致发光材料或光致发光荧光粉。

发光材料又称发光体，是一种能够把从外界吸收的各种形式的能量转换为非平衡光辐射的功能材料。发光作为一种叠加在热辐射背景上的非平衡辐射，其持续时间要超过光的振动周期。固体发光有以下两个基本特征：(1)任何物体在一定温度下都具有平衡热辐射，而发光是指吸收外来能量后，发出的总辐射中超出平衡热辐射的部分。(2)当外界激发源对材料的作用停止后，发光还会持续一段时间，称为余辉。这是固体发光与其他光发射现象的根本区别，一般以持续时间 $10^{-8}$ s 为分界，短于 $10^{-8}$ s 的称为荧光，长于 $10^{-8}$ s 的称为磷光。目前，这样分类已经很少使用，因为余辉现象即物质发光的衰减，衰减过程有的很短，可短于 $10^{-8}$ s，有的则很长，可达数分钟甚至数小时。余辉现象说明物质在受激和发光之间存在一系列中间过程。不同材料在不同激发方式下的发光过程可能不同。但它们的共同之处是，其中的电子从激发态辐射跃迁到基态或其他较低能态，使离子、分子或晶体释放出能量而发光。

发光材料的发光方式是多种多样的，主要类型有光致发光、阴极射线发光、电致发光、热释发光、光释发光、辐射发光等。发光材料通常是由作为材料主体的化合物(基质)和掺入的少量甚至微量的杂质离子(激活剂)组成，有时还掺入另外一些杂质离子作为敏化剂和电荷补偿剂。发光材料各组分的作用表述如下：基质是荧光粉的主要组成部分，主要起禁锢激活离子或吸收能量的作用。由于基质中结构和化学键的不同，对基质中特定发光中心的晶体场环境也不同，可以使某些发光跃迁增强或减弱，还可以使某些发光跃迁产生劈裂。激活剂在发光材料中的含量非常少，但起着决定性作用。发光材料中可能只有一种激活离子，也有可能存在两种或多种激活离子，对于只有一种激活离子的发光材料，激活离子作为发光中心存在，它与基质晶格或同离子之间发生能量传递。对于有多种激活离子的发光材料，有的激活离子并不能起到发光中心的作用，但它可以将自己吸收的能量传递给发光中心，改善发光材料的发光强度和余辉时间，这种激活离子称为敏化剂。由于离子电荷数存在差异，激活离子进入基质晶格后可能会引起电荷的增加或减少，并产生电荷缺陷。为了补偿激活离子进入基质晶格所引起的电荷变化，使激活离子进入基质晶格不影响激活离子的发光性能，常常在基质晶格中引入电荷补偿剂。

发光材料可以是无机材料，也可以是有机材料。材料的形态有晶态、粉体、薄膜以及纳米态。不管是气态、液态还是固态，也不管是无机物、有机物还是生命物质，都可以有光致发光现象。无机发光材料主要由作为基质的晶体材料及掺杂在其中的稀土或过渡金属元素组成。本章主要介绍无机材料的光致发光光谱，包括无机光致发光材料的基本理论及制备、光致发光光谱的表征和应用。

### 7.1.1　吸收光谱

当光照射到发光材料上时，一部分被反射、散射，一部分透射，剩下的被吸收。只有被吸收的这部分光才对发光起作用。但是也不是所有被吸收的光的波长都能起激发作用。发光材料对光的吸收，和一般物质一样，都遵循如下规律：

$$I(\lambda) = I_0(\lambda) e^{-k_\lambda x} \tag{7.1}$$

式中，$I_0(\lambda)$ 是波长为 $\lambda$ 的光照射到物质的强度；$I(\lambda)$ 是光通过厚度 $x$ 材料后的强度；$k_\lambda$ 不依赖光强但随入射光波长变化，称为吸收系数。$k_\lambda$ 随波长（或频率）的变化，叫作吸收光谱。

发光材料的吸收光谱主要取决于材料的基质，激活剂和其他杂质对吸收光谱也有一定的影响。吸收是由发光材料基质晶格的空位所决定，空位是在发光材料的形成过程中产生的。被吸收的光能一部分辐射发光，一部分能量以晶格振动等非辐射方式消耗掉。多数情况下，发光中心是一个复杂的结构，发光材料基质晶格周围的离子对它的性质会产生影响。发光材料的紫外吸收光谱可由紫外–可见分光光度计来测量。

### 7.1.2　反射光谱

如果基质材料是一块单晶，经过适当的加工如切割、抛光等，利用分光光度计并考虑到反射的损失，就可以测得吸收光谱。但是多数使用的发光材料都是粉末状，是由微小的晶粒组成的，这对精确测量吸收光谱造成很大的困难。在得不到单晶的情况下，通常只能通过材料的反射光谱来估计对光的吸收。所谓反射光谱，就是反射率 $R$ 随波长或频率的变化。反射率是指反射光的总量（漫反射）和入射光的总量之比。当粉末层足够厚时，光在粉末中通过无数次折射和反射，最后不是被吸收就是折回到入射的那一侧。这样，就可以理解为什么反射率能够反映材料的吸收能力。同时也可以知道，在这种多次折射与反射的情况下，吸收和反射的数量关系是很复杂的。只能说，如果材料对某个波长的吸收强，反射率就低；反之，反射率就高。但不能认为反射光谱就是吸收光谱。实际上，这两种光谱既有联系，也有区别。大部分发光材料是粉末状，难以精确测定其吸收光谱，通常只能通过粉末材料的漫反射光谱来估计其对光的吸收。紫外–可见分光光度计上附有漫反射积分球、粉体盒和固体样品架，可以用来进行漫反射光谱的测量。

### 7.1.3　激发光谱

在实际研究工作中，常常需要测量发光材料的激发光谱（图 7.1）。激发光谱是指发光的某一谱线或谱带的强度随激发光波长或频率的变化。因此，激发光谱反映不同波长的光激发材料的效果。激发光谱的横轴代表所用的激发光波长，纵轴代表发光的强弱，可以用能量或发光强度表示。因此激发光谱反映对发光起作用的激发光的波长范围，而吸收光谱或反射光谱则只说明材料的吸收，至于吸收以后是否发光，那就不一定了。把吸收光谱或反射光谱与激发光谱进行比较，就可以判断哪些吸收对发光有用，哪些不起作用。

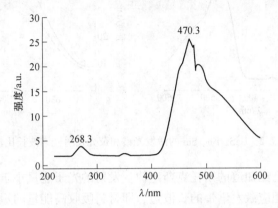

图 7.1　燃烧法制备 CaS：Eu，Sm 样品的激发光谱

### 7.1.4　发光光谱（也称发射光谱）

　　发光材料的发射光谱，指的是发光的能量按波长或频率的分布，许多发光材料的发射光谱是连续的谱带，分布在很广的范围。

　　一般地，发射光谱的形状可以用高斯函数来表示，即：

$$E_\nu = E_{\nu_0} \exp\left[ -a(\nu - \nu_0)^2 \right] \tag{7.2}$$

式中，$\nu$ 为频率；$E_\nu$ 为在频率 $\nu$ 附近的发光能量密度相对值；$E_{\nu_0}$ 为在峰值频率 $\nu_0$ 时的相对能量；$a$ 为正的常数。一般的发光谱带，可以近似地用式（7.2）表示。

　　发光材料吸收外界能量后，经过传输、转换等一系列过程，最后以光的形式发射出来。光的发射对应着电子在某些能级之间的跃迁。所涉及的能级若是属于一定的离子、离子团或分子时，这种离子、离子团或分子被称为发光中心。发光中心的结构决定发射光谱的形成。因此，不同的发射谱带，来源于不同的发光中心。例如，当温度升高时，一个谱带会减弱，一个谱带则会相应地加强。因此在研究各种发光特性时，应该注意把各个谱带分别进行分析。

　　有一些材料的发光谱带比较窄，并且在低温下，如液氮或液氨温度下显现精细结构，即分解成许多谱线。还有一些材料在室温下的发射光谱就是谱线，例如三价稀土离子为激活剂的材料。由于这类材料的三价稀土离子和自由的三价稀土离子的能级结构非常相似，因此可以确定各条谱线的来源，这对研究发光中心及其在晶格中的位置很有用处。但是用其他元素激活的材料，其发射光谱多是谱带，有的即使在低温下也不显出谱线，确定它们的发光中心比较困难。

### 7.1.5　斯托克斯定律和反斯托克斯发光

　　如果我们把一种材料的发射光谱和激发光谱加以比较，就会发现，在绝大多数的情况下，发光谱带总是位于相应的激发谱带的长波边。例如，发光在红区，激发光多半在蓝区；发光在可见区，激发光多半在紫外区。如图7.2所示。

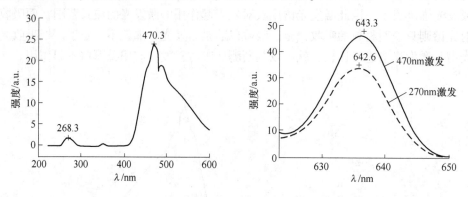

图7.2　CaS:Eu,Sm 的激发光谱和荧光发射光谱波长比较

这是很早以前就已经知道的斯托克斯定律：发射的光子能量小于吸收的光子能量，材料的发光谱带位于其相应激发谱带的长波边，即材料吸收高能量的短波辐射，发射出低能量的长波辐射。也就是说，发光的光子能量小于激发光的光子能量。这里先粗略地看一看图7.3发光中心的能级结构，就可以说明这种情况。图中下面一组代表基态，$E_{01}$，$E_{02}$，$E_{03}$，…代表基态时的不同振动能级；上面一组是激发态，也有不同的振动能级 $E_{11}$，$E_{12}$，$E_{13}$，…假定系统吸收了一个光子，从 $E_{01}$ 跃迁到 $E_{12}$。系统在 $E_{12}$ 会马上与周围环境相互作用，交出一部分能量，转移到 $E_{11}$，然后从 $E_{11}$ 跃迁回到基态。这样发射出的光子，由于损失了一部分能量，必然小于激发光子的能量（$E_{12}-E_{01}$）。系统与周围环境达到热平衡，振动能级的分布与 $\exp(-\Delta E/KT)$ 成正比，其中 $\Delta E$ 是较高振动能级与最低振动能级间的能量差。系统与周围晶格的热平衡所需的时间远远短于电子在激发态上的寿命。由此，系统一旦被激发到高的振动能级，绝大多数要趋向低振动能级。因此，发光的光子能量必然小于激发光子的能量。

但是也存在发光中心从周围环境获得能量，从 $E_{12}$ 转移到 $E_{13}$，然后从 $E_{13}$ 跃迁到 $E_{01}$ 的很小的概率。这样，发光光子的能量就有可能大于激发光子的能量，这种发光称为反斯托克斯发光。它在实际上也是存在的，但是它的发光强度很低。实际上，对大多类发光材料，即使用发光区内的波长能够激发发光，效率也是极低的，随着激发波长的增长，效率趋近于零。因此，曾经认为反斯托克斯发光只具有理论上的意义。

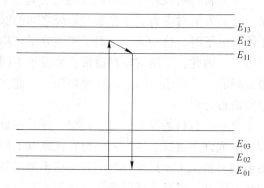

图7.3　发光中心能级结构示意图

20世纪60年代末，科研工作者发现了一系列发光体，它们用近红外光（900～1000nm）激发，可以得到红光、绿光甚至蓝色的发光（图7.4）。这种材料和发红外光的 GaAs 发光二极管配合，能够得到绿光，其效率可以和 GaP 发光二极管相竞争。

这种反斯托克斯发光的产生，是通过吸收两个激发光子而发出一个大能量的光子来实

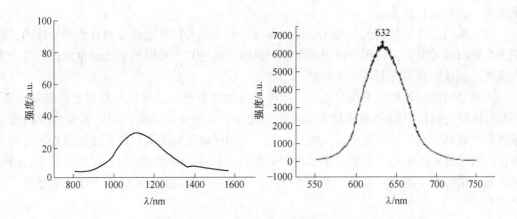

图 7.4　CaS：Eu，Sm 的红外响应光谱和红外转换发射光谱波长比较

现的，这同前面讲的从晶格振动取得能量的情况不同。两个光子"合成"一个大光子的过程是多种多样的，目前只是利用其中的一种做成应用器件，多数过程还处于初始的研究阶段。就现在应用的反斯托克斯发光的效率而言，还在 $10^{-2}$ 的数量级。由于发光强度是和激发光(红外光)强度的平方或立方成正比的，当激发强度下降时，效率会迅速下降，变得很低。现有材料的激发光谱又比较窄，激发波长稍长，例如长于 1000nm，激发效率就很低。因此，想利用它来把白炽灯中的红外线转变成可见光，以提高白炽灯的效率，目前还不是切实可行的。不过人们对于客观世界的认识是不断发展的，决不会停留在一个水平上。在对多种上转换发光过程进行深入的研究之后，一定能找出一种效率高得多的反斯托克斯发光材料。

### 7.1.6　发光强度

光源某方向单位立体角内发出的光通量定义为光源在该方向上的发光强度，用符号 $I$ 表示，其单位为坎德拉(cd)，是国际单位制 7 个基本单位之一。$I=\varphi/W$，$W$ 为光源发光范围的立体角，立体角是一个锥形角度，用球面度来测量，单位为球面度(Sr)；$\varphi$ 为光源在 $W$ 立体角内所辐射出的总光通量($I_m$)。

在实际研究中，通常把同样激发条件下研究的发光材料的发光强度和标准发光材料的强度相比较来表征发光材料的技术特性，此时所测量的发光强度为相对值。特征型发光材料的发光强度与激发光强度成正比。而复合型发光材料的发光强度与激发强度之间的关系比较复杂。此类发光材料在激发时，发光中心和基质内元素被离化，这时电子可能被陷阱俘获、释放，并且和发光中心、空穴复合或重新被陷阱俘获。此外，发光强度还与温度存在一定的关系，由发光材料基质成分、激活剂的化学特性以及存在所谓的发光"猝灭剂"来确定这一关系的特性。在超出一定温度范围后，提高温度会使发光强度下降发生光发射的温度猝灭。

### 7.1.7　光通量

光源在单位时间向周围空间辐射并引起视觉的能量，称为光通量，即光源所放射出光能量的速率或光的流动速率，用 $\varphi$ 表示，单位为流明(lm)。光通量不仅与光源的辐射强度有关，还与波长有关。

通常采用光度法测试光源的光通量。即将待测光源与标准光源分别置于积分球内，分别测出它们的光电流，将积分球测量窗口安置修正滤色片，此时两者光通量的比即等于光电流之比，从而测出待测灯的光通量。

光通量的测量还可以采用分光法。即将光源通过单色仪，测定其相对光谱能量分布，并与标准灯(连续光谱)相对光谱能量分布相比较，求出光源的光通量。若采样间隔等于单色仪狭缝通带函数的半宽度，采用分光法，利用光通量标准灯可以正确测得待测灯的光通量。若采样间隔不等于单色仪狭缝通带函数的半宽度，测量结果将存在系统误差，谱线越丰富，谱线功率越大，系统误差越严重。对于同一类型的灯，可采用光度法对系统误差进行校正。

### 7.1.8   发光效率

发光效率是发光体的重要物理参量，通常有三种表示法：量子效率 $\eta_q$，功率效率(或能量效率) $\eta_p$ 和光度效率(或流明效率) $\eta_1$。

量子效率是指发射的光子数 $N_f$ 与激发时吸收的光子(或电子)数 $N_x$ 之比，即：

$$\eta_q = N_f / N_x \tag{7.3}$$

一般情况下，能量总是有损失，激发光光子的能量总是大于发射光光子的能量，特别是当激发光波长比发光波长短很多时，这种能量损失(斯托克斯损失)就很大。例如，日光灯中激发光波长为254nm 的汞线，发光的平均波长可以算作是550mm。因此，即使量子效率很高，但斯托克斯能量损失会使量子效率就反映不出真实的情况，通常用功率效率(或能量效率) 来表示。

功率效率 $\eta_p$ 是指发射光的光功率 $P_f$ 与激发时输入的电功率或被吸收的光功率 $P_x$ 之比，即：

$$\eta_p = P_f / P_x \tag{7.4}$$

式中，$\eta_p$ 为无量纲的小于1的百分数。

作为发光器件来说，总是作用于人眼的。人的眼睛只能感觉到可见光，而且在可见光范围内，对于不同波长的光的敏感程度差别也是极大的。人眼对 555nm 的绿光最敏感，随着波长的变化人眼相对的视感度如图 7.5 所示。

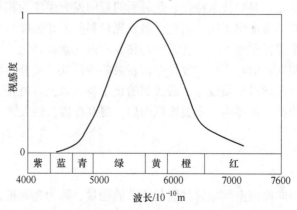

图 7.5   人眼相对的视感度随波长的变化

显然，功率效率很高的发光器件发出的光，人眼看起来不见得很亮。因此，用人眼来衡量一发光器件的功能时，就必须引进另外一个参量，叫流明效率或光度效率。流明效率 $\eta_l$ 即是发射的光通量 $L$（单位：lm）与激发时输入的电功率或被吸收的其他形式能量总功率 $P_x$ 之比，即：

$$\eta_l = L / P_x \tag{7.5}$$

流明效率与功率效率有如下的关系：

$$\eta_l = \eta_p \cdot \eta_b \tag{7.6}$$

式中，$\eta_b$ 为照明效率。

对于光致发光来说，如果激发光是单色或接近单色的，波长为 $\lambda_x$，发射光也是单色或接近单色的，波长为 $\lambda_f$，则量子效率与功效率有如下关系：

$$\eta_q = \eta_p \cdot \frac{\lambda_f}{\lambda_x} \tag{7.7}$$

### 7.1.9　热致发光与红外释光

对于指数式的衰减，衰减常数 $\tau$ 常常不随温度而变；而双曲线式的衰减，温度对之则有很大的影响。温度降低到一定的程度，激发停止后发光很快完全停止，当温度升高时，发光又逐渐加强，这种现象称为加热发光或热致释光，有时简称热释光。应该着重指出加热发光不是说用热来激发发光，而是用热来释放光能，这就意味着发光材料能够贮存激发能，当温度升高以后，将贮存的光能逐渐释放出来。加热发光现象是和发光材料中的电子陷阱相联系的，因此，利用热发光可以了解晶体中定域能级的情况。

样品在一定温度以上被激发，温度均匀地上升，在不同的温度出现热释光峰。可以证明，余辉越长的材料，热释光峰所在的温度一定越高，有的材料甚至在室温下衰减完以后，加热到高温（100℃以上）还有热释光峰。例如，SrS：Ce，Sm 的最大热释光峰在 150℃左右，而 SrS：Eu，Sm 则高达 370℃。这两种材料的最大特点是它们存贮的激发能可以通过红外线照射而释放出来，因此它们叫做红外释光材料，曾被用来探测红外线。它们和上转换材料的区别是，红外线只能释放它们本来储存着的能量而不能直接激发这种发光体。而这种发光体保存激发能的能力是惊人的，当激发以后，在室温下黑房间保存一年甚至更长的时间，再用红外线照射或加热还能发光。

## 7.2　无机发光材料的制备

发光材料的研究一直是科研工作的热点，发光材料的制备是发光材料研究的基础。传统的合成方法，由原料机械混合经高温固相反应合成，存在很多弊端，例如反应温度高、产品易结块、颗粒均匀性差等；而一些新型的化学、物理合成方法的出现为发光材料的发展翻开了新的一页。本节对无机发光材料合成的各种方法进行简单介绍。

### 7.2.1　高温固相反应

高温固相反应是发光材料的一种传统的合成方法。固相反应通常取决于材料的晶体结构以及缺陷结构，而不仅是成分的固有反应性。在固态材料中发生的每一种传质现象和反应过程均与晶格的各种缺陷有关。通常固相中的各类缺陷越多,则其相应的传质能力就越强,因而与传质能力有关的固相反应速率也就越大。固相反应的充要条件是反应物必须相互接触,即反应是通过颗粒界面进行的。反应物颗粒越细,其比表面积越大,反应物颗粒之间的接触面积也就越大,有利于固相反应的进行。因此,将反应物研磨并充分混合均匀,可增大反应物之间的接触面积,使原子或离子的扩散输运比较容易进行,以增大反应速率。另外,一些外部因素,如温度、压力、添加剂、射线的辐照等,也是影响固相反应的重要因素。

固相反应通常包括以下步骤:(1)原子或离子跨过界面的扩散;(2)原子尺度的化学反应;(3)新相成核;(4)固相的输运及新相的长大。决定固相反应的两个重要因素是成核和扩散速度。如果产物和反应物之间存在结构相似性,则成核容易进行。扩散与固相内部的缺陷、界面形貌、原子或离子的大小及其扩散系数有关。此外,某些添加剂的存在可能影响固相反应的速率。在高温固相反应中往往还需要控制一定的反应气氛,有些反应物在不同的反应气氛中会生成不同的产物,特别是含有变价离子的反应要想获得预期的某种产物,控制反应气氛尤为重要。

固相反应法制备发光材料主要经过配料和煅烧两个过程。煅烧过程的主要作用是使原料各组分间发生化学反应,形成具有一定晶格结构的基质,并使激活剂进入基质,处于基质晶格的间隙或置换晶格原子。煅烧是形成发光中心的关键步骤,煅烧条件包括温度、气氛、时间等直接影响着发光性能。

煅烧温度主要依赖于基质特性,取决于组分的熔点、扩散速度和结晶能力。组分间的扩散速度、结晶能力越小,则需要的温度越高。一般控制在基质组分中最高熔点的2/3为宜。但助熔剂的选择也有影响,需通过实验确定最佳煅烧温度。发光材料的煅烧温度一般在 800~1400℃ 之间。助熔剂的加入在煅烧过程中起到重要作用,助熔剂是在发光体煅烧形成过程中起到帮助熔化和熔剂作用的物质,使激活剂易于进入基质并促成基质形成微小晶体。常用的助熔剂材料有卤化物、碱金属和碱土金属的盐类、硼的氧化物和盐类,用量为基质的 5%~25%。助熔剂的种类、含量及其纯度对发光性能都有直接影响。煅烧时炉料周围的环境气氛对发光性能的影响也很大。通常需要防止炉丝金属蒸气使发光体中毒,防止空气中的氧气使材料氧化。环境气氛对发光粉的亮度和颜色也有直接影响。如 Sb、Mn 激活的卤磷酸钙镉灯粉,在氧化气氛中煅烧将得到发绿光的材料,而在氮气气氛中煅烧则得到发橙黄色光的材料。

高温固相反应法制得的发光粉,通常还需进行后处理,如粉碎、选粉、洗粉、包覆、筛选等工艺。这些环节常常直接影响荧光粉的二次特性,如涂覆性能、抗老化性能等。洗粉方法有水洗、酸洗和碱洗,目的是洗去助熔剂、过量的激活剂和其他杂质。助熔剂大多是碱金属或碱土金属的盐类,这些金属离子抵抗离子和电子的轰击以及抗紫外光作用的能力较差,留在发光体内使荧光粉发黑变质,寿命缩短。例如,用 NaOH 洗去 $YVO_4:Eu^{3+}$ 中多余的 $VO_4^{3-}$ 可提高亮度。

利用高温固相反应法合成发光材料的主要优点是:微晶的晶体质量优良,表面缺陷少,发光亮度大,余辉时间长,有利于工业化生产。

### 7.2.2 溶胶-凝胶法

溶胶-凝胶法(sol-gel)是一种新兴的湿化学合成方法,利用这种方法制备稀土发光材料在近十几年内取得了巨大进展。溶胶-凝胶法合成发光材料可以获得较小的粒径、无需研磨且合成温度比传统的合成方法要低，因此这种方法在发光材料合成中具有相当大的潜力，是合成纳米发光材料的重要方法之一。此法制备的新型或改良的发光材料已成功地应用于光学设备。

溶胶-凝胶法的基本过程就是将无机盐、金属醇盐或其他有机盐溶解在水或有机溶剂中形成均匀溶液，与溶剂作用发生水解、醇解，或者发生化学反应，生成物聚集成 1nm 左右的离子并组成溶胶，后者经蒸发干燥转变为凝胶，凝胶经过干燥、热处理等过程转变成终产物。根据原料的不同，溶胶-凝胶法分为两类：一类是水溶液溶胶-凝胶法，溶胶的形成主要由金属阳离子的水解来完成，而溶胶转化为凝胶可以通过脱水或增加 pH 值两种方法来实现；另一类是醇盐溶胶-凝胶法，包括醇盐的水解和聚合反应。

与传统的高温固相反应法相比，溶胶-凝胶法具有以下几方面的优点：(1)产品的均匀性好，尤其是多组分制品，其均匀度可以达到分子或原子水平，使激活离子能够均匀地分布在基质晶格中，利于寻找发光体发光最强时激活离子的最低浓度；(2)煅烧温度比高温固相反应温度低，可节约能源，避免由于煅烧温度高而从反应器引入杂质，同时煅烧前已部分形成凝胶，利于大表面积的产物生成；(3)产品的纯度高，因反应可以使用高纯原料，且溶剂在处理过程中易被除去，反应过程及凝胶的微观结构都易于控制，利于控制副反应的发生；(4)带状发射峰窄化，提高发光体的相对发光强度和相对量子效率；(5)可以根据需要，在反应不同阶段制取薄膜、纤维或者块状等功能材料。

### 7.2.3 沉淀法

溶质从均匀溶液中析出沉淀来制备无机和有机粉体的方法称为沉淀法。析出多种沉淀来制备多种混合粉体的方法，称为共沉淀法。其析出过程与溶质在溶剂中的浓度、pH 值和温度等因素密切相关，通过调节 pH 值和温度等参数可以控制沉淀物的状态。将沉淀物加热分解，可以得到氧化物、硫化物、碳酸盐、草酸盐、磷酸盐等陶瓷粉体或前驱物。沉淀反应的理论基础是难溶电解质的多相离子平衡。溶解度较大、溶液较稀、相对过饱和度较小，反应温度较高，则沉淀后经过陈化的沉淀物一般为晶体；而溶解度较小、溶液较浓、相对过饱和度较大，反应温度较低，则直接沉淀的沉淀物多为非晶体。晶形沉淀的颗粒较大、纯度较高，便于过滤和洗涤；而非晶形沉淀颗粒细小、吸附杂质多，吸附物难以过滤和洗涤，可通过稀电解质溶液洗涤和陈化的方法来分离沉淀物和杂质。

沉淀法也是发光材料制备中的常用方法，在制备金属氧化物、纳米材料等方面具有独特的优点。用沉淀法制得的产品优点在于其反应温度低、样品纯度高、颗粒均匀、粒径小、分散性好。

### 7.2.4 水热法

水热法是目前制备无机发光材料最常用的合成方法之一。水热法是在密闭体系中，以水为介质，加热至一定的温度，在水自身产生的压强下，体系中的物质进行化学反应，产生新的物相或新的物质。密闭的反应器是用高强度合金钢制成的反应釜，内部有用聚四氟乙烯塑料做成的衬套。水热法按反应温度的高低分为三类：(1)低温水热法，操作温度是在100℃以下；(2)中温水热法，在100~300℃之间进行反应；(3)高温水热法工作的温度可以高达 1000℃，压力高达 0.3GPa。水热反应是利用作为反应介质的水在超临界状态下的性质以及反应物质在高温高压水热条件下的特殊物理和化学性质进行反应。目前一些发光材料的制备反应多半是在低温水热和中温水热条件下进行的。

在加热升压的水热反应中，离子迁移扩散速度加快，水解反应加剧，物质的化学势和电化学势发生明显变化，因此可以完成在常压加热条件下难以发生的反应过程。水热反应可以用于生长单晶和合成化合物。这种比较温和的化学反应特别有利于制备亚微米级和纳米级粒度均一、不结团、形貌规整的发光材料粉体。

近年来，复合氟化物是研究较多的一种无机功能材料，它具有良好的光、电、磁、热特性，可实现多价离子掺杂，这些特性为新材料结构构筑提供了有利条件。水热法在合成复合氟化物中发挥重要作用，水热法合成的复合氟化物有 $KMgF_3$、$BaBeF_4$、$BaY_2F_8$、$KYF_4$、$BaMgAl_{10}O_{17}:Eu^{2+}$ 等。

水热法合成过程主要是将称量的反应混合物溶解后，加热至 60~70℃，加入氨水形成胶状沉淀，用蒸馏水洗去酸根离子，将带有沉淀的悬浮物加热浓缩，然后转入高压反应釜中，在 240℃ 恒温箱中恒温数小时，将样品转入蒸发皿内蒸干而得先驱体，再转入坩埚内于一定温度下煅烧即得所需要的荧光材料。

水热法作为一种高效的发光材料合成方法，主要有以下优点：直接得到分散且结晶良好的粉体，不需作高温灼烧处理，避免了可能形成的粉体硬团聚；可通过实验条件的调节控制纳米颗粒的晶体结构、结晶形态与晶粒纯度；合成温度低、条件温和、含氧量小、缺陷不明显、体系稳定等优点。水热法的缺点在于它只适用于氧化物材料或对水不敏感材料的制备和处理，而一些对水敏感材料，如可能发生水解、分解的不稳定体系，水热法就不适用了。

### 7.2.5　微乳液法

微乳液通常是由表面活性剂、助表面活性剂、油和水组成的透明的各向同性的热力学稳定体系。根据体系中油水比例及其微观结构，可以将微乳液分 3 种，即正相（O/W）液、反相（W/O）微乳液和中间态的双连续相微乳液。

W/O 型微乳液是由油连续相、水核及表面活性剂组成的三相界面构成，水核被表面活性剂所组成的单分子层界面所包围，故可以看作是一个微型反应器或纳米反应器，其大小可控制在几个至几十个纳米之间，尺度小且彼此分离，在其中可增溶各种不同的化合物，是理想的反应介质。

微乳液法一般有如下特点：粒径分布较窄，较易调控；可获得所需的特殊物理、化学性质的纳米材料；不易聚结，得到的有机溶胶稳定性好，可较长时间放置；改善了材料的界面性质，同时显著地改善了其光学、催化及电流变等性质。但是制备过程需要注意以下方面：选择一个合适的微乳体系；选择适当的沉淀条件以获得分散性好，粒度均匀的纳米粒子；选择合适的后处理条件以保证纳米粒子聚集体的均匀性。

### 7.2.6　微波法

微波合成是用微波辐照来代替传统的热源，均匀混合的原料通过自身对微波能量的吸收（或耗散）达到一定的高温，从而完成烧结过程。微波合成法不同于传统的借助热量辐射、传导加热方法。微波合成法与传统高温固相反应法相比，具有能使物体内外同时加热，升温速度快，产品粒度小而均匀、高比表面积等特点，同时能大大缩短反应时间、降低反应发生的温度、省电节能、环境污染少，因而可用于无机固态反应和超细粉体的合成等。由于微波可以直接穿透样品，里外同时加热，不需传热过程，瞬时可达一定温度。微波加热的热能利用率高可大大节约能源；而且调节微波的输出功率，可使样品的加热情况立即改变，易于自动控制和连续操作。经分析，产品的各种发光性能和指标都不低于常规方法，产品疏松且粒度小，分布均匀，色泽纯正，发光效率高，有较高的应用价值。

### 7.2.7 超声辅助合成法

超声波辅助合成方法是利用能量辐射作为外加推动力完成有关合成反应。它的优点是操作简单、反应迅速、产率高、节省能量、不需要高温、压力和催化剂、产物纯度高等。

### 7.2.8 有机-无机前驱体热分解法

有机-无机前驱体热分解法是在高温有机溶剂中加热分解有机或无机前驱体来制备无机物纳米发光材料一种常用的方法。该方法的优点是：在有机相中进行无机物的合成反应能够更好地控制反应速率，而且有机分子的保护作用可以大大提高纳米晶的分散性，使粒子的结晶度更高。该方法的缺点是反应条件过于苛刻，需要严格的无水无氧操作、反应温度高、原料价格昂贵、毒性大、易燃易爆且反应过程复杂。该方法主要分为：(1)单源前驱体热分解法；(2)有机-无机混合物前驱体热分解法；(3)双源无机化合物前驱体热分解法。

虽然有机法制备的纳米发光材料有很多优点，但是产物在空气中的不稳定性限制了它们的潜在应用。此外，这种方法本身也限制了纳米发光材料在生物学中的应用，这是因为大多数生物分子都是亲水的，有机相中的纳米晶必须通过进一步的表面亲水修饰才能具备生物亲合性。但是，亲水修饰过程不但需要复杂的表面配体交换，而且会破坏纳米晶的发光性质。

### 7.2.9 燃烧法

燃烧法又称自蔓延高温合成(self-propaggating high-temperature synthesis)，是利用生成化合物时释放的反应热和产生的高温，使合成过程独自维持下去直至反应结束，从而在很短的时间内合成所需的材料。燃烧法不需要复杂的外部加热设备，生产过程简便、反应迅速、产品纯度高、发光亮度不易受破坏、节省能源，是一种较有前途的制备发光材料的方法。燃烧法与常规方法的不同之处在于：只需在起始阶段自外部施加一点引燃所必需的热能，化学反应一旦发生，就会自动蔓延自动持续下去。所以该方法过程简单，投资少，能量利用充分；产品纯度高，产量高；在反应过程中，材料经历了很大的温度变化、非常高的加热和冷却速率，使生成物中非平衡相和缺陷比较集中，因此某些产物比用传统方法制备的产物更具活性，可以制备某些非化学计量比的产品、中间产物以及介稳相等。

### 7.2.10 喷雾热解法

喷雾热解法是制备纳米级和亚微米级发光材料粉体的一种方法。将原料按制备发光材料粉末所需的化学计量比配成前驱体溶液，经雾化器雾化后，由惰性气体或还原性气体载气带入高温反应炉中，在反应炉中瞬间完成溶剂蒸发、溶质沉淀形成固体颗粒、颗粒干燥、颗粒热分解、烧结成型等一系列的物理化学过程，最后形成超细发光材料粉末。形成的颗粒大小与喷雾工艺参数有很大的关系，如反应炉内的温度、载气流速、前驱体溶液种类、前驱体溶液浓度等。喷雾法需要高温及真空条件，对设备和操作要求较高，但易制得粒径小、分散性好的发光材料粉体。

# 7.3　光致发光光谱的表征技术

## 7.3.1　荧光的产生

分子产生荧光必须具备的条件为：具有合适的结构以及具有一定的荧光量子产率。

### 7.3.1.1　化合物分子结构与荧光产生

荧光效率与跃迁类型有关，$\pi^* \to \pi$ 的荧光效率高，系间跨越过程的速率常数小，有利于荧光的产生。提高分子共轭度有利于增加荧光效率并产生红移（共轭效应）。刚性分子平面结构，可降低分子振动，减少与溶剂的相互作用，具有很强的荧光。含有芳香环的分子，且芳环上有供电基，可使荧光增强（表 7.1）。

表 7.1　芳香环取代基效应对于荧光强度和波长的影响

| 化合物 | 相对荧光强度 | 荧光波长/nm |
|:---:|:---:|:---:|
| $C_6H_6$ | 10 | 270~310 |
| $C_6H_6COOH$ | 3 | 310~390 |
| $C_6H_6NO_2$ | 0 | |
| $C_6H_6CH_3$ | 17 | 270~320 |
| $C_6H_6OH$ | 18 | 285~365 |
| $C_6H_6OCH_3$ | 20 | 285~345 |
| $C_6H_6NH_2$ | 20 | 310~405 |
| $C_6H_6CN$ | 20 | 280~360 |
| $C_6H_6Cl$ | 7 | 275~345 |
| $C_6H_6Br$ | 5 | 290~380 |
| $C_6H_6I$ | 0 | |

### 7.3.1.2　荧光量子产率

物质分子发射荧光的能力用荧光量子产率（$\varphi_f$）表示：

$$\varphi_f = \frac{\text{发射荧光的分子数}}{\text{激发态的分子数}} = \frac{\text{发射的光子数}}{\text{吸收的光子数}} \tag{7.7}$$

$\varphi_f$ 与失活过程的速率常数 $k$ 有关：

$$\varphi_f = \frac{k_f}{k_f + \sum k_i} \tag{7.8}$$

式中，$k_f$ 为荧光发射的速率常数；$\sum k_i$ 为其他无辐射跃迁速率常数的总和。

凡是使荧光速率常数 $k_f$ 增大而使其他失活过程，如系间窜越、外转换、内转换速率常数减小的因素，都可使荧光增强，即凡是能使 $k_f$ 升高而其他 $k_i$ 值降低的因素都可使荧光增强，反之荧光就减弱。$k_f$ 的大小主要取决于化学结构；其他 $k_i$ 值则强烈地受环境的影响，也轻微地受化学结构的影响。

### 7.3.2 影响荧光强度的因素

#### 7.3.2.1 溶剂的影响

若溶剂和荧光物质形成氢键或使荧光物质电离状态改变，会使荧光强度、荧光波长改变。

溶剂极性增加，有时会使荧光强度增加，荧光波长红移。

含重原子的溶剂，如碘乙烷、四溴化碳会使荧光减弱，磷光增强。

溶剂黏度减小时，可以增加分子间碰撞机会，使无辐射跃迁增加而荧光减弱。故荧光强度随溶剂黏度的减小而减弱。由于温度对溶剂的黏度有影响，一般是温度上升，溶剂黏度变小，荧光强度下降。

#### 7.3.2.2 温度的影响

荧光强度对温度变化敏感，温度增加，分子运动速度加快，分子间碰撞的概率增加，外转换去活的概率增加，荧光效率降低。例如荧光素钠的乙醇溶液，在 $0℃$ 以下，温度每降低 $10℃$，$\varphi$ 增加 $3\%$，在 $-80℃$ 时，$\varphi$ 为 1。

#### 7.3.2.3 pH 的影响

含有酸性或碱性取代基的芳香化合物的荧光与 pH 有关，pH 的变化影响了荧光基团的电荷状态，从而使其荧光发生变化(表 7.2)。

表 7.2 酸性或碱性取代基的芳香化合物的荧光强度变化

| 化合物 | 相对荧光强度 |
|---|---|
| $C_6H_6OH$ | 18 |
| $C_6H_6O^-$ | 0 |
| $C_6H_6NH_2$ | 20 |
| $C_6H_6NH_3^+$ | 0 |

#### 7.3.2.4 内滤光作用和自吸现象

溶液中若存在着能够吸收激发光或荧光物质所发射光能的物质，就会使荧光减弱，这种现象称为荧光内滤作用(inner filtering effect)。例如，在 $1\mu g/cm^3$ 的色氨酸溶液中，如果存在 $K_2Cr_2O_7$，由于 $K_2Cr_2O_7$ 的两个吸收峰与色氨酸的激发和发射峰波长相近，可能吸收色氨酸的激发能和色氨酸发射的荧光，使测得的色氨酸荧光强度大大降低。

内滤光作用的另外一种情况是荧光发射光谱的短波长一端与该物质的吸收光谱的长波长一端有重叠。在溶液浓度较大时，一部分荧光发射被自身吸收，产生所谓的"自吸收"现象而降低溶液的荧光强度。例如，蒽化合物。

#### 7.3.2.5 荧光熄灭剂的影响

荧光熄灭是指荧光物质分子与溶剂分子或溶质分子相互作用引起荧光强度降低的现象。引起荧光熄灭的物质称为荧光熄灭剂(quenching medium)。如卤素离子、重金属离子、氧分子以及硝基化合物、重氮化合物、羰基和羧基化合物均为常见的荧光熄灭剂。

### 7.3.2.6　散射光的影响

小部分光子和物质分子相碰撞，使光子的运动方向发生改变而向不同角度散射。其中，瑞利光是指光子和物质发生弹性碰撞，不发生能量交换，只是光子运动方向发生改变。其波长与入射光波长相同。拉曼光是指光子和物质发生非弹性碰撞，发生能量交换，光子把部分能量转移给物质分子或从物质分子获得部分能量，从而发射出比入射光稍长或稍短的光。

散射光对荧光测定有干扰，尤其是波长比入射光波长更长的拉曼光，与荧光波长接近，对测定的干扰大，必须采取措施消除。拉曼光的干扰主要来自溶剂，当溶剂的拉曼光与被测物质的荧光光谱相重叠时，应更换溶剂或改变激发光波长。

## 7.3.3　光致发光的特点

光致发光的优点：(1)光致发光分析方法的实验设备比较简单，测量过程是非破坏性的，而且对样品的尺寸、形状以及样品两个表面间的平行度都没有特殊要求。(2)在探测的量子能量和样品空间大小上都具有很高的分辨率，适合于薄层分析和微区分析。

光致发光的缺点：(1)它的原始数据与主要感兴趣的物理现象之间离得比较远，以至于经常需要进行大量的分析，才能从样品外部观测到的发光来推出内部的复合速率。(2)光致发光测量的结果经常用于相对的比较，因此只能用于定性的研究。(3)测量中经常需要液氦低温条件。(4)对于深陷阱一类不发光的中心，发光方法显然是无能为力的。

## 7.3.4　光致发光光谱的产生机理

### 7.3.4.1　光致发光过程中的能量传输及转化

发光材料吸收了激发光，就会在内部发生能量状态的转变，离子被激发到较高的能量状态，或者晶体内产生电子和空穴等。而电子和空穴一旦产生，它们的运动也伴随着能量的传输和激发态的转移。这样，激发状态也就不会局限在一个地方，而将发生转移。即使只是离子被激发，不产生自由电子，处于激发态的离子也可以和附近的离子相互作用而将激发能量传出去，原来被激发的离子回到基态，而附近的离子则转到激发态。这样的过程可以一个接一个地继续下去，形成激发能量的传输。

### 7.3.4.2　发光和猝灭

并不是激发能量全部都要经过传输，能量传输也不会无限的延续下去。激发的离子处于高能态，它们是不稳定的，随时有可能回到基态。在回到基态的过程中，如果发射出光子，这就是发光。这个过程就叫做发光跃迁或辐射跃迁。如果离子在回到基态时不发射光子，而将激发能散发为热或者晶格振动能，称为无辐射跃迁或猝灭。

激发的离子是发射光子，还是发生无辐射跃迁，或者是将激发能量传递给别的离子，这几种过程都有一定的概率，取决于离子周围的情况。

发光和猝灭在发光材料中相互独立、相互竞争。猝灭占优势时，发光就弱，效率也低。反之，发光就强，效率也高。

### 7.3.4.3　猝灭中心

对于由激发而产生的电子和空穴，它们也是不稳定的，最终将会复合。不过在复合以前有可能经历复杂的过程。

一般而言，电子和空穴总是通过某种特定的中心而实现复合。如果复合后发射出光子，这种中心就是发光中心，它可以是组成基质的离子、离子团或有意掺入的激活剂。有些复合中心将电子和空穴复合的能量转变为热而不发射光子，这样的中心就叫做猝灭中心。

### 7.3.5　荧光分析光谱仪

由于荧光分析仪器的不断发展和完善，发光分析技术的应用领域越来越广泛。陈国珍教授等在《荧光分析法》一书中对荧光分析基本原理以及在无机及有机化合物中的分析应用都作了详尽的描述。光电荧光计通常是以单色器为滤光片，在固定的激发波长和发射波长工作，具有结构简单、价廉、灵敏度高及操作简单等特点。在对样品的性质和纯度有足够的了解时，用荧光分光光度计作定量分析是很方便的。在荧光分光光度计中，其单色器为棱镜或光栅，可以同时对激发波长和发射波长进行扫描，从而获得准确的荧光激发光谱和发射光谱。现代荧光分光光度计不但灵敏度高，可扫描校正光谱和吸收光谱，而且可以测定磷光、化学发光、生物发光等。荧光分光光度计可适用于固体、液体、气体及浑浊样品的测定，利用低温装置可以进行低温荧光分析。

荧光分光光度计工作原理可简述为：光源光束经入射单色器色散，提取所需波长单色光照射于样品，样品发出的荧光经发射单色器色散后进入光电倍增管，光电倍增管把荧光强度信号转变为电信号并经放大器放大后由记录器记录或读出，如图 7.6 所示。

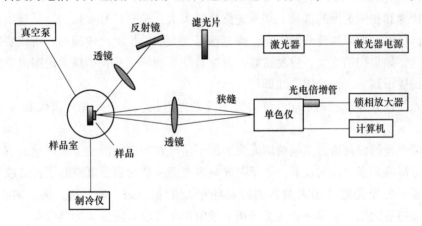

图 7.6　光致发光光谱测量装置示意图

荧光分光光度计有两个单色器，光源与检测器通常成直角。它的各部分组成元件简要说明如下：

（1）光源。高压氙灯发出的光线强度大，通用性较好而且是连续光谱。但是氙弧灯热效应大，稳定性较差，对电压稳定性要求较高。

高功率连续可调激光光源是一种新型荧光激发光源，激光的单色性好、强度大。激光光源近年来应用日益普遍。

（2）单色器。第一单色器，选择激发光波长 $\lambda_1$（大于 250nm 的紫外光），称为激发单色器。第二单色器，选择或测量发射光或者荧光波长 $\lambda_2$，与激发光入射方向垂直，称为荧光单色器。

（3）其他部件。样品池是采用低荧光材料，通常为四面透光的石英池。检测器为光电倍增管。

荧光分光光度计的液体样品准备需要注意事项：（1）溶液样品尽量使用透明的玻璃化容器，避免在汇聚式光路中由于比色皿中溶液的前后吸收不均导致的光谱失真问题。（2）对于含有挥发性剧毒溶剂的溶液，需要合适的防护。（3）易挥发、易变质的溶液最好现配现测。（4）液体样品一般放在带盖石英比色皿中进行测试。

液体样品测试准备：由于物质的发射特性和吸收特性是紧密相关的，所以提前做好吸收谱可以有效缩短荧光测试摸索时间。对于完全未知样品，吸收谱的测试比荧光光谱的测试要容易很多。所以，一般先测试样品的吸收谱，发现感兴趣的吸收峰和特性，在荧光测试时以便参考。

光谱测试操作流程：（1）电源和灯源开机；（2）固定激发光的波长，选择合适的荧光光谱波长范围、滤光片、光路狭缝、扫描速度等测试条件，测量不同荧光波长处的荧光强度，得到荧光光谱，绘制荧光强度-荧光波长图；（3）在荧光最强的波长处固定荧光波长，选择合适的激发光谱波长范围、滤光片、光路狭缝、扫描速度等测试条件，测量随激发光波长的改变而变化的荧光强度，得到荧光激发光谱，即荧光强度-激发光波长图；（4）在荧光最强的波长处固定激发波长，选择合适的荧光光谱波长范围、滤光片、光路狭缝、扫描速度等进行发射谱的扫描；（5）重复（3）、（4）步骤循环扫描得到理想的光谱图；（6）保存数据；（7）关机。

光路狭缝和扫描速度的选择。如果光路狭缝太大，荧光信号太强，容易超出仪器检测范围，损伤仪器；如果狭缝开的太小，荧光信号又太弱，检测比较困难，所以要选择大小合适的狭缝。如果扫描太快，容易跳峰，忽略特征性的峰信号；扫描太慢则浪费时间。所以只要能扫描得到平滑的光谱曲线即可。

荧光光谱仪分类按荧光原理可分为原子荧光光谱仪、分子荧光光谱仪和 X 射线荧光光谱仪等。

原子荧光光谱仪是通过测量待测元素的原子蒸气在辐射能激发下所产生的荧光发射强度，来测定待测元素含量的仪器。原子荧光激发光源一般为高强度空心阴极灯或无极放电灯，一般原子荧光光度计用来对各类样品中痕量的铅、汞、砷、锗、锡、硒、碲、铋、锑、锌、镉的等无机元素定性和定量分析，通常用于环境监测，矿物鉴定等。

分子荧光光谱仪是利用某些物质被紫外光或可见光照射后所产生的，并且能够反映出该物质特性的荧光，对其进行定性和定量的分析。分子荧光激发光源一般为是氙灯或高压汞灯。一般用来测定主要是含有共轭不饱和体系的化合物，如含有机分子的物质，通常用生物医学研究、制药、化工等领域。

X 射线荧光光谱仪的发射源是 Rh 靶 X 光管，有两种基本类型：波长色散型（WD-XRF）和能量色散型（ED-XRF）。其主要用于金属元素的测定，在环境科学、高纯物质、矿物、水质监控、生物制品和医学分析等方面有广泛的应用。

通用荧光光谱仪根据波长范围大致可分为以下 3 种：基本型，在 200～800nm 的紫外可见波段的稳态光谱仪；扩展型，覆盖 200～1700nm 波段的紫外可见-近红外稳态光谱仪；综合型，覆盖上述两个波段，同时可测瞬态光谱的光谱仪。

# 7.4 光致发光光谱的应用

## 7.4.1 定量分析

### 7.4.1.1 定量分析依据

荧光强度 $I_f$ 正比于吸收的光量 $I_a$ 和荧光量子效率 $\varphi$：$I_f = \varphi I_a$；由朗伯-比耳定律可得：$I_a = I_0(1-10^{-\varepsilon bc})$；$I_f = \varphi I_0(1-10^{-\varepsilon bc}) = \varphi I_0(1-e^{-2.3\varepsilon bc})$；浓度很低时，将括号项近似处理后：$I_f = 2.3\varphi I_0 \varepsilon bc = Kc$。

在一定实验条件下，只要浓度不是太大（$\varepsilon bc < 0.05$），则其荧光强度与溶液中发光物质的浓度成正比，这是荧光分析的定量基础。

荧光定量分析法具有如下特点：(1)灵敏度高。荧光是从入射光的直角方向检测，即在黑暗背景下检测荧光的发射强度，所以荧光分析法比通常的紫外和可见光分光光度法的灵敏度高 2~3 个数量级，检测限可达 $10^{-12} \sim 10^{-11} g/mL$。(2)选择性强。荧光光谱包括激发光谱和发射光谱。在用荧光分析法鉴定物质时选择性更强，因为分光光度法只能得到待测物质的特征吸收光谱，而荧光光谱法既能依据特征发射，又能利用激发光谱或依据特征吸收来鉴定物质。(3)取样容易、试样需要量少。由于方法的灵敏度高，试样的用量大大减少，特别是使用微量池时，仅需几微升的样品。此外，荧光分析法还可对气体、固体和浑浊试样进行分析。(4)提供较多的物理参数。荧光分析法能提供包括激发光谱、发射光谱、荧光强度、总荧光量、量子产率、荧光寿命、荧光偏振、谱带宽度和斯托克斯位移等许多物理参数。这些参数反映了被研究物质分子的各种特性，并且通过它们可以得到分子的更多的信息，这是分光光度法不可比拟的。

### 7.4.1.2 定量分析方法

(1) 标准曲线法。配制一系列标准浓度试样，测定荧光强度，绘制标准曲线，再在相同条件下测量未知试样的荧光强度，在标准曲线上求出浓度。

(2) 比较法。在线性范围内，测定标样和试样的荧光强度，进行比较。

## 7.4.2 荧光光谱的应用

### 7.4.2.1 有机化合物的荧光分析

脂肪族化合物能产生荧光的为数不多。芳香族及具有芳香结构的化合物，因存在共轭体系而容易吸收光能，在紫外光照射下很多能发射荧光。有时为了提高测定的灵敏度和选择性，常使弱荧光性物质与某些荧光试剂作用，以得到强荧光性产物。因此，荧光分析法在有机物测定方面应用广泛。

应用荧光分析法测定的有机物包括多环胺类、茶酚类、嘌呤类、吲哚类、多环芳烃类、具有芳环或芳杂环结构的氨基酸类及蛋白质等，药物中的生物碱类如麦角碱、蛇根碱、麻黄碱、吗啡、喹啉类及异隆啉类生物碱等，甾体类如皮质激素及雌醇等，抗生素类如青霉素、四环素等，维生素类如维生素 A、$B_1$、$B_2$、$B_6$、$B_{12}$、E、抗坏血酸、叶酸及烟酰胺等。此外，中草药中的许多有效成分，不少是属于芳香性结构的大分子杂环类，都能产生荧光，可用荧光分析法作初步鉴别及含量测定。荧光分析法的灵敏度高、选择性好、取样量少、方法快速，已成为医药学、生物学、农业和工业等领域进行科学研究工作的重要手段之一。

介绍几个重要的荧光试剂。(1)荧光胺(fluorescamine)。它能与脂肪族或芳香族伯胺类形成高度荧光衍生物。荧光胺及其水解产物不显荧光。100mg 荧光胺溶于 100mL 无水丙酮中，放置 24h 后即可使用。取相当于 10mg 药物的甲醇或水溶液 0.1mL，加适宜 pH 值的磷酸缓冲溶液 5mL，加荧光胺试剂 0.1mL，混合，放置 15min 后测定荧光强度。荧光条件为：$\lambda_{ex} = 275nm$、390nm，$\lambda_{em} = 480nm$。(2)邻苯二甲醛(OPA)。在 2-硫基乙醇存在下，pH = 9~10 的缓冲溶液中 OPA 能与伯胺类、特别是除半胱氨酸、脯氨酸及羟脯氨酸外的 α-氨基酸生成灵敏的荧光产物。取 OPA 500mg 溶于 10mL 乙醇中，加 200ml 2-硫基乙醇，将此混合液加至 1L 3% 的硼酸溶液中，再用 KOH 调节至 pH = 10，即为常用试剂溶液。荧光条件为：$\lambda_{ex} = 340nm$，$\lambda_{em} = 455nm$。(3)1-二甲氨基-5-氯化磺酰萘(Dansyl-CI，丹酰氯)，能与伯胺、仲胺及酚基的生物碱类反应生成荧光性产物。取 50mg 或 100mg 试剂，溶解于 500mL 无水丙酮中即可使用。与丹酰氯类似的一个试剂是丹酰肼(Dansyl-NHNH)，它能与可的松的羧基缩合，产生强烈荧光。荧光条件为：$\lambda_{ex} = 365nm$，$\lambda_{em} \approx 500nm$。丹酰氯试剂不稳定，其水解产物 Dansyl-OH 呈蓝色荧光，必须暗处保存，每周重新配制。

### 7.4.2.2　无机化合物的荧光分析

无机离子一般不显荧光，其与有机试剂形成有荧光的配合物，可测量约 60 种元素及离子，测定方法如下：(1)铍、铝、硼、镍、硒、镁、稀土，主要采用荧光分析法；(2)氟、硫、铁、银、钴、镍主要采用荧光猝灭法测定；(3)铜、铁、钴、铱及过氧化氢主要采用催化荧光法测定；(4)铬、铌、铀、碲主要采用低温荧光法测定；(5)铈、铕、锑、钒、铀主要采用固体荧光法测定。

### 7.4.2.3　环境中有害成分的荧光分析

荧光分析在环境科学中主要用来分析大气和水中的有害物质，如大气中的硫化物、氮化物、农药、过氧化氢、苯并芘，环境水中的铍、铈、铬、硒、铜、氰根、氟离子、磷、硝酸根、亚硝酸根及各种表面活性剂、酚类化合物等。

(1) 大气中二氧化硫的测定。由于燃煤的缘故，二氧化硫是大气中的主要有害气体，严重危害着人类乃至动物健康，甚至影响到植物的发芽和生长。因此，快速准确地测定大气中二氧化硫的含量非常重要。该方法是以荧光素为荧光指示剂，在碘的存在下间接测定二氧化硫。原理是在弱酸性介质中，碘与荧光素反应使荧光素的荧光猝灭，而亚硫酸根 $SO_3^{2-}$ 可以有效地抑制这种猝灭作用，使荧光强度增强，由此可测定大气中痕量的 $SO_3^{2-}$。

(2) 大气水相中过氧化氢的测定。大气水相指大气中的云、雨、雾等。大气中的二氧化硫气体在大气水相中溶解，当大气水相的 pH 小于 4.6 时，大气水相中的过氧化氢会将 S(Ⅳ) 氧化为硫酸而形成酸雨。因此，准确快速测定大气水相中的过氧化氢的含量显得非常重要。用酶催化荧光技术可测定大气水相中的过氧化氢。过氧化氢酶催化还原过氧化氢，使对羟基苯乙酸(p-HOPAA)形成二聚体，二聚体的最大激发波长为 320nm，最大发射波长为 400nm。该催化反应定量进行，产生的二聚体荧光性能稳定，可以在 4℃下存放 12 天而没有显著变化，便于异地采样，运至实验室进行测定。该法测定的是过氧化物的总量，包括过氧化氢、甲基过氧化氢、正丙基过氧化氢和过氧乙酸等。但大气中一般以过氧化氢为主，测得的过氧化物的总量可以认为都是过氧化氢。

(3) 大气飘尘中苯并［a］芘的测定。多环芳烃具有强烈的致癌活性，其中苯并［a］芘（BaP）的致癌活性非常强，而且在环境中广泛分布，引起人们的广泛关注。一般采用滤纸层析荧光分光光度法进行测定。采用乙酰化纤维滤纸层析分离对 BaP 进行富集，在层析纸上直接用荧光法定量测定。用玻璃纤维滤膜采集大气体积 $40m^3$，用苯反萃取、浓缩，以无水乙醇/二氯甲烷（2：1）为展开剂，BaP 斑点 $R_f$ 值约为 0.08。激发波长为 367nm，发射波长为 405nm。BaP 的另一种荧光分析法叫萃取同步荧光光谱法。用浓硫酸对 BaP 的环己烷溶液进行萃取，用同步荧光光谱进行测定。$\Delta\lambda$（发射波长与激发波长之差）为 20nm 时荧光强度最强。

(4) 水中有害成分的荧光分析。

1）天然水中微量铈的测定。天然水中的微量铈可以直接用荧光法进行测定。最大激发波长为 256nm，最大发射波长为 358nm，检出限为 $0.004\mu g/10mL$。水中的常见离子和其他稀土离子不干扰其测定。

2）天然水中铍的测定。天然水中铍的荧光分析主要有桑色素铍荧光配合物法和 2-羟基-3-萘甲酸铍荧光配合物法。以 2-羟基-3-萘甲酸铍荧光配合物法为例。采用硅胶床对铍进行富集，洗脱后用 2-羟基-3-萘甲酸对铍进行配合，测其荧光强度。形成的是 1：1 配合物，配合物的最大激发波长为 375nm，最大发射波长为 456nm，稳定常数为 $1.45\times10^6$。富集铍时硅胶的粒度在 40~100 目之间，水样的 pH 值为 7 左右。检出限为 $0.006\mu g/L$。

3）废水中铬的测定。利用六价铬对二溴苯基荧光酮的荧光具有猝灭作用，用荧光熄灭法测定废水中少量的六价铬。激发波长为 432nm，发射波长为 505nm。先测定废水中的六价铬，然后用高锰酸钾将其他价态的铬全部氧化为六价铬，测定铬的总含量，用差减法得出其他价态铬的含量。检出限为 $0.002mg/L$。线性范围为 $0.002~0.2mg/L$。

4）天然水中铜的发光测定。铜对过氧化氢氧化对苯二酚的反应有催化作用，而对苯二酚用紫外线照射时可以发出荧光。测定对苯二酚的荧光熄灭间接测定天然水中的微量铜。激发波长为 295nm，发射波长为 330nm，检出限为 $7\times10^{-4} mg/L$。测定时用醋酸铵为缓冲剂（pH=7.0），可以测定自来水、井水、海水等水样中铜的含量。

5）水中各种硒的发光测定。在水中，硒常以四价、六价和有机硒的形式存在。在酸性介质中四价硒可以与 2，3-二氨基萘反应。激发波长 378nm，发射波长 520nm 直接测定四价硒。然后用盐酸将六价硒还原为四价硒，测定六价和四价硒的总含量。差减法得出六价硒的含量。用 $HNO_3$-$HClO_4$ 将有机硒转化为四价的无机硒进行测定。得到硒的总含量，减去四价硒和六价硒的含量就得到有机硒的含量。检出限 $0.07\mu g/L$。线性范围为 $0~10\mu g/L$。

6）天然水中氰根 $CN^-$ 的测定。几乎所有简单的无机氰化物都是剧毒品，因此，对环境中微量氰根的测定非常重要。荧光法测定水中氰根原理是铜（Ⅱ）和氰根的中性溶液氧化无荧光的硫胺素时生成发荧光的硫胺荧，以测定痕量的氰根。最大激发波长为 370nm，最大发射波长为 440nm，方法的灵敏度为 $0.001mg/L$，可以用于各种水样中氰根的测定。但水中 $SCN^-$ 和 $S^{2-}$ 离子干扰测定。

7）水中含磷量的测定。环境水中磷的荧光测定是利用磷钼酸盐对罗丹明 6G 的荧光熄灭作用，直接测定水中的微量磷。罗丹明 6G-磷钼铝酸盐的最大激发波长为 350nm，最大发射波长为 553.7nm，灵敏度为 $0.22\times10^{-9}$。可以对各种水中的磷进行测定。测定时 pH 选用 0.7，但 $S^{2-}$ 离子干扰测定。

8）天然水中含氮无机物的测定。水中的主要含氮无机物是硝酸根和亚硝酸根，它们可与仲胺类化合物反应生成强致癌化合物——亚硝胺类化合物。荧光法测定硝酸根和亚硝酸根的方法是基于溴酸钾氧化罗丹明 6G 使其荧光淬灭。亚硝酸根可以定量催化该反应，而硝酸根对该反应无影响。因此，可以在硝酸根的存在下用荧光动力学法测定亚硝酸根；然后将硝酸根还原为亚硝酸根，测定硝酸根和亚硝酸根的总量，用差减法计算硝酸根的含量。测定波长条件为：最大激发波长为 348.0nm，最大发射波长为 548.0nm。该方法还可以用于各种水样，如自来水、饮料中硝酸根和亚硝酸根的测定。

9）水中酚类化合物的荧光测定。环境水中酚类化合物的含量是水质的重要指标。由于水中的多数酚类具有挥发性，且酚类都具有荧光性，所以将待测水取样后经过蒸馏，可以直接用荧光法测定。一般激发波长选择 275nm，发射波长选择 298nm，激发狭缝和发射狭缝都选用 5nm，水样的 pH 值控制在 1~7 之间，温度在 5~25℃，酚类的浓度要小于 80μg/L。由于采用蒸馏法进行了预处理，水中的其他成分几乎不干扰测定。

10）环境水中表面活性剂含量的荧光测定。由于大量洗涤用品的使用，使表面活性剂成为环境水的主要污染物之一。荧光法测定阳离子表面活性剂的原理是阳离子表面活性剂与曙红 Y 可以在 pH 值为 9.5 的氨水–氯化铵溶液中生成离子缔合物，用苯将此缔合物萃取后用荧光法进行测定，激发波长为 510nm，发射波长为 550nm。此法可以用于各种地表水中阳离子表面活性剂浓度的测定。可以根据此原理建立流动注射在线萃取荧光分析。

11）尿液中 4-羟基芘的荧光测定。如果人接触多环芳烃，尿液中就会含有 4-羟基芘。而 4-羟基芘在碱性溶液中可以获得很好的同步荧光光谱。测定条件为：$\Delta\lambda = 35nm$，$\lambda_{ex}/\lambda_{em} = 315nm/350nm$ 为起始扫描波长，峰值位于 440nm 处。在 0.5~500ng/L 浓度范围内进行测定，方法的检出限为 0.05ng/L。

#### 7.4.2.4　食物及头发中有害成分的荧光测定

（1）头发和粮食中铝的测定。铝广泛存在于自然界中，粮食中铝的含量过高会影响人体健康。另外，由于许多食品在制作过程中加入了某些铝的化合物，使食品中铝的含量升高。如果长期食用高铝含量的食物，也会影响到人的身体健康。所以，准确快速地测定粮食及食物中铝的含量对确保人民身体健康非常重要。同时，确定个体人体中铝的含量是否超标，对病情诊断、预见病情和预防某些疾病的发生非常重要。头发是最好的检测对象。荧光法测定头发和粮食中铝含量的原理是铝离子与羟基萘酚蓝在 HAc-NaAc 缓冲溶液中加热形成荧光配合物，其最大激发波长和发射波长分别为 580nm 和 620nm。在测定头发中铝含量时要将待测样品用洗发膏洗净，并用水将洗发膏洗净，烘干后用剪刀剪碎，用稀硫酸溶解，在 HAc-NaAc 缓冲溶液中加入羟基萘酚蓝后，加热 4min，冷至室温进行荧光测定。粮食中铝含量的测定方法是将粮食烘干，在玛瑙研钵中研细，稀硫酸提取后按上述方法进行测定。铝离子含量在 $1.0\times10^{-8}~1.0\times10^{-5}$ mol/L 范围内呈线性关系，检出限为 $3.5\times10^{-9}$ mol/L。用汞阴极电解法可以除去干扰离子。

（2）头发中镉的测定。镉离子在 pH=5~8 的溶液中可以与铁试剂形成稳定的荧光配合物。在加入表面活性剂 CTMAB 后其荧光强度可以增加 6 倍。镉离子与铁试剂、CTMAB 形成 1∶4∶4 的配合物，其最大激发波长为 400nm，最大发射波长为 510nm。荧光强度与镉离子浓度在 0~2.0μg/25mL 范围内呈线性关系，方法的灵敏度为 $2.0\times10^{-3}$ μgCd/mL。测定方法是将头发 1~2g 洗净、烘干、剪碎后用稀硝酸（2mL/20mL）溶解，用 $H_2O_2$ 除去过量的硝酸后，用强碱性阴离子交换柱定量吸附镉离子，稀硝酸洗脱，加入 pH=7 的缓冲溶液、铁试剂溶液和 CTMAB 溶液，最后用水稀释至所需体积后进行荧光测定。激发波长为 400nm，发射波长为 510nm。

（3）茶叶中痕量砷的测定。砷对生物体的危害是人所共知的，食用或饮用含砷的食品或饮料，砷会在人及动物体中积累而引起慢性中毒。如果茶树生长在富砷的土壤中，会使产出的茶叶的含砷量超标。荧光法测定茶叶中的痕量砷的原理是在 pH = 8.0 的 $NH_3$-$NH_4Cl$ 溶液中，砷（Ⅲ）会使 7-[（2,4-二羟基-5-羧基苯）偶氮]-8-羟基喹啉-5-磺酸（DHC-SAQS）的荧光强度线性下降。DHCSAQS 的激发波长为 296nm，发射波长为 396nm。本法可以直接用于测定茶叶中的痕量砷。方法是称取一定量的茶叶，放入瓷坩埚中，在电炉上炭化后置于马弗炉中高温处理后，用盐酸溶解残渣，加入 pH = 8.0 左右的 $NH_3$-$NH_4Cl$ 溶液，用水定容后进行测定。砷的含量在 0.4 ~ 4.0μg/L 范围内荧光下降强度与砷的含量呈线性关系。检出限为 0.3μg/L。

## 参 考 文 献

[1] 中国科学院吉林物理所，中国科学技术大学固体发光编写组. 固体发光 [M]. 北京：科学出版社，1976.

[2] Blasse G, Grabmaier B C. Luminescent Materials [M]. Berlin-Heidelberg：Springer-Verlag, 1994.

[3] 马尔富宁. 矿物的谱学、发光和辐射中心 [M]. 蔡秀成，译. 北京：科学出版社，1984.

[4] 余宪恩. 实用发光材料与光致发光机理 [M]. 北京：中国轻工业出版社，1998.

[5] 郑乐民.《中国大百科全书》74 卷物理学词条：吸收光谱 [M]. 2 版. 北京：中国大百科全书出版社，2009.

[6] 方容川. 发光学研究及应用 [M]. 合肥：中国科学技术大学出版社，1993.

[7] 许振嘉. 半导体的检测与分析 [M]. 2 版. 北京：科学出版社，2007.

[8] 顾柏平. 物理学教程 [M]. 3 版. 北京：高等教育出版社，2016.

[9] 王健，黄先，刘丽，等. 温度和电流对白光 LED 发光效率的影响 [J]. 发光学报，2008(2)：358.

[10] 马丽洁，赵俊锋. 表面等离子波导改进 LED 发光效率的研究 [J]. 红外与激光工程，2016，45 (7)：154.

[11] 江风益. 固态照明光源流明效率分析 [C]//海峡两岸照明科技与营销研讨会，2003.

[12] 孙彦彬，邱关明，陈永杰，等. 稀土发光材料的合成方法 [J]. 稀土，2003，24(1)：43~48.

[13] 杨水金，王园朝. 无机发光材料的合成 [J]. 湖北科技学院学报，1994，14 (4)：33.

[14] 林君，苏锵. 溶胶-凝胶法及其在稀土发光材料合成中的应用 [J]. 稀土，1994，15(1)：42.

[15] 符连社，张洪杰. 溶胶-凝胶法稀土光学材料研究进展 [J]. 稀土，1998，19(2)：49.

[16] 张迈生，王立格，杨燕生. 微波快速合成硫化锶铜铋磷光体及 $Bi^{3+}$ 对 $Cu^+$ 的敏化发光 [J]. 功能材料与器件学报，2000，6(2)：95~100.

[17] Zhu L, Li J Y, Li Q, et al. Sonochemical synthesis and photoluminescent property of $YO_4$：Eu nanocrystals [J]. Nanotechnology, 2007, 18：055604~055608.

[18] 杨晓峰，董相廷，王进贤，等. 无机纳米稀土发光材料的制备方法 [J]. 化学进展，2009，21(6)：1179~1186.

[19] Subrahmanyam J, Vijayakumar M. Self-propagating high-temperature synthesis [J]. J Mater. Sci., 1992, 27, 6249~6273.

[20] 胡国荣，刘智敏，方正升，等. 喷雾热分解技术制备功能材料的研究进展 [J]. 功能材料，2005 (03)：335~339.

[21] 陈国珍，黄贤智，郑朱梓，等. 荧光分析法 [M]. 2 版. 北京：科学出版社，1991.